微信公众平台
商业应用搭建、支付开发与运维实践

牟云飞 李 锐 ◎ 编著

中国铁道出版社
CHINA RAILWAY PUBLISHING HOUSE

内 容 简 介

本书着眼于微信公众平台在商业应用方面的系统全面开发。以实战开发为原则，从微信公众平台开发环境搭配到项目实施部署，学习微信公众号开发完整流程。除此之外，本书重点在微信公众平台的支付开发和运维方面做了结合实践的详细阐述。

本书涵盖全面，实用性较强但深入浅出，对于没有微信开发经验的读者能够一步一步学习微信开发，学习各类基础知识，学会每个接口的调用及问题处理；对于有公众号开发经验的读者可以重点阅读 JS-SDK 章节丰富公众号应用，解决微信 SPA 物理回退、语音导航等问题；对于想了解微信支付的读者可以关注微信支付与微信服务商支付章节，了解微信支付中从申请到开发实现的整个过程。

图书在版编目（CIP）数据

微信公众平台商业应用搭建、支付开发与运维实践/牟云飞，李锐编著. —北京：中国铁道出版社，2018.8
ISBN 978-7-113-24490-3

Ⅰ.①微… Ⅱ.①牟… ②李… Ⅲ.①移动终端-应用程序-程序设计 Ⅳ.①TN929.53

中国版本图书馆CIP数据核字(2018)第 102633 号

书　名：微信公众平台商业应用搭建、支付开发与运维实践	
作　者：牟云飞　李　锐　编著	
责任编辑：荆　波	读者热线电话：010-63560056
责任印制：赵星辰	封面设计：MXK DESIGN STUDIO

出版发行：中国铁道出版社（100054，北京市西城区右安门西街 8 号）
印　　刷：中国铁道出版社印刷厂
版　　次：2018 年 8 月第 1 版　2018 年 8 月第 1 次印刷
开　　本：787mm×1 092mm　1/16　印张：27.5　字数：687 千
书　　号：ISBN 978-7-113-24490-3
定　　价：69.00 元

版权所有　侵权必究

凡购买铁道版图书，如有印制质量问题，请与本社读者服务部联系调换。电话：（010）51873174
打击盗版举报电话：（010）51873659

Preface

　　互联网之争最激烈无疑是入口之争，第一代互联网的入口是雅虎、新浪等门户网站；第二代互联网的入口是谷歌、百度等搜索引擎；第三代互联网的入口是超级 APP，而微信无疑是中国国内超级 APP 中最为闪亮的一个。

　　2017 年 4 月 24 日，腾讯企鹅智酷发布的《2017 微信用户&生态研究报告》披露 2016 年微信及 WeChat 合并月活跃用户达到了 8.89 亿，直接带动信息消费 1742.5 亿元，同比增长了 26.2%，微信公众平台上已有超过 1000 万的公众号。而 2017 年 6 月中国互联网络信息中心发布的《中国互联网络发展状况统计报告》披露，截至 2017 年 6 月，中国网站总数为 506 万个。鉴于微信公众平台上的公众号绝大多数也位于国内，由此不难看出在移动互联网时代的微信公众号的规模和影响力已经全面超过了桌面互联网时代的网站。

　　作为网站的替代者，公众号提供了不同类型的产品来匹配不同的需求，例如传统的门户、新闻类的网站可以用微信订阅号来替代，应用、交互类的网站可以用微信服务号或者小程序来替代，而微信企业号则可以替代各种企业内部网站。与网站时代不同的是微信公众平台为创建这些公众号提供了比较完善的基础服务和二次开发的 API，对于最为简单的信息发布类的需求甚至可以不做开发直接通过微信的内容管理工具在云端完成，而且不同种类的公众号之间还可以转换升级。

　　微信公众号开发入门容易精通难，虽然微信公众平台已经为公众号开发提供了比较丰富的基础服务和 API，但真正能够运用好这些工具开发出界面美观、功能丰富、性能优越的好的公众号还是需要花费不少功力的，话说回来，网站开发不也是如此么。

　　借助前人的成功经验是快速提升开发者功力的不二选择，本书的作者有着十余年的网站开发经验，专门从事微信公众号开发也已经有五年多的时间，本书浓缩了作者多年来微信开发的经验精华，是难得的一站式的微信开发技术大全，相信能够为您借助微信公众平台打造理想的公众号助得一臂之力！

烟台海颐软件股份有限公司　李锐

前言

Foreword

为什么要写这本书

随着智能手机的日渐普及，不断地推动了移动互联网在各行业的发展，从生活起居到移动办公，众多的 App 琳琅满目，需求的增长推动技术的更新，APP 开发也从最初的 Native App 开发，发展到 Native App、Web App、Hybrid App 等多种开发技术。开发越来越容易，但各行业客户需求的分散，也导致 APP 越来越多，大量功能单一的应用被搁置，成为"僵尸应用"，越来越多的用户将视线聚集到微信、QQ、新浪微博等超级应用中，在超级应用备受关注的形势下，Light App 应运而生。Light App 又被称为轻应用、微应用，是一种无需下载、即搜即用的全功能 App，既有媲美甚至超越 Native App 的用户体验，又具备 Web App、Hybrid App 快速开发、节约开发成本等特性，前景更加广阔。

微信公众账号是腾讯公司在微信的基础上推出的，属于 Light APP 的范畴，"再小的个体，也有自己的品牌"使广大微信用户无需下载便能够借助微信直接享受个人或企业提供的各类服务。对于企业推广和发展来说，企业可以通过订阅号、服务号打造一个基于微信的服务或推广平台，而在企业内部，企业能够通过微信新推出的企业号实现对内部管理系统的集成，释放用户手机空间提升用户黏性和体验的同时提供了更好的企业推广平台。

服务号给企业和组织提供更强大的业务服务与用户管理能力，帮助企业快速实现全新的微信服务、推广平台。笔者因工作需要成为微信公众号的早期开发者，先后完成多个微信公众号项目开发，主导多个移动混合开发项目，编写数个微信公众号建设方案，并在 CSDN 上发布几篇公众号博文，收到许多读者和企业的来信。

为了更全面地讲解微信公众号开发，弥补"微信支付"、"服务商支付"以及 ECharts、AngularJS 等技术与微信的结合等内容在当前微信公众号书籍中的缺失，在本书图书编辑的鼓励下编写这本书，希望结识更多的 IT 有志之士。

本书内容及知识体系

第 1 篇　开发基础篇（第 1、2 章）

本篇介绍了微信公众平台以及微信公众号开发环境的配置和开发基础知识，主要包括微信公众平台与微信开放平台的区别、微信五类公众号适用场景、如何配置微信开发环境、JCE 安全策略的调整、微信调试工具的安装与使用、HttpClients 服务请求调用、域名发布使用、Properties 文件配置以及微信公众账号实施部署等。

第 2 篇　关键技术篇（第 3、4、5、6 章）

本篇介绍了微信主动调用、被动回调以及网页 JS-SDK 接口说明和开发实现，主要包括 access_token 申请、Token 缓存处理、素材管理、群发消息、模板消息、客服消息、开启回调模式、各类消息的接收与响应、Echarts 运用、语音导航实现、WebSocket 连接实现、SPA 开发、地图应用以及如何实现二维码"多码合一"等。第 6 章作为本篇的综合开发实例，主要通过案例实际（I'M 朋友圈）练习微信开发基础知识，在实践中学习，在实践中成长，掌握微信公众号的接口调用。

第 3 篇　支付开发篇（第 7、8、9、10 章）

本篇主要介绍微信支付和微信服务商支付，使读者了解如何申请、部署以及实现微信支付，如何实现"一号多卡"的微信服务商支付，本篇主要内容包括：微信支付申请、微信支付开发配置、预支付订单接口调用、支付签名的生成、服务商与特约商户的注册、服务商与特约商户的开发配置、以及如何发起支付等。第 9、10 章作为微信支付综合案例，主要通过案例学习"一号一卡"的微信支付（水果购物平台）以及"一号多卡"的微信服务商支付（生活缴费），在实际案例中学习支付的实现。

第 4 篇　运维实践篇（第 11、12 章）

本篇主要介绍了微信公众号账号管理、标签管理、用户管理、数据库操作、中间件运维以及数据安全访问的方式策略，主要从软件开发角度实现数据的传输，通过识别浏览、OAuth2.0 身份验证等方式实现数据的传输。

第 5 篇　综合实战篇（第 13 章）

本篇结合全书所讲内容的基础上提供了一个综合开发的案例，本章主要以提供案例的方式介绍了微信公众号的开发过程，从项目需求设计到应用开发实现一步步带领读者学习微信公众号开发，学习微信项目需求设计、工程搭建、功能实现以及实施部署等整个开发流程。

适合阅读本书的读者

- 需要全面学习微信服务号开发技术的人员；
- 微信公众号开发技术人员；
- 移动混合开发的开发人员；
- 需要了解、学习微信支付和服务商支付的技术人员；
- Java 开发工程师；
- 希望提高微信项目开发水平的人员；
- IT 专业培训机构的学员；
- 微信公众号开发项目经理；
- 需要一本微信公众号功能查询与实现手册的人员。

阅读本书的建议

- 没有微信公众号开发经验的读者，建议从第 1 章顺次阅读并演练每一个实例。
- 有一定微信开发基础的读者，可以根据实际情况有选择阅读各个模块和项目案例。
- 对一号多卡支付实现有兴趣的读者，可以查看重点阅读第 7~10 章相关内容。
- 对于有微信公众号项目经验或者对单页面应用开发应用有兴趣的读者，可以查看重点阅读第 5 章 JS-SDK 的相关开发。
- 读者在阅读时建议读者先对书中的模块和项目案例阅读一遍，然后从入门 HelloWord 写起，"千里之行始于足下"，大到每个案例，小到每行代码，哪怕简单的变量定义也在 SDK 中书写一遍，不仅能够提高代码速度、效率，而且理解能够更深刻、更容易。

致谢

感谢微信创始人张小龙先生及其团队创造了微信这一优秀的平台；
感谢海颐软件王林、李锐、宋庆伟、于洋提供的微信公众账号开发机遇；
感谢徐国智、李明、马金刚老师在计算机领域的启蒙与指导；
感谢于春洋在写书期间生活上鼓励与帮助；
感谢身边的同事以及广大IT网友对这本书的支持与鼓励。

本书资料包

我们把全书的源代码、全局返回码说明和行业代码说明组成了本书的资料包，二维码和下载地址放在了封面前勒口中，读者可以扫码下载使用。

牟云飞

2018年5月

CONTENTS 目录

第1篇 开发基础篇

第1章 认识微信公众平台 1
1.1 微信公众平台 1
1.1.1 微信公众平台与微信开放平台 1
1.1.2 订阅号 2
1.1.3 服务号 2
1.1.4 企业号 3
1.1.5 微信小程序 4
1.1.6 测试号 4
1.2 微信公众号注册 4
1.2.1 准备申请资料 5
1.2.2 选择账号类型 5
1.2.3 基本信息 6
1.2.4 选择类型 6
1.2.5 邮箱激活 7
1.2.6 信息登记 7
1.2.7 完善公众号信息 10
1.2.8 绑定运营者微信号 10
1.3 微信公众号认证 11
1.3.1 进入微信认证 11
1.3.2 完成身份认证 12
1.3.3 进入认证页面 12
1.3.4 填写认证信息 12
1.3.5 确认名称 13
1.3.6 填写发票，核对信息 13
1.3.7 费用支付 14
1.3.8 完成认证申请，查看审核进度 15
1.4 微信公众号管理 15
1.4.1 增加开发者账号 15
1.4.2 权限设置及频率限制 16

1.4.3	获取 AppID 及 AppSecret	17
1.4.4	IP 白名单	17
1.4.5	小实例："伊布空间装饰"公众号	18

第 2 章 平台开发基础入门 ... 20

2.1 JDK 及 JCE 补丁部署 ... 20
- 2.1.1 安装 JDK ... 21
- 2.1.2 环境变量 ... 22
- 2.1.3 JCE 安全策略补丁 ... 24

2.2 开发环境 ... 25
- 2.2.1 MyEclipse 安装 ... 25
- 2.2.2 绑定中间件 ... 26
- 2.2.3 调整编译环境 ... 28

2.3 微信 Web 开发者工具 ... 29
- 2.3.1 开发工具安装 ... 29
- 2.3.2 授权微信 Web 开发者工具 ... 30
- 2.3.3 开发调试 ... 31

2.4 申请测试号 ... 32

2.5 JSON 数据格式 ... 33
- 2.5.1 JSON 数据介绍 ... 33
- 2.5.2 在页面中的应用 ... 34
- 2.5.3 在 Java 中的应用 ... 34
- 2.5.4 小实例：JSON 对象转换 ... 36

2.6 XML 数据格式 ... 37
- 2.6.1 XML 数据介绍 ... 37
- 2.6.2 生成 XML 数据 ... 37
- 2.6.3 解析 XML 数据 ... 38
- 2.6.4 小实例：用户信息生成与解析 ... 39

2.7 HttpClients 使用技巧 ... 41
- 2.7.1 发送 Get 请求 ... 42
- 2.7.2 发送 Post 请求 ... 43
- 2.7.3 获取请求结果数据流 ... 44
- 2.7.4 小实例：通过 HttpClients 实现网络爬虫数据抓取 ... 45

2.8 HttpURLConnection 使用技巧 ... 46
- 2.8.1 发送 JSON 数据请求 ... 46
- 2.8.2 发送文件类型请求 ... 48
- 2.8.3 小实例：通过 HttpURLConnection 实现网络爬虫数据抓取 ... 49

2.9 Properties 配置文件 ... 50
- 2.9.1 Properties 文件介绍 ... 50
- 2.9.2 小实例：项目产品化配置信息 ... 51

2.10 在线接口调试 51
2.11 发布外网服务 53
2.12 综合实例：微信公众号开发入门之 HelloWorld 53

第 2 篇 关键技术篇

第 3 章 主动调用推送信息 58
3.1 主动调用模式介绍 58
3.2 申请 access_token 60
3.2.1 access_token 获取限制 61
3.2.2 申请 access_token 票据接口详细说明 61
3.2.3 申请 access_token 完整示例代码 62
3.3 access_token 的缓存处理 64
3.3.1 access_token 的缓存处理流程 64
3.3.2 access_token 缓存处理完整示例代码 65
3.4 封装主动调用类 67
3.5 自定义菜单管理 73
3.5.1 自定义菜单类型 74
3.5.2 创建默认菜单 74
3.5.3 创建个性化菜单 76
3.5.4 查询菜单 78
3.5.5 删除菜单 80
3.5.6 小实例：开发自己的微信菜单实现创建、删除和查询功能 80
3.6 素材管理 83
3.6.1 接口说明 83
3.6.2 上传素材文件 83
3.6.3 获取素材文件 87
3.6.4 上传永久图文消息 90
3.6.5 删除永久素材 93
3.6.6 修改永久图文素材 94
3.6.7 获取素材总数 96
3.7 群发消息 97
3.7.1 消息说明与频率限制 97
3.7.2 根据用户标签群发消息 98
3.7.3 根据 OpenID 群发消息 102
3.7.4 删除群发消息 104
3.7.5 小实例：推送最新活动（"千里行"为爱而行）........................ 106
3.8 模板消息 113
3.8.1 消息说明及运营规则 113
3.8.2 获得模板 ID 114

	3.8.3 推送模板消息	117
	3.8.4 自定义模板消息	120
	3.8.5 小实例：发送个人账单信息	122
3.9	客服消息	125
	3.9.1 客服消息说明	125
	3.9.2 客服账号管理	127
	3.9.3 发送客服消息	129
	3.9.4 小实例：人工客服消息	133

第 4 章 接收回调消息 ... 136

4.1	消息接收说明	136
4.2	开启消息回调模式	138
4.3	加密/解密算法	142
4.4	接收消息 Dom 解析	145
4.5	消息响应 Xstream 转换	148
4.6	接收普通消息	151
	4.6.1 接口说明	151
	4.6.2 接收文本消息	154
	4.6.3 接收图片消息	154
	4.6.4 接收音频消息	155
	4.6.5 接收位置消息	157
	4.6.6 接收小视频消息	158
	4.6.7 接收链接消息	159
	4.6.8 接收视频消息	160
4.7	接收事件消息	161
	4.7.1 接口说明	161
	4.7.2 接收关注/取消关注事件	162
	4.7.3 接收地理位置事件	163
	4.7.4 接收菜单事件	165
4.8	被动响应消息	170
	4.8.1 接口说明	170
	4.8.2 被动响应文字消息	171
	4.8.3 被动响应图片消息	173
	4.8.4 被动响应音频消息	175
	4.8.5 被动响应视频消息	176
	4.8.6 被动响应图文消息	176
4.9	综合案例：微信机器人汤姆	177

第 5 章 微信网页 JS-SDK 的应用 ... 186

5.1	微信 JS-SDK 介绍	186
5.2	平台接口接入	187

	5.2.1	配置 JS 接口安全域名	187
	5.2.2	配置网页授权域名	188
	5.2.3	配置业务域名	189
	5.2.4	引入微信 JS 文件	189
	5.2.5	通过 config 接口授权	190
	5.2.6	验证成功事件	190
		【示例 5-1】进入页面后立即隐藏右上角菜单按钮	190
	5.2.7	验证失败事件	190
5.3	JS-SDK 权限签名	190
	5.3.1	获取调用票据 jsapi_ticket	191
	5.3.2	生成 JS-SDK 权限验证签名	193
		【示例 5-2】权限验证签名	193
	5.3.3	页面 config 接口配置注入	194
5.4	Debug 调试与基础接口说明	195
	5.4.1	Debug 调试模式开启	195
	5.4.2	接口通用函数	196
	5.4.3	小实例：查看微信版本情况	196
5.5	常用接口应用	197
	5.5.1	GPS 定位获取位置信息	197
	5.5.2	选择相机/相册图片	199
	5.5.3	页面判断 iOS/Android 微信	200
	5.5.4	语音智能接口	201
	5.5.5	微信扫一扫	202
	5.5.6	微信分享接口	203
	5.5.7	小实例：隐藏微信菜单	204
5.6	微信 JS-SDK 接口说明	206
5.7	二维码多码融合	207
	5.7.1	安卓/苹果 APP 下载码融合	207
	5.7.2	微信下载"空白页无响应"问题	208
	5.7.3	小实例：扫一扫三码合一	210
5.8	高德地图的应用	211
	5.8.1	申请地图 Key 值	211
	5.8.2	个人开发者与企业开发者区别	213
	5.8.3	引入高德地图	214
	5.8.4	坐标转换	215
	5.8.5	关键字搜索	216
	5.8.6	其他接口服务	217
	5.8.7	小实例：地图"点聚合"	219
5.9	地图语音导航	223
	5.9.1	微信内置地图语音导航	223

5.9.2　腾讯地图语音导航 223
5.9.3　百度地图语音导航 225
5.9.4　高德地图语音导航 226
5.10　ECharts 在微信中的应用 228
　　5.10.1　ECharts 简介 228
　　5.10.2　ECharts 快速接入 229
　　【示例 5-3】生成某产品每月销量柱形图 230
　　5.10.3　ECharts 知识扩展 231
　　5.10.4　小实例：ECharts 微信应用——某公司每月新增客户报表 233
5.11　微信中的 APP——单页面应用 237
　　5.11.1　基于 angularJS 的 onsenUI 237
　　5.11.2　创建 angularJS 微信服务 238
　　【示例 5-4】创建 angularJS 服务"判断是否用微信浏览器"
　　　　　　　和"获取 url 中参数"。 238
　　5.11.3　SPA 下 JSAPI 模式权限初始化 239
　　5.11.4　SPA 下获取 OAuth2.0 成员身份信息 240
　　5.11.5　小实例：解决微信物理回退问题 241
5.12　微信 WebSocket 开发 242
　　5.12.1　WebSocket 客户端 242
　　【示例 5-5】在 JS 中使用 new WebSocket 开通客户端 242
　　5.12.2　WebSocket 服务端 243
　　【示例 5-6】客户端通过注解中的 uri 连接到 WebSocket 244
　　【示例 5-7】编写程序检测 WebSocket 连接数量 245
5.13　JS-SDK 应用中常见问题及解决办法 245

第 6 章　综合案例：I'M 朋友圈 248
6.1　创建 Action 后台服务 248
6.2　生成工具类 WxUtil 249
6.3　开发"朋友圈"页面 256

第 3 篇　支付开发篇

第 7 章　微信公众号支付 263
7.1　微信支付介绍 263
7.2　微信公众号支付申请 264
7.3　开发配置 268
　　7.3.1　配置商户密钥 268
　　7.3.2　配置域名信息 268
　　7.3.3　设置支付目录 269
7.4　统一下单 269
　　7.4.1　接口介绍 270

		7.4.2 订单签名	273
		7.4.3 小实例：微信支付下订单	276
	7.5	发起支付	281
		7.5.1 支付签名	281
		7.5.2 小实例：发起微信 JS-H5 支付	282
	7.6	支付结果	284
		7.6.1 同步通知	284
		7.6.2 异步通知	284
	7.7	获取对账单文件	288
		7.7.1 接口介绍	289
		7.7.2 账单签名	291
		7.7.3 小实例：下载微信账单	291
	7.8	小实例：在微信中发起支付宝支付	293
第 8 章	**微信服务商支付**		**295**
	8.1	微信服务商	295
		8.1.1 微信商户类型	295
		8.1.2 申请服务商	296
		8.1.3 服务商平台	296
	8.2	微信特约商户	297
		8.2.1 申请特约商户	297
		8.2.2 特约商户平台	297
	8.3	服务商开发配置	298
	8.4	服务商发起公众号支付	299
第 9 章	**综合案例：开发一个微信水果购物平台**		**301**
	9.1	创建实体类	301
	9.2	创建微信工具类	305
		9.2.1 消息工具类 WxUtil	305
		9.2.2 微信支付工具类 WxPayUtil	310
		9.2.3 MD5 算法工具类	315
	9.3	微信下订单	316
		9.3.1 创建 Servlet 服务	316
		9.3.2 创建订单服务类	320
		9.3.3 创建下订单	322
		9.3.4 配置 web.xml	323
	9.4	微信 JS 发起支付	324
第 10 章	**综合案例：微信服务商 "一号多卡" 支付实现（生活缴费）**		**326**
	10.1	创建配置文件获取特约商户	326
	10.2	创建服务商统一下单实体类	327

10.3	下订单并生成支付签名	330
	10.3.1 创建订单页面	330
	10.3.2 创建 servlet 控制层	330
10.4	发起 H5 支付	334

第 4 篇　运维实践篇

第 11 章　账号及用户管理 336

11.1	微信公众账号管理	336
	11.1.1 生成带参数二维码	336
	【示例 11-1】生成个人推广二维码	338
	11.1.2 长链接转短链接	339
	【示例 11-2】分享简洁的商品推广链接	340
11.2	标签管理	341
	11.2.1 创建标签	341
	11.2.2 删除标签	341
	11.2.3 查询所有标签	342
	11.2.4 编辑标签	343
	11.2.5 小实例：为用户设置特权标签	343
11.3	公众号用户管理	344
	11.3.1 用户绑定标签	344
	11.3.2 用户取消绑定标签	345
	11.3.3 获取某一个用户下所有标签	346
	11.3.4 获取某一个标签下所有用户	346
	11.3.5 公众号用户黑名单	347
	11.3.6 获得用户基本信息	348
	11.3.7 小实例：用户身份设置及信息获取	351
11.4	OAuth2.0 身份验证	352
	11.4.1 获取 code	353
	11.4.2 根据 code 获得成员信息	354
11.5	浏览器类型安全访问	355

第 12 章　数据库及服务中间件 357

12.1	常用 SQL 语句	357
	12.1.1 查询语句	357
	【示例 12-1】在数据库 user 表中作查询操作	357
	12.1.2 新增语句	358
	【示例 12-2】向 user 库表中插入一条数据	358
	12.1.3 更新（修改）语句	359
	【示例 12-3】修改 user 库表中 user_id 为 muyunfei 的手机号和邮箱	359
	12.1.4 删除语句	359

【示例12-4】删除user_name为"牟云飞"的数据 359
12.2　HQL语句基础语法 359
12.3　HQL方言处理 362
12.4　Tomcat服务中间件 363
　　12.4.1　Tomcat在SDK中部署 363
　　12.4.2　8080端口号冲突解决（Tomcat） 363
　　12.4.3　Tomcat内存调整 364
　　12.4.4　Tomcat中数据缓存清理 365
12.5　JBoss服务中间件 365
　　12.5.1　JBoss在SDK中部署 366
　　12.5.2　8080端口号冲突解决（JBoss） 367
　　12.5.3　JBoss内存调整 367
　　12.5.4　JBoss中数据缓存清理 368
12.6　WebLogic服务中间件 369
　　12.6.1　域的创建 369
　　12.6.2　WebLogic在SDK中部署 372
　　12.6.3　7001端口号冲突解决 372
　　12.6.4　WebLogic中数据缓存清理 373

第5篇　综合实战篇

第13章　综合案例：网上营业厅 374
13.1　用户详细需求 375
13.2　软件设计 375
　　13.2.1　业务办理流程 375
　　13.2.2　数据模型 375
13.3　技术点梳理与难点攻克 376
13.4　开发实现 378
　　13.4.1　部署SSH框架 379
　　13.4.2　创建Properties配置文件 382
　　13.4.3　创建微信工具类 383
　　13.4.4　设置常量类 397
　　13.4.5　生成实体类 397
　　13.4.6　编写回调服务 397
　　13.4.7　创建数据访问层服务 404
　　13.4.8　创建业务逻辑层服务 409
　　13.4.9　服务跳转 413
　　13.4.10　创建网上营业厅页面 415
13.5　开启回调模式 421
13.6　绑定可信域名 421

13.7 网上营业厅应用菜单 422
13.8 本章小结 422

   注：以下两个附录读者可以扫描本书封面前勒口的二维码下载使用。

附录一 全局返回码说明 423
附录二 行业代码查询 429

第 1 章　认识微信公众平台

微信，又名 WeChat，是腾讯公司于 2011 年 1 月 21 日推出的一款提供免费的、即时的通信服务智能终端应用程序，具有非常广泛的市场应用。

随着微信的不断升级，微信公众平台于 2012 年 8 月 23 日正式上线，曾命名为"官号平台"和"媒体平台"，最终命名为"公众平台"，截止到目前各类微信公众账号总数已经超过八百万个，吸引了众多企业、个体商户、媒体、开发者等加入微信阵营，形成了 O2O 微信互动营销的微信公众平台，以应对不同的微信运营主体（政府、组织、企业、个人、媒体等）。

微信公众平台不仅促进企业、组织、媒体或者个人在用户沟通和业务上的发展，而且还能够为企业或组织内部管理提供的新的移动化业务平台，解决各类运营主体的发展、推广以及管理需求，扩大用户量，提高用户黏性。

用户量以及企业需求的快速增长推进了微信公众号的增加进程，庞大的公众账号群体孕育出了 IT 开发的新时代——微信公众平台开发，本章的重点是帮助读者了解微信公众平台，学习微信公众账号的注册、认证及开发的基础知识，为读者后面的学习提供有力的帮助。

1.1　微信公众平台

微信公众平台为个人、媒体、企业和组织提供了全新移动化服务平台，针对不同的需求分为订阅号、服务号、企业号、应用号（小程序）、测试号五种公众账号，其中订阅号、服务号对外，用于企业、媒体等的推广与发展，而企业号对内，用于职工内部管理，"应用号、测试号的用途？"本节将为读者介绍五种公众账号基本信息，以及如何根据业务需求选择公众账号等。

1.1.1　微信公众平台与微信开放平台

在介绍微信公众平台之前，读者首先需要明白微信公众平台与微信开放平台的区别，两者属于不同的平台，注册账号不能够通用，读者在注册申请时请勿错误注册，申请账号时需要在微信公众平台中注册。微信开放平台是一个中立的平台服务提供者，向开发者提供开发服务开放接口或相关中立的技术支持服务，即包括微信公众平台又包括移动应用开发平台、网站应用开发平台、公众号第三方平台开发等等，微信公众账号能够在微信开放平台中进行绑定，如图 1.1 所示，地址如下：

微信开放平台：https://open.weixin.qq.com/
微信公众平台：https://mp.weixin.qq.com/

微信公众平台与微信开放平台，是两个独立的平台。微信公众平台是运营者通过公众号为微信用户提供资讯和服务的平台，为了识别用户，每个用户在每个公众号中会产生一个安全的

OpenID（当前公众号中具有唯一性），如果需要在多公众号、移动应用之间做用户共通，则需前往微信开放平台。微信开放平台除能够进行绑定之外，还具有一个重要的特性——UnionID机制，同一用户在同一个微信开放平台帐号下的不同公众号（订阅号、服务号、企业号、应用号）中 UnionID 是相同的，能够通过具有唯一性的 UnionID 获取用户基本信息，进而解决同一公司下多个公众号之间用户帐号互通的问题。

图 1.1　微信开放平台绑定微信公众号

1.1.2　订阅号

订阅号，是微信公众平台率先推出的公众账号之一，用于为媒体或者个人提供一种新的信息传播方式，构建与读者之间更好地沟通与管理模式。当客户是媒体或者小说作者时，开发者可以率先考虑是否可以选择订阅号，订阅号与服务号在功能接口上较为相似，但是服务号中具有比订阅号更多的接口功能，如：如果功能中需要微信支付等则考虑需要选择服务号进行开发。

订阅号在接口调用方式上分为主动调用、被动调用和 JS-API 调用（也被称为 JS-SDK 接口调用）。

- 主动调用为开发者主动发起请求，请求微信公众平台数据，如：获取 accesstoken、发送消息、上传素材等；
- 被动调用为微信公众平台向开发者推送数据的模式，如：接收用户信息、接收用户操作事件等；
- JS-API 调用是通过微信内置浏览器调用微信原生组件的操作，如：WEB 页面获取定位、摇一摇等。

在接口权限上，根据认证与未认证划分不同的接口权限，认证的订阅号具有更多的权限接口，如消息群发接口、客服消息接口、模板消息接口等。

备注：目前已认证的订阅号已经开放支付功能；订阅号群发功能每月一次，每天 0 点更新，次数不会累加；客服消息需要在用户触发特定事件或操作后能够在 48 小时内回复的消息；模板消息没有时间和次数的限制，但需要遵循微信模板消息的规定。

1.1.3　服务号

服务号，接口功能与订阅号极为相似，也是微信公众平台率先推出的公众账号之一，比订阅号的功能更全，给企业和组织提供更强大地业务服务与用户管理能力，能够帮助企业快速实现目标的公众号服务平台。与订阅号、企业号定位不同，服务号是企业对外运营的微信公众平台，能够实现企业与用户面对面地交流沟通，能够极大地提高用户群体的粘性；服务号与订阅号、企业号的区别如下表1.1所示。

表1.1 企业号、服务号、订阅号三者的区别

	企业号	服务号	订阅号
面向人群	面向企业、政府、事业单位和非政府组织，实现生产管理、协作运营的移动化。对内部管理的一种服务账号	面向企业、政府或组织，用以对用户进行服务。主要是对外的一种服务公众号	面向媒体和个人提供一种信息传播方式
消息显示方式	出现在好友会话列表首层	出现在好友会话列表首层	折叠在订阅号目录中
消息次数限制	最高每分钟可群发200次	每月主动发送消息不超过4条	每天群发1条
验证关注者身份	通讯录成员可关注	任何微信用户扫码即可关注	任何微信用户扫码即可关注
消息保密	消息可转发、分享。支持保密消息，防成员转发	消息可转发、分享	消息可转发、分享
高级接口权限	支持	支持	不支持
定制应用	可根据需要定制应用，多个应用聚合成一个企业号	不支持，新增服务号需要重新关注	不支持，新增服务号需要重新关注

服务号也分为两种：认证服务号和未认证服务号，认证主体可以是公司、政府机构和个体工商户；个人无法申请服务号认证，认证成功后公众号将获得更多高级功能，功能如下表1.2所示。

表1.2 认证成功后的公众号功能

功能名称	功能说明
语音识别	用户发送的语音将会同时给出语音识别出的文本内容
客服接口	公众号可以在用户发送消息后的48小时内，向用户回复消息
OAuth 2.0网页授权	通过网页授权接口，公众号可以请求用户授权
生成带参数二维码	通过该接口，公众号可以获得一系列携带不同参数的二维码，在用户扫描关注公众号后，公众号可以根据参数分析各二维码的效果
获取用户地理位置	公众号能够获得用户进入公众号会话时的地理位置（需要用户同意）
获取用户基本信息	公众号可以根据加密后的用户OpenID来获取用户基本信息，包括昵称、头像、性别、所在城市、语言和关注时间
获取关注者列表	通过该接口，公众号可以获取所有关注者的OpenID
用户分组接口	公众号可以在后台为用户分组，或创建、修改分组
上传下载多媒体文件	通过该接口，公众号可以在需要时在微信服务器上传下载多媒体文件

1.1.4 企业号

微信企业号于2014年9月上线，至今企业号用户已突破2 000万，2016年11月与企业微信合并，是一款企业级移动应用，应用于企业、政府以及各种组织机构的内部管理、沟通和交流，快速建立上下游供应链以完成移动化办公，提升企业文化建设、公告通知、知识管理，实现企业应用移动化，节省人力、物力、财力，是企业对员工内部管理以及公司业务传递的一种公众平台，需要提前录入成员的微信号、邮箱、手机（三个任意一个），只有企业成员才能够使用公众号，非公司成员只能关注却无法使用公众号，是微信提供的一种对内的公众平台，企业号的功能特点为：

- 只有企业通讯录的成员才能进行关注,根据不同级别,管理员处理不同工作;消息保密等措施使企业号的安全级别提升。
- 企业号可发送消息的限制极大放缓,并提供完善的接口以应对企业复杂的场景。
- 可配置多个应用以便链接不同的企业应用,并可灵活配置应用下的成员。
- 企业号入口在微信中被统一管理,方便关注企业号的成员访问处理企业号内容。
- 能够与企业业务相结合,形成微信移动考勤、OA 消息同步、企业问卷等。

1.1.5 微信小程序

微信小程序(mini program),简称小程序,于 2016 年 9 月 21 日进行内测、2017 年 1 月 9 日正式上线,是一种不需要安装下载即可使用的单页面应用,通过 index.html 主页面进入业务功能,实现了应用"触手可及"的梦想,用户扫一扫或搜一搜即可打开应用。"即扫即用"的使用方式,促进了微信小程序的应用,微信小程序的优势:

- 不需要安装,打开微信便可使用,节省流量、时间、手机空间。
- 开发成本低,推广简单,节省财力、人力、精力。
- 微信小程序 UI 和操作流程统一,降低用户的使用难度。
- 兼容性高具有较好的展示效果。
- 通过 Web-View 支持白名单下的外链接网址跳转,并且支持部分 JS-SDK 接口。

新事物的产生,必有一定的局限性,微信小程序具有以下限制:

- 微信小程序在新版客户端中支持分包加载机制,但所有分包大小不能超过 4M,单个分包/主包不能超过 2M,具有一定的容量限制,所以无法开发大型的程序。
- 需要像 APP 一样审核上架,同时要做好异步更新+强制更新的处理,解决新老版本的覆盖问题。

1.1.6 测试号

测试号,是用于开发者进行服务号、订阅号开发的微信测试公众号,方便开发人员在无公众号的情况下进行普通功能的开发,可通过公众号【开发】|【开发者工具】|【公众平台测试账号】申请,也可以通过 https://mp.weixin.qq.com/debug/cgi-bin/sandbox?t=sandbox/login 单击登录,扫码申请。测试号申请周期、接口调用限制与订阅号服务号不同,测试号能够扫码立即申请成功,而订阅号、服务号需要经过严格的申请步骤和认证流程,在功能上通过接口都能够实现消息的发送、接收公众号用户消息以及微信 JSWeb 的开发。

备注:测试号与订阅号、服务号,接口基本一致,但仍然缺少部分功能,如无法申请微信公众号支付、无法选择模板消息的模板库等。

1.2 微信公众号注册

下面带读者了解公众账号的注册,其中订阅号、企业号和服务号的注册流程基本相同,主要是:选择账号类型->填写基本信息→邮箱激活→选择类型→信息登记→公众号信息→绑定管理员→认证。微信小程序的注册流程比较简单,主要是选择账号类型→填写基本信息→邮箱激活→信息登记→绑定管理员→认证。本节主要介绍服务号的注册流程。

1.2.1 准备申请资料

服务号的申请需要提交相应的企业资质证书,相关信息读者可以提前准备,提交资料如下:

- 公众号名称:注册公众号的名称。
- 营业执照:三证合一的营业执照。
- 申请公函:公函由微信提供需要加盖企业公章的原件照片,如图1.2所示。
- 运营者身份信息:包括:邮箱、姓名、手机号码、身份证正/反面照片。
- 认证费用:每年认证一次,认证费用每次300元。
- 发票信息:如果需要开具认证费用的发票,可以开具定额发票或者增值税发票,增值税企业名称、营业执照信息、企业开户名成、开户银行、对公银行账户。

备注:申请公函必须有微信生成,公函内还有公众号 ID 因此无法人工编写公函文档。如需开通微信公众号支付还需准备对公账户,详细介绍请参照6.2节。

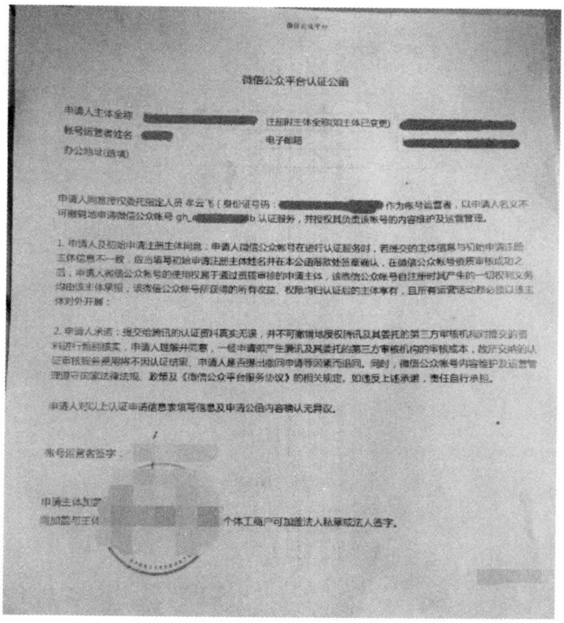

图1.2 申请公函

1.2.2 选择账号类型

登录微信公众平台 https://mp.weixin.qq.com,单击注册,开始注册公众账号。注册公众号的第一步是选择账号类型,如图1.3所示,读者需要根据自身需求选择账号类型,订阅号、服务号和企业号的注册流程类似,在此以服务号为例。

请选择注册的帐号类型

订阅号
具有信息发布与传播的能力
适合个人及媒体注册

服务号
具有用户管理与提供业务服务的能力
适合企业及组织注册

小程序
具有出色的体验,可以被便捷地获取与传播
适合有服务内容的企业和组织注册

企业号
具有实现企业内部沟通与内部协同管理的能力
适合企业客户注册

图1.3 微信公众号类型选择

1.2.3 基本信息

基本信息的填写，如图 1.4 所示，包括邮箱、密码、密码确认、验证码，填写完信息之后单击注册进行下一步操作，公众号将向读者邮箱发送一份验证邮件。

图 1.4 公众号基本信息注册

备注： 同一个邮箱不可以注册多个账号，也不能够与微信开放平台注册邮箱相同。

1.2.4 选择类型

邮箱验证通过后，读者将进入公众号类型选择，如图 1.5、图 1.6 所示，公众号类型为订阅号、服务号、企业号，读者根据自身需要选择账号类型。

图 1.5 选择类型

图 1.6 选择类型提示

注意：注册成功后，账号类型不可修改，读者需要谨慎选择。

1.2.5 邮箱激活

基本信息填写完成后需要登录到邮箱进行激活才可继续操作，微信公众平台会向基本信息中填写的邮箱中发一封邮件，如果邮箱填写有误可返回图 1.4 中重新填写，登录个人邮箱单击收到的邮件的连接进行激活，邮件需 48 小时之内进行激活，否则失效，如图 1.7 所示，激活成功后会自动跳转微信公众号注册的选择类型页面，继续进行注册操作。

图 1.7 邮箱激活邮件

1.2.6 信息登记

信息登记填写内容较多，主要分为选择主体类型、主体信息登记和运营者信息登记三部分。

1. 选择主体类型

在主体类型上，服务号分为政府、媒体、企业、其他组织，如图 1.8 所示。

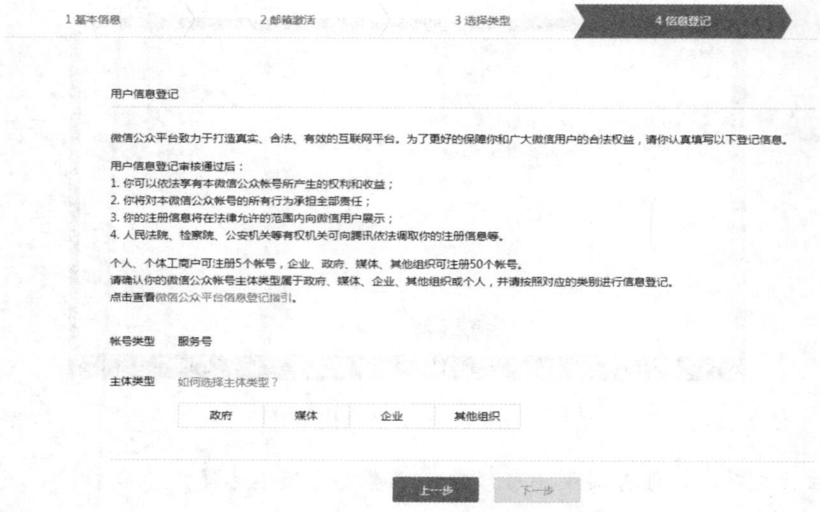

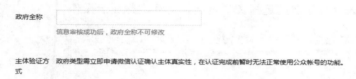

图 1.8 主体类型

2. 主体信息登记

主体信息的登记需要根据所选的主体类型，进行差异性填写，读者需要注意的是主体信息提交之后不可修改，请谨慎填写，具体填写内容如下图 1.9 所示。

图 1.9 政府主体信息登记

说明：政府事业单位的认证审核是有专门的人员进行审核；注册成功后必须要进行微信认证，否则无法正常使用公共账号功能。

（1）媒体主体信息登记需要准备的信息有组织名称、组织机构代码，选择验证方式如图 1.10 所示。

图 1.10 媒体主体信息登记

验证方式可分为支付验证和微信验证两种。
- 支付验证：注册信息提交完成后页面会显示应该打款的账户信息和随机金额（0.01-1 元），请使用注册时填写的对公账户打款页面指定金额至腾讯公司指定的 25 位收款帐号，打款信息正确在 1 个工作日内验证成功并推送消息给用户，汇款金额 3 个工作日内原路退回，开通部分功能，如果需要认证完成仍需缴纳 300 元的费用。
- 微信认证：认证需要填写资料、缴纳费用，具体申请流程后续会详细讲解。

备注：微信认证方式实际是在注册上直接进行微信认证来验证主体，政府类型需直接进行微信认证操作，个体户、媒体、其他组织类型如无对公账户、公众号需要认证或对公帐号无法正常打款至腾讯公司账号上，可选择用此方式验证身份。

（2）企业信息登记需要准备的信息有企业名称、营业执照注册号，如图 1.11 所示。

图 1.11 企业主体信息登记

说明：企业可注册 50 个账号，营业执照必须准确才可注册成功。

（3）其他组织主体信息登记需要准备的信息有组织名称、组织机构代码，其他组织与媒体的信息登记基本相同如图 1.12 所示。

图 1.12 其他组织信息登记

说明：其他组织包括不属于政府、媒体、企业或个人类型的组织。

使用技巧：个人练习可申请其他组织类型。如果是企业号的话可以选择团队，订阅号可以选择个人。

3. 运营者信息登记

运营者身份登记信息包括：运营者身份证姓名、身份证号码、手机号码。这里需要读者注意，一定要谨慎填写，运营者身份将是微信公众号初始化的初始系统管理员（其他系统管理员、内部管理员均由初始系统管理员分配），如果随意填写，申请成功之后也将无法登录使用，建议读者直接使用当前使用的手机号进行填写，如图 1.13 所示。

图 1.13　谨慎填写运营者身份

1.2.7　完善公众号信息

公众号申请的最后一步是填写公众号信息，包括账号名称、功能介绍、运营地区，如下图 1.14 所示。

图 1.14　公众号信息

注意：账号名称需要微信认证后才可修改；一个自然月内可主动修改 5 次账号名称。

1.2.8　绑定运营者微信号

登录注册成功的公众号，通过【设置】|【安全中心】进行管理员的绑定。注册时通过运营者身份验证的微信号默认为管理员微信号。管理员账号既是指公众号安全助手绑定的微信号，一个公众号只能绑定一个管理员账号以及 24 个运营者账号，如图 1.15 所示，一个管理员微信可以绑定并管理 5 个公众号。

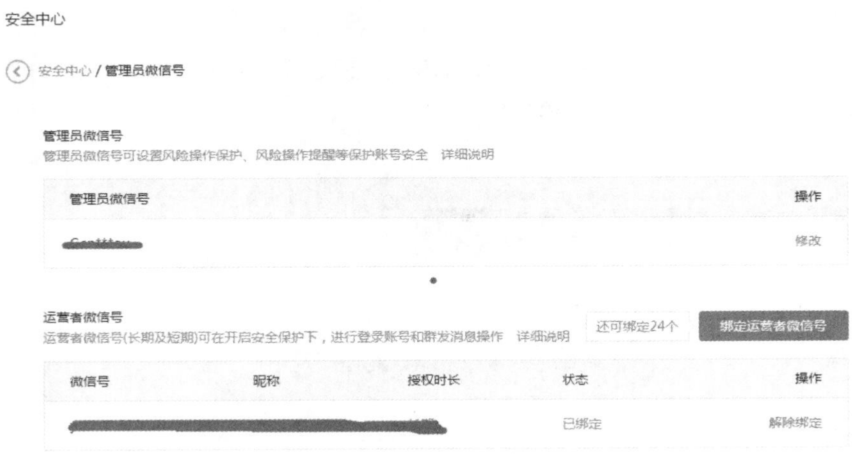

图 1.15　绑定运营者

注意：由于管理员微信号及运营者微信号都将被做为公众号风险操作的验证入口，请设置好管理员微信号，并加强对运营者微信号的保护及管理。

1.3　微信公众号认证

微信公众号认证，微信认证后获得更丰富的高级接口，提供更有价值的个性化服务；同时用户将在微信中看到认证特有的标识，本节将为读者演示如何完成公众号的认证。

1.3.1　进入微信认证

进入微信公众平台后，依次单击【微信认证】|【开通】，微信认证相关内容如图 1.16（请认真阅读相关内容）。

图 1.16　微信认证

1.3.2 完成身份认证

公众号的身份认证只能有管理员进行验证开通,读者需要选择【验证方式】|【账号验证】,如图 1.17 所示,完成身份认证。

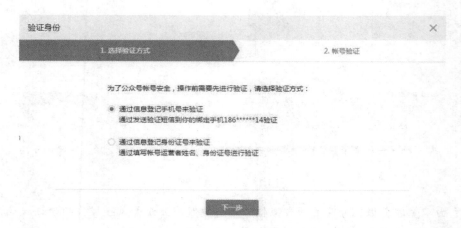

图 1.17 填写认证方式

1.3.3 进入认证页面

完成身份验证后,读者将进入认证页面查看认证协议,如下图 1.18 所示。

图 1.18 进入认证页面

1.3.4 填写认证信息

填写认证信息分为企业业务资料、企业基本资料以及运营者信息三部分,详细内容如下:

1. 企业业务资料

组织机构代码/统一社会信用代码、工商执照注册号、法定代表人/企业负责人姓名、经营范围（与企业工商营业执照上一致）、企业规模、企业开户名称、企业开户银行、企业银行账号。

2. 企业基本资料

申请公函、组织机构代码证、企业工商营业执照，均支持 jpg、jpeg、bmp、gif、png 格式照片的原件照片、扫描件或加盖公章的复印件，大小不超过 5M。

3. 运营者信息

运营者姓名、运营者部门与职位、运营者手机号码、运营者座机、运营者电子邮箱、运营者身份证号码、运营者微信、运营者身份证正反照片。

注意：申请公函不能够是复印件，必须是带有红色企业公章的原件。

1.3.5 确认名称

微信公众号的名称确定有 3 个选择：商标名、自选词汇和媒体名。如果公众号名称是自己拟定的，就选择自选词汇；如果是注册的商标名称，就选择商标名；如果是媒体组织，就选择媒体名。选定以后，在下方的方框中填写选定的公众号名称，再次确认，如图 1.19 所示。

图 1.19　确认名称

1.3.6 填写发票，核对信息

主要是对于之前填写的公司信息以及运营者信息进行核对以及填写开具发票信息。填写发票操作包括填写企业全称、组织机构代码、工商执照注册号、企业负责人姓名、经营范围等信息，如图 1.20 所示。

备注：读者如果开具普通发票则填写信息较少，读者可以根据自身情况选择发票类型。

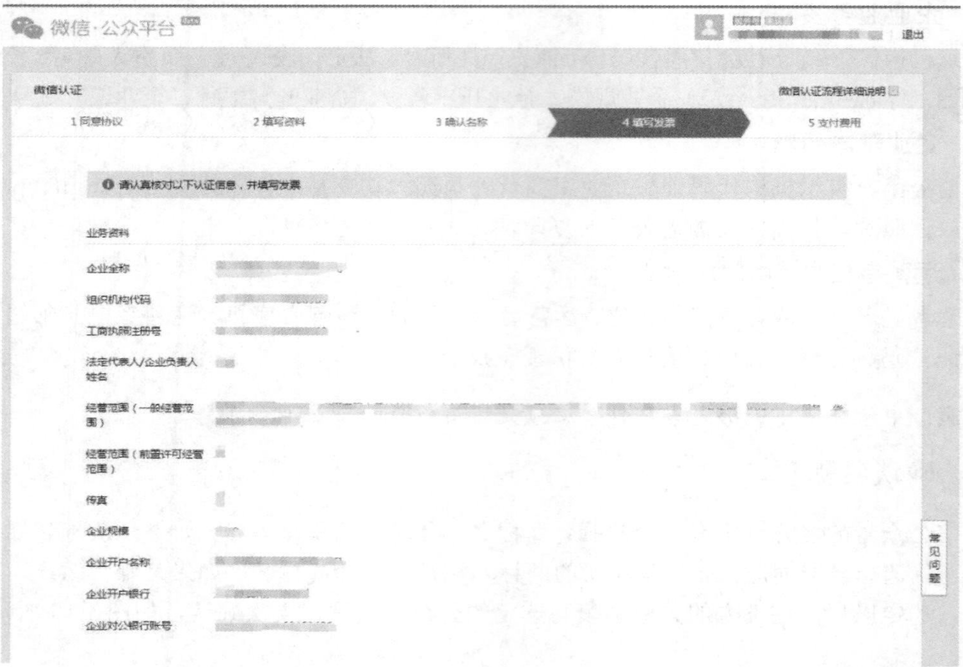

图 1.20　填写发票信息

1.3.7　费用支付

使用微信扫码完成支付费用，等待审核结果，如图 1.21 所示。

图 1.21　支付认证费用

注意：微信认证的有效期限为一年，申请费用 300 元，每申请一次需要提交一次费用；审核流程一般 1~5 个工作日；请注意，若认证失败，费用不予退还。

1.3.8 完成认证申请，查看审核进度

读者提交申请后，可随时通过【设置】|【微信认证】查看订单详情以及审核进度，如图 1.22 所示。

图 1.22　查看审核进度

1.4　微信公众号管理

微信公众号申请、认证成功后，为了接入二次开发的微信公众号系统，需要对公众号进行相关的设置，设置如下：

- 获取 AppID 以及 AppSecret，设置 IP 白名单。
- 开启相关权限接口以及功能插件。
- 配置回调地址，用于接收微信公众号用户消息。
- 将 MP_verify_********.txt 验证文件放入 Web 服务器服务地址根目录，并设置业务域名、JS 接口安全域名和网页授权域名。
- 如需使用模板消息则需要选择消息模板。
- 开通微信支付，需要设置微信支付的正式服务地址，不可以测试地址重复。

1.4.1 增加开发者账号

商户在申请成功后，首先需要添加开发人员账号；开发人员账号分为运营者账号和开发工具账号。

- 运营者账号：通过【设置】|【安全中心】|【管理员微信号】|【运营者微信号】|【绑定运营者微信号】进行绑定，用于公众号的运营以及以及二次开发成功后进行相关配置，详细

介绍请读者参照 1.2.8 节。
- 开发工具账号：用于微信开发工具调试，通过【开发】|【开发者工具】|【web 开发者工具】|【绑定开发者微信号】绑定开发者账号，方便开发时能够使用工具进行调试，详细介绍请参照 2.3 节。

备注：运营者账号有权开通开发工具账号，但无权新增其他运营者账号。

1.4.2　权限设置及频率限制

权限分为功能插件和接口调用权限。
- 功能插件是为微信或其他开发者提供的用于管理微信公众号的插件，可以通过【功能】|【添加功能插件】进行添加，如图 1.23 所示，能够添加官方插件库提供的"客服功能"、"微信连 Wi-Fi"、"门店功能"以及"模板消息"等插件，同时读者可以通过"授权管理"对已经授权的其他开发者插件进行取消授权。
- 接口调用权限，根据用户是否认证以及是否允许开启进行限制，读者可以通过【开发】|【接口权限】进行开启相应的权限，查看接口使用情况以及接口调用量，如图 1.24 所示。

图 1.23　添加微信公众号功能插件

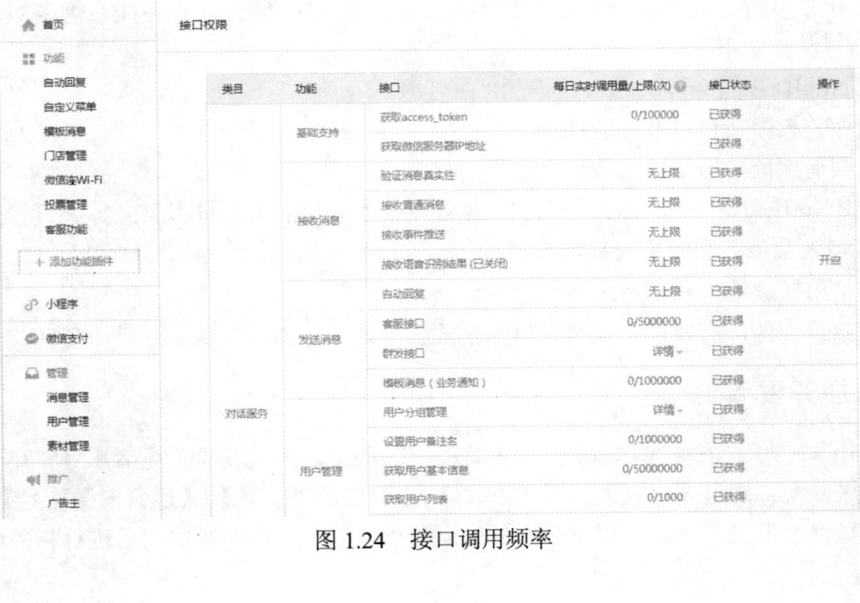

图 1.24　接口调用频率

备注：模板功能能够让用户发送模板消息，模板消息能够实时向用户主动推送消息，详细介绍请参照 3.8 节。开通客服功能后能够使用客服消息，详细介绍请参照 3.9 节。微信链接 Wi-Fi 需要读者有限开通门户功能，并且店铺内 Wi-Fi 名称必须以 WX 开头。

1.4.3　获取 AppID 及 AppSecret

不论是进行二次开发还是第三方插件授权都需要商户提供 AppID 以及 AppSecret，是公众号接口调用必须的参数如下图 1.25 所示。

- AppID：开发者 ID，是公众号开发的识别码具有唯一性，用于配合 AppSecret 进行接口调用。
- AppSecret：开发者密钥，具有一定的安全性，是开发者身份的密码。商户需要通过【开发】|【基本配置】获取相应的参数值。

图 1.25　获取 AppID 以及 AppSecret

1.4.4　IP 白名单

IP 白名单是微信公众号 2017 年新增的一项功能，用于提高公众号的安全性，只有在白名单内的 IP 才能够调用微信公众号接口；非 IP 白名单的服务器，调用该公众号接口时将返回 40164 错误，如下：

```
{"errcode":40164,"errmsg":"invalid ip 124.***.**.**, not in whitelist hint: [De40PA0441e544]"}
```

读者可以通过【开发】|【基本配置】进行配置，如图 1.26 所示，多个 IP 地址可以通过回车进行分割。

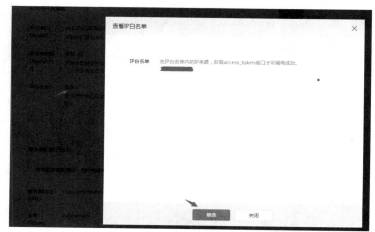

图 1.26　IP 白名单

备注：IP白名单必须由管理员进行设置，运营人员无法直接设置，需要管理员进行审批。设置IP地址时需要填写外网IP，读者可以在浏览器中输入http://www.ip138.com/查看当前服务器对外IP地址，切勿使用局域网IP。

1.4.5 小实例："伊布空间装饰"公众号

公众号开发能够使公众号更加丰富，但并不是必须的，亦或者商户在部署二次开发的公众号之前，可以进行简单的公众号设置，本节将为读者演示如何快速的创建一个"伊布空间装饰"公众号，如图1.27所示。

创建部分主要包括：设置公众号名称及介绍、创建消息、开通菜单、设置消息回复等4步，详细说明如下：

（1）设置公众号名称及介绍

对于已经申请的公众号，如果需要更改名称或者介绍，可以通过【设置】|【公众号设置】进行修改；修改时需要公众号申请人进行身份验证，还需注意，公众号修改是有次数限制的。

（2）创建消息

用户关注公众号后，可以向用户推送一条消息，消息内容读者可以在【自动回复】|【被添加自动回复】中进行设置，如图1.28所示，实现用户关注后业务的推广。

（3）开通菜单

为了使公众号更加丰富，读者可以通过【功能】|【自定义菜单】开通自定义菜单功能，为公众号添加菜单，每

图1.27 微信公众号"伊布空间装饰"

个公众号能够设置3个一级菜单，每一个一级菜单最多拥有5个二级菜单，能够为每个菜单设置消息内容（内容有图文消息、图片消息、语音消息、视频消息）、跳转网页或者跳转小程序，菜单设置完成后，需要"保存并发布"才能够生效，如图1.29所示。

图1.28 创建关注消息

图 1.29 创建开通消息

备注：消息内容可以通过【管理】|【素材管理】进行维护。开启"回调模式"（第 4 章介绍）后，自定义菜单功能将消失，只能通过接口调用的方式实现菜单的管理。

（4）设置消息回复

为提高用户黏性，对于常用的关键词可以进行自动回复，用户在公众号中输入相关词语时，能够获取相关的咨询信息，读者可以通过【功能】|【自动回复】进行设置回复关键词，如图 1.30 所示。

图 1.30 消息自动回复

备注：为了更好的与用户沟通，读者在未开发的情况下也可以开通在线客服功能，实现读者与用户之间的实时沟通，开通方式请读者参照 3.9.1 小节介绍。

第 2 章　平台开发基础入门

在了解了微信公众平台分类、微信公众号申请和认证流程等信息之后，本章将带领大家学习微信公众平台开发的基础知识，正所谓"磨刀不误砍柴工"，掌握微信公众平台开发的基础知识，读者可以灵活变通所学知识，完成各种业务场景的操作。

有的读者可能认为微信公众号开发是一个很简单的事情，其实不然，微信公众号的开发宛如房子装饰（微信是"房子"，开发人员是"装饰公司"，客户则是"业主"），房子不需要装饰公司装饰，业主可以入住，简单装饰也能够入住，但是追求更好的品质必要的装饰也是必不可少的，同样，微信的开发在是否精致、是否能够让自己的客户便捷、是否能够让自己的客户眼前一亮、是否能够吸引客户才是为什么客户需要微信公众号开发的原因，"设计源于生活，细节成就品质"，所以微信公众账号的开发也是具有一定挑战性的。

在技术上，微信公众号开发可以理解成一个能与微信互动的、免登录的、移动端地 B/S 网站，如果你是兼容手机 B/S 网站开发的读者，可能更容易理解，首先微信开发不是手机 APP 开发，不是 TextView、LinearLayout、Button 等控件操作，而是一个 WeChat+B/S 手机网站的轻应用，这个网站不需要登录，因为微信已经登录，不仅如此，而且手机网站可以通过微信进行硬件操作，如打开照相机与录音等，此外，还可以利用微信独特的功能，如发送朋友圈等；具体内容将在后面进行详细介绍，本章将主要介绍微信开发所用到的基础知识，涉及到的知识点如下表 2.1 所示。

表 2.1　微信基础开发知识点

知识点名称	功能介绍
JDK 部署及 JCE 安全策略补丁	如何进行 JCE 无限制权限策略补丁安装
开发工具及其编译环境	如何设置编译环境和中间件的绑定
微信开发工具的使用	如何使用微信开发工具快速调试微信页面
HttpClients、HttpURLConnection 使用技巧	如何在后台完成 http 请求
Properties 文件使用	如何通过文件获取配置信息
XML 数据	如何生成、解析微信 XML 数据包
HelloWord 示例	实战操作学习微信公众号的开发

2.1　JDK 及 JCE 补丁部署

JDK（Java Development Kit），是 Java 语言的软件开发工具包，是整个 Java 开发的核心，包含了 Java 工具和基础的类库。微信公众号开发可以采用多种语言开发，如：Java、C++、php 等，这里我们学习的是 Java 开发，本节将向读者介绍 JDK 及 JCE 安全策略补丁的部署。

2.1.1 安装 JDK

本节将演示 JDK 的安装，JDK 可以直接复制原有的 JDK，将其他设备上的 JDK 直接复制到本机，注意区分 32 位和 64 位系统，不要复制失败；也可以通过传统的安装方式，下载 JDK 进行安装，安装步骤如下：

注意：JDK 的版本必须高于等于 1.6，低于 1.6 版本的 JDK 在密文接收微信消息时将出错，微信消息的接收将在第 4 章详细介绍。

（1）下载 JDK 安装包，双击 JDK 安装包，如图 2.1 所示。
（2）显示安装许可协议，如图 2.2，请单击"接受"按钮。

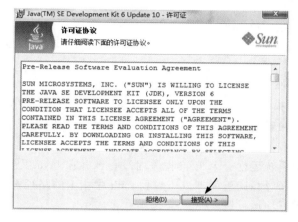

图 2.1　JDK 安装包　　　　　　　　　　图 2.2　接受 JDK 许可协议

（3）设置安装路径。可采用默认路径，32 位系统默认路径为 C:\Program Files；64 位系统下 64 位的软件默认在 C:\Program Files 目录下；32 位的软件则默认在 C:\Program Files (x86) 目录下，如图 2.3，设置完成单击"下一步"。

（4）显示安装进度。JDK 安装过程中，将提示安装 JRE（Java Runtime Environment，Java 运行环境，运行 Java 程序所必须的环境的集合，包含 JVM 标准实现及 Java 核心类库），如图 2.4，如果提示安装 JRE，请选择进行安装。

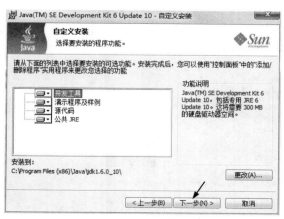

图 2.3　设置安装路径　　　　　　　　　　图 2.4　JDK 安装进度

（5）安装完成，如图 2.5 所示。

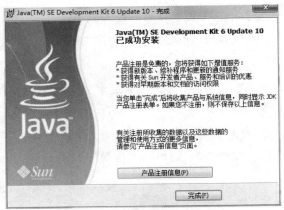

图 2.5　JDK 安装完成

2.1.2　环境变量

环境变量一般是指在操作系统中用来指定操作系统运行环境的一些参数，如：临时文件夹位置和系统文件夹位置等。在操作系统中环境变量是一个具有特定名字的对象，它包含了一个或者多个应用程序所将使用到的信息。例如 Java 在 Windows 操作系统中的 Path 环境变量，当要求系统运行一个 Java 程序而没有告诉它 Java 虚拟机所在的完整路径时，系统除了在当前目录下面寻找此程序外，还应到 Path 中指定的路径去找 Java 虚拟机。用户通过设置环境变量，来更好地运行进程。

接下来我们开始配置 Java 环境变量，步骤如下：

（1）Windows 7 系统下，右击【计算机】|【属性】|【高级系统设置】，如图 2.6 所示。XP 系统下右击【我的电脑】|【属性】。

图 2.6　计算机属性

（2）打开系统属性，单击【高级】|【环境变量】，如图 2.7 所示。

（3）环境变量的配置分为三项：JAVA_HOME、CLASS_PATH 和 Path。
- JAVA_HOME 为相对路径，使用时，可以采用"%JAVA_HOME%\"的方式；在图 2.8 中，选择【系统变量】|【新建】即可新建系统变量，在"变量名"文本框中输入"JAVA_HOME"，在"变量值"文本框输入 JDK 的安装路径，如：C:\Program Files (x86)\Java\jdk1.6.0_10，单击"确定"按钮。

图 2.7　环境变量　　　　　　　　　　图 2.8　创建 JAVA_HOME

- CLASS_PATH 是 Java 程序编译成 class 文件之后，需要存放的目录。同 JAVA_HOME 创建方法一样，创建一个"变量名"为"CLASS_PATH"，"变量值"为".;"的系统变量，".;"代表任意目录，如图 2.9。
- Path 为系统目录。当执行 Java 程序需要的虚拟机、工具类等，系统除了在当前目录下面寻找此值外，还将在 Path 中寻找。在"系统变量"中选中 Path 单击"编辑"，进行添加系统路径，路径之间使用";"分割，如图 2.10。

注意：Path 中的变量中包括众多系统变量，读者需要谨慎处理。

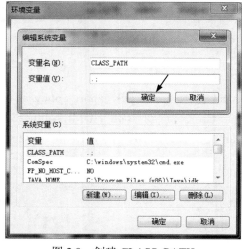

图 2.9　创建 CLASS_PATH　　　　　　图 2.10　配置 Path

使用技巧：在 Path 中添加 JDK，建议在输入框字符串的最前端填写 JDK 版本信息，避免因 Oracle 等软件而影响 JDK 的版本。

（4）测试是否修改成功。单击【开始】|【运行】|【输入 cmd】，在命令窗口中输入"java -version"并按回车键，将显示出 JDK 版本信息，如图 2.11 所示，则表示环境变量修改成功。

图 2.11　cmd 窗口显示 JDK 版本信息

2.1.3　JCE 安全策略补丁

JCE（Java Cryptography Extension），用于加密、密钥生成和协商以及 Message Authentication Code（MAC）算法的框架和实现，提供对对称、不对称、块和流密码的加密支持，支持安全流和密封的对象，在微信公众号回调加密传输时（包括回调模式和订阅号、服务号密文传输通讯内容）采用 AES 258 位 CBC 模式 PKCS#7 填充，在默认情况下，JDK 不支持 258 位的 AES 加密，因此必须要对 JDK 进行 JCE 无限制安全策略补丁安装，否则将出现以下异常 java.security.InvalidKeyException:illegal Key Size。

- JDK6 的 JCE 下载地址：

http://download.csdn.net/detail/myfmyfmyfmyf/9548444

- JDK7 的 JCE 下载地址：

http://download.csdn.net/detail/myfmyfmyfmyf/9548448

- 微信公众号开发相关包（不含 JCE）下载地址：

http://download.csdn.net/detail/myfmyfmyfmyf/8624491

JCE 补丁安装过程：解压 JCE 压缩包，可以看到 local_policy.jar 和 US_export_policy.jar 以及 README.txt，如图 2.12 所示。如果安装了 JRE，将两个 jar 文件放到%JRE_HOME%\lib\security 目录下覆盖原来的文件；如果安装了 JDK，将两个 jar 文件放到%JDK_HOME%\jre\lib\security 目录下覆盖原来文件即可。

图 2.12　JCE 安全策略补丁包

2.2 开发环境

Java IDE（Integrated Development Environment）是 Java 集成开发环境，用于提供 Java 程序开发环境，是由编辑器、调试器、图形化界面等组成的一体化程序开发软件。在 Java 开发中比较常用的 Java IDE 是 MyEclipse 和 Eclipse，而 MyEclipse 是一款插件集成比较完整的 Java 开发平台，不需要开发者进行繁琐的插件集成，因此本节将以 MyEclipse 为例，介绍 MyEclipse 的部署及其相关知识。

2.2.1 MyEclipse 安装

微信公众号的开发不仅仅可以使用 MyEclipse，如图 2.13，也可以使用企业自定义开发工具以及 Eclipse 等，接下来我们将学习 MyEclipse 的安装，具体名称如下。

（1）双击 MyEclipse 安装文件，打开安装首页面，如图 2.14 所示。

图 2.13　MyEclipse 安装文件　　　　图 2.14　MyEclipse 安装首页面

（2）单击"Next"，进入协议许可页面，如图 2.15 所示。

（3）接受安装许可，单击"Next"按钮，进入安装目录选择，如图 2.16 所示，软件默认安装在系统盘；建议修改安装目录，因为系统盘中安装过多的软件，将影响电脑性能。

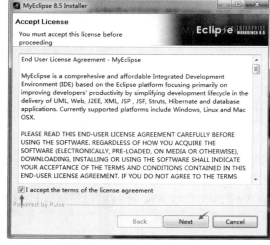
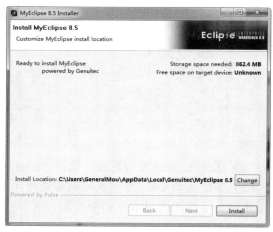

图 2.15　MyEclipse 安装许可　　　　图 2.16　MyEclipse 安装目录选择

（4）安装过程中，防火墙可能会提示是否运行程序，请单击"允许"，MyEclipse 安装成功后，将进入 MyEclipse 如图 2.17 所示。

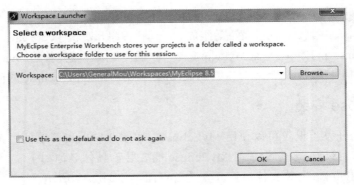

图 2.17　MyEclipse 安装完成

2.2.2　绑定中间件

中间件是一种独立的系统软件或服务程序，分布式应用软件借助它在不同的技术之间共享资源，B/S 结构的项目必须通过中间件进行项目的发布，如：Tomcat、Jboss、WebLogic、IIS 等。本节将以 Tomcat 的绑定为例，学习中间件的绑定以及中间件内 JDK 的绑定等。

MyEclipse 绑定 Tomcat 中间件步骤如下：

（1）打开 MyEclipse，单击菜单【window】|【preferences】|【Myeclipse】|【Servers】则可以添加相应的中间件，如图 2.18 所示。

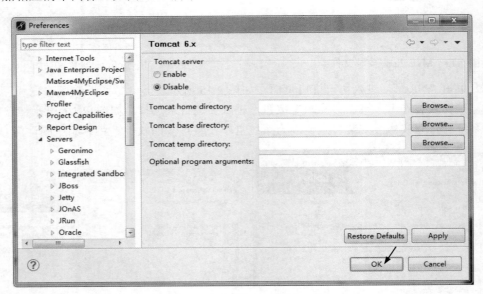

图 2.18　绑定 Tomcat 中间件

（2）选择 Tomcat 安装目录，选择"Enable"，并单击"OK"按钮，如图 2.19 所示。

（3）绑定成功 Tomcat 之后，需要修改 Tomcat 中的 JDK，将 JDK 修改成已经进行过 JCE 安全策略补丁修改的 JDK，如图 2.20 所示。

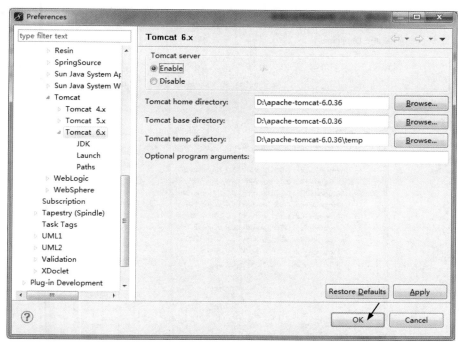

图 2.19　绑定 Tomcat 安装目录

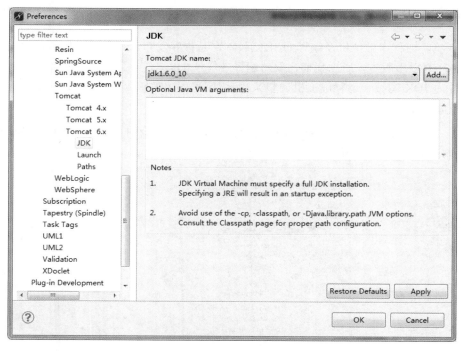

图 2.20　修改 JDK

（4）对于尚未在 MyEclipse 中配置过 JDK 的读者，可以单击 "Add" 按钮，打开 MyEclipse 添加 JDK 页面，如图 2.21 所示，添加已安装的 JDK 信息。

图 2.21 MyEclipse 中添加 JDK

2.2.3 调整编译环境

编译环境，即程序虚拟机及编译的 JDK 版本，是程序发布运行的重要环节，微信公众号开发需要 JDK 6.0 以上版本，所以我们需要对编译环境（JDK）进行调整，开发环境的调整主要分为：中间件内 JDK 调整（运行虚拟机调整）、源程序工程内 JDK 调整和程序编译环境调整。

1．中间件内 JDK 调整

在 Servers 窗口中，单击"Configure Server Connector"，将打开相应的中间件配置页面，进行 JDK 修改，如图 2.22 所示。

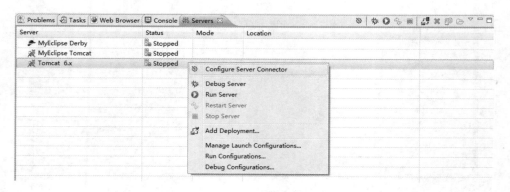

图 2.22 中间件内调整 JDK

2．源程序工程内 JDK 调整

在创建的项目工程上，单击"Properties"，然后单击"Java Build Path"，又在图 2.23 中，修改源工程 JDK。

3．程序编译环境调整

在创建的项目工程上，单击"Properties"，然后单击"Java Compiler"，如图 2.24 所示。

图 2.23　修改源程序 JDK　　　　　　图 2.24　修改编译环境

2.3　微信 Web 开发者工具

在微信公众号开发过程中，对于微信内置浏览器页面的开发，读者通常需要在微信中输入 URL 链接进行开发和调试工作，由于移动设备的诸多限制，在样式调整、功能修复、接口调试等问题上存在诸多不便，为帮助开发者更方便、更安全地开发和调试基于微信的网页，推出了 Web 开发者工具。

2.3.1　开发工具安装

微信 Web 开发者工具是一个桌面应用，通过模拟微信客户端的表现，使得开发者可以使用这个工具方便地进行开发和调试工作，如图 2.25 所示，读者在地址栏中输入页面地址即可对页面进行调试。

Windows 64 位版本下载地址：

https://mp.weixin.qq.com/debug/cgi-bin/webdebugger/download?from=mpwiki&os=x64

Windows 32 位版本下载地址：

https://mp.weixin.qq.com/debug/cgi-bin/webdebugger/download?from=mpwiki&os=x86

Mac 版本下载地址：

https://mp.weixin.qq.com/debug/cgi-bin/webdebugger/download?from=mpwiki&os=darwin

图 2.25 修改编译环境

2.3.2 授权微信 Web 开发者工具

读者可以在微信 Web 开发者工具中单击"登录",然后使用手机微信扫码,使用真实的用户身份来授权登录如图 2.26 所示,可以完成以下操作:

- 使用登录的微信号调试网页授权功能。
- 调试、检验页面的 JS-SDK 相关功能与权限,模拟大部分 SDK 的输入和输出。
- 使用基于 weinre 的移动调试功能(目前不支持 Https)。
- 利用集成的 Chrome DevTools 协助开发。

为了保障开发者身份信息的安全,微信公众平台需要开发者微信号与微信 Web 开发者工具建立绑定关系,只有拥有微信开发者工具调试权限的微信号才可能够进行微信开发者工具调试开发。

图 2.26 授权登录 Web 开发者工具

备注:订阅号、服务号中开发者微信号可在 Web 开发者工具中进行本公众号的开发和调试的人数为 10 人,而企业号中权限人数上限为管理员的人数。

1. 微信订阅号、服务号绑定

登录管理后台(https://mp.weixin.qq.com/),【设置】|【开发工具】|【web 开发者工具】|【进入】|【绑定开发者微信号】,如图 2.27 所示。

图 2.27 订阅号、服务号的绑定

2. 微信企业号绑定

登录管理后台（https://qy.weixin.qq.com/），【设置】|【功能设置】|【web 开发者工具】，单击开启，如图 2.28 所示。

备注：企业号中管理员仅能开启自身权限，无法直接设置其他人微信开发工具调试权限。

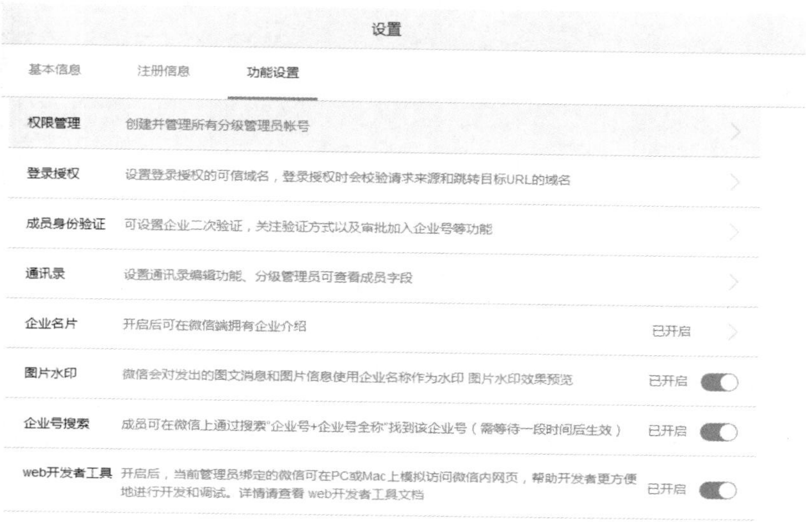

图 2.28　微信企业号的绑定

2.3.3　开发调试

启动微信 Web 开发者工具之后，当前管理员绑定的微信可在 PC 或 Mac 上模拟访问微信内网页，实现以下调试功能：

- 通过 Console 控制台查看输出页面信息，方法为：console.log("obj",obj)。
- 通过 Elements 控制台查看页面元素，包括 div、style 等。
- 通过 Sources 查看访问资源，如 JS、图片、Html、Jsp 等文件资源。
- 通过 Network 浏览请求服务列表，查询请求参数及返回结果，用于调试微信各类接口，查询接口状况，如图 2.29 所示。

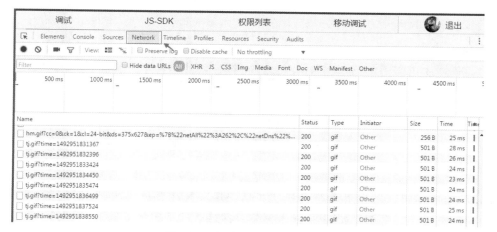

图 2.29　查看网络请求 Network

- 通过 Resources 查看应用数据存储情况，如：查看 HTML 5 特性 Local Storage、Web SQL 等本地缓存数据，用于单页面应用开发，如图 2.30 所示。

图 2.30 查看应用数据存储情况

- 通过"JS-SDK"查看 JS-API 模式中的接口运行情况。
- 通过"权限列表"查询 JS-API 接口授权情况，查询当前页面具有何种 JS 权限。

使用技巧：对于需要查看实际手机运行情况的链接，可以通过【QQ】|【我的设备】，向手机发送调试链接，减少 URL 链接输入失误。

2.4 申请测试号

测试号是一个无需公众账号就能够快速接入的开发的账号，测试号的申请与其他公众号申请相比较申请流程简单，开发也更便捷；登录时使用微信扫码确认即可，读者在百度（www.baidu.com）中输入"微信测试号"（如图 2.31 所示）单击微信公众平台，或者在浏览器中输入 https://mp.weixin.qq.com/debug/cgi-bin/sandbox?t=sandbox/login，单击"登录"即可扫码。

图 2.31 测试号申请

读者扫码登录后进入测试号管理工作台，获得公众号唯一标识、管理组密钥、配置回调链接等，如图 2.32 所示。

注意：测试号的接口调用虽然大部分开放，但需要注意调用频率，如：主动请求令牌 access_token 每日调用上限为 2 000 次，需要缓存处理（详细介绍请参照 3.3 节介绍）。

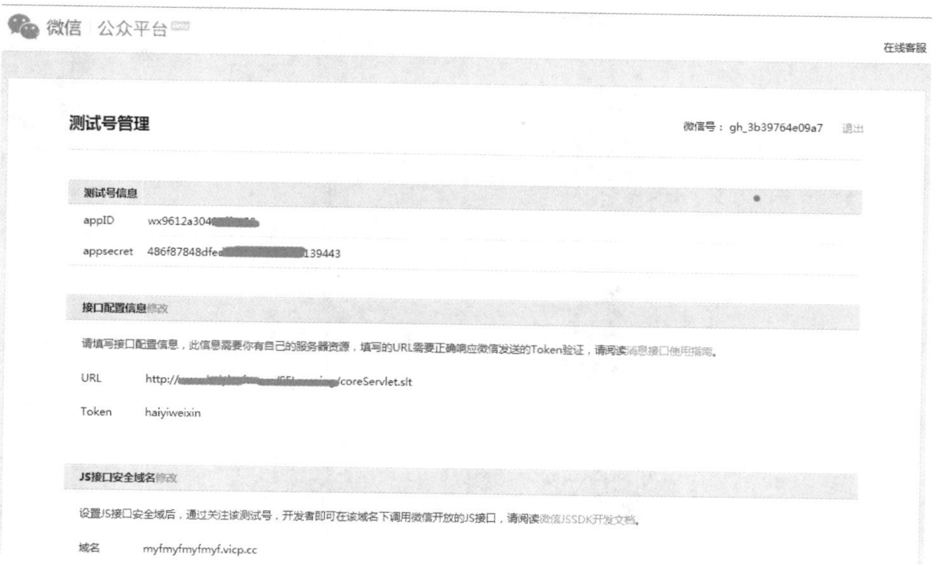

图 2.32　测试号管理工作台

2.5　JSON 数据格式

JSON（JavaScript Object Notation, JS 对象标记）是一种轻量级的数据交换格式，也是在微信公众号开发过程中常用的数据格式之一，读者通过主动调用的微信接口（由读者系统发起的操作，如：发送消息、菜单生成与管理、access_token 获取、用户管理等）全部使用 JSON 格式进行传输，被动接受及响应则是 XML 数据格式，为了让读者更好地学习微信公众号开发，本节将带领读者了解、掌握 JSON 格式数据的创建与使用。

2.5.1　JSON 数据介绍

JSON 是一种完全独立于编程语言的文本格式，具有易读、易扩展、高效率传输等特点，常用的 JSON 类型有对象类型、数组类型以及对象数组类型。

1. 对象类型

JSON 对象类型，并非 JS 对象，JSON 对象类型以键值对的方式保存数据，键/值对组合中的键名写在前面并用 """ 包裹，键值之间使用 ":" 分隔，使用 "{}" 保存对象，示例代码如下：

```
{"name": "muyunfei"}
```

2. 数组类型

JSON 数组类型以 "[]" 包裹，数据之间以 ","（逗号）分割，示例代码如下：

```
[
    "name",
    "muyunfei"
]
```

3. 对象数组类型

对象数组类型是对象类型与数据类型的混合应用，也是比较常见的方式，在微信中多条数据均是采用对象数组类型，示例代码如下：

```
{
    "kf_list": [
        {
            "kf_account": "test1@test",
            "kf_nick": "ntest1",
            "kf_id": "1001",
            "kf_headimgurl": ""
        },
        {
            "kf_account": "test2@test",
            "kf_nick": "ntest2",
            "kf_id": "1002",
            "kf_headimgurl": ""
        }
    ]
}
```

2.5.2 在页面中的应用

在 JS 语言中，一切都是对象，因此其任何支持的类型都可以通过 JSON 格式来表示，但是 JSON 并非对象，而是 JS 对象的字符串表示法，它使用文本表示一个 JS 对象的信息，本质是一个字符串，两者的对比如下：

- JS 对象

```
var obj = {name: muyunfei', userId: '123'};
```

备注：注意键名也是可以使用引号包裹的，但是最外层无引号。

- JSON 数据

```
var json = '{"name": "muyunfei", "userId": "123"}'
```

JSON 数据用于数据传输，JS 对象在页面开发中更为方便，要实现从对象转换为 JSON 字符串，使用 JSON.stringify() 方法；要实现从 JSON 转换为对象，则使用 JSON.parse()方法，示例代码如下：

```
//JSON 转对象
var obj = JSON.parse('{"name": "muyunfei", "userId": "123"}');
//对象转 JSON
var json = JSON.stringify({name: 'muyunfei', userId: '123'});
```

备注：也可以通过 eval('(' + jsonstr + ')')将 json 转为字符串，但不建议使用，了解即可。eval 能够执行 json 串中的表达式；JSON 对象在 IE 7、IE 6 中不存在需要引入 json.js 文件。

2.5.3 在 Java 中的应用

Java 开发对 JSON 对象的操作有多种类包，如：org.json.JSONObject、Google-Gson 和 net.sf.json.JSONObject 等，当然读者也可以自定义自己的 JSON 类包。这里为读者介绍 net.sf.json 如何实现 JSON 格式数据与对象之间的转换，其中 net.sf.json.JSONObject 和 net.sf.json.JSONArray 提供了 fromObject()方法，能够方便的将 Object 或 List 转传换成 Json 格式数据，极大的减少了开发者的拼接失误，示例代码如下：

```java
package myf.caption2;

import java.util.ArrayList;
import java.util.List;

import net.sf.json.JSONArray;
import net.sf.json.JSONObject;

/**
 * JSON数据格式转换
 *
 * @author muyunfei
 *
 *<p>Modification History:</p>
 *<p>Date                Author              Description</p>
 *<p>------------------------------------------------------------------</p>
 *<p>8 4, 2016           muyunfei            新建</p>
 */
public class JsonTestMain {
    public static void main(String[] args) {
        //对象转json对象
        JsonTestMain testMain = new JsonTestMain();
        User user = testMain.new User("muyunfei",20160804);
        JSONObject obj2Json = JSONObject.fromObject(user);
        //User 对象必须有get方法
        //输出信息{"name":"muyunfei","userId":20160804}
        System.out.println(obj2Json);

        //JSON 对象转字符串对象
        //输出信息{"name":"muyunfei","userId":20160804}
        System.out.println(obj2Json.toString());

        //List 转 JSON 数组
        List<Object> list = new ArrayList<Object>();
        list.add("list1");
        list.add(123L);
        list.add(111);
        JSONArray jsonArray = JSONArray.fromObject(list);
        //输出信息["list1",123,111]
        System.out.println(jsonArray);

        //JSON 数组转字符串
        //输出信息["list1",123,111]
        System.out.println(jsonArray.toString());
    }
public class User{
    private String name;//字符串
    private long  userId;//数字
    public User(){};
    public User(String name,long userId){
        this.name = name;
```

```
        this.userId = userId;
    }
    public String getName() {
        return name;
    }
    public long getUserId() {
        return userId;
    }
}
```

注意：不同 JSON 包中的 JSONObject 不能够直接转换。

2.5.4 小实例：JSON 对象转换

为了更好地理解 JSON 数据的传递以及使用，本节将包含用户名（name）和密码的用户对象（User）传递至前台进行解析处理，创建 jsonDemo.jsp 页面，通过<%%>创建代码片段，用于生成 JSON 格式字符串（jsonStr），并且将 jsonStr 存入页面隐藏域（<input type="hidden"）中，通过 eval('(' + jsonVal + ')')将 JSON 格式的字符串转换成 JSON 对象进行操作，获取用户对象（User）中的用户名，示例代码如下：

```
<%@ page language="java" contentType="text/html; charset=GBK"
    pageEncoding="GBK"%>
<%@page import="myf.caption2.User"%>
<%@page import="net.sf.json.JSONObject"%>
<%
    //对象转 json 对象
    User user = new User("muyunfei",20160804);
    JSONObject obj2Json = JSONObject.fromObject(user);
    String jsonStr = obj2Json.toString();
%>
<html>
    <head>
        <title>练一练: json 数据格式</title>
    </head>
    <body style="overflow: hidden;" >
        <div id="val" style="width: 100%;height: 100%"></div>
        <input type="hidden" id="demoVal" value='<%=jsonStr%>'>
    </body>
    <script>
    <!--
        var demo = function(){
            //获取 json 字符串
            var jsonVal = document.getElementById("demoVal").value;
            //转换成 json 对象
            var json = eval('(' + jsonVal + ')');
            //输出 json 值
            console.log("json:",json);
            //alert("用户名:"+json.name);
            document.getElementById("val").innerHTML="用户名:"+json.name;
        };
        demo();
```

```
        -->
        (function(){
            //获取json字符串
            var jsonVal = document.getElementById("demoVal").value;
            //转换成json对象
            var json = eval('(' + jsonVal + ')');
            //输出json值
            console.log("json:",json);
            //alert("用户名:"+json.name);
            document.getElementById("val").innerHTML="---用户名:"+json.name;
        })();
    </script>
</html>
```

备注：(function(){....})()相当于定义一个 demo 函数然后再执行 demo()函数。

2.6 XML 数据格式

在微信公众号开发中，所有由被动调用（微信公众号调用读者服务的方式）接收、响应的信息全部以 XML 数据格式进行交互，因此读者们了解、掌握 XML 数据格式的生成与解析也是必要的，本节将为读者演示如何生成和解析 XML 格式数据；为接下来的微信公众号开发打下良好的基础。

2.6.1 XML 数据介绍

XML（Extensible Markup Language 可扩展标记语言），也被称为文件扩展名，是一种具有结构性的标记语言，可以用来传递数据、定义数据类型及作为生成各类文件的万能模板，是一种允许用户对自己的标记语言进行自定义的源语言，XML 示例如下：

```
<?xml version="1.0" encoding="UTF-8"?>
<ToUserName><![CDATA[toUser]]></ToUserName>
<FromUserName><![CDATA[fromUser]]></FromUserName>
<CreateTime>1348831860</CreateTime>
<MsgType><![CDATA[text]]></MsgType>
<Content><![CDATA[this is a test]]></Content>
<MsgId>1234567890123456</MsgId>
<AgentID>1</AgentID>
```

备注：CDATA 是由<![CDATA["开始"]]>结束的文本数据，表示不由 XML 解析器进行解析的纯文本字符串（Unparsed Character Data），能够解决"<"和"&"等特殊字符问题，避免 XML 解析错误。

2.6.2 生成 XML 数据

XML 内容以标签形式展示，标签必须以"<>"开头，以"</ >"结尾，通过自定义的 XML 标签传输或者存储数据，在 Java 中其生成方式也是多种多样，有 DOM、JDOM、DOM4J 和 SAX 等方式，读者可以通过 com.thoughtworks.xstream 提供的方式来生成 XML，首先我们需要重写 XStream 类,使其能够支持特殊字符的传输（CDATA），获得 XStream 对象 xstream，然后通过 xstream.alias 设置 XML 格式,通过 xstream.toXML 对 xml 内容进行填充，示例代码如下：

```java
private XStream xstream = new XStream(new XppDriver() {
    public HierarchicalStreamWriter createWriter(Writer out) {
        return new PrettyPrintWriter(out) {
            // 对所有xml节点的转换都增加CDATA标记
            boolean cdata = true;
            @SuppressWarnings("unchecked")
            public void startNode(String name, Class clazz) {
                super.startNode(name, clazz);
            }
            protected void writeText(QuickWriter writer, String text) {
                if (cdata) {
                    writer.write("<![CDATA[");
                    writer.write(text);
                    writer.write("]]>");
                } else {
                    writer.write(text);
                }
            }
        };
    }
});
```

2.6.3 解析XML数据

上一节内容讲解了如何创建XML格式数据，本节将换一种方式，以W3C的方式为读者演示如何解析XML数据，使读者更好地掌握XML数据的操作，引入org.w3c.dom，通过创建XML解析器解析XML数据，示例代码如下：

```java
public static void main(String[] args) {
    //通过com.thoughtworks.xstream生成XML
    XmlTestMain xmlClassMain = new XmlTestMain();
    User user = new User("牟云飞",123456);//内部类
    xmlClassMain.xstream.alias("xml", user.getClass());
    String xmlString = xmlClassMain.xstream.toXML(user);
    System.out.println(xmlString);

    //通过w3c解析数据
    try {
        //创建XML解析器
        DocumentBuilderFactory dbf = DocumentBuilderFactory.newInstance();
        DocumentBuilder db = dbf.newDocumentBuilder();
        StringReader sr = new StringReader(xmlString);
        InputSource is = new InputSource(sr);
        //获得XML各个标签（节点）信息
        Document document = db.parse(is);
        Element root = document.getDocumentElement();
        //获得节点名字为name的标签内容
        NodeList nodelist_name = root.getElementsByTagName("name");
        String name = nodelist_name.item(0).getTextContent();
        System.out.println("name:"+name);
    } catch (Exception e) {
```

```
            e.printStackTrace();
        }
    }
```

输出 XML 数据中的 name 节点内容：

name:牟云飞

备注：获得的内容中会自动取出 CDATA 标记，CDATA 的目的是为了向解析器传达该内容为字符串内部字符，无须进行解析，解析器处理后会将 CDATA 标记进行清除。

2.6.4 小实例：用户信息生成与解析

创建用户信息对象（User）存入用户基本信息，将用户基本转换成 XML 数据，并且解析 XML 数据，使读者深入掌握 XML 数据的操作，用户基本信息对象如下：

```java
public class User{
    private String name;//用户名
    private long userId;//
    public User(){};
    public User(String name,long userId){
        this.name = name;
        this.userId = userId;
    }
    public String getName() {
        return name;
    }
    public long getUserId() {
        return userId;
    }
}
```

通过 2.6.2 节介绍的 xstream.toXML 生成 XML 格式的用户信息，使用 W3C 进行解析数据，示例代码如下：

```java
package com.haiyisoft.ep.framework.filter;

import java.io.StringReader;
import java.io.Writer;
import javax.xml.parsers.DocumentBuilder;
import javax.xml.parsers.DocumentBuilderFactory;
import org.w3c.dom.Document;
import org.w3c.dom.Element;
import org.w3c.dom.NodeList;
import org.xml.sax.InputSource;
import com.thoughtworks.xstream.XStream;
import com.thoughtworks.xstream.core.util.QuickWriter;
import com.thoughtworks.xstream.io.HierarchicalStreamWriter;
import com.thoughtworks.xstream.io.xml.PrettyPrintWriter;
import com.thoughtworks.xstream.io.xml.XppDriver;
/**
 * XML 数据格式生成与解析
 *<p>Modification History:</p>
 *<p>Date                    Author            Description</p>
 *<p>------------------------------------------------------------------</p>
```

```java
 *<p>8 4, 2016          muyunfei            新建</p>
 */
public class XmlTestMain {
    public static void main(String[] args) {
        //通过com.thoughtworks.xstream生成XML
        XmlTestMain xmlClassMain = new XmlTestMain();
        User user = new User("牟云飞",123456);//内部类
        xmlClassMain.xstream.alias("xml", user.getClass());
        String xmlString = xmlClassMain.xstream.toXML(user);
        System.out.println(xmlString);
        System.out.println("--------------------------");
        System.out.println("--     解析xml数据        ------");
        System.out.println("--------------------------");
        //通过w3c解析数据
        try {
            //创建XML解析器
            DocumentBuilderFactory dbf = DocumentBuilderFactory.newInstance();
            DocumentBuilder db = dbf.newDocumentBuilder();
            StringReader sr = new StringReader(xmlString);
            InputSource is = new InputSource(sr);
            //获得XML各个标签(节点)信息
            Document document = db.parse(is);
            Element root = document.getDocumentElement();
            //获得节点名字为name的标签内容
            NodeList nodelist_name = root.getElementsByTagName("name");
            String name = nodelist_name.item(0).getTextContent();
            System.out.println("name:"+name);
        } catch (Exception e) {
            e.printStackTrace();
        }

    }

    /**
     * 扩展xstream使其支持CDATA
     * 内部类 XppDriver
     */
    private XStream xstream = new XStream(new XppDriver() {
        public HierarchicalStreamWriter createWriter(Writer out) {
            return new PrettyPrintWriter(out) {
                // 对所有xml节点的转换都增加CDATA标记
                boolean cdata = true;

                @SuppressWarnings("unchecked")
                public void startNode(String name, Class clazz) {
                    super.startNode(name, clazz);
                }

                protected void writeText(QuickWriter writer, String text) {
                    if (cdata) {
                        writer.write("<![CDATA[");
                        writer.write(text);
```

```
                    writer.write("]]>");
                } else {
                    writer.write(text);
                }
            }
        };
    }
});
}
```

输出结果如下图 2.33 所示。

图 2.33 解析 XML 格式数据结果

备注：CDATA 部分不能包含字符串 "]]>"，也不允许嵌套 CDATA 部分，标记 CDATA 部分结尾的 "]]>"中不能包含空格或折行。

2.7 HttpClients 使用技巧

HttpClients 是 Apache 下的子项目，提供高效、功能丰富、支持 HTTP 协议的客户端编程工具包，主要分为 HttpGet 和 HttpPost 两种请求，本节将介绍这两种请求的实现，为接下来的微信公众号开发做好铺垫。

2.7.1 发送 Get 请求

Get 方式是通过在请求链接中拼接参数的形式请求数据，链接以"？"分割 URL 和传输数据，参数之间以"&"相连，在不同浏览器中对 Get 形式请求的参数具有一定的限制。在 HttpClient 中 HttpGet 是以 Get 方式向请求服务请求数据，操作实现主要分为 6 步：

（1）创建 HttpClients 连接 HttpClients.createDefault()。
（2）创建 HttpGet 请求实例 new HttpGet()。
（3）设置响应处理方法 ResponseHandler<JSONObject>。
（4）执行请求 httpclient.execute(httpget, responseHandler)。
（5）处理消息体。
（6）关闭连接 httpclient.close()。

完整代码如下：

```
//创建连接
CloseableHttpClient httpclient = HttpClients.createDefault();
try {
    //创建httpGet实例
    HttpGet httpget = new HttpGet("https://qyapi.weixin.qq.com/cgi-bin/gettoken?corpid="+corpid+"&corpsecret="+corpsecret);
    // 设置响应处理
    ResponseHandler<JSONObject> responseHandler = new ResponseHandler<JSONObject>() {
        public JSONObject handleResponse(
                final HttpResponse response) throws ClientProtocolException, IOException {
            //返回状态
            int status = response.getStatusLine().getStatusCode();
            //判断状态是否异常
            if (status >= 200 && status < 300) {
                HttpEntity entity = response.getEntity();
                if(null!=entity){
                    String result= EntityUtils.toString(entity);
                    //根据字符串生成JSON对象
                    JSONObject resultObj = JSONObject.fromObject(result);
                    return resultObj;
                }else{
                    return null;
                }
            } else {
                throw new ClientProtocolException("Unexpected response status: " + status);
            }
        }
    };
    //执行请求，返回的json对象
    JSONObject responseBody = httpclient.execute(httpget, responseHandler);
    String token="";
    if(null!=responseBody){
        token= (String) responseBody.get("access_token");//返回token
    }
```

```
        //System.out.println("----------------------------------------");
        //System.out.println("access_token:"+responseBody.get("access_token"));
        //System.out.println("expires_in:"+responseBody.get("expires_in"));
        httpclient.close();
        return token;
    }catch (Exception e) {
        e.printStackTrace();
        return "";
    }
}
```

使用技巧：httpclient 连接的创建可以使用默认构造 CloseableHttpClient httpclient = HttpClients.createDefault()，大部分情况下 HttpClient 默认的构造函数已经足够使用。

2.7.2 发送 Post 请求

Post 方式请求具有安全性更好，无参数长度限制等特点，在 HttpClint 中 HttpPost 类实现数据的 Post 请求，详细操作实现主要分为 8 步：

（1）创建 HttpClients 连接 HttpClients.createDefault()。

（2）创建请求数据实体，如 JSON 格式请求实体 StringEntity myEntity = new StringEntity (jsonContext, ContentType.create("text/plain", "UTF-8"))。

（3）创建 HttpPost 请求实例 new HttpPost ()。

（4）HttpPost 绑定数据请求实体 httpPost.setEntity(myEntity)。

（5）设置响应处理方法 new ResponseHandler<JSONObject>()。

（6）执行请求 httpclient.execute(httpPost, responseHandler)。

（7）处理消息体。

（8）关闭连接 httpclient.close()。

完整代码如下所示：

```
//创建一个httpClient链接
CloseableHttpClient httpclient = HttpClients.createDefault();
//需要访问的链接
String url=" https://qyapi.weixin.qq.com/cgi-bin/message/send?access_token=";
//新建一个post请求
HttpPost httpPost= new HttpPost(url);
//发送json格式的数据
StringEntity myEntity = new StringEntity(jsonContext,
         ContentType.create("text/plain", "UTF-8"));
 //设置需要传递的数据
 httpPost.setEntity(myEntity);
 // 创建response 相应事件
ResponseHandler<JSONObject> responseHandler = new ResponseHandler<JSONObject>() {
    //对访问结果进行处理
    public JSONObject handleResponse(
            final HttpResponse response) throws ClientProtocolException, IOException {
         //返回状态
        int status = response.getStatusLine().getStatusCode();
        //返回结果是否异常
        if (status >= 200 && status < 300) {
            HttpEntity entity = response.getEntity();
            //返回结果是否有数据
```

```
                    if(null!=entity){
                        String result= EntityUtils.toString(entity);
                        //根据字符串生成JSON对象
                        JSONObject resultObj = JSONObject.fromObject(result);
                        return resultObj;
                    }else{
                        return null;
                    }
                } else {
                    //异常抛出异常信息，使用try..catch...捕获
                    throw new ClientProtocolException("Unexpected response status: " + status);
                }
            }
        };
    //执行请求，返回json对象
    JSONObject responseBody = httpclient.execute(httpPost, responseHandler);
    //输出对象信息
    System.out.println(responseBody);
    //获得json中的数据
    int result= (Integer) responseBody.get("errcode");
    if(0==result){
        flag=true;
    }else{
        flag=false;
    }
    //关闭链接
    httpclient.close();
```

备注：ResponseHandler做URL请求的响应处理，由ORB在调用期间提供给 servant，允许 servant 稍后检索用来返回调用结果的 OutputStream。

2.7.3　获取请求结果数据流

数据流（输入流和输出流）是开发中文件操作的常用方式，犹如流水管道，一端输入流，一端输出流完成数据的传递。通过HttpClient中的response.getEntity().getContent()获得请求结果，对请求结果通过分包的形式进行分段获取，示例代码如下：

```
//请求微信账单数据
CloseableHttpClient httpclient = HttpClients.createDefault();
HttpPost httpPost= new HttpPost("https://api.mch.weixin.qq.com/pay/downloadbill");
//发送json格式的数据
StringEntity myEntity = new StringEntity(requestParam.toString(),
        ContentType.create("text/plain", "UTF-8"));
//设置需要传递的数据
httpPost.setEntity(myEntity);
//返回的json对象
CloseableHttpResponse response = httpclient.execute(httpPost);
HttpEntity responseEntity = response.getEntity();
InputStream in = responseEntity.getContent();
String result ="";
int count = 0 ;
byte[] b = new byte[1024];
```

```
        while((count = in.read(b))!=-1){
            result += new String(b, 0, count, "UTF-8");
        }
        in.close();
        response.close();
        System.out.println(result);
```

2.7.4 小实例：通过 HttpClients 实现网络爬虫数据抓取

通过前几节的学习，相信大家对 HttpClients 的应用已经有了基本地了解，本节将通过一个小的实例，从实践角度介绍利用 HttpClients 实现简单的网络爬虫功能，获取页面信息，本实例的基本思路如下：

（1）首先获取需要获取资源的网站地址创建 HttpClients。
（2）通过 StringEntity 设置请求参数，以 Post 方式进行传递实现数据请求。
（3）请求成功后，从 CloseableHttpResponse 中获取数据流。
（4）最后通过输入流与输出流实现数据抓取、存取以及数据解析。

示例代码如下：

```java
package com.muyunfei.ep.framework.filter;
import java.io.InputStream;
import org.apache.http.HttpEntity;
import org.apache.http.client.methods.CloseableHttpResponse;
import org.apache.http.client.methods.HttpPost;
import org.apache.http.entity.ContentType;
import org.apache.http.entity.StringEntity;
import org.apache.http.impl.client.CloseableHttpClient;
import org.apache.http.impl.client.HttpClients;
/**
 * 网络爬虫数据抓取
 *<p>Modification History:</p>
 *<p>Date                    Author           Description</p>
 *<p>-------------------------------------------------------------------</p>
 *<p>8 4, 2016               muyunfei         新建</p>
 */
public class InternetWorm {
    public static void main(String[] args) {
        try{
            //URL 链接
            String imageUrl = "http://blog.csdn.net/myfmyfmyfmyf/article/details/XXXXX";
            CloseableHttpClient httpclient = HttpClients.createDefault();
            HttpPost httpPost= new HttpPost(imageUrl);
            //发送 json 格式的数据
            StringEntity myEntity = new StringEntity("{}",
                    ContentType.create("text/plain", "UTF-8"));
            //设置需要传递的数据
            httpPost.setEntity(myEntity);
            //返回的 json 对象
            CloseableHttpResponse response = httpclient.execute(httpPost);
            HttpEntity responseEntity = response.getEntity();
            InputStream in =  responseEntity.getContent();
```

```
            String result ="";
            int count = 0 ;
            byte[] b = new byte[1024];
            while((count = in.read(b))!=-1){
                result += new String(b, 0, count, "UTF-8");
            }
            in.close();
            response.close();
            System.out.println(result);
        }catch (Exception e) {
            // TODO: handle exception
            e.printStackTrace();
        }
    }
}
```

备注：HttpClients 应用场景比较多，除数据抓取之外，也能够实现 webservice、rest、servlet 等接口的调用，具体实现各位读者可以在网络中自行搜索学习，在此不再赘述。

2.8　HttpURLConnection 使用技巧

HttpURLConnection 是 URLConnection 的子类，位于 java.net 包中，提供一些特别针对于 HTTP 协议的附加功能，可以方便地访问网络上的资源，上一节中我们介绍了 HttpClients 的使用，本节将介绍 HttpURLConnection 如何传递和获取数据。

2.8.1　发送 JSON 数据请求

HttpURLConnection 通过 setRequestMethod 设置消息传递方式（GET、POST 方式），传递 JSON 等数据信息；数据的请求及相应结果均通过输入/输出流获得，示例代码如下。

```
import java.io.File;
import java.io.FileOutputStream;
import java.io.InputStream;
import java.io.OutputStream;
import java.net.HttpURLConnection;
import java.net.URL;
/**
 * HttpURLConnection 的使用
 */
public class TestMain {
public static void main(String[] args) {
    String
jsonContext="{\"accessFileId\":\"QUBS0z4o-cLtnHbKh_6PmVY3kZ1wLri0RgLgBqHij025-lbER8
                                                    TLb4WNrL4SV0hJ\"}";
    try {
        URL urlObj = new URL("http://***/webservice.slt?action=getImageFromMediaId");
        HttpURLConnection con = (HttpURLConnection) urlObj.openConnection();
    // http 正文内，因此需要设为 true，默认情况下是 false;
        con.setDoOutput(true);
        // 设置是否从 httpUrlConnection 读入，默认情况下是 true;
        con.setDoInput(true);
```

```
            // 以Post方式提交表单，默认get方式
            con.setRequestMethod("POST");
            con.setUseCaches(false); // post方式不能使用缓存
            // 设置请求头信息
            //con.setRequestProperty("Connection", "Keep-Alive");
            con.setRequestProperty("Charset", "UTF-8");
            //必须加数据请求格式
            con.setRequestProperty("Content-Type",
                    "text/json");
            OutputStream out = con.getOutputStream();
            //向输出流中写入信息
            out.write(jsonContext.getBytes());
            //清空输出流并关闭
            out.flush();
            out.close();
            //获得输入流
            InputStream in = con.getInputStream();
            //输入流信息如果是图片
            OutputStream outputStream = new FileOutputStream(new File("G:\\app\\aaa.jpg"));
             //添加一个头部文件
             byte[] bytes = new byte[1024];
            int cnt=0;
            while ((cnt=in.read(bytes,0,bytes.length)) != -1) {
                outputStream.write(bytes, 0, cnt);
            }
            outputStream.flush();
            outputStream.close();
            in.close();
            System.out.println("------------------"+con.getContentType());

        }catch (Exception e) {
            // TODO: handle exception
        }

    }
}
```

注意：数据请求必须增加数据格式，否则将无法获取，如传递 JSON 格式数据可以写成：con.setRequestProperty("Content-Type","text/json")。setRequestMethod 默认请求方式为 Get 方式。

HttpURLConnection 获取数据也是使用流的形式，代码如下：

```
// 从输入流读取内容
BufferedReader br = new BufferedReader(new InputStreamReader(req.getInputStream()));
String line = null;
StringBuilder sb = new StringBuilder();
while((line = br.readLine())!=null){
sb.append(line);
}
//调整编码格式
//String content=URLDecoder.decode(sb.toString(), HTTP.ISO_8859_1);
//获得数据传递内容
String content=sb.toString();
```

使用技巧：对于 JSON 格式数据，可以使用 JSON 包(net.sf.json.JSONObject)提供的 JSONObject.fromObject()方法。

2.8.2 发送文件类型请求

在微信公众号开发中，文件操作也是常见的，如：向微信公众号上传图片、语音等，也可以通过 HttpURLConnection 实现，实现方式与传递 JSON 等普通数据相似，通过输出流来输出请求信息，由输入流进行接收响应信息，示例代码如下：

```java
/**
 * 第一部分
 */
URL urlObj = new URL("https://qyapi.weixin.qq.com/cgi-bin/media/upload?access_token="+ token
        + "&type=file");
HttpURLConnection con = (HttpURLConnection) urlObj.openConnection();
con.setRequestMethod("POST"); // 以 Post 方式提交表单，默认 get 方式
con.setDoInput(true);
con.setDoOutput(true);
con.setUseCaches(false); // post 方式不能使用缓存
// 设置请求头信息
con.setRequestProperty("Connection", "Keep-Alive");
con.setRequestProperty("Charset", "UTF-8");
// 设置边界
String BOUNDARY = "----------" + System.currentTimeMillis();
con.setRequestProperty("Content-Type", "multipart/form-data; boundary="+ BOUNDARY);
// 请求正文信息
// 第一部分:
StringBuilder sb = new StringBuilder();
sb.append("--"); // 必须多两道线
sb.append(BOUNDARY);
sb.append("\r\n");
sb.append("Content-Disposition: form-data;name=\"media\";filename=\""+ "info.csv" + "\"\r\n");
sb.append("Content-Type:application/octet-stream\r\n\r\n");
byte[] head = sb.toString().getBytes("utf-8");
// 获得输出流
OutputStream out = new DataOutputStream(con.getOutputStream());
// 输出表头
out.write(head);
// 文件正文部分
// 把文件已流文件的方式推入到 url 中
DataInputStream in = new DataInputStream(new ByteArrayInputStream(content.getBytes()));
int bytes = 0;
byte[] bufferOut = new byte[1024];
while ((bytes = in.read(bufferOut)) != -1) {
    out.write(bufferOut, 0, bytes);
}
in.close();
// 结尾部分
byte[] foot = ("\r\n--" + BOUNDARY + "--\r\n").getBytes("utf-8");// 定义最后数据分隔线
out.write(foot);
out.flush();
out.close();
```

```java
    StringBuffer buffer = new StringBuffer();
    BufferedReader reader = null;
    try {
        // 定义BufferedReader输入流来读取URL的响应
        reader = new BufferedReader(new InputStreamReader(con.getInputStream()));
        String line = null;
        while ((line = reader.readLine()) != null) {
        //System.out.println(line);
         buffer.append(line);
        }
        if(result==null){
         result = buffer.toString();
        }
    } catch (IOException e) {
        System.out.println("发送POST请求出现异常！" + e);
        e.printStackTrace();
        throw new IOException("数据读取异常");
    } finally {
        if(reader!=null){
            reader.close();
        }
    }
}
```

使用技巧：con.getContentType()可用于获取请求的数据格式。

2.8.3 小实例：通过 HttpURLConnection 实现网络爬虫数据抓取

在开发中读者要有"任何功能在代码实现方式上并不唯一"的想法，上一节的实例中，我们讲解了如何通过 HttpClients 实现网络爬虫数据抓取功能，同样网络爬虫数据的抓取也可以通过 HttpURLConnection 实现，这一节的小实例我们仍然选取这个功能，便于读者对比学习的同时，更有助于帮助读者深刻理解"实现方式并不唯一"的道理。

本实例的基本思路如下：

将资源网站地址通过 URL 进行初始化，由 HttpURLConnection 打开连接获得输入流，从输入流中获取网站数据，进而实现数据的存储与解析，实现自身业务场景。

示例代码如下：

```java
package com.muyunfei.ep.framework.filter;
import java.io.BufferedReader;
import java.io.InputStream;
import java.io.InputStreamReader;
import java.net.HttpURLConnection;
import java.net.URL;
/**
* 网络爬虫数据抓取
*<p>Modification History:</p>
*<p>Date                     Author              Description</p>
*<p>-----------------------------------------------------------------</p>
*<p>8 4, 2016                muyunfei            新建</p>
*/
public class InternetWorm_HttpURLConnection {
    public static void main(String[] args) {
        try {
            URL urlObj = new URL("http://blog.csdn.net/myfmyfmyfmyf/article/details/53462659");
```

```
            HttpURLConnection con = (HttpURLConnection) urlObj.openConnection();
            // http 正文内，因此需要设为 true，默认情况下是 false；
            con.setDoOutput(true);
            // 设置是否从 httpUrlConnection 读入，默认情况下是 true；
            con.setDoInput(true);
            // 以 Post 方式提交表单，默认 get 方式
            //con.setRequestMethod("POST");
            con.setUseCaches(false); // post 方式不能使用缓存
            // 设置请求头信息
            //con.setRequestProperty("Connection", "Keep-Alive");
            con.setRequestProperty("Charset", "UTF-8");
            //必须加数据请求格式
            con.setRequestProperty("Content-Type",
                    "text/json");
            InputStream out = con.getInputStream();
    // 从输入流读取内容
            BufferedReader br = new BufferedReader(new InputStreamReader(out));
            String line = null;
            StringBuilder sb = new StringBuilder();
            while((line = br.readLine())!=null){
               sb.append(line);
            }
            //调整编码格式
            //String content=URLDecoder.decode(sb.toString(), HTTP.ISO_8859_1);
            //获得数据传递内容
            String content=sb.toString();
            System.out.println(content);
        }catch (Exception e) {
            // TODO: handle exception
            e.printStackTrace();
        }
    }
}
```

备注：读者在进行数据获取时需要注意编码格式；如果出现了编码错误，可以通过 URLDecoder.decode 或者 new String 进行编码转换。

2.9 Properties 配置文件

配置文件主要用于读取系统启动所需的参数，实现项目产品化以及热启动等效果，文件类型包括 Properties 文件、XML 文件、meta 文件等等，本节将为读者演示 Properties 配置文件的使用，帮助读者掌握如何使用 Properties 文件。

2.9.1 Properties 文件介绍

Properties 文件是 Java 语言中的一种配置文件，与 XML 不同的是 Properties 内容以键值对的形式进行表示，这样能方便程序部署时进行数据参数修改。

在项目产品化中 Properties 也是关键的一部分，项目产品化即对同一程序中的不同情况进行部署，微信公众号的开发是比较适合产品化的，产品化中的个性化差异可以通过数据库配置、XML 配置、Properties 文件配置等方式解决，有兴趣的读者可以详细了解，这里将为读者介绍其中的一种：Properties 文件的配置读取。

2.9.2 小实例：项目产品化配置信息

在工程目录 src 下创建 Properties 文件，命名为"connection.properties"，并添加测试数据（这里向读者演示的是数据库连接信息的获取，当然读者可以采用 hibernate 在 XML 中配置，这里只是做文件操作演示），Properties 文件内容如下：

```
driver=oracle.jdbc.driver.OracleDriver
url=jdbc:oracle:thin:@localhost:1521:orcl
user=shop
pwd=123456
```

接下来采用静态块的方式，获取 Properties 文件信息

```java
package com.myfactory;
import java.util.ResourceBundle;
public class Myfactory {
    public static String driver;
    public static String url;
    public static String user;
    public static String pwd;
    //静态块
    static{
        //方法一
        ResourceBundle rsb = ResourceBundle.getBundle("connection");
        driver = rsb.getString("driver");
        url = rsb.getString("url");
        user = rsb.getString("user");
        pwd = rsb.getString("pwd");
        //方法二
        //Properties properties = new Properties();
        //InputStream in = WxUtil.class.getClassLoader().
        //              getResourceAsStream("com/service/wxConfig.properties");
        //properties.load(in);
        //messageCorpId = properties.get("corpId")+"";
    }
}
```

备注：静态块在类加载时将优先被执行。需要注意的是并不是所有的信息都需要进行 Properties 文件配置，部分信息可以使用 static final 的形式进行定义，而且配置程度越高的产品越需要进行证书、加密、防止混淆等操作，防止盗卖等现象。

2.10 在线接口调试

微信在线调试平台，是微信公众号开发的又一力作，方便开发者模拟场景测试代码逻辑，能够帮助读者检测调用 API 时发送的请求参数是否正确，是否能够获得服务器的验证结果，接口调试工具访问地址：https://mp.weixin.qq.com/debug/，详细步骤如下：

（1）选择需要调试的接口类型，包括建立连接、管理素材文件等。
（2）选择接口列表，确定需要调试的接口，并填写接口信息（红色星号表示该字段必填），如图 2.34。

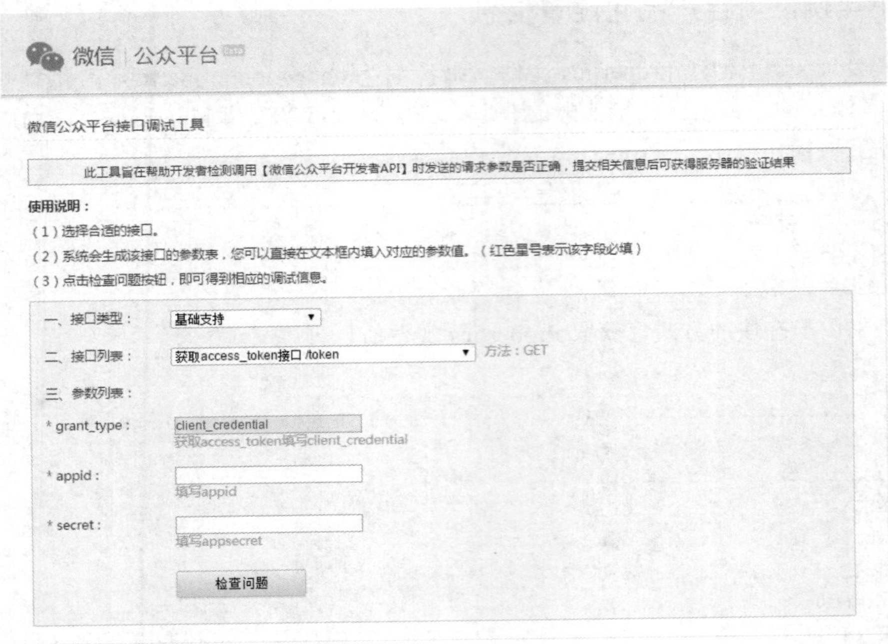

图 2.34　选择接口列表

（3）填写完成之后，单击"检查问题"，请求数据无误后将返回结果信息，如图 2.35，读者可以根据结果信息查看接口调用是否存在问题。

图 2.35　接口调试正确返回结果

备注：在线测试结果不会向关注用户发送任何内容，所以可以放心测试。

2.11 发布外网服务

既然微信公众号开发是一个特殊的 B/S 手机网站，那么外网域名则是必须的，读者公众号服务需要通过外网域名才能够发送微信接口指令；同样，通过外网域名，微信公众号才能推送客户操作信息、连接开发的项目功能及页面，实现读者服务与微信公众号之间的互动操作和信息传递，从而使客户正常使用微信公众号。

本节将使用内网版花生壳简单演示如何利用花生壳发布外网域名，对于有条件的读者可以直接向公司申请二级域名（备案的 ICP 域名下增加二级域名）；对于没有域名的读者，可以申请花生壳等服务商，将获得免费的外网域名。

打开花生壳之后，"双击"申请的域名，打开域名配置页面，如图 2.36 所示，填写"应用名称""内网主机""端口号"即可。

图 2.36 发布外网服务

建议：读者在开发时可以使用客户或者自己企业的域名，因为在公众号正式部署时必须使用 ICP 备案的域名，个人新申请的域名不具备 ICP 备案的条件。对于测试号开发的话，可以使用没有备案的域名。

2.12 综合实例：微信公众号开发入门之 HelloWorld

HelloWorld 程序是在计算机开发学习中常见的例子工程，代表一个新的程序诞生，向世界问候；本节将通过向微信公众号发送 HelloWorld 信息，使读者能够快速地掌握如何请求公众号接口唯一票据 access_token 以及如主动何发送信息。

首先通过公众号标识（AppId）以及公众号密钥（AppSecret）请求、获取接口唯一票据 access_token，因为只有正确、有效的 access_token 才能够进行接口调用，实现 HelloWorld 消息的发送。

代码如下：

```java
/**
 * 获取 token
 * @param messageAppId
 * @param messageSecret
 * @return
 */
public synchronized static  String getTokenFromWx(String messageAppId,String messageSecret){
    //获取的标识
    String accessToken="";
    CloseableHttpClient httpclient = HttpClients.createDefault();
    try {
//利用 get 形式获得 token
        HttpGet httpget = new HttpGet("https://api.weixin.qq.com/cgi-bin/token?" +
"grant_type=client_credential&appid="+messageAppId+"&secret="+messageSecret);
        // Create a custom response handler
        ResponseHandler<JSONObject> responseHandler = new ResponseHandler<JSONObject>() {
            public JSONObject handleResponse(
                    finalHttpResponseresponse)throwsClientProtocolException, IOException {
                int status = response.getStatusLine().getStatusCode();
                if (status >= 200 && status < 300) {
                    HttpEntity entity = response.getEntity();
                    if(null!=entity){
String result= EntityUtils.toString(entity);
                        //根据字符串生成JSON对象
                    JSONObject resultObj = JSONObject.fromObject(result);
                    return resultObj;
                    }else{
return null;
                    }
                } else {
                    throw new ClientProtocolException("Unexpected response status: "
                                                    + status);
                }
            }
        };
        //返回的 json 对象
        JSONObject responseBody = httpclient.execute(httpget, responseHandler);
String token= (String) responseBody.get("access_token");//返回 token
//token 有效时间
Long accessTokenInvalidTime=Long.valueOf(responseBody.get("expires_in")+"");
System.out.println("获得的accesstoken值: "+token);
System.out.println("accesstoken有效期: "+accessTokenInvalidTime+"秒");
        accessToken=token;
        httpclient.close();
    }catch (Exception e) {
        e.printStackTrace();
    }
```

```
            return accessToken;
    }
```

接下来创建"消息发送"方法，利用获得的access_token进行微信接口调用实现消息发送，接口具有输入参数和输出参数，输入参数为接口请求数据，输出参数为结果数据，两者均是JSON格式的字符串数据，可以通过net.sf.json.JSONObject（详细介绍请参照2.5.3）进行格式化。接口调用方式这里采用2.7节介绍的HttpClient调用方式。

示例代码如下：

```
    /**
     * 发送消息
     * @param jsonContext   json字符串
     * @param messageAppId  微信公众号标识
     * @param messageSecret 管理组凭证密钥
     * @return
     */
    public JSONObject sendHelloWordMsg(String messageAppId,String messageSecret){
        String jsonContext="{"
                +"\"filter\":{"
                    +"\"is_to_all\":true"
                +"},"
                +"\"text\":"
                +"{"
                    +"\"content\":\"" +
                    "微信公众号入门 HelloWorld\r\n" +
                    "==================" +
                    "\r\n" +
                    "(内容支持超链接、换行)\r\n" +
                    "感谢您对本书的支持！\r\n" +
                    "作者: 牟云飞\r\n" +
                    "博客: <a href='http://blog.csdn.net/myfmyfmyfmyf?viewmode=contents' >牟云飞博客地址</a>\r\n" +
                    "微信: 15562579597\r\n" +
                    "\""
                +"},"
                +"\"msgtype\":\"text\""
                +"}";
        //获得token
        String token=getTokenFromWx(messageAppId,messageSecret);
        System.out.println("token:"+token);
        boolean flag=false;
        try {
            CloseableHttpClient httpclient = HttpClients.createDefault();
            HttpPost httpPost= new HttpPost("https://api.weixin.qq.com/cgi-bin/message/mass/sendall?access_token="+token);
            //发送json格式的数据
            StringEntity myEntity = new StringEntity(jsonContext,
                    ContentType.create("text/plain", "UTF-8"));
            //设置需要传递的数据
            httpPost.setEntity(myEntity);
            // Create a custom response handler
            ResponseHandler<JSONObject> responseHandler = new
```

```java
ResponseHandler<JSONObject>() {
        //对访问结果进行处理
            public JSONObject handleResponse(
                    finalHttpResponseresponse)throwsClientProtocolException,
IOException {
                int status = response.getStatusLine().getStatusCode();
                if (status >= 200 && status < 300) {
                    HttpEntity entity = response.getEntity();
                    if(null!=entity){
        String result= EntityUtils.toString(entity);
                    //根据字符串生成JSON对象
                    JSONObject resultObj = JSONObject.fromObject(result);
                    return resultObj;
                     }else{
        return null;
                    }
                } else {
                    throw new ClientProtocolException("Unexpected response status: " +
                                                                                status);
                }
            }
        };
    //返回的json对象
    JSONObject responseBody = httpclient.execute(httpPost, responseHandler);
    System.out.println(responseBody);
    //输出信息
    //{"errcode":0,"errmsg":"send job submission success","msg_id":1000000011}
    httpclient.close();
    return responseBody;
    } catch (Exception e) {
        // TODO Auto-generated catch block
        e.printStackTrace();
    }
    return null;
}
```

备注：返回结果可以通过创建内部类 new ResponseHandler<JSONObject>进行接收解析，当结果中的 errcode 返回为 0 时，表示消息推送成功。

读者可以通过 main 方法进行"消息发送"方法的调用。

示例代码如下：

```java
package myf.caption2;
/**
* 微信公众号入门
*
* @author 牟云飞
*
*<p>Modification History:</p>
*<p>Date            Author           Description</p>
*<p>-------------------------------------------------------------</p>
*<p>11 30, 2016     muyunfei         新建</p>
*/
import java.io.IOException;
import net.sf.json.JSONObject;
```

```
import org.apache.http.HttpEntity;
import org.apache.http.HttpResponse;
import org.apache.http.client.ClientProtocolException;
import org.apache.http.client.ResponseHandler;
import org.apache.http.client.methods.HttpGet;
import org.apache.http.client.methods.HttpPost;
import org.apache.http.entity.ContentType;
import org.apache.http.entity.StringEntity;
import org.apache.http.impl.client.CloseableHttpClient;
import org.apache.http.impl.client.HttpClients;
import org.apache.http.util.EntityUtils;
public class WXHelloWord {
    //主程序
    public static void main(String[] args) {
        WXHelloWord helloWord= new WXHelloWorld();
        String messageAppId = "XXXX";
        String messageSecret = "XXXXXXXXXXXX";
        helloWord.sendHelloWorldMsg(messageAppId,messageSecret);
    }
    /**
    此处为 sendHelloWordMsg(String messageAppId,String messageSecret)方法
    */
}
```

运行后，微信客户端将接收到 HelloWorld 信息，如图 2.37 所示。

图 2.37 微信公众号入门 HelloWorld

备注：发送文本内容支持换行与超链接的方式，发送的消息类型分为群发消息、模板消息和客服消息；不同的消息类型能够在不同的情况下发送不同格式的消息，详细说明将在第 3 章介绍。

第 3 章　主动调用推送信息

通过前两章的学习，读者们已经了解了微信公众号的分类、作用以及使用场景，掌握了微信开发的基础知识。本章将深入学习微信开发，学习如何向关注用户推送微信信息，了解微信公众号主动调用模式；通过本章的学习使读者掌握主动调用下的几种消息发送方式、各类消息的消息结构以及如何进行数据缓存处理等。

本章主要涉及到的知识点有：
- 主动调用：掌握主动调用模式的基础知识，学习群发、客服、模板消息的使用场景；
- 消息令牌：学会如何申请 access_token，如何对 access_token 数据进行缓存处理；
- 群发消息：学会如何群发消息，了解各类群发消息的信息结构；
- 模板消息：了解模板消息的运用规则，学会如何申请、发送模板信息；
- 客服消息：掌握客服消息的推送限制，学会如何正确推送客服信息；
- 消息推送案例：通过各类消息的示例，掌握如何主动调用推送的各类消息，如何通过本章所学的知识，正确调用微信接口。

3.1　主动调用模式介绍

主动调用模式是微信开发常用的模式之一，由商户系统主动发起，通过调用微信公众号接口实现向用户发送消息或维护公众号信息，如：生成微信公众号菜单、推送群发消息、推送模板消息、推送 48 小时内客服消息、维护图片等素材、用户标签管理等。简单的说，由微信公众号向客户推送消息，即为主动调用。主动调用是微信开发中最基本的连接模式，在调用接口过程中具有以下特点：
- 传递顺序：商户系统通过微信公众号向用户推送信息或商户系统设置微信公众号；
- 访问协议：采用 HTTPS 协议的方式；
- 数据格式：JSON 数据格式；
- 数据编码方式：UTF8 编码；
- 访问域名：https://api.weixin.qq.com（企业号为 https://qyapi.weixin.qq.com）；
- 加密方式：数据包不需要加密。
- 在每次主动调用微信公众号接口时需要带上 access_tocken 参数，access_tocken 的详细说明将在 3.2 节中介绍。

备注： HTTPS 协议是具有安全性的 SSL 加密传输协议，企业号访问域名为 https://qyapi.weixin.qq.com。

在微信公众号接口主动调用中，接口调用并不是无限制的，为了防止公众号的程序错误而引发微信服务器负载异常；默认情况下，每个公众号调用接口都不能超过一定限制（如下表 3.1 所示），当超过一定限制时，调用对应接口会收到如下错误返回码：

`{"errcode":45009,"errmsg":"api freq out of limit"}`

表 3.1 新注册公众号主动调用接口权限限制

接　　口	每日限额	接　　口	每日限额
获取 access_token	2 000	下载多媒体文件	10 000
自定义菜单创建	1 000	发送客服消息	500 000
自定义菜单查询	10 000	高级群发接口	100
自定义菜单删除	1 000	上传图文消息接口	10
创建分组	1 000	删除图文消息接口	10
获取分组	1 000	获取带参数的二维码	100 000
修改分组名	1 000	获取关注者列表	500
移动用户分组	100 000	获取用户基本信息	5 000 000
上传多媒体文件	5 000		

备注：测试号接口调用上限与服务号调用上限不同，为保证正常运行的公众号不受影响，读者开发时可以通过测试号进行开发。

由于使用时间和业务等因素，接口调用限额有所不同，每个公众号实际的接口限额读者可以登录微信公众平台，在账号后台开发者中心接口权限模板查看账号各接口当前的日调用上限和实时调用量，如图 3.1 所示为笔者自己公众号的权限限制。

图 3.1 微信公众号接口每日调用量说明

备注：当接口实时调用量达到该接口日可调用上限的 60%及以上时，在操作一列将出现"调用量清零"，开发者可根据自身需要决定是否清零。

对于认证账号可以对实时调用量清零，说明如下：
（1）实时调用量数据统计由于统计时间等原因可能会出现误差，一般误差在1%以内。
（2）每个帐号每月共10次清零操作机会，包括了平台上的清零和调用接口API的清零。
（3）第三方帮助公众号调用时，实际上是在消耗公众号自身的清零数量。
（4）每个有接口调用限额的接口都可以进行清零操作。

对于临时性的，为了解决读者预期在当前接口调用限额下，未来几天会出现调用限额不足的问题，读者可以申请临时调整，如下图3.2所示。

图3.2　申请公众号接口临时调用量

读者在提升临时接口限额时，需要注意以下几点：
（1）临时接口调用量的使用期限是自审核通过生效当天起15天内。
（2）申请临时接口调用量通过并生效后，全部接口的调用量均会相应提高（一般提高至现有调用限额的10倍）。
（3）临时提高接口调用上限每3个月可申请生效一次。
（4）临时接口调用量到期后会立即恢复至原常规接口调用限额。

注意：临时接口调用上限提高后，平台会对接口调用情况进行评估，若发现在生效的15天使用期内没有利用好接口资源，平台将会给予适当惩处。

3.2　申请 access_token

access_token 是公众号接口调用的全局唯一票据，是每次"主动调用"公众号接口时必须携带的参数（换言之，带有 access_token 的请求即为主动调用），由字符串组成，并且具有一定访问频率和有效期，需要定时刷新获取。

access_token 参数是由 AppID 和 AppSecret 调用接口获得。AppID 是微信公众号应用 ID，是公众号在微信中的唯一标识，即每个公众号拥有唯一的 AppID。AppSecret 是管理组凭证密钥，成功申请微信公众号后会在【开发】|【基本配置】中进行设置生成，如下图3.3所示（为了账号安全，公众平台对 AppSecret 不进行存储，如果遗忘需要进行重置）。

图 3.3　配置管理组凭证密钥 AppSecret

3.2.1　access_token 获取限制

access_token 的获取具有以下两个限制：

（1）调用频率限制

不可以在每次主动调用时重新申请，需要一个 access_token 获取和刷新的中控服务器，否则会造成 access_token 超过限制，导致微信公众号无法正常发送信息而影响业务。

（2）有效时限制

access_token 具有一定的时效性，目前是 7 200 秒，具体的有效期通过返回的 expire_in 进行传达，中控服务器不仅需要内部定时主动刷新，还需要提供被动刷新 access_token 的接口，这样便于业务服务器在 API 调用获知 access_token 已超时（接收 42001 错误，返回码说明见附录一）的情况下，可以触发 access_token 的刷新流程，进行被动刷新。

备注：AppID 在企业号中被称为 CorpID，企业号获取 CorpID 时是通过【我的企业】|【企业信息】获得，而订阅号、服务号、测试号则是通过【开发】|【基本配置】获得。AppSecret 在企业号中的每个自建应用都对应一个 AppSecret，而订阅号、服务号、测试号则是仅有一个 AppSecret。

3.2.2　申请 access_token 票据接口详细说明

当读者主动调用公众号接口时，公众号后台会根据此次访问的 access_token、校验访问的合法性以及所对应的管理组的管理权限来返回相应的结果；申请 access_token 票据接口详细说明如下：

（1）Https 请求链接

https://api.weixin.qq.com/cgi-bin/token?grant_type=client_credential&appid=APPID&secret=APPSECRET

（2）数据请求方式

使用 Get 方式进行数据请求。

（3）参数说明：详细说明如下表 3.2 所示。

表 3.2　申请 access_token 请求参数说明

参　　数	是否必须	说　　明
grant_type	是	获取 access_token 填写 client_credential
appid	是	微信公众号唯一标识 CorpID
secret	是	Appsecret，唯一凭证密钥

（4）权限说明

在订阅号、服务号、测试号中，Secret 仅有一个，用于接口调用密钥。

备注：在企业号中 Secret 并不唯一，不同的管理组拥有不同的 Secret。

（5）执行结果说明

- 执行正确，返回的正确 JSON 结果如下：

```
{
  "access_token": "accesstoken000001",
  "expires_in": 7200
}
```

结果详细说明，见表 3.3。

表 3.3　执行正确返回 JSON 数据说明

参　　数	说　　明
access_token	获取到的凭证长度为 64～512 个字节
expires_in	凭证的有效时间（秒）

- 返回的失败的 JSON 结果如下：

```
{
  "errcode": 43003,
  "errmsg": "require https"
}
```

结果详细说明，见表 3.4。

表 3.4　返回错误 JSON 数据说明

参　　数	说　　明
errcode	返回错误码，详见附录
errmsg	返回错误说明

3.2.3　申请 access_token 完整示例代码

完整的示例代码如下：

```java
package myf.caption3.demo3_2;

import java.io.IOException;
import net.sf.json.JSONObject;
import org.apache.http.HttpEntity;
import org.apache.http.HttpResponse;
import org.apache.http.client.ClientProtocolException;
import org.apache.http.client.ResponseHandler;
import org.apache.http.client.methods.HttpGet;
import org.apache.http.impl.client.CloseableHttpClient;
import org.apache.http.impl.client.HttpClients;
import org.apache.http.util.EntityUtils;
/**
 * 申请token
 * @author 牟云飞
 *<p>Modification History:</p>
```

```java
 *<p>Date               Author              Description</p>
 *<p>-------------------------------------------------------------</p>
 *<p>11 30, 2016         muyunfei            新建</p>
 */
public class ApplyAccessToken_main {

    public static void main(String[] args) {
        String token = ApplyAccessToken_main.getToken("输入appID", "输入管理组密钥");
        System.out.println("--------------------------");
        System.out.println("获得的Token为:"+token);
        System.out.println("--------------------------");
    }

    //获取微信token
    public static String getToken(String appID,String secret){
        CloseableHttpClient httpclient = HttpClients.createDefault();
        try {
    //利用get形式获得token
            HttpGet httpget = new HttpGet("https://api.weixin.qq.com/cgi-bin/token?" +
            "grant_type=client_credential&appid="+appID+"&secret="+secret);
            // Create a custom response handler
            ResponseHandler<JSONObject> responseHandler = new ResponseHandler<JSONObject>() {

                public JSONObject handleResponse(
                    final HttpResponse response) throws ClientProtocolException,
IOException {
                    int status = response.getStatusLine().getStatusCode();
                    if (status >= 200 && status < 300) {
                        HttpEntity entity = response.getEntity();
                        if(null!=entity){
    String result= EntityUtils.toString(entity);
                    //根据字符串生成JSON对象
                JSONObject resultObj = JSONObject.fromObject(result);
                return resultObj;
                        }else{
    return null;
                        }
                    } else {
                        throw new ClientProtocolException("Unexpected response status: "
                                                                    + tatus);
                    }
                }
            };
            //返回的json对象
            JSONObject responseBody = httpclient.execute(httpget, responseHandler);
            String token="";
            if(null!=responseBody){
    token= (String) responseBody.get("access_token");//返回token
            }
            //System.out.println("-----------------------------------------");
            //System.out.println("access_token:"+responseBody.get("access_token"));
            //System.out.println("expires_in:"+responseBody.get("expires_in"));
```

```
            httpclient.close();
            return token;
        }catch (Exception e) {
            e.printStackTrace();
    return "";
        }
    }
}
```

输出信息如图 3.4 所示。

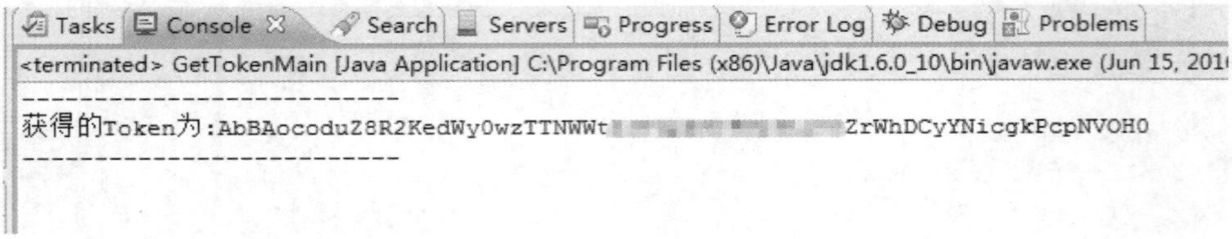

图 3.4　输出 Token 信息

备注：access_token 需要至少保留 512 字节的存储空间，在 Java 中使用 String 即可，因为 String 的 count 为 int 类型，所以完全不用担心存储空间的问题。

3.3　access_token 的缓存处理

access_token 是主动模式下重要的接口票据，利用 access_token 便可以调用微信公众号所提供的各种接口，向关注人员发送各类信息，同时查看、管理各类资源。access_token 在使用过程中具有一定的调用频率限制和有效期。对于超过调用频率的公众号，再次发起 access_token 票据申请，微信将返回错误提示代码。对于已经超过有效期的 token，也无法正常使用微信各接口，并返回错误提示（详细错误说明见附录一）。正常情况下，access_token 的有效期为 7 200 秒（目前是 7 200 秒，以返回结果中的 expires_in 为准），有效期内重复获取将获得相同的结果。由于 access_token 的时效性以及频率限制，因此在微信公众号开发过程中，access_token 是必须要进行缓存处理的。

注意：早期版本的 access_token 支持有效期内续期，于 2016 年 3 月 11 日取消自动续期功能。

3.3.1　access_token 的缓存处理流程

本节将向读者演示如何对 access_token 进行缓存处理，可能有一部分读者通过网络下载了 access_token 缓存处理包，其实可以利用简单的几行代码即可完成一个缓存操作，本节我们讲解的是通过"static"静态全局变量，完成 access_token 数据缓存。

（1）定义三个静态的全局变量 access_token（获得票据）、access_token_date（获得票据的时间）以及 accessTokenInvalidTime（票据的有效时间，默认 7 200 秒），示例代码如下：

```
//主动调用：发送消息 AccessTokentoken
public static String access_token;
//主动调用：请求 token 的时间
public static Date access_token_date;
//token 有效时间,默认 7200 秒,每次请求更新,用于判断 token 是否超时
public static long accessTokenInvalidTime=7200L;
```

（2）处理过程中，优先判断通过 access_token 是否为空，为空则直接向公众号申请 access_token，如果不为空，则借助 access_token_date（申请时间）判断 access_token 是否在有效时间内，如在有效时间内则直接返回缓存的 access_token，否则向公众号申请新的 access_token，并保存 access_token_date 和 access_token，详细处理流程如图 3.5 所示。

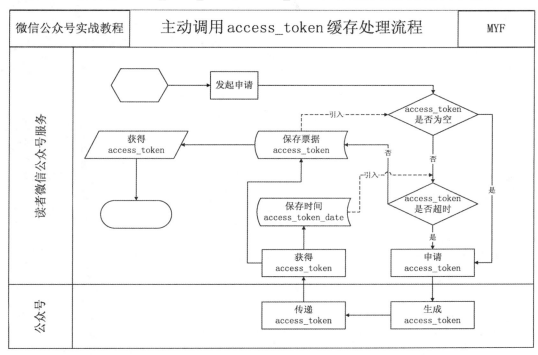

图 3.5　access_token 缓存处理流程

3.3.2　access_token 缓存处理完整示例代码

完整示例代码如下所示：

```java
package myf.caption3.demo3_3;

import java.io.IOException;
import java.util.Date;
import net.sf.json.JSONObject;
import org.apache.http.HttpEntity;
import org.apache.http.HttpResponse;
import org.apache.http.client.ClientProtocolException;
import org.apache.http.client.ResponseHandler;
import org.apache.http.client.methods.HttpGet;
import org.apache.http.impl.client.CloseableHttpClient;
import org.apache.http.impl.client.HttpClients;
import org.apache.http.util.EntityUtils;

/**
 * Token缓存处理
 * @author 牟云飞
 *<p>Modification History:</p>
 *<p>Date            Author            Description</p>
```

```java
 *<p>------------------------------------------------------------------</p>
 *<p>11 30, 2016            muyunfei            新建</p>
 */
public class TokenSession {
    public static void main(String[] args) {
        System.out.println(TokenSession.getTokenFromWx());
    }

    //主动调用：发送消息AccessTokentoken
    public static String access_token;
    //主动调用：请求token的时间
    public static Date access_token_date;
    //token有效时间,默认7200秒,每次请求更新,用于判断token是否超时
    public static long accessTokenInvalidTime=7200L;

    /**
     * 从微信获得access_token
     * @return
     */
    public static String getTokenFromWx(){
        //微信公众号唯一标识
        String appID="****";//请读者改成自己的AppID
        //管理组凭证密钥
        String secret="****"; //请读者改成自己的Secret
        //获取的标识
        String token="";
        //1、判断access_token是否存在，不存在的话直接申请
        //2、判断时间是否过期，过期(>=7200秒)申请，否则不用请求直接返回以后的token
        if(null==access_token||"".equals(access_token)||(new Date().getTime()-access_token_date.getTime())>=((accessTokenInvalidTime-200L)*1000L)){
            CloseableHttpClient httpclient = HttpClients.createDefault();
            try {
                //利用get形式获得token
                HttpGet httpget = new HttpGet("https://api.weixin.qq.com/cgi-bin/token?" +
                        "grant_type=client_credential&appid="+appID+"&secret="+secret);
                // Create a custom response handler
                ResponseHandler<JSONObject> responseHandler = new ResponseHandler<JSONObject>() {
                    public JSONObject handleResponse(
                            final HttpResponse response) throws ClientProtocolException, IOException {
                        int status = response.getStatusLine().getStatusCode();
                        if (status >= 200 && status < 300) {
                            HttpEntity entity = response.getEntity();
                            if(null!=entity){
                                String result= EntityUtils.toString(entity);
                                //根据字符串生成JSON对象
                                JSONObject resultObj = JSONObject.fromObject(result);
                                return resultObj;
                            }else{
                                return null;
                            }
                        } else {
```

```
            throw new ClientProtocolException("Unexpected status: " + status);
        }
    }
};
//返回的json对象
JSONObject responseBody = httpclient.execute(httpget, responseHandler);
//正确返回结果,进行更新数据
if(null!=responseBody&&null!=responseBody.get("access_token")){
    //设置全局变量
    token= (String) responseBody.get("access_token");//返回token
    //更新token有效时间
    accessTokenInvalidTime=Long.valueOf
                    (responseBody.get("expires_in")+"");
    //设置全局变量
    access_token=token;
    access_token_date=new Date();
}
        httpclient.close();
    }catch (Exception e) {
        e.printStackTrace();
    }
}else{
 token=access_token;
}
    return token;
}
```

备注：这里将更新时间设置成了 7 000 秒（accessTokenInvalidTime-200L），而不是官网的 7 200 秒，目的是为了防止因服务器时间延迟而造成系统异常，读者可以自行修改刷新时间，因为最新版本的 access_token 存在强制过期，建议读者在接口调用时增加 access_token 的被动失效刷新。

3.4 封装主动调用类

前几章读者已经学习了什么是微信公众号主动调用，如何发起主动调用；为了更好的学习以及实战体验，本章将对所用的主动调用进行封装，形成 WxUtil 工具类，包括 token 请求及缓存处理、接口主动调用等封装，目录接口如图 3.6 所示。

创建微信工具类 WxUtil.java，通过工具类进行接口的使用，本类的知识点包括：

图 3.6　WxUtil 工具类主动调用

- 通过 static{} 静态块进行初始化。
- 静态块中通过 properties 文件对微信公众号所需参数进行初始化。
- 微信请求令牌 access_token 的申请。
- access_token 的缓存处理。
- 在 Java 中通过 HttpClient 进行 url 数据请求。

（1）创建 Java 类 WxUtil.java，用于存放微信公共方法以及静态变量数据。

代码如下：

```java
package myf.caption3.demo3_4;

import java.io.FileInputStream;
import java.io.IOException;
import java.io.InputStream;
import java.util.Date;
import java.util.Properties;
import net.sf.json.JSONObject;
import org.apache.http.HttpEntity;
import org.apache.http.HttpResponse;
import org.apache.http.client.ClientProtocolException;
import org.apache.http.client.ResponseHandler;
import org.apache.http.client.methods.HttpGet;
import org.apache.http.client.methods.HttpPost;
import org.apache.http.entity.ContentType;
import org.apache.http.entity.StringEntity;
import org.apache.http.impl.client.CloseableHttpClient;
import org.apache.http.impl.client.HttpClients;
import org.apache.http.util.EntityUtils;
/**
 * 微信开发工具类
 *
 * @author 牟云飞
 *
 *<p>Modification History:</p>
 *<p>Date                    Author            Description</p>
 *<p>------------------------------------------------------------------</p>
 *<p>11 30, 2016             muyunfei          新建</p>
 */
public class WxUtil {

    //主动调用: 发送消息 AccessTokentoken
    public static String access_token;
    //主动调用: 请求 token 的时间
    private static Date access_token_date;
    //token 有效时间,默认 7200 秒,每次请求更新,用于判断 token 是否超时
    private static long accessTokenInvalidTime=7200L;
    //微信标识 appID
    public static  String messageAppId;
    // 管理组凭证密钥
    public static  String messageSecret;
    //域名
    public static String webUrl;
```

（2）static{}静态块是在类被加载时执行的，且仅会被执行一次，可以用于初始化静态变量。在微信开发中，使用 static{}静态块读取 properties 文件中的微信公众号开发参数，从而实现微信参数的初始化。

代码如下：

```java
    //主动调用: 发送消息 AccessTokentoken
```

```java
    public static String access_token;
    //主动调用：请求token的时间
    private static Date access_token_date;
    //token有效时间,默认7200秒,每次请求更新,用于判断token是否超时
    private static long accessTokenInvalidTime=7200L;
    //微信标识appID
    public static String messageAppId;
    // 管理组凭证密钥
    public static String messageSecret;
    //域名
    public static String webUrl;

    /**
     * 静态块，初始化数据
     */
    static{
        try{
            Properties properties = new Properties();
            //InputStream in = WxUtil.class.getClassLoader().getResourceAsStream
                                                ("myf/wxConfig.properties");
            InputStream in =new FileInputStream(new java.io.File("E:/java/Workspaces/
                                    WX_DEMO_FUWU/src/myf/wxConfig.properties"));

            properties.load(in);
            messageAppId = properties.get("messageAppId")+"";
            messageSecret = properties.get("messageSecret")+"";
            webUrl = properties.get("webUrl")+"";
            in.close();
        }catch(Exception e){
            e.printStackTrace();
        }
    }
```

（3）access_token 是微信公众号主动调用必须携带的参数，代码调用次数较多并且需要进行缓存处理，因而将其封装到 WxUtil 工具类中，公共方法为 getTokenFromWx。

代码如下：

```java
/**
 * 从微信获得access_token
 * @return
 */
public static String getTokenFromWx(){
    //获取的标识
    String token="";
    //1、判断access_token是否存在,不存在的话直接申请
    //2、判断时间是否过期,过期(>=7200秒)申请,否则不用请求直接返回以后的token
    if(null==access_token||"".equals(access_token)||(newDate().getTime()-access_tok
en_date.getTime())>=((accessTokenInvalidTime-200L)*1000L)){
        CloseableHttpClienthttpclient = HttpClients.createDefault();
    try {
```

```java
            System.out.println(messageAppId);
            System.out.println(messageSecret);
            //利用 get 形式获得 token
HttpGet httpget = new HttpGet("https://api.weixin.qq.com/cgi-bin/token?" +
"grant_type=client_credential&appid="+messageAppId+"&secret="+messageSecret);
            // Create a custom response handler
ResponseHandler<JSONObject> responseHandler = new ResponseHandler<JSONObject>() {
publicJSONObjecthandleResponse(
finalHttpResponse response) throws ClientProtocolException, IOException {
int status = response.getStatusLine().getStatusCode();
if (status >= 200 && status < 300) {
HttpEntity entity = response.getEntity();
if(null!=entity){
    String result= EntityUtils.toString(entity);
                //根据字符串生成 JSON 对象
            JSONObjectresultObj = JSONObject.fromObject(result);
            returnresultObj;
}else{
    return null;
            }
                } else {
throw new ClientProtocolException("Unexpected status: " + status);
            }
            }
        };
            //返回的 json 对象
JSONObjectresponseBody = httpclient.execute(httpget, responseHandler);
            //正确返回结果，进行更新数据
if(null!=responseBody&&null!=responseBody.get("access_token")){
            //设置全局变量
            token= (String) responseBody.get("access_token");//返回 token
            //更新 token 有效时间
accessTokenInvalidTime=Long.valueOf(responseBody.get("expires_in")+"");
            //设置全局变量
access_token=token;
access_token_date=new Date();
            }
httpclient.close();
}catch (Exception e) {
            e.printStackTrace();
        }
}else{
    token=access_token;
    }
    return token;
}
```

（4）微信接口调用从请求方式上分为 Get 和 Post 请求，因此我们创建 createPostMsg 和 createGetMsg 公共方法用于向实现微信接口调用，实现代码复用，减少代码冗余。公共方法通过 HttpClient 进行 url 数据请求。

代码如下：

```java
/**
 *发起主动调用   Post方式
 * @param context
 * @return
 */
public static JSONObject createPostMsg(String url , String context) {
    String jsonContext=context;
    //获得token
    String token=WxUtil.getTokenFromWx();
    System.out.println(token);
    try {
        CloseableHttpClient httpclient = HttpClients.createDefault();
        HttpPost httpPost= new HttpPost(url+token);
        //发送json格式的数据
        StringEntity myEntity = new StringEntity(jsonContext,
                ContentType.create("text/plain", "UTF-8"));
        //设置需要传递的数据
        httpPost.setEntity(myEntity);
        // Create a custom response handler
        ResponseHandler<JSONObject> responseHandler = new ResponseHandler<JSONObject>() {
            //对访问结果进行处理
            public JSONObject handleResponse(
                    finalHttpResponseresponse)throwsClientProtocolException,
                    IOException {
                int status = response.getStatusLine().getStatusCode();
                if (status >= 200 && status < 300) {
                    HttpEntity entity = response.getEntity();
                    if(null!=entity){
                        String result= EntityUtils.toString(entity);
                        //根据字符串生成JSON对象
                        JSONObject resultObj = JSONObject.fromObject(result);
                        return resultObj;
                    }else{
                        return null;
                    }
                } else {
                    throw new ClientProtocolException("Unexpected response status: "
                            + status);
                }
            }
        };
        //返回的json对象
        JSONObject responseBody = httpclient.execute(httpPost, responseHandler);
        //System.out.println(responseBody);
        httpclient.close();
        return responseBody;
    } catch (Exception e) {
        // TODO Auto-generated catch block
        e.printStackTrace();
    }
    return null;
}
```

```java
/**
 * 发起主动调用  Get方式
 * @param context
 * @return
 */
public static JSONObject createGetMsg(String url) {
    //获得token
    String token=WxUtil.getTokenFromWx();
    System.out.println(token);
    try {
        CloseableHttpClient httpclient = HttpClients.createDefault();
        HttpGet httpGet= new HttpGet(url+token);
        // Create a custom response handler
        ResponseHandler<JSONObject> responseHandler = new ResponseHandler<JSONObject>() {
            //对访问结果进行处理
            public JSONObject handleResponse(
                    finalHttpResponseresponse)throwsClientProtocolException,IOException {
                int status = response.getStatusLine().getStatusCode();
                if (status >= 200 && status < 300) {
                    HttpEntity entity = response.getEntity();
                    if(null!=entity){
                        String result= EntityUtils.toString(entity);
                        //根据字符串生成JSON对象
                        JSONObject resultObj = JSONObject.fromObject(result);
                        return resultObj;
                    }else{
                        return null;
                    }
                } else {
                    throw new ClientProtocolException("Unexpected response status: " + status);
                }
            }
        };
        //返回的json对象
        JSONObject responseBody = httpclient.execute(httpGet, responseHandler);
        //System.out.println(responseBody);
        httpclient.close();
        return responseBody;
    } catch (Exception e) {
        // TODO Auto-generated catch block
        e.printStackTrace();
    }
    return null;
}
```

（5）在进行数据请求时，微信接口链接可以通过静态常量进行统一管理，防止接口修改而造成额外工作量。创建 Contant.java 常量类，记录所有接口链接，当然读者可以通过数据库读取，可以通过 xml、properties 等文件进行配置读取。

代码如下:

```java
package myf.caption3.demo3_4;
/**
 * 微信请求链接
 *
 * @author 牟云飞
 *
 *<p>Modification History:</p>
 *<p>Date                     Author              Description</p>
 *<p>------------------------------------------------------------------</p>
 *<p>11 30, 2016              muyunfei            新建</p>
 */
public class Contant {

    //创建菜单链接——默认菜单
    public static final String URL_MENU_DEFAULT = "https://api.weixin.qq.com/cgi-bin/menu/create?access_token=";

    //创建菜单链接——权限菜单
    public static final String URL_MENU_CONDITION = "";

    //群发消息接口链接
    public static final String URL_MSG_ALL = "";

    //模板消息接口链接
    public static final String URL_MSG_MODEL = "";

    //48小时客服消息接口链接
    public static final String URL_MSG_AGENT = "";
}
```

备注：在实际的微信 Java Web 工程中可以通过 getResourceAsStream 获得，示例代码如下：
`WxUtil.class.getClassLoader().getResourceAsStream("myf/wxConfig.properties")`
如果需要获得某个 Java 类所在的包名路径，可以通过 Class.forName 获得，示例代码如下：
`Class.forName("路径 com.xxx.xx").getProtectionDomain().getCodeSource().getLocation()`
工具类创建完成后，可以通过如下代码直接调用微信 API，降低代码冗余：

```java
//查询菜单
JSONObject result = WxUtil.createGetMsg(Contant.URL_MENU_QUERY);
```

3.5 自定义菜单管理

自定义菜单能够让读者的微信公众号更丰满，用户也能更好更快地理解公众号功能，如图 3.7 所示，自定义菜单分为默认菜单和个性化菜单，默认菜单是用户关注时显示的菜单，而个性化菜单能够让公众号的不同用户群体看到不一样的自定义菜单。自定义菜单具有以下特点：

- 菜单最多包括 3 个一级菜单，每个一级菜单最多包含 5 个二级菜单。

图 3.7 自定义菜单

- 一级菜单最多 4 个汉字,二级菜单最多 7 个汉字,多出来的部分将会以 "..." 代替(目前实际情况允许超过 7 个汉字且全部展示,但不建议超过 7 个)。
- 菜单的刷新策略是在用户进入公众号会话后,以 5 分钟为间隔请求菜单。

备注:在请求方式上,菜单的维护、管理是由主动调用的方式实现,而用户单击菜单的事件响应则是由被动调用的方式进行响应,被动调用详细说明参见第 4 章说明。

3.5.1 自定义菜单类型

自定义菜单接口可实现多种类型按钮,可以通过按钮实现页面跳转、接收消息、发送图片以及扫一扫等功能,极大的丰富了用户的操作体验,使微信用户行为目标更明确,快速定位自己的需求,菜单类型详细说明如下表 3.5 所示。

表 3.5 自定义菜单类型

菜单类型	说 明
click	自定义 Key 值,用户单击(click)按钮后,微信服务器通过读者接口向读者服务器推送 Key 值的 event 事件
view	微信客户端将会打开开发者在按钮中填写的网页 URL
scancode_push	微信客户端将调起扫一扫工具,完成扫码操作后显示扫描结果(如果是 URL,将进入 URL),且会将扫码的结果传给开发者,开发者可以下发消息
cancode_waitmsg	扫码推送事件且弹出"消息接收中",并将扫码的结果传给开发者
pic_sysphoto	客户端将调用系统相机,完成拍照操作后,会将拍摄的相片发送给开发者,并推送事件给开发者,同时收起系统相机,随后可能会收到开发者下发的消息
pic_photo_or_album	弹出拍照或者相册,供用户选择"拍照"或者"从手机相册选择"发送图片
pic_weixin	微信客户端将调用微信相册
location_select	弹出地理位置选择器,向开发者的服务器推送位置信息
media_id	下发消息(除文本消息)用户单击 media_id 类型按钮后,微信服务器会将开发者填写的永久素材 id 对应的素材下发给用户
view_limited	跳转图文消息 URL 用户单击 view_limited 类型按钮后,微信客户端将打开开发者在按钮中填写的永久素材 id 对应的图文消息 URL,永久素材类型只支持图文消息

备注:除 click 以及 view 类型的菜单按钮外,其余的类型需要 iPhone 5.4.1 以及 Android 5.4 以上版本的用户才能够使用,低版本用户单击后无响应。

3.5.2 创建默认菜单

默认菜单也被称为普通菜单,是用户(未标签化的用户)关注后立即看到的菜单,菜单数不能超过 3 个,接口详细说明如下:

注意:菜单在创建时只需执行一次,并非用户每次关注时执行。

(1)接口链接

https://api.weixin.qq.com/cgi-bin/menu/create?access_token=ACCESS_TOKEN

(2)请求方式

使用 Post 方式进行数据请求

备注：url 请求分为 Post 请求和 Get 请求，Get 请求通过在 url 中拼接参数的方式进行传输，但需要注意 Get 请求具有一定的字符限制。

（3）参数说明

创建菜单时读者需要注意二级菜单可以不使用，如果使用则需要少于等于 5 个，请求参数详细说明如下表 3.6 所示。

表 3.6　创建默认菜单请求参数及说明

参 数	是否必须	说　　明
button	是	一级菜单数组，个数应为 1~3 个
sub_button	否	二级菜单数组，个数应为 1~5 个
type	是	菜单的响应动作类型，view 表示网页类型，click 表示单击类型，miniprogram 表示小程序类型
name	是	菜单标题，不超过 16 个字节，子菜单不超过 60 个字节
key	click 等单击类型必须	菜单 Key 值，用于消息接口推送，不超过 128 字节
url	view、miniprogram 等类型必须	网页链接，用户单击菜单可打开链接，不超过 1024 字节。type 为 miniprogram 时，不支持小程序的老版本客户端将打开本 URL
media_id	media_id 类型和 view_limited 类型必须	调用新增永久素材接口返回的合法 media_id
appid	miniprogram 类型必须	小程序的 appid（仅认证公众号可配置）
pagepath	miniprogram 类型必须	小程序的页面路径

（4）示例代码

```
String jsonStr_DEFAULT ="{"
                    +"\"button\":["
                    +"{ "
                    +"    \"type\":\"click\","
                    +"    \"name\":\"今日歌曲\","
                    +"    \"key\":\"V1001_TODAY_MUSIC\""
                    +" },{ "
                    +"    \"name\":\"天籁之音\","
                    +"    \"sub_button\":["
                    +"       { "
                    +"         \"type\":\"view\","
                    +"         \"name\":\"子菜单一\","
                    +"         \"url\":\"http://www.muyunfei.com/\""
                    +"       },"
                    +"       { "
                    +"         \"type\":\"click\","
                    +"         \"name\":\"子菜单二\","
                    +"         \"key\":\"V1001_GOOD\""
                    +"       }]"
                    +" },{ "
                    +"    \"type\":\"click\","
                    +"    \"name\":\"我的歌曲\","
                    +"    \"key\":\"V1001_TODAY_MUSIC\""
                    +" }]"
                    +"}";
JSONObject result = WxUtil.createPostMsg(Contant.URL_MENU_DEFAULT, jsonStr_DEFAULT);
```

备注:WxUtil 封装请查看 3.4 节介绍,在此不再说明。用户在单击菜单时,微信会将菜单事件中的key值通过回调的方式传递给读者服务,读者服务接收到key值后即可进行相应的处理。

执行效果如下图 3.8 所示。

(5)返回参数

返回参数为 JSON 格式数据,包含 errcode 和 errmsg 两个属性信息,其中 errcode 表示接口调用情况,0 表示调用成功,其他表示失败。errmsg 为接口调用情况说明,返回结果示例如下:

{"errcode":0,"errmsg":"ok"}

图 3.8　自定义默认菜单

使用技巧:测试时可以尝试取消关注公众账号后再次关注刷新创建后的效果,也可以等待 5 分钟或者重新登录微信的方式进行刷新菜单。

3.5.3　创建个性化菜单

个性化菜单,又称权限菜单,是公众号为了更好地实现灵活的业务运营而新增的个性化接口,读者可以通过该接口,让公众号的不同用户群体看到不一样的自定义菜单。读者可以通过用户标签(第 8 章介绍)、性别、手机操作系统、地区(用户在微信客户端设置的地区)、语言(用户在微信客户端设置的语言)来设置用户菜单;不同情况下的用户,将查看不一样的菜单。

备注:该接口仅对已认证订阅号和服务号开放,未认证的读者使用该接口时需要进行微信认证。对于权限要求比较高的客户系统,注意做好后台权限的验证,不能够只通过微信公众号进行控制。

个性化菜单的创建、使用具有以下特点:
- 个性化菜单要求用户的微信客户端版本在 iPhone 6.2.2 或者 Android 6.2.4 以上。
- 个性化菜单的新增/删除接口每日限制次数为 2 000 次,而测试接口为 20 000 次。
- 一个公众号的所有个性化菜单,最多只能设置为跳转到 3 个域名下的链接。
- 创建个性化菜单之前必须先创建默认菜单;删除默认菜单;个性化菜单也会被删除。
- 个性化菜单接口支持用户标签,当用户拥有多个标签时,以最后打上的标签为匹配。
- 个性化菜单无编辑接口,更新菜单时需要完全重置菜单。

除以上特点之外,读者还需要注意个性化菜单的匹配规则,当用户能够匹配多个个性化菜单时,将以堆栈式匹配规则执行,例如:公众号先后发布了默认菜单、个性化菜单 1、个性化菜单 2、个性化菜单 3。那么当用户进入公众号页面时,将从个性化菜单 3 开始匹配,如果个性化菜单 3 匹配成功,则直接返回个性化菜单 3,否则继续尝试匹配个性化菜单 2,直到成功匹配到一个菜单。个性化菜单其他详细说明如下:

(1)接口链接

https://api.weixin.qq.com/cgi-bin/menu/addconditional?access_token=ACCESS_TOKEN

(2)请求方式

使用 Post 方式进行数据请求

(3)参数说明

个性化菜单请求参数比默认菜单请求参数增加 matchrule 对象参数,个性化菜单增加的请求参数详细说明如下表 3.7 所示。

表 3.7 创建个性化菜单增加的请求参数及说明

参数	是否必须	说明
matchrule	是	菜单匹配规则
tag_id	否	用户标签的 id，通过用户标签管理接口获取
sex	否	性别：男（1）女（2），不填则不做匹配
client_platform_type	否	客户端版本，当前只具体到系统型号：IOS（1）、Android（2）、Others（3），不填则不做匹配
country	否	国家信息，是用户在微信中设置的地区
province	否	省份信息，是用户在微信中设置的地区
city	否	城市信息，是用户在微信中设置的地区
language	否	用户在微信中设置的语言

备注：创建个性化菜单请求参数包含默认菜单请求参数，请读者参照表 3.5 默认菜单介绍；表 3.6 所示参数中 matchrule 所有属性均可为空，但不能全部同时为空。 country、province、city 组成地区信息，将按照 country、province、city 的顺序进行匹配，而地区信息验证则是从大到小，小的可以不填，即若填写了省份信息，则国家信息也必填并且匹配，城市信息可以不填。例如"中国广东省广州市"、"中国广东省"都是合法的地域信息，而"中国广州市"则不合法。

（4）示例代码

通过 WxUtil 工具类进行主动调用，创建个性化菜单，示例代码如下：

```
//创建权限菜单
String jsonStr_Condition ="{"
    +"\"button\":["
    +"{   "
    +"     \"type\":\"click\","
    +"     \"name\":\"今日歌曲\","
    +"     \"key\":\"V1001_TODAY_MUSIC\""
    +" },{"
    +"     \"name\":\"权限菜单\","
    +"     \"sub_button\":["
    +"      {   "
    +"          \"type\":\"view\","
    +"          \"name\":\"权限子菜单一\","
    +"          \"url\":\"http://www.muyunfei.com/\""
    +"      },"
    +"      {"
    +"          \"type\":\"click\","
    +"          \"name\":\"权限子菜单二测试菜单情况\","
    +"          \"key\":\"V1001_GOOD\""
    +"      }]"
    +" },{   "
    +"     \"type\":\"click\","
    +"     \"name\":\"我的账户\","
    +"     \"key\":\"V1001_TODAY_MUSIC\""
    +" }],"
    +"  \"matchrule\":{"
```

```
        +"    \"country\":\"中国\","
        +"    \"province\":\"山东\""
        +"}\""
        +"}";
    JSONObject result = WxUtil.createPostMsg(Contant.URL_MENU_CONDITION, jsonStr_
                                                                   Condition);
    System.out.println(result);
```

（5）执行结果

执行后，符合条件的用户将会查看新的菜单，而不符合条件的用户仍然保持原菜单，执行效果如下图 3.9 所示。

备注：二级菜单汉字个数超过规定的 7 个后仍然显示，但不建议读者使用超过 7 个汉字的菜单。

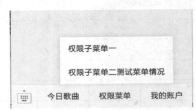

图 3.9　自定义权限菜单

（6）返回结果

执行正确时，返回 JSON 数据包如下：

```
{"menuid":414293993}
```

3.5.4　查询菜单

自定义菜单的创建可以通过接口实现；同样，读者也能够使用接口查询自定义菜单的结构，查看已创建的菜单信息，详细说明如下：

（1）接口链接

https://api.weixin.qq.com/cgi-bin/menu/get?access_token=ACCESS_TOKEN

（2）请求方式

使用 Get 方式进行数据请求。

（3）示例代码

通过 WxUtil 执行 Get 请求，获取返回结果，示例代码如下：

```
//查询菜单
JSONObject result = WxUtil.createGetMsg(Contant.URL_MENU_QUERY);
try {
    System.out.println(new String((result.toString()).getBytes("ISO-8859-1"),"UTF-8"));
} catch (UnsupportedEncodingException e) {
    e.printStackTrace();
}
```

备注：对于乱码问题，可以通过 new String(byte[] bytes, String charsetName)进行转码，获得正确的返回结果。

（4）返回参数说明

返回参数分为两种情况：无权限菜单格式和有权限菜单格式，其中 menu 为默认菜单，conditionalmenu 为个性化菜单列表，示例结果如下：

```
{
  "menu": {
    "button": [
```

```
            {
                "type": "click",
                "name": "今日歌曲",
                "key": "V1001_TODAY_MUSIC",
                "sub_button": []
            },{
                "name": "天籁之音",
                "sub_button": [
                    {
                        "type": "view",
                        "name": "子菜单一",
                        "url": "http://www.muyunfei.com/",
                        "sub_button": []
                    },{
                        "type": "click",
                        "name": "子菜单二",
                        "key": "V1001_GOOD",
                        "sub_button": []
                    }
                ]
            },{
                "type": "click",
                "name": "我的歌曲",
                "key": "V1001_TODAY_MUSIC",
                "sub_button": []
            }
        ],
        "menuid": 414236103
    },
    "conditionalmenu": [{
        "button": [{
                "type": "click",
                "name": "今日歌曲",
                "key": "V1001_TODAY_MUSIC",
                "sub_button": []
            },{
                "name": "权限菜单",
                "sub_button": [{
                    "type": "view",
                    "name": "权限子菜单一",
                    "url": "http://www.muyunfei.com/",
                    "sub_button": []
                },{
                    "type": "click",
                    "name": "权限子菜单二测试菜单情况",
                    "key": "V1001_GOOD",
                    "sub_button": []
                }]
            },{
                "type": "click",
```

```
                "name": "我的账户",
                "key": "V1001_TODAY_MUSIC",
                "sub_button": []
            }
        ],
        "matchrule": {
            "country": "中国",
            "province": "山东"
        },
        "menuid": 414293993
    } ]
```

备注：当前返回结果为有条件菜单（conditionalmenu）时的返回结果，当无个性化菜单时，则无 conditionalmenu 参数。

3.5.5 删除菜单

使用接口创建、查询自定义菜单后，读者也能够使用接口删除自定义菜单，调用该删除接口不仅能够删除默认菜单而且还能够删除全部的个性化菜单，详细说明如下：

（1）接口链接

https://api.weixin.qq.com/cgi-bin/menu/delete?access_token=ACCESS_TOKEN

（2）请求方式

使用 Get 方式进行数据请求。

（3）示例代码

通过 WxUtil 执行 Get 请求删除全部菜单，获取返回结果，示例代码如下：

```
//删除菜单
JSONObject result = WxUtil.createGetMsg(Contant.URL_MENU_DELETE);
System.out.println(result.toString());
```

（4）返回参数说明

示例代码执行成功后，若删除成功，则 errcode 返回值 0，示例结果如下：

```
{"errcode":0,"errmsg":"ok"}
```

3.5.6 小实例：开发自己的微信菜单实现创建、删除和查询功能

微信公众号在未开启（默认状态）回调模式下，读者能够通过 PC 端的管理界面进行维护菜单，而开启回调模式后仅能通过接口调用的方式实现菜单的创建。

前几节读者已经学习了菜单管理的各类接口，本节将通过"欢迎关注×××微信公众号"的实例进行深入学习如何开发微信默认与个性化菜单，创建 MenuTestMain.java 类，通过 WxUtil 工具类，实现创建、删除、查询微信菜单。

示例代码如下：

```
package myf.caption3.demo3_4;

import java.io.UnsupportedEncodingException;
import com.sun.org.apache.bcel.internal.generic.NEW;
import net.sf.json.JSONObject;
/**
 * 开发微信菜单
 *<p>Modification History:</p>
```

```java
 *<p>Date                   Author           Description</p>
 *<p>------------------------------------------------------------------</p>
 *<p>11 30, 2016            muyunfei         新建</p>
 */
public class MenuTestMain {
    public static void main(String[] args) {
        //创建默认菜单
        String jsonStr_DEFAULT ="{"
                        +"\"button\":["
                        +"{ "
                        +"    \"type\":\"click\","
                        +"    \"name\":\"今日歌曲\","
                        +"    \"key\":\"V1001_TODAY_MUSIC\""
                        +" },{"
                        +"    \"name\":\"天籁之音\","
                        +"    \"sub_button\":["
                        +"    { "
                        +"        \"type\":\"view\","
                        +"        \"name\":\"子菜单一\","
                        +"        \"url\":\"http://www.muyunfei.com/\""
                        +"    },"
                        +"    {"
                        +"        \"type\":\"click\","
                        +"        \"name\":\"子菜单二\","
                        +"        \"key\":\"V1001_GOOD\""
                        +"    }]"
                        +" },{ "
                        +"    \"type\":\"click\","
                        +"    \"name\":\"我的歌曲\","
                        +"    \"key\":\"V1001_TODAY_MUSIC\""
                        +" }]"
                        +"}";
        JSONObject result=WxUtil.createPostMsg(Contant.URL_MENU_DEFAULT, jsonStr_DEFAULT);
//------------------------------------------------------------------------------
//        //创建个性化菜单
//        String jsonStr_Condition ="{"
//                    +"\"button\":["
//                    +"{ "
//                    +"    \"type\":\"click\","
//                    +"    \"name\":\"今日歌曲\","
//                    +"    \"key\":\"V1001_TODAY_MUSIC\""
//                    +" },{"
//                    +"    \"name\":\"权限菜单\","
//                    +"    \"sub_button\":["
//                    +"    { "
//                    +"        \"type\":\"view\","
//                    +"        \"name\":\"权限子菜单一\","
//                    +"        \"url\":\"http://www.muyunfei.com/\""
//                    +"    },"
//                    +"    {"
//                    +"        \"type\":\"click\","
//                    +"        \"name\":\"权限子菜单二测试菜单情况\","
//                    +"        \"key\":\"V1001_GOOD\""
```

```
//              +"             }]"
//              +"        },{  "
//              +"            \"type\":\"click\","
//              +"            \"name\":\"我的账户\","
//              +"            \"key\":\"V1001_TODAY_MUSIC\""
//              +"        }],"
//              +"        \"matchrule\":{"
//              +"            \"country\":\"中国\","
//              +"            \"province\":\"山东\""
//              +"        }\""
//              +"}";
//        JSONObject result = WxUtil.createPostMsg(Contant.URL_MENU_CONDITION, jsonStr_
                                                                        Condition);
//        System.out.println(result);
//------------------------------------------------------------------------------
//        //查询菜单
//        JSONObject result = WxUtil.createGetMsg(Contant.URL_MENU_QUERY);
//        try {
//            System.out.println(new
String((result.toString()).getBytes("ISO-8859-1"),"UTF-8"));
//        } catch (UnsupportedEncodingException e) {
//            // TODO Auto-generated catch block
//            e.printStackTrace();
//        }
//------------------------------------------------------------------------------
//        //删除菜单
//        JSONObject result = WxUtil.createGetMsg(Contant.URL_MENU_DELETE);
        System.out.println(result.toString());
    }
}
```

执行菜单创建后，普通公众号关注者将显示默认菜单，如图 3.10（a）所示；当满足特殊条件，即"中国""山东"的关注者将显示个性化菜单，如图 3.10（b）所示。

（a）默认菜单　　　　　　　　　　　　（b）个性化菜单

图 3.10　开发微信菜单

备注：在开发时，修改菜单无法立即生效，读者可以通过"取消关注重新关注"的方式或者"退出登录重新登录"的方式刷新微信缓存，使菜单立即生效。

3.6 素材管理

微信公众号素材文件包括图片、音频、视频、文件以及图文消息，读者通过接口上传素材文件获得媒体资源标识 ID：media_id，通过 media_id 可对多媒体文件、多媒体消息素材进行获取和调用等操作。通过本节的学习，读者会了解素材管理，掌握素材管理的接口及其应用。

3.6.1 接口说明

微信公众号素材文件主要分为两种：
（1）临时素材文件

临时素材在上传到微信服务器之后，只能保存 3 天时间，3 天内 media_id 会一直有效，3 天过后将自动删除（media_id），以节省微信服务器资源。

（2）永久素材文件

永久素材将会一直保存在微信服务器上，但是永久素材的数量是有所限制的，整个公众号图文消息素材和图片素材数目的上限为 5 000，其他类型为 1 000。

本节将详细介绍两种素材文件的上传、获取、管理接口，不过对于大部分客户来说，还是希望数据能够保存在自己服务器中，并且由于公众号缓存时间及数量都有限制，所以这里建议读者采用数据流的形式显示本地服务文件，尽可能地减少上传文件，以达到数据安全以及容灾处理等问题。

备注：数据流的形式是通过输入流（InputStream）获取图片信息，通过 response 输出流（OutStream）向页面输出图像文件。

3.6.2 上传素材文件

用于上传临时的图片、语音、视频等媒体资源文件以及普通文件（如 doc，ppt），接口调用成功之后，返回 media_id。接口详细说明如下：

（1）接口链接
- 上传临时素材

https://api.weixin.qq.com/cgi-bin/media/upload?access_token=输入&type=输入

- 上传永久素材

https://api.weixin.qq.com/cgi-bin/material/add_material?access_token=输入&type=输入

（2）数据请求方式

使用 Post 方式进行数据请求

（3）参数说明：详细说明如下表 3.7 所示。

表 3.7 上传临时素材请求参数说明

参　　数	是否必须	说　　明
access_token	是	调用接口凭证（需要缓存处理）
type	是	媒体文件类型，分别有图片（image）、语音（voice）、视频（video）、普通文件(file)
Post 消息体 media	是	文件数据流，form-data 中媒体文件标识，有 filename、filelength、content-type 等信息

（4）返回参数说明（详细说明见表3.8）

```
{
  "media_id": "1G6nrLmr5EC3MMb_-zK1dDdzmd0p7cNliYu9V5w7o8K0",
  "url":
"http://mmbiz.qpic.cn/mmbiz_png/1gLic0mT5rT8Z1ZaOh55ttlAjJ3VEZhz6lFInKwpPqTR6GtB4cn
ICpagrVWS6dYv4wFLnrJo7TPunp0dGn36YSA/0?wx_fmt=png"
}
```

表3.8　上传临时素材返回参数及说明

参　　数	说　　明
media_id	媒体文件上传后获取的唯一标识
url	媒体文件上传的url访问路径

备注：读者可以直接使用url进行图片展示，如果需要通过media_id进行操作，如出现异常可更改接口链接为http://file.api.weixin.qq.com/cgi-bin/media/get?access_token= ACCESS_TOKEN &type=TYPE 进行重新上传获取media_id，如果通过file.api.weixin.qq.com接口上传返回格式则为

```
{
  "type": "image",
  "media_id": "dRblrcfzOBJ_R07RWnRjTw0hozai4Yl3DctIFIgmyI_ZbuU53SGAhlzojY9lwyfq",
  "created_at": 1496025617
}
```

（5）媒体文件上传限制

所有文件size必须大于5个字节。

- 图片（image）：2M，支持PNG、JPEG、JPG、GIF格式。
- 语音（voice）：2M，播放长度不超过60s，支持AMR、MP3格式。
- 视频（video）：10MB，支持MP4格式。
- 缩略图（thumb）：64KB，支持JPG格式。

（6）示例代码

在WxUtil工具类（3.4节）中增加文件上传，示例代码如下：

```
    /**
     * 文件上传到微信服务器
     * @param fileType 文件类型媒体文件类型，分别有图片（image）、语音（voice）、视频（video），普通文件(file)
     * @param filePath 文件路径
     * @return JSONObject
     * @throws Exception
     */
publicstaticJSONObject sendMedia(String fileType, String filePath) {
    try{
            String result = null;
            File file = new File(filePath);
    if (!file.exists() || !file.isFile()) {
    thrownew IOException("文件不存在");
            }
            String token=getTokenFromWx();
    /**
```

```
             * 第一部分
             */
//           //获得临时素材media_id
//           URL urlObj = new URL("https://api.weixin.qq.com/cgi-bin/material/upload?
                              access_token="+ token + "&type="+fileType+"");

//           //获得临时media_id不可用，可以使用该接口
//           URL urlObj = new URL("http://file.api.weixin.qq.com/cgi-bin/media/upload?
                                                  access_token="+ token
//              + "&type="+fileType+"");

             //获得永久素材mediaId
             URL urlObj = new URL("https://api.weixin.qq.com/cgi-bin/material/add_material?
                                                  access_token="+ token
                + "&type="+fileType+"");
             HttpURLConnection con = (HttpURLConnection) urlObj.openConnection();
             con.setRequestMethod("POST"); // 以Post方式提交表单，默认get方式
             con.setDoInput(true);
             con.setDoOutput(true);
             con.setUseCaches(false); // post方式不能使用缓存
   // 设置请求头信息
             con.setRequestProperty("Connection", "Keep-Alive");
             con.setRequestProperty("Charset", "UTF-8");
   // 设置边界
             String boundary = "----------" + System.currentTimeMillis();
             con.setRequestProperty("Content-Type", "multipart/form-data; boundary="+
                                                  boundary);
   // 请求正文信息
   // 第一部分:
             StringBuilder sb = new StringBuilder();
             sb.append("--"); // 必须多两道线
             sb.append(boundary);
             sb.append("\r\n");
             sb.append("Content-Disposition:
form-data; ;id=\"media\";name=\"media\";filename=\""+ file.getName() + "\"\r\n");
             sb.append("Content-Type:application/octet-stream\r\n\r\n");
     byte[] head = sb.toString().getBytes("utf-8");
   // 获得输出流
             OutputStream out = new DataOutputStream(con.getOutputStream());
   // 输出表头
             out.write(head);
   // 文件正文部分
   // 把文件已流文件的方式推入到url中
             DataInputStream in = new DataInputStream(new FileInputStream(file));
    int bytes = 0;
    byte[] bufferOut = newbyte[1024];
    while ((bytes = in.read(bufferOut)) != -1) {
        out.write(bufferOut, 0, bytes);
        }
        in.close();
   // 结尾部分
    byte[] foot = ("\r\n--" + boundary + "--\r\n").getBytes("utf-8");// 定义最后数据分
```

```
            out.write(foot);
            out.flush();
            out.close();
            StringBuffer buffer = new StringBuffer();
            BufferedReader reader = null;
        try {
            // 定义BufferedReader输入流来读取URL的响应
                reader = new BufferedReader(new InputStreamReader(con.getInputStream()));
                String line = null;
            while ((line = reader.readLine()) != null) {
                //System.out.println(line);
                    buffer.append(line);
                }
            if(result==null){
                result = buffer.toString();
                }
            } catch (IOException e) {
                System.out.println("发送POST请求出现异常！" + e);
                e.printStackTrace();
            thrownew IOException("数据读取异常");
            } finally {
            if(reader!=null){
                reader.close();
                }
            }
            JSONObject jsonObj =JSONObject.fromObject(result);
            System.out.println(jsonObj);
        return jsonObj;
        }catch (Exception e) {
            return null;
            }
        }
```

注意：通过POST表单来调用上传素材接口，表单id为media，包含需要上传的素材内容，有filename、filelength、content-type等信息，图片素材将进入公众平台官网素材管理模块中的默认分组。

执行结果示例代码如下。

```
package myf.caption3.demo3_6;

import net.sf.json.JSONObject;
import myf.caption3.demo3_4.WxUtil;

/**
 * 上传临时素材
 *
 * @author 牟云飞
 *
 *<p>Modification History:</p>
 *<p>Date                 Author              Description</p>
 *<p>------------------------------------------------------------------</p>
```

```
*<p>11 30, 2016          muyunfei           新建</p>
*/
public class UploadFile2WXMain{
    public static void main(String[] args) {
        JSONObject result = WxUtil.sendMedia("image", "E://404.png");
        System.out.println(result);
        //返回结果
//{"media_id":"TVwrM9MUyS-0ZusnXK0AfXSWcOyLtDnr0PUz_cD8jAw","url":"http://mmbiz.qpi
c.cn/mmbiz_png/1gLic0mT5rTicPicaT3WCDghRyG43bprqXWSX11JYwhVvXwoE6bddicficiafic9BO1g
XiaxdmtzLLNnIMicaQia93O69qicQ/0?wx_fmt=png"}
    }
}
```

备注：上传素材（图片、音频、视频、图文消息）文件的 URL 链接，建议读者们也存在常量文件中（Contant 类），通过 replace 或者正则表达式的方式替换链接中的 access_token 和 type 参数。HttpURLConnection 请求方式详细说明请读者参照 2.8 节。

3.6.3 获取素材文件

通过有效地 media_id 获取图片、语音、视频等文件，在协议上与普通的 http 文件下载完全相同，通过数据流获取接文件即可，接口详细说明如下：

（1）接口链接
- 获取临时素材文件：

https://api.weixin.qq.com/cgi-bin/media/get?access_token=输入&media_id=输入

- 获取永久素材文件：

https://api.weixin.qq.com/cgi-bin/material/get_material?access_token=输入

（2）数据请求方式

使用 Get 方式进行数据请求，视频文件不支持 https 下载，调用需要 https 协议。

（3）参数说明，详细说明如下表 3.9 所示。

表 3.9 获取临时/永久素材请求参数及说明

参 数	是否必须	说 明
access_token	是	调用接口凭证（需要缓存处理）
media_id	是	媒体文件唯一标识

（4）返回参数说明

和普通的 http 下载相同，请根据 http 头做相应的处理，如文件类型（Content-Type），文件名（filename）等等。

使用技巧：通过 con.getContentType()方法获得图片文件类型，以便进行文件保存。

正确返回数据流，头部信息如下：

```
{
    HTTP/1.1 200 OK
    Connection: close
    Content-Type: image/jpeg
    Content-disposition: attachment; filename="MEDIA_ID.jpg"
    Date: Sun, 06 Jan 2013 10:20:18 GMT
```

```
Cache-Control: no-cache, must-revalidate
Content-Length: 339721

Xxxx
}
```

如果返回的是视频消息素材，则内容如下：

```
{ "video_url":DOWN_URL}
```

错误返回信息 Json 字符串如下：

```
{
"errcode":40007,
"errmsg":"invalid media_id hint: [Q8r.60546e607]"
}
```

（5）示例代码

在 WxUtil 工具类（3.4 节）中增加文件获取，正常情况下返回图片的输入流信息，如果出现错误返回 null，并且打印错误信息，示例代码如下：

```java
/**
 *下载临时文件
 * @param mediaId 媒体文件 Id
 * @param resp 数据响应
 * @return InputStream  获得文件输入流，注释部分为直接保存本地
 */
public static  InputStream downloadFile(String mediaId,HttpServletResponse resp){
    //获取 token 凭证
    String token=getTokenFromWx();
    String urlStr="https://api.weixin.qq.com/cgi-bin/media/get?access_token="+token+"&media_id="+mediaId;
    try {
        URL urlObj = new URL(urlStr);
        HttpURLConnection con = (HttpURLConnection) urlObj.openConnection();
        con.setDoInput(true);
        Map<String, List<String>> aa = con.getHeaderFields();
//          //设置 servlet 请求文件格式
        String contentType = con.getContentType();
//          resp.setContentType(contentType);
        //输出文件格式
        System.out.println("文件格式: "+contentType);
        if(contentType.equals("text/plain")){
            //如果出现错误返回 null,并且打印错误信息
            ByteArrayOutputStream infoStream = new ByteArrayOutputStream();
            InputStream inTxt = con.getInputStream();
            byte[] b = new byte[512];
            int i ;
            while(( i =inTxt.read(b))>0){
                infoStream.write(b);
            }
            System.out.println("错误信息:"+infoStream.toString());
            infoStream.close();
            return null;
```

```java
            }
            //返回输出流
            return con.getInputStream();
            /**
            //保存文件
            InputStream in = util.downloadFile(accessId,resp);
            if(null!=in){
                OutputStream outputStream = new FileOutputStream(new File("G:\\app\\
                                                                            aaa.jpg"));
                byte[] bytes = new byte[1024];
                int cnt=0;
                while ((cnt=in.read(bytes,0,bytes.length)) != -1) {
                    outputStream.write(bytes, 0, cnt);
                }
                outputStream.flush();
                outputStream.close();
                in.close();
            }else{
                //图片获取失败，显示默认图片
                System.out.println("图片获取失败");
            }
            **/
        } catch (Exception e) {
            // TODO Auto-generated catch block
            e.printStackTrace();
        }
        return null;
    }
```

备注：可以通过 HttpURLConnection 中的 getContentType()方法获得返回过信息类型，如果为"text/plain"则表示为文本信息（即错误信息），image/jpeg 则为 jpg 图片可以通过输入流获得下载该图片。

执行结果示例代码如下：

```java
package myf.caption3.demo3_6;

import java.io.File;
import java.io.FileOutputStream;
import java.io.InputStream;
import java.io.OutputStream;

import javax.servlet.http.HttpServletResponse;

import myf.caption3.demo3_4.WxUtil;

/**
 * 上传临时素材
 *
 * @author 牟云飞
 *
 *<p>Modification History:</p>
 *<p>Date                    Author              Description</p>
```

```java
*<p>------------------------------------------------------------</p>
*<p>11 30, 2016            muyunfei              新建</p>
*/
public class DownloadFile2WXMain {
    public static void main(String[] args) {
        String mediaId = "3UQSuRBV6EGJ6JquFqSfPaqFJ1ImwupS9PK9-y1nXB6Mxp_MvJgcrHUxK7S-SRvW";
        HttpServletResponse resp = null;
        //HttpServletRequest request = ServletActionContext.getRequest();
        try {
            InputStream in = WxUtil.downloadFile(mediaId, resp);
            //保存文件到本地
             if(null!=in){
                OutputStream outputStream = new FileOutputStream(new File("G:\\微
                                              信下载图片\\aaa.jpg"));
                byte[] bytes = new byte[1024];
                int cnt=0;
                while ((cnt=in.read(bytes,0,bytes.length)) != -1) {
                    outputStream.write(bytes, 0, cnt);
                }
                outputStream.flush();
                outputStream.close();
                in.close();
                System.out.println("图片下载、保存成功");
            }else{
                //图片获取失败，显示默认图片
                System.out.println("图片获取失败");
            }
        } catch (Exception e) {
            // TODO: handle exception
        }
    }
}
```

备注：通过 https://api.weixin.qq.com/cgi-bin/material/add_material 上传的 media_id，如果提示 40007 错误（media_id 不合法），请使用 http://file.api.weixin.qq.com/cgi-bin/media/upload?access_token=&type=上传获得 media_id。

3.6.4 上传永久图文消息

图文消息，顾名思义是一个图片和文字相结合的消息，通过图文消息不仅能够展示消息内容，而且能够提升用户体验，使用户更好地接受消息传达的内容，从而提高信息的读取率，更有利于微信用户的扩展。在微信素材中，不但包括图片、音频、视频而且还包括图文消息，只有上传成功的永久图文消息才能够用于用户消息的群发，接口具体说明如下：

（1）接口链接

https://api.weixin.qq.com/cgi-bin/material/add_news?access_token=ACCESS_TOKEN

（2）数据请求方式

使用 Post 方式进行数据请求。

（3）消息请求结构体，代码如下：

```
{
    "articles":[
```

```
{
    "title": "Title01",
    "thumb_media_id": "2-G6nrLmr5EC3MMb_-zK1dDdzmd0p7cNliYu9V5w7o8K0",
    "author": "zs",
    "content_source_url": "",
    "content": "Content001",
    "digest": "airticle01",
    "show_cover_pic": "0"
},
{
    "title": "Title02",
    "thumb_media_id": "2-G6nrLmr5EC3MMb_-zK1dDdzmd0p7",
    "author": "Author001",
    "content_source_url": "",
    "content": "Content002",
    "digest": "article02",
    "show_cover_pic": "0"
}
//此处有多篇文章，最多10篇
]
}
```

参数详细说明，见表 3.10。

表 3.10 上传永久素材（图文）请求参数说明

参 数	是否必须	说 明
access_token	是	调用接口凭证（需要缓存处理）
articles	是	图文消息，一个图文消息支持 1 到 10 个图文
title	是	图文消息的标题
thumb_media_id	是	图文消息缩略图的 media_id
author	否	图文消息的作者
content_source_url	否	图文消息单击"阅读原文"之后的页面链接
content	是	图文消息的内容，支持 HTML 标签
digest	否	图文消息的描述
show_cover_pic	否	是否显示封面，1 为显示，0 为不显示。默认为 0

注意：缩略图的 media_id(thumb_media_id)必须通过上传永久素材获得的永久图片 media_id。

（4）权限说明

图文消息内的图片通过 https://api.weixin.qq.com/cgi-bin/media/uploadimg?access_token=能够获取图片 URL，不占用公众号素材库中图片数量上限 5 000 个的资源限制，返回结果为：

```
{"url": "http://mmbiz.qpic.cn/mmbiz/gLO17UPS6FS2xsypf378iaNhWacZ1G1UplZYWEYfwvuU6O
nt96b1roYs CNFwaRrSaKTPCUdBK9DgEHicsKwWCBRQ/0"}
```

备注：uploadimg 接口图片仅支持 jpg/png 格式，大小必须在 1MB 以下。

（5）返回参数

```
{
    "media_id": "2-G6nrLmr5EFSDC3MMfasdfb_-zK1dDdzmd0p7"
}
```

（6）示例代码

通过"上传永久图片素材接口"上传永久图片，获得图片的 media_id 后，进行永久图文消息的上传，示例代码如下：

```java
package myf.caption3.demo3_6;

import com.sun.corba.se.spi.orbutil.fsm.Guard.Result;
import myf.caption3.demo3_4.Contant;
import myf.caption3.demo3_4.WxUtil;
import net.sf.json.JSONObject;

/**
 * 上传永久图文消息
 * @author 牟云飞
 *<p>Modification History:</p>
 *<p>Date                    Author              Description</p>
 *<p>-----------------------------------------------------------</p>
 *<p>11 30, 2016             muyunfei            新建</p>
 */
public class UploadNewsMain {
    public static void main(String[] args) {
        //通过3.6.2上传永久图片，获得mediaid
        JSONObject imageResult = WxUtil.sendMedia("image", "E://404.png");
        String media_id = imageResult.getString("media_id");
        //图文消息json格式
        StringBuffer newsString =new StringBuffer();
        newsString.append("{");
        newsString.append("\"articles\":[");
        newsString.append("    {");
        newsString.append("            \"title\": \"CSDN博客\",");
        newsString.append("            \"thumb_media_id\": \""+media_id+"\",");
        newsString.append("            \"author\": \"牟云飞\",");
        newsString.append("            \"content_source_url\": \"http://blog.csdn.net/myfmyfmyfmyf\",");
        newsString.append("            \"content\": \"测试发送新闻信息。。<br/><font color='red'>支持html标签</font>...<br/><a href='http://blog.csdn.net/myfmyfmyfmyf'>欢迎查看博客http://blog.csdn.net/myfmyfmyfmyf</a>\",");
        newsString.append("            \"digest\": \"airticle01\",");
        newsString.append("            \"show_cover_pic\": \"0\"");
        newsString.append("    }");
        newsString.append("]}");
        //上传图文消息
        JSONObject result = WxUtil.createPostMsg(Contant.URL_NEWS_UPLOAD, newsString.toString());
        System.out.println(result);
        //返回结果
        //{"media_id":"TVwrM9MUyS-0ZusnXK0Afe-jeGc1U092Oz436V24QSo"}
    }
}
```

备注：WxUtil.createPostMsg 为 Post 方式主动调用封装的公用方法，详细介绍读者请参照 3.4 节介绍。

3.6.5　删除永久素材

由于一个微信公众号的永久素材上限为 5 000，为了保证公众号的正常消息推送，可以通过 media_id 删除上传的永久素材（包括图文、图片、语音、文件、视频素材），从而节省微信公众号剩余空间。接口具体说明如下：

（1）接口链接

https://api.weixin.qq.com/cgi-bin/material/del_material?access_token=ACCESS_TOKEN

（2）数据请求方式

使用 Get 方式进行数据请求

（3）参数说明，详细说明如下表 3.11 所示。

表 3.11　删除永久素材请求参数及说明

参　　数	是否必须	说　　明
access_token	是	调用接口凭证（需要缓存处理）
media_id	是	素材文件标识

（4）权限说明

该接口只能用于删除永久图文素材，临时图文素材无法通过该接口进行删除，临时素材有效期为三天。

（5）返回结果

```
{
    "errcode": 0,
    "errmsg": "deleted"
}
```

（6）示例代码

删除永久素材后，所有用户都将无法打开已删除的素材，因此读者需要谨慎使用，详细代码说明如下：

```
package myf.caption3.demo3_6;

import myf.caption3.demo3_4.Contant;
import myf.caption3.demo3_4.WxUtil;
import net.sf.json.JSONObject;

/**
 * 删除永久素材
 *
 * @author 牟云飞
 *
 *<p>Modification History:</p>
 *<p>Date            Author          Description</p>
 *<p>--------------------------------------------------------------</p>
 *<p>11 30, 2016     muyunfei        新建</p>
 */
```

```
public class DeleteFileMain {
    public static void main(String[] args) {
        //通过3.6.2上传永久图片，获得mediaid
        //JSONObject imageResult = WxUtil.sendMedia("image", "E://404.png");
        String media_id = "TVwrM9MUyS-0ZusnXK0AfXh7r4iUv59JdFsD8hlHM_M";
        String jsonContextString ="{\"media_id\":\""+media_id+"\"}";
        //删除永久素材
        JSONObject    result    =    WxUtil.createPostMsg(Contant.URL_NEWS_DEL,
jsonContextString.toString());
        System.out.println(result);
        //返回结果
        //{"errcode":0,"errmsg":"ok"}
    }
}
```

3.6.6 修改永久图文素材

对于已经发送的、并且存在异常的图文消息，无法直接删除的情况下，可能通过调用"修改永久图文素材"的接口进行修改，以纠正错误信息，接口详细说明如下：

（1）接口链接

https://api.weixin.qq.com/cgi-bin/material/del_material?access_token=ACCESS_TOKEN

（2）数据请求方式

使用 Post 方式进行数据请求。

（3）参数说明

```
{
"media_id":MEDIA_ID,
"index":INDEX,
"articles": {
    "title": TITLE,
    "thumb_media_id": THUMB_MEDIA_ID,
    "author": AUTHOR,
    "digest": DIGEST,
    "show_cover_pic": SHOW_COVER_PIC(0 / 1),
    "content": CONTENT,
    "content_source_url": CONTENT_SOURCE_URL
 }
}
```

参数详细说明，见表 3.12。

表 3.12 修改永久图文素材请求参数及说明

参　　数	是否必须	说　　明
access_token	是	调用接口凭证（需要缓存处理）
media_id	是	素材资源标识
index	是	要更新的文章在图文消息中的位置（多图文消息时，此字段才有意义），第一篇为 0
articles	是	图文消息，一个图文消息支持 1 到 10 个图文
title	是	图文消息的标题
thumb_media_id	是	图文消息缩略图的 media_id，可以在上传永久素材接口中获得

续表

参 数	是否必须	说　　明
author	否	图文消息的作者
content_source_url	否	图文消息单击"阅读原文"之后的页面链接
content	是	图文消息的内容，支持 HTML 标签
digest	否	图文消息的描述
show_cover_pic	否	是否显示封面，1 为显示，0 为不显示。默认为 0

（4）返回结果

```
{
  "errcode": 0,
  "errmsg": "deleted"
}
```

（5）示例代码

修改永久图文素材是根据已经存在的图文素材 id（即 media_id）进行修改，因此 media_id 必须存在且不能修改，除 media_id 之外，其他信息（如：标题、作者以及内容等）都能够修改，修改永久图文素材内容示例代码如下：

```
package myf.caption3.demo3_6;

import myf.caption3.demo3_4.Contant;
import myf.caption3.demo3_4.WxUtil;
import net.sf.json.JSONObject;

/**
 * 修改图文消息
 * @author 牟云飞
 *<p>Modification History:</p>
 *<p>Date                    Author              Description</p>
 *<p>------------------------------------------------------------------</p>
 *<p>11 30, 2016             muyunfei            新建</p>
 */
publicclass ModifyNewsMain {
    publicstaticvoid main(String[] args) {
        //通过3.6.2上传永久图片，获得mediaid
        JSONObject imageResult = WxUtil.sendMedia("image", "E://404.png");
        String media_id = imageResult.getString("media_id");
        //需要图文消息
        String news_media_id = "TVwrM9MUyS-0ZusnXK0AfQ7KNp1VdIuxMSlaQrUsjso";
        //修改图文消息json格式
        StringBuffer newsString =new StringBuffer();
        newsString.append("{");
        newsString.append("\"media_id\":\""+news_media_id+"\",");
        newsString.append("\"index\":0,");
        newsString.append("\"articles\":{");
        newsString.append("           \"title\": \"CSDN 博客（新图文）\",");
        newsString.append("           \"thumb_media_id\": \""+media_id+"\",");
        newsString.append("           \"author\": \"牟云飞\",");
        newsString.append("           \"content_source_url\":
```

```
    \"http://blog.csdn.net/myfmyfmyfmyf\",");
        newsString.append("              \"content\": \" 测 试 发 送 新 闻 信 息 . . <br/><font
color='red'>支持 html 标签</font>... <br/><a href='http://blog.csdn.net/myfmyfmyfmyf'>
欢迎查看博客 http://blog.csdn.net/myfmyfmyfmyf</a>\",");
        newsString.append("              \"digest\": \"airticle01\",");
        newsString.append("              \"show_cover_pic\": \"0\"");
        newsString.append("     }");
        newsString.append("}");
        //修改图文消息,createPostMsg 封装主动调用公用方法 3.4 节介绍
        JSONObject result = WxUtil.createPostMsg(Contant.URL_NEWS_MODIFY,
                                                      newsString.toString());
        System.out.println(result);
    }
}
```

3.6.7 获取素材总数

图片和图文消息素材(包括单图文和多图文)的总数上限为 5 000,其他素材的总数上限为 1 000,通过接口获取应用素材总数以及每种类型素材的数目。接口详细说明如下:

(1)接口链接

https://api.weixin.qq.com/cgi-bin/material/get_materialcount?access_token=

(2)数据请求方式

使用 Get 方式进行数据请求。

(3)返回参数说明

```
{
 "voice_count":COUNT,
 "video_count":COUNT,
 "image_count":COUNT,
 "news_count":COUNT
}
```

参数详细说明如表 3.13 所示

表 3.13 获取素材总数返回参数及说明

参数	说明
errcode	消息执行结果 0 成功 1 失败
errmsg	执行结果说明
total_count	应用素材总数目
image_count	图片素材总数目
voice_count	音频素材总数目
video_count	视频素材总数目
file_count	文件素材总数目
mpnews_count	图文素材总数目

(4)示例代码

通过主动调用工具类 WxUtil(3.4 节)发起 Get 请求,获得当前永久素材总数,示例代码如下:

```
package myf.caption3.demo3_6;
```

```
import net.sf.json.JSONObject;
import com.sun.corba.se.spi.orbutil.fsm.Guard.Result;
import myf.caption3.demo3_4.Contant;
import myf.caption3.demo3_4.WxUtil;
/**
 * 获得已上传的永久素材个数
 * @author 牟云飞
 *<p>Modification History:</p>
 *<p>Date              Author           Description</p>
 *<p>------------------------------------------------------------</p>
 *<p>11 30, 2016       muyunfei         新建</p>
 */
publicfinalclass GetTotalNumMain {
    publicstaticvoid main(String[] args) {
        //createGetMsg 封装主动调用 get 公用方法 3.4 节介绍
        JSONObject result = WxUtil.createGetMsg(Contant.URL_NEWS_NUM);
        System.out.println(result.toString());
        //返回结果
        //{"voice_count":0,"video_count":0,"image_count":16,"news_count":2}
    }
}
```

3.7 群发消息

消息群发是微信公众平台开发的重要功能，能够充分提高微信公众号的灵活性，实现了消息的时效性，使微信用户能够及时地接收最新的资讯或者活动信息。通过本节的学习可以使读者了解群发消息的种类、限制以及掌握如何推送各类群发消息。

3.7.1 消息说明与频率限制

群发消息的简单说明和频率限制如下所示：
- 开发者可以主动设置 clientmsgid 来避免重复推送。
- 群发接口每分钟限制请求 60 次，超过限制的请求会被拒绝。
- 对于认证的服务号使用高级群发接口时每日调用限制为 100 次，但是用户每月只能接收 4 条，多于 4 条的群发将对该用户发送失败。
- 开发者可以使用预览接口校对消息样式和排版，通过预览接口可发送编辑好的消息给指定用户校验效果。
- 群发过程中，微信后台会自动进行图文消息原创校验，请提前设置好相关参数（send_ignore 等）。
- 为防止异常，认证订阅号在一天内，只能使用 is_to_all 为 true 进行群发一次，或者在公众平台官网群发（不管本次群发是对全体还是对某个分组）一次。以避免一天内有 2 条群发进入历史消息列表，当 is_to_all 为 false 时是可以多次群发的，但每个用户只会收到最多 4 条，且这些群发不会进入历史消息列表。

备注：读者开发服务号过程中，可以直接限定每月发送 4 次或者每星期发送一次。

3.7.2 根据用户标签群发消息

用户标签是对已关注用户的特殊操作，在公众号消息群发中可以根据用户标签群发消息，通过"根据用户标签群发消息"能够实现多次群发消息（超过4条发送，但同一用户同一自然月内只能接收4条消息），接口消息说明如下：

（1）接口链接

https://api.weixin.qq.com/cgi-bin/message/mass/sendall?access_token=ACCESS_TOKEN

（2）请求方式

使用 Post 方式进行数据请求。

（3）参数说明

群发消息分为文字消息、图片消息、图文消息、语音消息等，不同类型的消息通过不同的 JSON 格式字符串发送，详细说明如下：

- 根据用户标签群发"图文"消息

```
{
   "filter":{
      "is_to_all":false,
      "tag_id":2
   },
   "mpnews":{
      "media_id":"123dsdajkasd231jhksad"
   },
   "msgtype":"mpnews",
   "send_ignore_reprint":0
}
```

- 根据用户标签群发"文本"消息

```
{
   "filter":{
      "is_to_all":false,
      "tag_id":2
   },
   "text":{
      "content":"CONTENT"
   },
   "msgtype":"text"
}
```

- 根据用户标签群发"语音/音频"消息

```
{
   "filter":{
      "is_to_all":false,
      "tag_id":2
   },
   "voice":{
      "media_id":"123dsdajkasd231jhksad"
   },
   "msgtype":"voice"
}
```

- 根据用户标签群发"图片"消息

```
{
  "filter":{
    "is_to_all":false,
    "tag_id":2
  },
  "image":{
    "media_id":"123dsdajkasd231jhksad"
  },
  "msgtype":"image"
}
```

参数详细说明见表 3.14。

表 3.14　根据用户标签群发消息请求参数及说明

参　　数	是否必须	说　　明
filter	是	用于设定图文消息的接收者
is_to_all	否	用于设定是否向全部用户发送，值为 true 或 false，选择 true 该消息群发给所有用户，选择 false 可根据 tag_id 发送给指定群组的用户
tag_id	否	群发到的标签的 tag_id，参加用户管理中用户分组接口，若 is_to_all 值为 true，可不填写 tag_id
mpnews	是	用于设定即将发送的图文消息
media_id	是	用于群发的消息的 media_id
msgtype	是	群发的消息类型，图文消息为 mpnews，文本消息为 text，语音为 voice，音乐为 music，图片为 image，视频为 video，卡券为 wxcard
title	否	消息的标题
description	否	消息的描述
thumb_media_id	是	视频缩略图的媒体 ID
send_ignore_reprint	是	图文消息被判定为转载时，是否继续群发，1 为继续群发（转载），0 为停止群发（默认为 0）
clientmsgid	否	24 小时内的群发记录进行检查，如果该 clientmsgid 已经存在一条群发记录，则会拒绝本次群发请求

注意：clientmsgid 为新增参数，读者可以通过设置 clientmsgid 避免消息的重复推送。

（4）返回结果

接口调用成功后将返回 errcode 参数，参数 0 表示接口调用成功，返回示例结果如下：

```
{
  "errcode":0,
  "errmsg":"send job submission success",
  "msg_id":34182,
  "msg_data_id": 1000000014
}
```

参数详细说明如表 3.15 所示。

表 3.15　获取素材总数请求参数及说明

参　　数	说　　明
type	媒体文件类型，分别有图片（image）、语音（voice）、视频（video）和缩略图（thumb），图文消息为 news
errcode	错误码

续表

参数	说明
errmsg	错误信息
msg_id	消息发送任务的 ID，注意保存，用于消息的删除等
msg_data_id	消息的数据 ID，该字段只有在群发图文消息时，才会出现。可以用于在图文分析数据接口中，获取到对应的图文消息的数据，是图文分析数据接口中的 msgid 字段中的前半部分，详见图文分析数据接口中的 msgid 字段的介绍

读者需要注意，在 errcode 为 0 时仅仅表示接口调用成功，表示微信服务群发任务提交成功，不代表消息是否发送成功（一般情况下，接口调用成功即表示发送成功），对于消息是否成功发送，可以通过回调链接接收消息发送成功（MASSSENDJOBFINISH）的事件通知，通知内容如下：

```xml
<?xml version="1.0" encoding="utf-8"?>
<xml>
<ToUserName><![CDATA[gh_3b39764e09a7]]></ToUserName>
<FromUserName><![CDATA[oTrNHs30J0YkYB3yAGZgeyZByN8A]]></FromUserName>
<CreateTime>1497152557</CreateTime>
<MsgType><![CDATA[event]]></MsgType>
<Event><![CDATA[MASSSENDJOBFINISH]]></Event>
<MsgID>1000000014</MsgID>
<Status><![CDATA[send success]]></Status>
<TotalCount>2</TotalCount>
<FilterCount>2</FilterCount>
<SentCount>2</SentCount>
<ErrorCount>0</ErrorCount>
<CopyrightCheckResult>
<Count>0</Count>
<ResultList/>
<CheckState>0</CheckState>
</CopyrightCheckResult>
</xml>
```

备注：群发消息是否成功需要通过读者的回调链接接收微信反馈的消息进行判断，详细介绍请读者参照第 4 章介绍。

（5）示例代码

一般情况下，接口调用成功即表示发送成功，读者可以根据自身情况进行相应的开发，根据标签群发消息示例代码如下：

```java
package myf.caption3.demo3_7;

import myf.caption3.demo3_4.WxUtil;
import net.sf.json.JSONObject;
/**
 * 根据标签id群发消息
 *
 * @author 牟云飞
 *
 *<p>Modification History:</p>
 *<p>Date                    Author              Description</p>
 *<p>------------------------------------------------------------------</p>
```

```java
 *<p>11 30, 2016        muyunfei           新建</p>
 */
public class SendMsgAllMsgByTag {
    public static void main(String[] args) {
        //发送文本消息,如果设置clientmsgid,则clientmsgid不能重复
        String jsonContext_text="{"
            +"\"filter\":{"
                +"\"is_to_all\":false,"
                +"\"tag_id\":100"
            +"},"
            +"\"text\":"
             +"{"
                +"\"content\":\"" +
                "群发Text消息\r\n" +
                "==================" +
                "\r\n" +
                "根据标签群发Text消息!\r\n" +
                "总计消费: <a href='http://www.baidu.com' >$17.66</a>\r\n" +
                "消费用户: 牟云飞\r\n" +
                "联系方式: 15562579597\r\n" +
                "<a href='http://blog.csdn.net/myfmyfmyfmyf'>博客单击查看详情</a>\""
            +"},"
            +"\"msgtype\":\"text\","
           +"\"clientmsgid\":666"
        +"}";
        //修改图文消息,createPostMsg封装主动调用公用方法3.4节介绍
        String url="https://api.weixin.qq.com/cgi-bin/message/mass/sendall?access_token=";
        JSONObject result = WxUtil.createPostMsg(url, jsonContext_text);
        System.out.println(result);
        //发送图文消息
        String jsonContext_mpnews="{"
            +"\"filter\":{"
                +"\"is_to_all\":false,"
                +"\"tag_id\":100"
            +"},"
            +"\"mpnews\":"
             +"{"
                +"\"media_id\":\"TVwrM9MUyS-0ZusnXK0AfbaHB_PQpxRMNpLsopdbU4s\""
            +"},"
            +"\"msgtype\":\"mpnews\","
            +"\"send_ignore_reprint\":1"
        +"}";
        //修改图文消息,createPostMsg封装主动调用公用方法3.4节介绍
        String url_mapnew="https://api.weixin.qq.com/cgi-bin/message/mass/sendall?access_token=";
        JSONObject result_mapnew = WxUtil.createPostMsg(url_mapnew, jsonContext_mpnews);
        System.out.println(result_mapnew);
    }
}
```

通过封装的 WxUtil 工具类，群发文本、图文消息，示例结果如图 3.11 所示。

备注：如果返回结果为 45028，表示该接口无配额；测试号下无图文消息群发配额。

3.7.3 根据 OpenID 群发消息

用户 OpenID 是用户在微信公众号中的唯一标识。同一用户在同一公众号中，不论是否处于关注中都具有唯一的 OpenID；同一用户在不同公众号中 OpenID 是不同的。因此，在微信公众号消息群发接口中，能够通过唯一标识（OpenID）精确定位某一用户或者某一批用户，进而实现准确消息的群发，通过"根据用户 OpenID 群发消息"能够实现消息的批量发送，接口消息说明如下：

备注：不建议读者使用群发接口进行单人消息的发送，浪费每月 4 条的群发接口。如果需要单人发送消息，可以通过模板消息或者客服消息进行发送，以节约群发接口数量。

图 3.11 根据用户标签群发消息

（1）接口链接

https://api.weixin.qq.com/cgi-bin/message/mass/send?access_token=ACCESS_TOKEN

（2）请求方式

使用 Post 方式进行数据请求。

（3）参数说明

- 根据用户 OpenID 群发"图文"消息

```
{
  "touser":[
   "OPENID1",
   "OPENID2"
  ],
  "mpnews":{
     "media_id":"123dsdajkasd231jhksad"
  },
  "msgtype":"mpnews",
  "send_ignore_reprint":0
}
```

- 根据用户 OpenID 群发"文本"消息

```
{
  "touser":[
   "OPENID1",
   "OPENID2"
  ],
  "msgtype": "text",
  "text": { "content": "hello from boxer."}
}
```

- 根据用户 OpenID 群发"语音"消息

```
{
```

```
  "touser":[
   "OPENID1",
   "OPENID2"
  ],
  "voice":{
     "media_id":"mLxl6paC7z2Tl-NJT64yzJve8T9c8u9K2x-Ai6Ujd4lIH9IBuF6-2r66mamn_gIT"
  },
  "msgtype":"voice"
}
```

- 根据用户 OpenID 群发"图片"消息

```
{
  "touser":[
   "OPENID1",
   "OPENID2"
  ],
  "image":{
     "media_id":"BTgN0opcW3Y5zV_ZebbsD3NFKRWf6cb7OPswPi9Q83fOJHK2P67dzxn11Cp7THat"
  },
  "msgtype":"image"
}
```

备注：参数详细说明与"根据用户标签群发消息"接口相似，请读者参照表 3.14。

（4）返回结果

消息群发成功后，返回结果 msg_id 需要读者保存，以方便后续的删除操作等，示例结果如下：

```
{
  "errcode":0,
  "errmsg":"send job submission success",
  "msg_id":3147483654,
  "msg_data_id":2247483683
}
```

（5）示例代码

指定消息接收队列，调用接口发送消息群发申请，示例代码如下：

```
package myf.caption3.demo3_7;

import myf.caption3.demo3_4.WxUtil;
import net.sf.json.JSONObject;
/**
 * 根据标签id群发消息
 * @author 牟云飞
*<p>Modification History:</p>
*<p>Date                Author              Description</p>
*<p>------------------------------------------------------------------</p>
*<p>11 30, 2016         muyunfei            新建</p>
*/
public class SendMsgAllMsgByOpenID {
    public static void main(String[] args) {
        //发送文本消息
        String jsonContext_text="{"
                +"\"touser\":["
```

```
            +"\"oGzTi0tOakoHMX76VxKIB0GMcX8M\","
            +"\"oGzTi0vDjCSXUC57LysuDVT4MJng\""
        +"],"
        +"\"text\":"
         +"{"
            +"\"content\":\"" +
            "群发 Text 消息,根据 OpenID\r\n" +
            "==================" +
            "\r\n" +
            "根据用户 OpenID 群发 Text 消息! \r\n" +
            "总计消费: <a href='http://www.baidu.com' >$17.66</a>\r\n" +
            "消费用户: 牟云飞\r\n" +
            "联系方式: 15562579597\r\n" +
            "<a href='http://blog.csdn.net/myfmyfmyfmyf'>博客单击查看详情</a>\""
         +"},"
        +"\"msgtype\":\"text\""
    +"}";
//调用接口群发消息,createPostMsg 封装主动调用公用方法 3.4 节介绍
String url = "https://api.weixin.qq.com/cgi-bin/message/mass/send?access_token=";
JSONObject result = WxUtil.createPostMsg(url, jsonContext_text);
System.out.println(result);
//发送图文消息
String jsonContext_mpnews="{"
        +"\"touser\":["
        +"\"oGzTi0tOakoHMX76VxKIB0GMcX8M\","
        +"\"oGzTi0vDjCSXUC57LysuDVT4MJng\""
    +"],"
    +"\"mpnews\":"
         +"{"
+"\"media_id\":\"TVwrM9MUyS-0ZusnXK0AfQCrIgA_Th65evCtZyclWrA\""
         +"},"
        +"\"msgtype\":\"mpnews\","
        +"\"send_ignore_reprint\":1"
    +"}";
//createPostMsg 封装主动调用公用方法 3.4 节介绍
    String url_mapnew = "https://api.weixin.qq.com/cgi-bin/message/mass/send? access_token=";
    JSONObject result_mapnew = WxUtil.createPostMsg(url_mapnew, jsonContext_mpnews);
    System.out.println(result_mapnew);
 }
}
```

执行结果如图 3.12 所示。

注意:通过 OpenID 群发消息,需要至少两个 OpenID,否则将返回 40130 错误:{"errcode":40130,"errmsg":"invalid openid list size, at least two openid hint: [fjIbia0052ge21]"}。

3.7.4 删除群发消息

图 3.12 根据 OpenID 群发消息

对于已经过时的图文消息或者发送错误的群发消息,可以通过"删除群发消息"接口进行删除,以节省素材资源额度,接口详细说明如下:

（1）接口链接

https://api.weixin.qq.com/cgi-bin/message/mass/send?access_token=ACCESS_TOKEN

（2）请求方式

使用 Post 方式进行数据请求。

（3）参数说明

消息群发成功后都将得到消息发送的 msg_id，通过 msg_id 能够实现消息的整体删除以及部分删除，详细说明如下表 3.16 所示。

表 3.16　删除群发消息请求参数说明

参　　数	是否必须	说　　明
msg_id	是	群发消息 ID
article_idx	否	要删除的文章在图文消息中的位置，第一篇编号为 1，该字段不填或填 0 会删除全部文章

备注：一次群发消息能够发送多条图文消息，如果需要将某一次群发消息全部删除，读者可以将 article_idx 置为 0。

（4）返回结果

接口调用成功后，将返回接口调用成功提示，代码如下：

```
{"errcode":0, "errmsg":"ok"}
```

（5）示例代码

通过 msg_id（群发成功后返回结果中存在 msg_id，详细介绍请参照 3.7.2、3.7.3 节）删除群发消息，示例代码如下：

```java
package myf.caption3.demo3_7;

import myf.caption3.demo3_4.WxUtil;
import net.sf.json.JSONObject;
/**
 * 删除群发消息
 * @author 牟云飞
 *<p>Modification History:</p>
 *<p>Date                 Author           Description</p>
 *<p>------------------------------------------------------------</p>
 *<p>11 30, 2016          muyunfei         新建</p>
 */
public class DeleteMsgAll {
    public static void main(String[] args) {
        String deleteUrlStr =
        "https://api.weixin.qq.com/cgi-bin/message/mass/delete?access_token=";
        String jsonStr = "{\"msg_id\":3147483654,\"article_idx\":0}";
        JSONObject result = WxUtil.createPostMsg(deleteUrlStr, jsonStr);
        System.out.println(result.toString());
    }
}
```

注意：使用同一个素材群发出去的链接是一样的；这意味着：删除某一次群发，会导致整个链接失效。

3.7.5 小实例：推送最新活动（"千里行"为爱而行）

通过群发功能能够向已关注的用户推送最新的活动信息（图文消息视觉效果更佳），能够使用户及时地收到活动信息，有利于增长商家的利润，但是读者在开发"群发图文消息"功能时需要注意一下几点：

- 永久消息/素材具有一定的数量限制，超过数量后需要删除历史消息/素材。
- 推送消息内容可以是一条，也可以是多条，最多不能超过 8 条。
- is_to_all 可以设置为 false，指定标签进行发送，可实现每月多次发送，但服务号用户只能接收四条每月。
- 图文消息内容图片需要通过 uploadimg 接口上传到微信后方可使用，不能够直接使用读者服务的图片链接（企业号 news 消息允许读者服务的图片链接）。

某商家最新发布两款活动，需要通过微信公众号推广，这时可以利用"群发图文消息"接口进行多图文消息的推送，如下图 3.13 所示。

图 3.13 根据用户标签群发消息

在通过字符串进行拼接时容易产生编写遗漏问题，为了解决编码失误可以通过面向对象的方式，将图文消息转变成对象 WxArticleList，同样，每一条详细的消息也转变成对象 WxMpArticle，通过 net.sf.json.JSONObject 提供的 fromObject(Object obj)方法进行实体与 JSON 数据的转化，进而形成推送的 JSON 数据。

1. 创建图文消息实体类

代码如下：

```
package myf.caption3.demo3_7.vo;
import java.util.List;
/**
 * 文章数组类，用于生成json格式
 */
```

```java
public class WxArticleList {
    private List<WxMpArticle> articles;
    public WxArticleList(List<WxMpArticle> articles) {
        super();
        this.articles = articles;
    }
    public List<WxMpArticle> getArticles() {
        return articles;
    }
    public void setArticles(List<WxMpArticle> articles) {
        this.articles = articles;
    }
}
package myf.caption3.demo3_7.vo;
/**
 * @author    muyunfei
 * 图文消息
 */
public class WxMpArticle {
    // 图文消息名称
    private String title;
    // 图文消息缩略图的 media_id
    private String thumb_media_id;
    // 作者
    private String author;
    // 图文消息单击"阅读原文"之后的页面链接
    private String content_source_url;
    // 内容，支持html 标签，不超过 666 K个字节
    private String content;
    //图文消息的描述，不超过 512 个字节，超过会自动截断
    private String digest;
    //是否显示封面，1为显示，0 为不显示
    private String show_cover_pic;

    public WxMpArticle(String title, String thumbMediaId, String author,
            String contentSourceUrl, String content, String digest,
            String showCoverPic) {
        super();
        this.title = title;
        thumb_media_id = thumbMediaId;
        this.author = author;
        content_source_url = contentSourceUrl;
        this.content = content;
        this.digest = digest;
        show_cover_pic = showCoverPic;
    }
```

```java
    public String getTitle() {
        return title;
    }
    public String getThumb_media_id() {
        return thumb_media_id;
    }
    public String getAuthor() {
        return author;
    }
    public String getContent_source_url() {
        return content_source_url;
    }
    public String getContent() {
        return content;
    }
    public String getDigest() {
        return digest;
    }
    public String getShow_cover_pic() {
        return show_cover_pic;
    }
}
```

2. 图文消息内图片上传

代码如下:

```java
/**
 * 图文消息内的图片上传到微信服务器
 * @param filePath 文件路径
 * @return JSONObject
 * @throws Exception
 */
public  static JSONObject sendMediaNewsImg(String filePath)  {
try{
        String result = null;
        File file = new File(filePath);
        if (!file.exists() || !file.isFile()) {
            throw new IOException("文件不存在");
        }
        String token=getTokenFromWx();
        /**
         * 第一部分
         */
        //获得永久素材mediaId
```

```java
URL urlObj = new URL("https://api.weixin.qq.com/cgi-bin/media/uploadimg?
                                                    access_token="+ token);
HttpURLConnection con = (HttpURLConnection) urlObj.openConnection();
con.setRequestMethod("POST"); // 以 Post 方式提交表单，默认 get 方式
con.setDoInput(true);
con.setDoOutput(true);
con.setUseCaches(false); // post 方式不能使用缓存
// 设置请求头信息
con.setRequestProperty("Connection", "Keep-Alive");
con.setRequestProperty("Charset", "UTF-8");
// 设置边界
String boundary = "----------" + System.currentTimeMillis();
con.setRequestProperty("Content-Type", "multipart/form-data; boundary="+
                                                          boundary);
// 请求正文信息
// 第一部分:
StringBuilder sb = new StringBuilder();
sb.append("--"); // 必须多两道线
sb.append(boundary);
sb.append("\r\n");
sb.append("Content-Disposition: form-data;name=\"media\";id=\"media\";filename=\""+ file.getName() + "\"\r\n");
sb.append("Content-Type:application/octet-stream\r\n\r\n");
byte[] head = sb.toString().getBytes("utf-8");
// 获得输出流
OutputStream out = new DataOutputStream(con.getOutputStream());
// 输出表头
out.write(head);
// 文件正文部分
// 把文件已流文件的方式推入到 url 中
DataInputStream in = new DataInputStream(new FileInputStream(file));
int bytes = 0;
byte[] bufferOut = new byte[1024];
while ((bytes = in.read(bufferOut)) != -1) {
    out.write(bufferOut, 0, bytes);
}
in.close();
// 结尾部分
byte[] foot = ("\r\n--" + boundary + "--\r\n").getBytes("utf-8");// 定义最
                                                          后数据分隔线
```

```java
            out.write(foot);
            out.flush();
            out.close();
            StringBuffer buffer = new StringBuffer();
            BufferedReader reader = null;
            try {
                // 定义BufferedReader输入流来读取URL的响应
                reader = new BufferedReader(new InputStreamReader(con.getInputStream()));
                String line = null;
                while ((line = reader.readLine()) != null) {
                    //System.out.println(line);
                    buffer.append(line);
                }
                if(result==null){
            result = buffer.toString();
                }
            } catch (IOException e) {
                System.out.println("发送POST请求出现异常！" + e);
                e.printStackTrace();
                throw new IOException("数据读取异常");
            } finally {
                if(reader!=null){
            reader.close();
                }
            }
            JSONObject jsonObj =JSONObject.fromObject(result);
            System.out.println(jsonObj);
            return jsonObj;
      }catch (Exception e) {
         return null;
        }
    }
```

3. 推送图文消息

代码如下：

```java
package myf.caption3.demo3_7;

import java.util.ArrayList;
import java.util.List;

import myf.caption3.demo3_4.Contant;
```

```java
import myf.caption3.demo3_4.WxUtil;
import myf.caption3.demo3_7.vo.WxArticleList;
import myf.caption3.demo3_7.vo.WxMpArticle;
import net.sf.json.JSONObject;
/**
 * 案例：推送最新活动
 *
 * @author 牟云飞
 *<p>Modification History:</p>
 *<p>Date            Author           Description</p>
 *<p>------------------------------------------------------------------</p>
 *<p>11 30, 2016      muyunfei         新建</p>
 */
public class DemoMsgMain {

    public static void main(String[] args) {
        //第一条图文消息
        String headImgPath = "E://randomImage11.jpg";//通知图片
        //通过 3.6.2 上传永久图片，标题图片获得 mediaid
        JSONObject imageResult = WxUtil.sendMedia("image", headImgPath);
        String thumbMediaId = imageResult.getString("media_id");
        //上传图文消息，消息内图片，
        //不占用公众号的素材库中图片数量的 5000 个的限制。图片仅支持 jpg/png 格式，大小必须在 1MB 以下。
        JSONObject newsImageResult = WxUtil.sendMediaNewsImg("E://load.png");
        String newsImageUrl = newsImageResult.getString("url");
        System.out.println("newsImageUrl:"+newsImageUrl);
        String title = "\"千里行\"为爱而行";//标题
        String author = "牟云飞";//作者
        String contentSourceUrl = "http://blog.csdn.net/myfmyfmyfmyf";//原文链接
        String content = "<img width='100%'  src='"+newsImageUrl+"' />";
        String digest = "穿越沙漠千里行，为爱而行...";//描述
        String showCoverPic = "0";
        WxMpArticle artitle1 = new WxMpArticle(title, thumbMediaId, author,
                    contentSourceUrl,content,digest,showCoverPic);
        //第二条图文消息
        String headImgPath2 = "E://404.png";//通知图片
        //通过 3.6.2 上传永久图片，获得 mediaid
        JSONObject imageResult2 = WxUtil.sendMedia("image", headImgPath2);
        String thumbMediaId2 = imageResult2.getString("media_id");
        String title2 = "CSDN博客地址";//标题
```

```java
        String author2 = "牟云飞";//作者
        String contentSourceUrl2 = "http://blog.csdn.net/myfmyfmyfmyf";//原文链接
        String content2 = "<img width='100%'   src='"+newsImageUrl+"'  />";
        String digest2 = "作者 CSDN 博客 http://blog.csdn.net/myfmyfmyfmyf";//描述
        String showCoverPic2 = "0";
        WxMpArticle artitle2 = new WxMpArticle(title2, thumbMediaId2, author2,
                contentSourceUrl2,content2,digest2,showCoverPic2);
        List<WxMpArticle> list = new ArrayList<WxMpArticle>();
        list.add(artitle1);
        list.add(artitle2);
        WxArticleList newsList  = new WxArticleList(list);
        System.out.println(JSONObject.fromObject(newsList).toString());
        //发送消息
        long clientmsgid=68;
        //clientmsgid，防止重发
        //clientmsgid，与之前的 clientmsgif 不可重复，否则{"errcode":45065

DemoMsgMain.SendMsg(JSONObject.fromObject(newsList).toString(),clientmsgid);
}

private static void SendMsg(String postJsonContext,long clientmsgid){
    //上传图文消息
    JSONObject result = WxUtil.createPostMsg(Contant.URL_NEWS_UPLOAD, postJsonContext);
    System.out.println(result);
    //发送图文消息
    String jsonContext_mpnews="{"
        +"\"filter\":{"
            +"\"is_to_all\":false,"
            +"\"tag_id\":100"
        +"},"
        +"\"mpnews\":"
         +"{"
            +"\"media_id\":\"TVwrM9MUyS-0ZusnXK0AfbaHB_PQpxRMNpLsopdbU4s\""
         +"},"
        +"\"msgtype\":\"mpnews\","
        +"\"send_ignore_reprint\":1,"
        +"\"clientmsgid\":"+clientmsgid
    +"}";
    //修改图文消息，createPostMsg 封装主动调用公用方法 3.4 节介绍
    String url_mapnew = "https://api.weixin.qq.com/cgi-bin/message/mass/sendall?
```

```
access_token="";
        JSONObject result_mapnew = WxUtil.createPostMsg(url_mapnew, jsonContext_mpnews);
        System.out.println(result_mapnew);
    }
}
```

备注：当返回{"errcode":45065,"errmsg":"clientmsgid exist","msg_id":3147483655}错误时，表示读者设置的 clientmsgid 重复，无法使用相同的图文消息进行重复推送。

3.8 模板消息

上一节中读者们学习了如何群发消息，掌握了群发消息的约束限制，本节将为读者介绍微信订阅/服务号中特有的用户消息——模板消息，学习在何种情况下能够使用模板消息，如何正确地向用户推送模板消息。

3.8.1 消息说明及运营规则

"群发消息"接口允许读者发送文字、图片、图文等消息的同时，加上了发送次数的限制（服务号每月四条、订阅号每天一条，详细介绍请参照 3.7.1 节），对于重要的服务通知，如信用卡刷卡通知、商品购买成功通知等，由于接口数量的限制无法通过"群发接口"向用户推送，当前情况下可以采用"模板消息"进行实现。

模板消息是服务号/订阅号中特殊的消息，仅用于向用户发送重要的服务通知，无发送次数限制、无发送时间限制、无事件触发限制（事件触发限制为"客服消息"，详细介绍请参照 3.9 节），但是模板消息的推送只能用于符合其要求的服务场景中，如退费通知、会员注册通知、商品购买成功通知等，如图 3.14 所示，不支持广告等营销类消息以及其他所有可能对用户造成骚扰的消息。

图 3.14　模板消息

所有服务号都可以在【功能】|【添加功能插件】申请模板消息功能，申请通过后需要选择 2 个公众账号服务行业（每月可更改 1 次所选行业），根据读者选择的行业，能够在模板库中选择相应的模板，每个认证的服务号可以同时使用 25 个模板，通过模板进行消息的推送，推送无时间限制，默认情况下模板消息日调用上限为 10 万次，单个模板没有特殊限制，当账号粉丝数超过 10W/100W/1 000W 时，模板消息的日调用上限会相应提升。模板内的参数以"{ {"开头，且以".DATA} }"结尾，示例模板如下：

```
{{first.DATA}}

合同帐户：{{vkont.DATA}}
单号：{{outTradeNo.DATA}}
退款时间：{{date.DATA}}
退款金额：{{refundFee.DATA}}
{{remark.DATA}}
```

在发送时，需要将内容中的参数（{{.DATA}}内为参数）赋值替换为需要的信息，示例结果如下：

```
您好，您有一份退款单。

合同帐户：28475632
单号：000000003245
退款时间：2013 年 10 月 21 日
退款金额：212.23
该笔金额将于 1-3 个工作日内退回至您微信绑定的银行卡。
```

注意：只有认证后的服务号才可以申请模板消息的使用权限

在运营规则上，为了更好地营造社交环境，微信对模板消息进行了很多验证限制，一经发现内容涉及营销骚扰将严厉处罚，运行发送模板消息的场景如下：

- 服务即时通知类消息模板

此类模板消息具有即时性，在用户触发某个事件活动后，即时推送一条模板消息给用户，并告知用户相应内容，如：资料变更类通知、政务服务即时类通知、物品（包含虚拟类）收取类通知、消费交易类通知、签到类通知、状态类通知、登陆提醒类通知等一些用户触发后的即时通知。

- 服务后未即时通知类消息模板

此类模板消息具有延时性，在用户触发某个事件或活动后，可能无法即时给用户推送结果，需要一定时间处理后才能回复用户，并告知相应结果的内容。此类模板消息不能够频率过高地骚扰用户，禁止产生用户投诉，此类模板消息举例如下：月账单通知、审核结果通知、退款结果通知、投标结果通知、航班延误提醒通知等。

注：通知必须是从用户角度来看非常重要，到期提醒类要注意频率和使用场景，待办任务提醒类的内容要注意不能营销骚扰。对于违反规定的公众号首次封 7 天，第二次 30 天，第三次永久封禁。

3.8.2 获得模板 ID

开通模板消息并选择行业后，读者能够进入模板库选择相应的消息模板，【模板消息】|【模板库】，选择相应模板单击【详细】|【添加】，如图 3.15 所示。

图 3.15 选择消息模板获得模板 ID

备注：编号 TM00177，不是模板 ID（template_id），而是模板库中的模板编号（template_id_short）。

添加模板消息后，读者能够在【我的模板】中查看已获得的模板，如图 3.16 所示。

图 3.16 我的模板

模板消息 ID 用于推送消息时通知微信服务器所使用的消息模板，方便微信对消息内容进行替换。由于模板消息的类型以及数量较多，读者在开发时可以通过 PC 管理端管理消息模板，对于特殊需要的读者也可以通过 API 接口进行维护，接口详细说明如下：

1. 设置所属行业

（1）接口链接

https://api.weixin.qq.com/cgi-bin/template/api_set_industry?access_token=

（2）请求参数

使用 Post 方式请求数据。

```
{ "industry_id1":"1","industry_id2":"4" }
```

备注：每个公众号最多设置两个行业，行业编码请参照附录二。

2. 根据模板编号获得模板 ID

（1）接口链接

https://api.weixin.qq.com/cgi-bin/template/api_add_template?access_token=

（2）请求参数

使用 Post 方式请求数据。

```
{"template_id_short":"TM00015"}
```

（3）返回结果

```
{"errcode":0,
 "errmsg":"ok",
"template_id":"Doclyl5uP7Aciu-qZ7mJNPtWkbkYnWBWVja26EGbNyk" }
```

3. 获得模板列表

（1）接口链接

https://api.weixin.qq.com/cgi-bin/template/get_all_private_template?access_token=

（2）请求参数

使用 Get 方式请求数据。

（3）返回结果

```
{"template_list": [{
      "template_id": "iPk5sOIt5X_flOVKn5GrTFpncEYTojx6ddbt8WYoV5s",
      "title": "领取奖金提醒",
      "primary_industry": "IT科技",
      "deputy_industry": "互联网|电子商务",
      "content": "{ {result.DATA} }\n\n 领奖金额:{ {withdrawMoney.DATA} }\n 领奖时间 :{ {withdrawTime.DATA} }\n 银行信息 :{ {cardInfo.DATA} }\n 到账时间: { {arrivedTime.DATA} }\n{ {remark.DATA} }",
      "example": "您已提交领奖申请\n\n 领奖金额: xxxx 元\n领奖时间: 2013-10-10 12:22:22\n银行信息: xx银行(尾号 xxxx)\n到账时间: 预计 xxxxxxx\n\n 预计将于 xxxx 到达您的银行卡" }]}
```

4. 删除模板

（1）接口链接

https://api.weixin.qq.com/cgi-bin/template/del_private_template?access_token=

（2）请求参数

使用 Post 方式请求数据。

```
{ "template_id" : "Dyvp3-Ff0cnail_CDSzk1fIc6-9lOkxsQE7exTJbwUE"}
```

（3）返回结果

```
{"errcode" : 0,"errmsg" : "ok"}
```

备注：此类接口均为主动调用接口，通过 WxUtil 获得 ACCESS_TOKEN 进行接口调用。

3.8.3 推送模板消息

模板消息是一个能够根据模板实时主动推送的消息，读者能够通过模板 ID 实现消息的推送，详细说明如下：

（1）接口链接

https://api.weixin.qq.com/cgi-bin/message/template/send?access_token=ACCESS_TOKEN

（2）请求方式

使用 Post 方式进行数据请求。

（3）参数说明

以"购买成功通知"模板为例：

```
{{first.DATA}}

商品名称：{{product.DATA}}
商品价格：{{price.DATA}}
购买时间：{{time.DATA}}
{{remark.DATA}}
```

请求示例如下：

```
{
    "touser":"OPENID",
    "template_id":"_oZcXMgn-Bi0Xv41EfZs3QVhuDMt8L-toCRZEQ3vxug",
    "url":"http://weixin.qq.com/download",
    "miniprogram":{
        "appid":"xiaochengxuappid12345",
        "pagepath":"index?foo=bar"
    },
    "data":{
        "first": {
            "value":"恭喜你购买成功！",
            "color":"#173177"
        },
        "product":{
            "value":"微信企业号开发完全自学手册",
            "color":"#173177"
        },
        "price": {
            "value":"59.8元",
            "color":"#173177"
        },
        "time": {
            "value":"2017年06月15日",
            "color":"#173177"
        },
        "remark":{
            "value":"欢迎再次购买！",
            "color":"#173177"
        }
    }
}
```

参数详细说明如下表 3.17 所示。

表 3.17 推送模板消息请求参数及说明

参　　数	是否必须	说　　明
access_token	是	调用接口凭证（需要缓存处理）
media_id	是	媒体文件唯一标识
touser	是	接收者 openID
template_id	是	模板 ID
url	否	模板跳转链接
miniprogram	否	跳小程序所需数据，不需跳小程序可不用传该数据
appid	是	所需跳转到的小程序 appid（该小程序 appid 必须与发模板消息的公众号是绑定关联关系）
pagepath	是	所需跳转到小程序的具体页面路径，支持带参数，（示例 index?foo=bar）
data	是	模板数据

备注：url 和 miniprogram 都是非必填字段，若都不传则模板无跳转；若都传，会优先跳转至小程序。读者可根据实际需要选择其中一种跳转方式。此外，读者需要注意当用户的微信客户端版本不支持跳转小程序时，将会跳转至 URL。

（4）返回结果

接口执行成功后将返回 errcode 为 0，与群发消息相同，该接口仅表示消息推送申请是否成功，用户消息是否成功接收需要通过回调链接获取，返回结果示例如下：

```
{
        "errcode":0,
        "errmsg":"ok",
        "msgid":200228332
}
```

用户成功接收消息后，将返回"TEMPLATESENDJOBFINISH"事件（微信通过回调链接调用读者服务，详细介绍请参照第 4 章），读者根据 msgid 判断消息发送情况即可，接收事件内容如下：

```
<xml>
        <ToUserName><![CDATA[gh_7f083739789a]]></ToUserName>
        <FromUserName><![CDATA[oia2TjuEGTNoeX76QEjQNrcURxG8]]></FromUserName>
        <CreateTime>1395658920</CreateTime>
        <MsgType><![CDATA[event]]></MsgType>
        <Event><![CDATA[TEMPLATESENDJOBFINISH]]></Event>
        <MsgID>200163836</MsgID>
        <Status><![CDATA[success]]></Status>
</xml>
```

（5）示例代码

通过封装的 WxUtil 实现模板消息的 Post 申请提交，示例代码如下：

```
package myf.caption3.demo3_8;


import myf.caption3.demo3_4.WxUtil;
```

```java
import net.sf.json.JSONObject;
/**
 * 发送模板消息
 * "购买成功通知"模板
 * @author muyunfei
 * <p>Modification History:</p>
 * <p>Date         Author       Description</p>
 * <p>--------------------------------------------------------------------</p>
 * <p>Jun 16, 2017          牟云飞           新建</p>
 */
public class SendModelMsg {
    public static void main(String[] args) {
        JSONObject result = SendModelMsg.sendModelMsg();
        System.out.println(result);
    }

    /**
     * 发送"购买成功通知"模板消息
     * @return
     */
    public static JSONObject sendModelMsg(){
        //接收人的openid
        String openID = "oGzTi0tOakoHMX76VxKIB0GMcX8M";
        //模板消息ID,不是模板编号
        String tempId="_oZcXMgn-Bi0Xv41EfZs3QVhuDMt8L-toCRZEQ3vxug";
        //单击消息跳转链接
        String toUrl="http://blog.csdn.net/myfmyfmyfmyf?viewmode=contents";
        String first="恭喜你购买成功! ";
        String product="《微信企业号开发完全自学手册》";
        String price="59.8元";
        String time="2017年06月16日";
        String remark="欢迎再次购买! ";

        //消息json格式
        String jsonContext="{"
        +"\"touser\":\""+openID+"\","
        +"\"template_id\":\""+tempId+"\","
        +"\"url\":\""+toUrl+"\","
        +"\"data\":{"
            +"\"first\": {"
                +"\"value\":\""+first+" \","
                +"\"color\":\"#000000\""
            +"},"
            +"\"product\":{"
                +"\"value\":\""+product+"\","
                +"\"color\":\"#000000\""
            +"},"
```

```
                        +"\"price\":{"
                            +"\"value\":\""+price+"\","
                            +"\"color\":\"#FF0000\""
                    +"},"
                    +"\"time\": {"
                            +"\"value\":\""+time+"\","
                            +"\"color\":\"#000000\""
                    +"},"
                    +"\"remark\":{"
                            +"\"value\":\""+remark+"\","
                            +"\"color\":\"#173177\""
                    +"}"
                +"}"
            +"}";
        System.out.println(jsonContext);
        String                                                  url                   =
"https://api.weixin.qq.com/cgi-bin/message/template/send?access_token=";
        JSONObject result = WxUtil.createPostMsg(url, jsonContext);
        return result;
    }
}
```

执行效果如下图 3.17 所示。

备注：用户设置拒绝接收公众号消息后，将无法向用户推送模板消息。

3.8.4 自定义模板消息

微信模块库有大量消息模块供读者使用，除此之外读者可以通过申请创建自定义模板实现自身业务，同时还可帮助完善消息模板库，申请地址如图 3.18 所示

并非所有的自定义模板消息都会通过申请，读者在自定义模板需要注意以下几点：

- 模板内容长度不能超过 200 个字符，且至少含有 10 个固定文字或标点。
- 模版内容中，可赋值参数必须以 "{ {" 开头，以 ".DATA} }" 结尾。
- 模板必须以 first 参数开头，中间为关键词列举，末尾为 remark 参数。
- 模板内容与服务场景（含标题、关键词）需要保持一致。
- 不能够申请：发送频率过高且有骚扰用户倾向的消息模板、涉嫌广告营销类消息模板、涉及红包/卡券/优惠券/代金券/员卡类消息模板。
- 标题、关键词中不能带有品牌或公司名等没有行业通用性的内容。
- 标题不能带标点或其他特殊符号，且必须以"通知"或"提醒"结尾。
- 标题或关键词需要"简要"说明具体服务行为或使用场景。

图 3.17　模板消息推送

- 模板库里已存在类似的模板不能够进行再次申请。

图 3.18　申请自定义模板消息

对于符合条件的模板消息，可通过 PC 管理端进行申请，如下图 3.19 所示。

图 3.19　自定义模板消息内容

备注：自定义模板每月可申请新建 3 个新模板，审核周期为 7～15 天；注意，自定义模块内容可能被审核人员修改。

3.8.5 小实例：发送个人账单信息

模板消息能够在任意时刻向用户主动发送信息，在前面的学习中，读者已经了解了模板消息的运营规则和推送流程，本节将通过一个"发送个人账单信息"的小实例从实践角度讲述如何推送模板消息，实例界面如图 3.20 所示。

实例业务场景如下：

用户通过微信进行电动汽车充电，充电完成并且支付费用后，为了更好地客户体验，需要为用户展示充电费用，这时可以通过模板消息向用户推送个人账单信息。

图 3.20 发送个人账单信息

读者根据自身需要可以创建基于业务模型的 VO 实体类程序，也可以根据模板消息内容创建示例类，实体类示例如下：

```java
package myf.caption3.demo3_8.vo;
/**
 *
 * 案例：发送个人账单信息
 * @author muyunfei
 *
 * <p>Modification History:</p>
 * <p>Date         Author       Description</p>
 * <p>----------------------------------------------</p>
 * <p>Aug 18, 2016        牟云飞         新建</p>
 */
public class WxModelMsg {

    private String toUrl;//跳转的 URL
    private String templeteId;//微信模板消息  0 支付消息目前调用固定为 0
    private String openId;//消息接收人数据库中 wechat_code 字段
    private String orderTitle;//头部信息，如：尊敬的客户，本次充电订单已支付成功
    private String orderName;//订单商品，如：汽车充电费用
    private String orderMoney;//还款金额，如：39.8
    private String orderTime;//还款日期，如：2016 年 8 月 22 日
    //如：\\r\\n 感谢您的光临！\\r\\n 若您交易异常，请拨打 123456 转人工\\r\\n★最新优惠★优惠福
利，充 100 减 10 元
```

```
    private String orderRemark;
    public String getToUrl() {
        return toUrl;
    }
    public void setToUrl(String toUrl) {
        this.toUrl = toUrl;
    }
    public String getOpenId() {
        return openId;
    }
    public void setOpenId(String openId) {
        this.openId = openId;
    }
    public String getOrderTitle() {
        return orderTitle;
    }
    public void setOrderTitle(String orderTitle) {
        this.orderTitle = orderTitle;
    }
    public String getOrderName() {
        return orderName;
    }
    public void setOrderName(String orderName) {
        this.orderName = orderName;
    }
    public String getOrderMoney() {
        return orderMoney;
    }
    public void setOrderMoney(String orderMoney) {
        this.orderMoney = orderMoney;
    }
    public String getOrderTime() {
        return orderTime;
    }
    public void setOrderTime(String orderTime) {
        this.orderTime = orderTime;
    }
    public String getOrderRemark() {
        return orderRemark;
    }
    public void setOrderRemark(String orderRemark) {
        this.orderRemark = orderRemark;
    }
    public String getTempleteId() {
        return templeteId;
    }
    public void setTempleteId(String templeteId) {
        this.templeteId = templeteId;
    }
}
```

备注：模板消息中的备注信息，如需换行读者可以使用\\r\\n进行换行。

根据实体类发送模板消息，示例代码如下：

```
package myf.caption3.demo3_8;
```

```java
import myf.caption3.demo3_4.Contant;
import myf.caption3.demo3_4.WxUtil;
import myf.caption3.demo3_8.vo.WxModelMsg;
import net.sf.json.JSONObject;

/**
 * 案例：发送个人账单信息
 * @author muyunfei
 *
 * <p>Modification History:</p>
 * <p>Date         Author        Description</p>
 * <p>-------------------------------------------------------------------</p>
 * <p>Jun 16, 2017        牟云飞          新建</p>
 */
public class DemoMsgMain {
    public static void main(String[] args) {
        WxModelMsg msg= new WxModelMsg();
        msg.setOpenId("oGzTi0tOakoHMX76VxKIB0GMcX8M");
        msg.setTempleteId("XyDgtJAbCKTMGwXsPo6h-uWqwNTn1GVKcVvFmmvA0ws");
        msg.setOrderTitle("尊敬的客户，本次充电订单已支付成功");
        msg.setOrderName("汽车充电费用");
        msg.setOrderMoney("39.8元");
        msg.setOrderTime("2016年8月22日");
        msg.setOrderRemark("\\r\\n感谢您的光临！ \\r\\n若您交易异常，请拨打123456转人工    \\r\\n★最新优惠★优惠福利，充100减10元");
        msg.setToUrl("http://blog.csdn.net/myfmyfmyfmyf?viewmode=contents");
        JSONObject result = DemoMsgMain.sendModelMsg(msg);
        System.out.println(result.toString());
    }

    public static JSONObject sendModelMsg(WxModelMsg msg){

        //消息json格式
        String jsonContext="{"
        +"\"touser\":\""+msg.getOpenId()+"\","
        +"\"template_id\":\""+msg.getTempleteId()+"\","
        +"\"url\":\""+msg.getToUrl()+"\","
        +"\"data\":{"
            +"\"first\": {"
                +"\"value\":\""+msg.getOrderTitle()+" \","
                +"\"color\":\"#000000\""
            +"},"
            +"\"keyword1\":{"
                +"\"value\":\""+msg.getOrderName()+"\","
                +"\"color\":\"#000000\""
            +"},"
            +"\"keyword2\":{"
                +"\"value\":\""+msg.getOrderTime()+"\","
                +"\"color\":\"#000000\""
            +"},"
            +"\"keyword3\": {"
                +"\"value\":\""+msg.getOrderMoney()+"\","
                +"\"color\":\"#FF0000\""
            +"},"
            +"\"remark\":{"
                +"\"value\":\""+msg.getOrderRemark()+"\","
                +"\"color\":\"#173177\""
            +"}"
        +"}"
```

```
            +"}";
        JSONObject result = WxUtil.createPostMsg(Contant.URL_MSG_MODEL, jsonContext);
        return result;
    }
}
```

备注：由于模板消息只有认证的公众号才能够申请发送，对于没有公众号的读者可以通过"测试号"进行开发，如图 3.21 所示。

图 3.21　测试号模板消息

3.9　客服消息

群发消息是批量向用户主动推送消息的接口，模板消息是用于向用户主动推送特定情况下的消息，这两种消息不利于商户与客户（微信用户）之间的沟通，因此微信公众号开放了第三种消息方式——客服消息。本节将为读者介绍客服消息与如何发送客服消息。

3.9.1　客服消息说明

客服消息是微信用户在公众号内触发某些特定条件之后，在一定时间范围内（目前 48 小时内）允许向用户推送消息；消息类型包括文本消息、图片消息、语音消息、视频消息、音乐消息、图文消息（分为跳转外链接和跳转图文内页面）等，触发条件包括：
- 用户发送信息
- 关注公众号
- 扫描二维码
- 支付成功
- 用户维权
- 单击自定义菜单（仅有单击推事件、扫码推事件、扫码推事件且弹出"消息接收中"提示框等 3 种菜单类型是会触发客服接口的）

读者可以通过【功能】|【添加功能插件】|【客服功能】开通客服功能，开通客服功能后，

能够通过管理端添加客服人员、查看客服数据以及管理客服素材等，如图 3.22 所示；对于新加入的客服，绑定账号后需要客服人员接受邀请，如图 3.23 所示。

图 3.22　添加客服

图 3.23　客服人员接受邀请

经过改版的客服消息目前仅能够通过电脑端进行回复用户消息，无法通过手机端对用户进行回复，如图 3.24 所示；同时超过 48 小时的消息无法进行回复。微信公众号除了可以通过 PC 端进行回复用户之外，还可以通过接口调用的方式回复用户信息，除此之外通过接口也可以实现客服员工的添加、删除、修改、查询以及设置客服头像等操作。

图 3.24　PC 端客服消息回复

备注：发送客服消息时，可以指定发送的客服，也可以不指定客服直接发送。

3.9.2 客服账号管理

通过接口能够实现客服人员的管理，6.0.2 及以上版本的微信用户可以看到对应的客服头像和昵称，读者在使用客服接口时需要注意，必须为公众号设置微信号后才能够使用该类接口，公众号设置微信号可以通过【设置】|【公众号设置】|【微信号】进行设置。

1. 添加客服帐号

每个公众号最多添加 10 个客服账号，添加成功后需到微信 PC 管理端进行微信绑定，接口详细说明请求如下：

（1）接口链接

https://api.weixin.qq.com/customservice/kfaccount/add?access_token=ACCESS_TOKEN

（2）请求方式

使用 Post 方式提交数据。

（3）参数说明

以 JSON 格式的字符串发送数据，数据库包括客服账号（kf_account）、客服昵称（nickname）、登录密码（password，非多客服不必填写），POST 数据示例如下：

```
{
    "kf_account" : "test1@test",
    "nickname" : "客服1",
    "password" : "pswmd5",
}
```

（4）返回说明（正确时的 JSON 返回结果）：

```
{
    "errcode" : 0,
    "errmsg" : "ok",
}
```

备注：完整客服账号，格式为：账号前缀@公众号微信号；客服昵称，最长 6 个汉字或 12 个英文字符。

2. 修改客服帐号

读者能够通过接口调用的方式修改客服信息，接口详细说明如下：

（1）接口链接

https://api.weixin.qq.com/customservice/kfaccount/update?access_token=ACCESS_TOKEN

（2）请求方式

使用 Post 方式提交数据。

（3）参数说明

以 JSON 格式的字符串发送数据，POST 数据示例如下：

```
{
    "kf_account" : "test1@test",
    "nickname" : "客服1",
    "password" : "pswmd5",
}
```

（4）返回说明（正确时的 JSON 返回结果）

```
{
    "errcode" : 0,
    "errmsg" : "ok",
}
```

3. 删除客服帐号

通过接口能够实现客服账号的增加、修改,同样也支持删除功能,接口说明如下:

(1)接口链接

https://api.weixin.qq.com/customservice/kfaccount/del?access_token=ACCESS_TOKEN

(2)请求方式

使用 Get 方式提交数据。

(3)参数说明

以 JSON 格式的字符串发送数据,POST 数据示例如下:

```
{
    "kf_account" : "test1@test",
    "nickname" : "客服1",
    "password" : "pswmd5",
}
```

(4)返回说明(正确时的 JSON 返回结果)

```
{
    "errcode" : 0,
    "errmsg" : "ok",
}
```

4. 客服账号管理示例代码

由于以上 3 个接口类似,在此以添加客服账号为例,通过封装的 WxUtil 发送 POST 数据请求,完成客服账号添加,示例代码如下:

```java
package myf.caption3.demo3_9;

import net.sf.json.JSONObject;
import myf.caption3.demo3_4.Contant;
import myf.caption3.demo3_4.WxUtil;
/**
 * 客服管理
 * @author muyunfei
 * <p>Modification History:</p>
 * <p>Date        Author       Description</p>
 * <p>--------------------------------------------------------------------</p>
 * <p>Jun 21, 2017       牟云飞         新建</p>
 */
public class KfManageMain {
    public static void main(String[] args) {
        String kf002 = "{"
                +"\"kf_account\" : \"kf001@hysoftWX\","   //格式: 前缀@公众号微信号
                +"\"nickname\" : \"客服001\","   //昵称
                +"\"password\" : \"pswmd5\","   //密码
                +"}";
        JSONObject result = WxUtil.createPostMsg(Contant.URL_MSG_ADDAGENT, kf002);
        System.out.println(result.toString());
    }
}
```

注意：通过接口的方式添加客服账号后，该账号无法使用，需要在微信 PC 管理端进行"绑定"，绑定客服微信账号后方可使用在线座席功能。

3.9.3 发送客服消息

客服除了能够通过"在线客服功能"回复用户之外，还能够通过接口调用的方式实现用户回复，回复消息类型包括：文本消息、图片消息、音频消息、图文消息等等，接口详细说明如下：

（1）接口链接

https://api.weixin.qq.com/cgi-bin/message/custom/send?access_token=ACCESS_TOKEN

（2）请求方式

使用 Post 方式进行数据请求。

（3）参数说明

文字消息、图片消息、图文消息（图片加文字混合消息）、语音等不同类型的消息通过不同的 JSON 格式字符串发送不同的群发消息，详细说明如下：

- 根据用户 OpenID 群发"图文"消息
- 发送客服文本消息

```
{
    "touser":"OPENID",
    "msgtype":"text",
    "text":
    {
         "content":"Hello World"
    }
}
```

- 发送客服图片消息

```
{
    "touser":"OPENID",
    "msgtype":"image",
    "image":
    {
      "media_id":"MEDIA_ID"
    }
}
```

- 发送客服语音消息

```
{
    "touser":"OPENID",
    "msgtype":"voice",
    "voice":
    {
      "media_id":"MEDIA_ID"
    }
}
```

- 发送客服视频消息

```
{
    "touser":"OPENID",
    "msgtype":"video",
```

```
    "video":
    {
      "media_id":"MEDIA_ID",
      "thumb_media_id":"MEDIA_ID",
      "title":"TITLE",
      "description":"DESCRIPTION"
    }
}
```

- 发送客服音乐消息

```
{
    "touser":"OPENID",
    "msgtype":"music",
    "music":
    {
      "title":"MUSIC_TITLE",
      "description":"MUSIC_DESCRIPTION",
      "musicurl":"MUSIC_URL",
      "hqmusicurl":"HQ_MUSIC_URL",
      "thumb_media_id":"THUMB_MEDIA_ID"
    }
}
```

- 发送客服图文消息（单击跳转到外链）

```
{
    "touser":"OPENID",
    "msgtype":"news",
    "news":{
        "articles": [
         {
             "title":"Happy Day",
             "description":"Is Really A Happy Day",
             "url":"URL",
             "picurl":"PIC_URL"
         },
         {
             "title":"Happy Day",
             "description":"Is Really A Happy Day",
             "url":"URL",
             "picurl":"PIC_URL"
         }
        ]
    }
}
```

- 发送客服图文消息（单击跳转到图文消息页面）

```
{
    "touser":"OPENID",
    "msgtype":"mpnews",
    "mpnews":
    {
        "media_id":"MEDIA_ID"
    }
}
```

备注：图文消息条数限制在 8 条以内，如果图文数超过 8，则将会无响应。

请求参数详细说明如表 3.18 所示。

表 3.18　客服消息请求参数说明

参　　数	是否必须	说　　明
access_token	是	调用接口凭证（需要缓存处理）
touser	是	普通用户 openID
msgtype	是	消息类型，文本为 text，图片为 image，语音为 voice，视频消息为 video，音乐消息为 music，图文消息（单击跳转到外链）为 news，图文消息（单击跳转到图文消息页面）为 mpnews，卡券为 wxcard
content	是	文本消息内容
media_id	是	发送的图片/语音/视频/图文消息（单击跳转到图文消息页）的媒体 ID
thumb_media_id	是	缩略图的媒体 ID
title	否	图文消息/视频消息/音乐消息的标题
description	否	图文消息/视频消息/音乐消息的描述
musicurl	是	音乐链接
hqmusicurl	是	高品质音乐链接，Wi-Fi 环境优先使用该链接播放音乐
url	否	图文消息被单击后跳转的链接
picurl	否	图文消息的图片链接，支持 JPG、PNG 格式，较好的效果为大图 640*320，小图 80*80

（4）返回结果

正确执行后，将返回 JSON 数据结果，errcode 为 0，示例代码如下：

```
{"errcode":0,"errmsg":"ok"}
```

（5）示例代码

以发送客服文本消息为例，对 48 小时内有效地消息进行回复，示例代码如下：

```java
package myf.caption3.demo3_9;

import java.io.IOException;
import org.apache.http.HttpEntity;
import org.apache.http.HttpResponse;
import org.apache.http.client.ClientProtocolException;
import org.apache.http.client.ResponseHandler;
import org.apache.http.client.methods.HttpPost;
import org.apache.http.entity.ContentType;
import org.apache.http.entity.StringEntity;
import org.apache.http.impl.client.CloseableHttpClient;
import org.apache.http.impl.client.HttpClients;
import org.apache.http.util.EntityUtils;
import com.sun.corba.se.spi.orbutil.fsm.Guard.Result;

import myf.caption3.demo3_4.WxUtil;
import net.sf.json.JSONObject;
/**
 * 发送客服消息
 * @author 牟云飞
```

```java
*<p>Modification History:</p>
*<p>Date                   Author           Description</p>
*<p>-----------------------------------------------------------------</p>
*<p>11 30, 2016            muyunfei         新建</p>
*/
publicclass Send24kfMsg {
    publicstaticvoid main(String[] args) {
        JSONObject result = Send24kfMsg.sendCustomerMsg_Text(
                "你好，请问你有什么疑问？", "oGzTi0tOakoHMX76VxKIB0GMcX8M");
        System.out.println(result.toString());
        //超过48小时将返回
        //{"errcode":45015,"errmsg":"response out of time limit or subscription is
                                     canceled hint: [G5nrDa0483ge20]"}
    }

    /**
     * 发送客服消息
     * @return
     */
    publicstatic JSONObject sendCustomerMsg_Text(String context,String toUser){
        String jsonContext="{\"touser\":\""+toUser+"\",\"msgtype\":\"text\","
                +"\"text\":{\"content\":\"" +context+"\"}}";
        //获得token
        String token=WxUtil.getTokenFromWx();
        boolean flag=false;
        try {
            CloseableHttpClient httpclient = HttpClients.createDefault();
            HttpPost httpPost= new HttpPost("https://api.weixin.qq.com/cgi-bin/
                                    message/custom/send?access_token="+token);
            //发送json格式的数据
            StringEntity myEntity = new StringEntity(jsonContext,
                    ContentType.create("text/plain", "UTF-8"));
            //设置需要传递的数据
            httpPost.setEntity(myEntity);
            // Create a custom response handler
            ResponseHandler<JSONObject>    responseHandler    =    new    ResponseHandler
<JSONObject>() {
    //对访问结果进行处理
public JSONObject handleResponse(
final HttpResponse response) throws ClientProtocolException, IOException {
int status = response.getStatusLine().getStatusCode();
if (status >= 200 && status < 300) {
                HttpEntity entity = response.getEntity();
if(null!=entity){
    String result= EntityUtils.toString(entity);
//根据字符串生成JSON对象
            JSONObject resultObj = JSONObject.fromObject(result);
            return resultObj;
                }else{
    returnnull;
                }
                } else {
thrownew ClientProtocolException("Unexpected response status: " + status);
            }
```

```
                    }
                };
//返回的json对象
        JSONObject responseBody = httpclient.execute(httpPost, responseHandler);
        System.out.println(responseBody);
            httpclient.close();
            return responseBody;
        } catch (Exception e) {
            // TODO Auto-generated catch block
            e.printStackTrace();
        }
        returnnull;
    }
}
```

注意：对于超过 48 小时的消息回复，将会推送失败并返回 45015 错误。

3.9.4　小实例：人工客服消息

微信客服是微信公众号中为用户解疑的重要环节，读者可以通过回调服务（将在第四章中介绍）保存用户发送的消息记录；对于需要回复的记录进行人工客服回复，可以实现与 IM 软件的对接，进行留言式回复，在有效的时间内（48 小时内）进行消息回复，如图 3.25 所示，当客户通过公众号发起咨询时，商家可以通过客服消息与客户进行实时沟通，提升用户体验，维护老客户，挖掘潜在用户。

图 3.25　人工客服消息

用户向公众号发送消息，从而触发了 48 小时客服消息事件，读者能够在 48 小时内对用户进行回复，示例代码如下：

```
package myf.caption3.demo3_9;

import java.io.IOException;
```

```java
import myf.caption3.demo3_4.Contant;
import myf.caption3.demo3_4.WxUtil;
import net.sf.json.JSONObject;
import org.apache.http.HttpEntity;
import org.apache.http.HttpResponse;
import org.apache.http.client.ClientProtocolException;
import org.apache.http.client.ResponseHandler;
import org.apache.http.client.methods.HttpPost;
import org.apache.http.entity.ContentType;
import org.apache.http.entity.StringEntity;
import org.apache.http.impl.client.CloseableHttpClient;
import org.apache.http.impl.client.HttpClients;
import org.apache.http.util.EntityUtils;

/**
 *
 *
 * @author muyunfei
 *
 * <p>Modification History:</p>
 * <p>Date        Author      Description</p>
 * <p>------------------------------------------------------------------</p>
 * <p>Jun 21, 2017           牟云飞         新建</p>
 */
public class Send24kfMsgDemo {
    public static void main(String[] args) {
        String userOperID = "oGzTi0tOakoHMX76VxKIB0GMcX8M";
        String context = "你好,请问你有什么疑问? ";
        //发送客服文本消息
        String jsonContext="{\"touser\":\""+userOperID+"\",\"msgtype\":\"text\","
                +"\"text\":{\"content\":\"" +context+"\"}}";
        WxUtil.createPostMsg(Contant.URL_MSG_AGENT, jsonContext);

        //发送图文消息,单击跳转到读者自定义的链接
        //为了防止JSON格式错误,读者可以自定义实体类,通过JSONOBJECT.FROM进行转换
        String title1 = "CSDN博客地址";
        String description1 = "http://blog.csdn.net/myfmyfmyfmyf?viewmode=contents";
        String url = "http://blog.csdn.net/myfmyfmyfmyf?viewmode=contents";//跳转到外链接
        String picurl = "http://www.haiyisoft.com/HYWX/wx/image/randomImage0.jpg";//
        标题图片不是mediaID
        StringBuffer kfNewsMsg = new StringBuffer();
        kfNewsMsg.append("{");
        kfNewsMsg.append("      \"touser\":\""+userOperID+"\",");
        kfNewsMsg.append("      \"msgtype\":\"news\",");
        kfNewsMsg.append("      \"news\":{");
        kfNewsMsg.append("          \"articles\": [");
        kfNewsMsg.append("          {");
        kfNewsMsg.append("              \"title\":\""+title1+"\",");
        kfNewsMsg.append("              \"description\":\""+description1+"\",");
        kfNewsMsg.append("              \"url\":\""+url+"\",");
        kfNewsMsg.append("              \"picurl\":\""+picurl+"\"");
        kfNewsMsg.append("          },");
```

```
            kfNewsMsg.append("                 {");
            kfNewsMsg.append("                   \"title\":\"Happy Day\",");
            kfNewsMsg.append("                   \"description\":\"Is Really A Happy Day\",");
            kfNewsMsg.append("                   \"url\":\""+url+"\",");
            kfNewsMsg.append("                   \"picurl\":\""+"http://avatar.csdn.net/4/1/B/
                                                   1_myfmyfmyfmyf.jpg"+"\"");
            kfNewsMsg.append("                 }");
            kfNewsMsg.append("               ]");
            kfNewsMsg.append("        }");
            kfNewsMsg.append("}");
            WxUtil.createPostMsg(Contant.URL_MSG_AGENT, kfNewsMsg.toString());
            String context2 = "读者你好,有疑问可以在微信进行留言,看见后我将进行回复";
            //发送客服文本消息
            String jsonContext2="{\"touser\":\""+userOperID+"\",\"msgtype\":\"text\","
                    +"\"text\":{\"content\":\"" +context2+"\"}}";
            WxUtil.createPostMsg(Contant.URL_MSG_AGENT, jsonContext2);

      }

}
```

备注：回复用户客服的消息分为 mpnews 消息以及 news 消息，news 消息允许读者自定义设置消息标题图片以及跳转链接，即案例中的示例消息，而 mpnews 消息为永久图文消息，消息中的图片必须通过"素材管理"上传微信公众号后才能使用。

第 4 章　接收回调消息

主动调用模式能够实现公众号消息、事件的主动推送，实现消息的群发、菜单管理、素材管理以及客服管理等，而微信公众号的消息传递是双向的，读者在能够推送消息/事件的同时也能够接收消息/事件，即消息的回调。通过本章学习读者会掌握如何配置消息回调，如何开启、接收、解析、使用回调消息等。

本章主要涉及到的知识点有：

- 什么是消息回调模式：学会被动回调模式基础知识，了解模式的注意事项。
- 模式消息的加密/解密：学会如何加密/解密回调模式消息。
- 各类消息体的接收/解析：掌握各类消息的信息结构，学会如何接收、解析消息。
- 接收事件：学会如何接收、使用各类事件。
- 被动响应消息：学会如何响应接收到的消息、事件，掌握各类被动响应消息的消息体结构以及发送方式等。
- 业务与接口的实际应用：通过本章最后的示例，学习回调模式下接口如何使用；如何通过本章所学的知识，灵活开发微信公众号。

4.1　消息接收说明

主动调用是读者主动调用接口实现公众号向员工推送消息或事件，而消息回调（也叫被动消息、回调消息）用于接收用户发送的消息或事件，实现读者与用户之间的双向沟通。在微信公众号开发过程中，配置最麻烦、注意最多的也是消息回调模式，就像将一箱苹果分配给人容易，如果让人自己来挑选则不易，消息回调模式就像那个苹果一样，需要满足不同客户的需要的同时，需要兼顾各种类型的事件、链接以及安全性能等多方面问题，因此在配置上相对繁琐。

在接受消息上，回调模式先通过配置链接，以 Get 形式发送一个密文，我们需要在 Get 中解析密文，并将 echostr 返回给微信，完成回调 URL 的验证，URL 验证成功之后（URL 验证仅在修改回调链接时需要），微信将以 Post 形式将加密的真正内容发送过来，如图 4.1 所示。

回调模式在配置上还需要注意以下几点：

- 接收的信息为 XML 形式，并非 JSON 格式。
- 回调链接必须以 http://或 https://开头，分别支持 80 端口和 443 端口。
- JDK 版本必须要高于或等于 1.6。
- 根据相应的 JDK，替换相应的 JCE 安全策略补丁包，补丁完成之后，重启 Java 虚拟机服务。
- 消息接受之前需要 Get 验证，并且接收的消息是 UTF-8 编码的。加密的 XML 格式消息，需要解密之后方能使用。

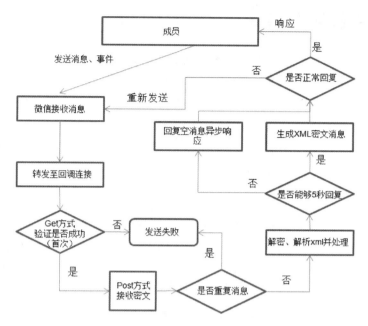

图 4.1 被动回调模式消息传递流程

- EncodeAESKey 生成规则是 32 位明文经过 Base64 加密后，去掉 "="，形成的 43 位密钥，EncodeAESKey 建议读者们手动生成，不要采用随机生成，早期官网提供的随机生成是不能使用的，有时成功有时失败；如果随机生成失败，读者可以手动生成。
- 必须具有一个外网域名（回调模式下可以不是 ICP 备案域名，任何外网域名即可），建议读者使用 ICP 备案的域名，因为后面第 5 章中讲到的 JSAPI 模式中，必须使用 ICP 备案的域名。
- 回调模式和主动调用模式在消息发送上也有很大不同：
  A：回调模式下，被动发送的消息需要是 XML 格式并进行加密，加密规则是首先进行 AES 加密，然后进行 Base64 加密。
  B：主动调用模式下，消息格式为 JSON 格式，不需要加密，但需要有效的 AccessToken。
- 回调模式接收到真正的消息内容之后，必须在五秒内进行回复，超过五秒后微信将认为接收失败，会在一定时间间隔后会再次发起请求。对于五秒钟之内无法做出响应的消息或事件，需要先回复空消息，然后使用异步接口进行回复。对于无需响应的消息，回复空消息即可，空消息微信将不做信息提示。
- 微信服务器在五秒内收不到响应会断掉连接，并且重新发起请求，总共重试三次。如果在调试中，发现成员无法收到响应的消息，可以检查是否消息处理超时。当接收成功后，http 头部返回 200 表示接收 ok，其他错误码一律当做失败并发起重试。关于重试的消息排重，有 msgid 的消息推荐使用 msgid 排重，事件类型消息推荐使用 FromUserName + CreateTime 排重。

注意：URL 验证在每次传递消息时都将进行验证，但 Get 中验证只有一次，即配置回调链接时进行验证。

4.2 开启消息回调模式

每个公众号都具有两个模式可以选择,默认是"普通模式",需要手动修改为"回调模式",如图4.2所示,普通模式下只能进行消息的主动推送、简单的自动回复以及菜单管理,无法实现消息的接收以及智能回复等。

图4.2 模式选择

备注:修改配置成功后,请点击"启动",否则消息回调(接收)无法启动。配置回调链接时,读者切勿频繁更改,因为会导致回调接口在短时间内无法使用。

开启应用的"回调模式",公众号需要填写应用的 URL、Token、EncodingAESKey 三个参数,如图4.3所示。

- URL 用于公众号接收用户消息或事件,该链接支持 HTTP 或 HTTPS 协议。
- Token 可由读者任意填写,用于生成签名。
- EncodingAESKey 用于消息体的加密,是 AES 密钥的 Base64 编码。这里的 EncodingAESKey 建议读者手动生成。

图4.3 开启回调模式

注意：这里的 Token 与主动调用模式的 access_token 不一样。消息接收下的 Token 是固定的，用于加密/解密消息体，而消息推送（主动调用）下的 Token 是具有时间限制的，用于推送各类消息。

订阅号、服务号中消息内容分为"明文传输"、"密文传输"和"混合传输"，建议读者选择密文进行通信传输，保证消息的安全性（密文传输时公众账号主动调用 API 的情况将不受影响，只有被动回复用户的消息时，才需要进行消息加解密），设置完成后点击"提交"，进行 URL 有效性验证；验证时，公众号将以 Get 方式发送数据到填写的 URL 上，Get 请求中携带 4 个参数 signature、timestamp、nonce、echostr，详细说明见表 4.1，读者在获取时需要做 urldecode 处理，否则会验证不成功。

表 4.1　消息回调接收参数及说明

参　数	是否必须	说　　明
signature	是	微信加密签名
timestamp	是	时间戳
nonce	是	随机数
echostr	首次校验必带	加密的随机字符串，以 msg_encrypt 格式提供。需要解密并返回 echostr 明文，解密后有 random、msg_len、msg、$CorpID 四个字段，其中 msg 为 echostr 明文

读者通过参数 signature 对请求进行校验，如果确认此次 Get 请求来自公众号，那么读者对 echostr 参数解密并原样返回 echostr 明文(不能加引号，不能带 bom 头，不能带换行符)，则接入验证生效，回调模式才能开启。

备注：后续接收回调消息时都会在请求 URL 中带上以上参数（echostr 除外），校验方式与首次验证 URL 一致。

示例代码如下：

- 这里使用普通的 Servlet 进行演示，修改 web.xml 增加 Servlet 配置。

```xml
<!-- 确认微信服务器的请求类，回调模式使用-->
    <servlet>
        <servlet-name>coreServlet</servlet-name>
        <servlet-class>
            myf.caption4.demo4_1.CoreServlet
        </servlet-class>
    </servlet>
    <servlet-mapping>
        <servlet-name>coreServlet</servlet-name>
        <url-pattern>/coreServlet.slt</url-pattern>
    </servlet-mapping>
```

- 创建回调类 CoreServlet.java，并增加 doGet、doPost 方法，在 doGet 中完成 URL 的验证。

```java
package myf.caption4.demo4_1;

import java.io.IOException;
import java.io.PrintWriter;
import java.security.MessageDigest;
import java.util.Arrays;
```

```java
import javax.servlet.ServletException;
import javax.servlet.http.HttpServlet;
import javax.servlet.http.HttpServletRequest;
import javax.servlet.http.HttpServletResponse;

import myf.caption4.QQTool.AesException;
import myf.caption4.QQTool.WXBizMsgCrypt;
import myf.caption4.demo4_1.service.CoreService;
import myf.caption4.util.WxUtil;

/**
 *
 *
 * @authormuyunfei
 *
 * <p>Modification History:</p>
 * <p>Date         Author          Description</p>
 * <p>------------------------------------------------------------------</p>
 * <p>Aug 5, 2016         牟云飞            新建</p>
 */
publicclass CoreServlet extends HttpServlet {

    private static final long serialVersionUID = 1L;

    /**
     * 请求校验（确认请求来自微信服务器）
     */
    publicvoid doGet(HttpServletRequest request, HttpServletResponse response) throws ServletException, IOException {
        // 微信加密签名
        String signature = request.getParameter("signature");
        System.out.println("signature:"+signature);
        // 时间戳
        String timestamp = request.getParameter("timestamp");
        System.out.println("timestamp:"+timestamp);
        // 随机数
        String nonce = request.getParameter("nonce");
        System.out.println("nonce:"+nonce);
        // 随机字符串
        String echostr = request.getParameter("echostr");
        System.out.println("echostr:"+echostr);
        String sToken = WxUtil.respMessageToken;
        String sEncodingAESKey = WxUtil.respMessageEncodingAesKey;
        String appId = WxUtil.messageAppId;
        try {
            WXBizMsgCrypt pc = new WXBizMsgCrypt(sToken, sEncodingAESKey, appId);
            String sEchoStr="";  //需要返回的明文
            //验证签名
            String sigStr = getSHA1(sToken, timestamp,nonce);
            if(sigStr.equals(signature)){
```

```java
                sEchoStr=echostr;
            }
            System.out.println("verifyurl sigStr: " + sigStr);
            System.out.println("verifyurl sEchoStr: " + sEchoStr);
            // 验证URL成功，将sEchoStr返回
            PrintWriter out = response.getWriter();
            out.write(sEchoStr);
            out.flush();
            out.close();
        } catch (Exception e) {
            //验证URL失败，错误原因请查看异常
            e.printStackTrace();
        }
    
}

//加密签名
public String getSHA1(String token, String timestamp, String nonce) throws AesException
{
    try {
        String[] array = new String[] { token, timestamp, nonce };
        StringBuffer sb = new StringBuffer();
        // 字符串排序
        Arrays.sort(array);
        for (int i = 0; i < 3; i++) {
            sb.append(array[i]);
        }
        String str = sb.toString();
        // SHA1签名生成
        MessageDigest md = MessageDigest.getInstance("SHA-1");
        md.update(str.getBytes());
        byte[] digest = md.digest();
        StringBuffer hexstr = new StringBuffer();
        String shaHex = "";
        for (int i = 0; i < digest.length; i++) {
            shaHex = Integer.toHexString(digest[i] & 0xFF);
            if (shaHex.length() < 2) {
                hexstr.append(0);
            }
            hexstr.append(shaHex);
        }
        return hexstr.toString();
    } catch (Exception e) {
        e.printStackTrace();
    }
    return "";
}

private CoreService service=new CoreService();

/**
 * 处理微信服务器发来的消息
```

```
     */
    publicvoid doPost(HttpServletRequest request, HttpServletResponse response) throws
ServletException, IOException {
        //读取消息，执行消息处理
        service.processRequest(request,response);
    }
}
```

备注：加密/解密方法将在 4.3 小节中介绍。有企业号开发经验的读者应该明白，企业号开发的 Get 验证中是 msg_signature、timestamp、nonce、echostr 四个参数进行排序解密，而服务号是 signature、timestamp、nonce 三个参数进行排序解密。

完成 URL 验证之后，点击"启用"，回调模式即正式开启，进入"回调模式"页面，如图 4.4 所示。

图 4.4　"回调模式"维护页面

备注：回调模式一旦开启之后，【自定义菜单】功能将会失效，读者只能通过接口的方式创建菜单。

4.3　加密/解密算法

加密/解密是回调模式中特有的功能；接收消息时，微信将以 Post 形式发送密文消息，读者需要将密文进行解密，获得明文消息体，并在五秒内完成消息的处理；对于需要响应的消息进行加密后方可回复；对于不需要响应的消息，回复空字符串即可。这里需要注意，回调消息必须进行回复。

1. 术语说明

在加密/解密算法中会用到一些术语，在这里对这些术语先作说明，便于读者后续理解。

- msg_signature：签名，用于验证调用者的合法性。
- EncodingAESKey：用于消息体的加密，长度固定为 43 个字符，从 a-z、A-Z、0-9 共 62 个字符中选取，是 AESKey 的 Base64 编码。解码后即为 32 字节长的 AESKey。
- AESKey=Base64_Decode(EncodingAESKey + "=")：AES 算法的密钥，长度为 32 字节。AES 采用 CBC 模式，数据采用 PKCS#7 填充至 32 字节的倍数；IV 初始向量大小为 16 字节，取 AESKey 前 16 字节。
- msg：消息体明文，格式为 XML。

- msg_encrypt=Base64_Encode(AES_Encrypt[random(16B)+msg_len(4B)+msg+$appID])：对明文消息 msg 加密处理后的 Base64 编码。其中 random 为 16 字节的随机字符串；msg_len 为 4 字节的 msg 长度，网络字节序；msg 为消息体明文；$appID 为公众号的标识。

2. Get 验证 URL

将 token、timestamp、nonce 参数按照字母字典排序接成一个字符串，将该字符串进行 sha1 加密，示例代码如下：

```
//Get 加密验签
    public String getSHA1(String token, String timestamp, String nonce) throws AesException
    {
        try {
            String[] array = new String[] { token, timestamp, nonce };
            StringBuffer sb = new StringBuffer();
            // 字符串排序
            Arrays.sort(array);
            for (int i = 0; i < 3; i++) {
                sb.append(array[i]);
            }
            String str = sb.toString();
            // SHA1 签名生成
            MessageDigest md = MessageDigest.getInstance("SHA-1");
            md.update(str.getBytes());
            byte[] digest = md.digest();
            StringBuffer hexstr = new StringBuffer();
            String shaHex = "";
            for (int i = 0; i < digest.length; i++) {
                shaHex = Integer.toHexString(digest[i] & 0xFF);
                if (shaHex.length() < 2) {
                    hexstr.append(0);
                }
                hexstr.append(shaHex);
            }
            return hexstr.toString();
        } catch (Exception e) {
            e.printStackTrace();
        }
        return "";
    }
```

注意：服务号中 Get 验证 URL 这里的参数是 signature，而企业号是 msg_signature。

3. Post 消息体验证签名

为了验证调用者的合法性，微信在回调 URL 中增加了消息签名，用参数 msg_signature 来标识，读者需要验证该参数的正确性后再解密。验证步骤如下：

（1）企业计算签名 dev_msg_signature=sha1(sort（token、timestamp、nonce、msg_encrypt）)，sort 的含义是将参数按照字母字典排序，然后从小到大拼接成一个字符串。

（2）比较 dev_msg_signature 和 msg_signature 是否相等，相等则表示验证通过。

（3）返回 echostr。

4. Post 消息体解密

消息内容的解密主要分为以下几步：

（1）消息验签，验证消息的真实性。

（2）对密文进行 BASE64 解码 aes_msg=Base64_Decode(msg_encrypt)。

（3）使用 AESKey 做 AES 解密 rand_msg=AES_Decrypt(aes_msg)。

（4）去掉 rand_msg 头部的 16 个随机字节，4 个字节的 msg_len，以及尾部的$appID 即为最终的消息体原文 msg。

（5）获得 XML 格式的消息内容进行提取操作。

5. Post 消息响应加密

消息响应是以 XML 格式进行发送，其中 Encrypt 为加密的密文消息，XML 格式如下：

```xml
<xml>
<Encrypt><![CDATA[msg_encrypt]]></Encrypt>
<MsgSignature><![CDATA[msg_signature]]></MsgSignature>
<TimeStamp>timestamp</TimeStamp>
<Nonce><![CDATA[nonce]]></Nonce>
</xml>
```

对明文 msg 加密的过程如下：

msg_encrypt=Base64_Encode(AES_Encrypt[random(16B)+msg_len(4B)+msg+$appID])，AES 加密的 buf 由 16 个字节的随机字符串、4 个字节的 msg 长度、明文 msg 和$appID 组成，其中 msg_len 为 msg 的字节数（网络字节序），$appID 为公众号唯一标识，经 AESKey 加密后，再进行 Base64 编码，即获得密文 msg_encrypt。

6. 下载地址及错误返回码

微信向我们提供了各个版本的加密/解密工具类，其中 WXBizMsgCrypt.java 类封装了 VerifyURL，DecryptMsg，EncryptMsg 三个接口，分别用于开发者验证回调 URL、接收消息的解密以及开发者回复消息的加密过程，下载地址（Java 版）如下：

https://wximg.gtimg.com/shake_tv/mpwiki/cryptoDemo.zip

示例代码如下：

```
//初始化函数
WXBizMsgCrypt wxcpt = new WXBizMsgCrypt(sToken, sEncodingAESKey, appID);
//验证 URL，VerifyURL 函数
String sEchoStr; //需要返回的明文
    sEchoStr = wxcpt.VerifyURL(signature, timestamp,nonce, echostr);
//密文解密，DecryptMsg 函数
    String sMsg = wxcpt.DecryptMsg(sReqMsgSig, sReqTimeStamp, sReqNonce, sReqData);
    System.out.println("after decrypt msg: " + sMsg);  //输出解密后的文件
//消息响应，消息加密，EncryptMsg 函数
String sRespData=WxUtil.messageToXml(txtMsg);///xml 格式响应消息
    String sEncryptMsg = wxcpt.EncryptMsg(sRespData, time, sReqNonce);
```

错误返回码详细说明如表 4.2 所示。

表 4.2 加密/解密错误返回码及说明

返回码	说明	返回码	说明
0	请求成功	-40006	AES 加密失败
-40001	签名验证错误	-40007	AES 解密失败

续表

返回码	说明	返回码	说明
-40002	XML 解析失败	-40008	解密后得到的 buffer 非法
-40003	sha 加密生成签名失败	-40009	base64 加密失败
-40004	AESKey 非法	-40010	base64 解密失败
-40005	corpid 校验错误	-40011	生成 XML 失败

注意：JDK 需要 1.6 及以上版本，并需要对 JDK 进行 JCE 补丁修改，否则将返回 java.security. InvalidKeyException:illegal Key Size，详细说明见 "2.1.3 JCE 安全策略补丁"。读者如果更改 EncodingAESKey 则需要保存当前和上一次的 EncodingAESKey，若当前的 EncodingAESKey 解密失败，则尝试用上一次的 EncodingAESKey 解密。

4.4 接收消息 Dom 解析

通过前几节的学习，读者应该明白企业号在信息接收时采用的是加密的 XML 形式，所以在实现消息处理时，不仅需要进行数据解密处理，而且还需要解析 XML 文件，本节将为读者介绍的是 XML 常用的解析方式：Java Dom 解析。

Java Dom（Document Object Model，文档对象模型）是基于 W3C 标准的 XML 解析包，是解析 XML 的常用方式之一，其他还有 SAX、JDom、Dom4j 等方式，它通过加载整个文档和构造层次结构形成类似树的数据结构，使其具有一定的层次结构，从方便数据提取，接下来了解 W3C DOM 的基础知识：

- 解析器工厂类 DocumentBuilderFactory

```
DocumentBuilderFactory dbf = DocumentBuilderFactory.newInstance();
```

- 创建解析器 DocumentBuilder

```
//通过解析器工厂类来获得
    DocumentBuilder db = dbf.newDocumentBuilder();
```

- 获得文档模型 Document

获得文档模型一种方式是通过 XML 文件的形式，例如：

```
Document doc = db.parse("bean.xml");
```

另一种则是将需要解析的 XML 文档、字符串等转化成 InputStream 输入流，也是接下来我们将要使用的方式，例如：

```
InputStream is = new FileInputStream("bean.xml");
Document doc = db.parse(is);
```

Document 对象代表了一个 XML 文档的模型树，所有的其他 Node 都以一定的顺序包含在 Document 对象之内，排列成一个树状结构。

备注：Document 对象生成之后，对 XML 文档的所有操作都与解析器无关。

- 获得根节点 root，在之后的数据操作中，必须以根节点为起点。

```
//获得根节点数据
Element root = document.getDocumentElement();
```

- 获得节点数据

```java
//获得MsgType节点数据
NodeList nodelist_msgType = root.getElementsByTagName("MsgType");
String recieveMsgType = nodelist_msgType.item(0).getTextContent();
```

使用技巧：获得节点之后，使用 getTextContent();获得节点文本信息。

消息接收流程"验签——解密——解析 XML——加密——响应回复"示例代码如下：

```java
    /**
     * 接受消息并消息响应
     * @param request
     * @return xml
     */
//处理微信消息
    public void processRequest(HttpServletRequest request,HttpServletResponse response) {
        // 微信加密签名
        String sReqMsgSig = request.getParameter("msg_signature");
        //System.out.println("msg_signature :"+sReqMsgSig);
        // 时间戳
        String sReqTimeStamp = request.getParameter("timestamp");
        // 随机数
        String sReqNonce = request.getParameter("nonce");
        //加密类型
        String encryptType =request.getParameter("encrypt_type");
        //System.out.println("加密类型: "+encrypt_type);
        String sToken = WxUtil.respMessageToken;
        String appId = WxUtil.messageAppId;
        String sEncodingAESKey = WxUtil.respMessageEncodingAesKey;
        try {
            request.setCharacterEncoding("utf-8");
            // post 请求的密文数据
            // sReqData = HttpUtils.PostData();
            ServletInputStream in = request.getInputStream();
            BufferedReader reader =new BufferedReader(new InputStreamReader(in));
            String sReqData="";
            String itemStr="";//作为输出字符串的临时串,用于判断是否读取完毕
            while(null!=(itemStr=reader.readLine())){
                sReqData+=itemStr;
            }
            //输出解密前的文件
            String sMsg=sReqData;
            WXBizMsgCrypt wxcpt = new WXBizMsgCrypt(sToken, sEncodingAESKey, appId);
            if(encryptType!=null){
                //对消息进行处理获得明文
                sMsg = wxcpt.decryptMsg(sReqMsgSig, sReqTimeStamp, sReqNonce, sReqData);
            }
            //输出解密后的文件
            System.out.println("after decrypt msg: " + sMsg);
            // TODO: 解析出明文xml 标签的内容进行处理
            // For example:
            DocumentBuilderFactory dbf = DocumentBuilderFactory.newInstance();
            DocumentBuilder db = dbf.newDocumentBuilder();
            StringReader sr = new StringReader(sMsg);
            InputSource is = new InputSource(sr);
```

```java
Document document = db.parse(is);
Element root = document.getDocumentElement();
//判断类型
NodeList nodelistMsgType = root.getElementsByTagName("MsgType");
String recieveMsgType = nodelistMsgType.item(0).getTextContent();
String content="";
if("text".equals(recieveMsgType)){//如果是文本消息
    //获得内容
    NodeList nodelist1 = root.getElementsByTagName("Content");
    //设置响应内容
    content = nodelist1.item(0).getTextContent();
    System.out.println("content:"+content);
    //昵称、解决乱码问题
    //content=new String(content.getBytes("ISO-8859-1"),"UTF-8");
    System.out.println("---content:"+content);
}else if("event".equals(recieveMsgType)){//如果是事件
    //获得事件类型
    NodeList nodelist1 = root.getElementsByTagName("Event");
    String eventType = nodelist1.item(0).getTextContent();
    if("subscribe".equals(eventType)){//关注
        //subscribe(root);
        content="欢迎关注"牟云飞"微信公众号";
    }else if("unsubscribe".equals(eventType)){//取消关注事件
        //unSubscribe(root);
    }else if("CLICK".equals(eventType)){//菜单点击
        //获取eventKey
        NodeList EventKeyNode = root.getElementsByTagName("EventKey");
        String EventKeyNodeContext = EventKeyNode.item(0).getTextContent();
        if("KF_TEL".equals(EventKeyNodeContext)){
            //客服电话
            content="技术支持: 15562579597\r\n" +
                    "服务时间: 09:00-5:00";
        }
    }
}
//!!!!!!!!!!!!!!!!!!!!设置回复!!!!!!!!!!
//------------------------------------------
//回复人
NodeList nodelistFromUser = root.getElementsByTagName("FromUserName");
String mycreate = nodelistFromUser.item(0).getTextContent();
//回复人
NodeList nodelistToUserName = root.getElementsByTagName("ToUserName");
String wxDevelop = nodelistToUserName.item(0).getTextContent();
//回复人
//时间
String time=new Date().getTime()+"";
//content="被动响应消息:"+content;
//临时消息
//content="";
//生成一个被动响应的消息
TextMessage txtMsg= new TextMessage();
txtMsg.setContent(content);//文字内容
```

```java
                    txtMsg.setCreateTime(Long.valueOf(time));//创建时间
                    txtMsg.setFromUserName(wxDevelop);//消息来源
                    txtMsg.setMsgType(WxUtil.RESP_MESSAGE_TYPE_TEXT);//消息类型
                    txtMsg.setToUserName(mycreate);
                    String sRespData=WxUtil.messageToXml(txtMsg);
                    String sEncryptMsg=sRespData;
                    if(encryptType!=null){
                        sEncryptMsg = wxcpt.encryptMsg(sRespData, time, sReqNonce);
                    }
//                  System.out.println("回复消息: "+sRespData);
//                  System.out.println("回复消息加密: "+sEncryptMsg);
                    //输出
                    PrintWriter out = response.getWriter();
                    out.write(sEncryptMsg);
                    out.flush();
                    out.close();

                } catch (Exception e) {
                    // TODO
                    // 解密失败，失败原因请查看异常
                    e.printStackTrace();
                }
            }
```

读了以上代码之后，我们可以对代码分析如下：

接收消息后，通过 WXBizMsgCrypt 类将获得的消息进行验签、解密，获得明文消息；读者可使用 W3C DOM 进行明文信息的提取，根据消息内容做出相应的响应，对于响应消息通过 Xstream 将对象类型的消息转换成字符串格式，最后通过 response.getWriter()以流的形式，对接收到的消息做出响应。

4.5 消息响应 Xstream 转换

读者在上一节中学习了如何进行信息的接收，接下来本节将要学习的是如何进行信息的响应处理，为了方便在程序中使用面向对象的编程思维，我们将各类响应消息封装成对象，使用 Xstream 类库返回特定的 XML 结构字符串。

Xstream 是一种 OXMapping 技术，可以轻易的将 Java 对象和 XML 文档相互转换，实现对象的序列化，产生 XML 结构的数据，而且可以修改某个特定的属性和节点名称。增加内部类，将对象转换成 XML 格式字符串，同时扩展 Xstream 使其支持 CDATA，示例代码如下：

```java
/**
 * 扩展xstream使其支持CDATA
 * 内部类 XppDriver
 */
private static XStream xstream = new XStream(new XppDriver() {
    public HierarchicalStreamWriter createWriter(Writer out) {
        return new PrettyPrintWriter(out) {
            // 对所有xml节点的转换都增加CDATA标记
            boolean cdata = true;
            @SuppressWarnings("unchecked")
```

```java
            public void startNode(String name, Class clazz) {
                super.startNode(name, clazz);
            }
            protected void writeText(QuickWriter writer, String text) {
                if (cdata) {
                    writer.write("<![CDATA[");
                    writer.write(text);
                    writer.write("]]>");
                } else {
                    writer.write(text);
                }
            }
        };
    }
});

/**
 * 文本消息对象转换成xml
 * @param textMessage 文本消息对象
 * @return xml
 */
public static String messageToXml(TextMessage textMessage) {
    xstream.alias("xml", textMessage.getClass());
    return xstream.toXML(textMessage);
}

/**
 * 图片消息对象转换成xml
 * @param imageMessage 图片消息对象
 * @return xml
 */
public static String messageToXml(ImageMessage imageMessage) {
    xstream.alias("xml", imageMessage.getClass());
    return xstream.toXML(imageMessage);
}

/**
 * 语音消息对象转换成xml
 * @param voiceMessage 语音消息对象
 * @return xml
 */
public static String messageToXml(VoiceMessage voiceMessage) {
    xstream.alias("xml", voiceMessage.getClass());
    return xstream.toXML(voiceMessage);
}

/**
 * 视频消息对象转换成xml
 * @param videoMessage 视频消息对象
 * @return xml
 */
public static String messageToXml(VideoMessage videoMessage) {
```

```
        xstream.alias("xml", videoMessage.getClass());
        return xstream.toXML(videoMessage);
    }

    /**
     * 音乐消息对象转换成 xml
     * @param musicMessage 音乐消息对象
     * @return xml
     */
    public static String messageToXml(MusicMessage musicMessage) {
        xstream.alias("xml", musicMessage.getClass());
        return xstream.toXML(musicMessage);
    }

    /**
     * 图文消息对象转换成 xml
     * @param newsMessage 图文消息对象
     * @return xml
     */
    public static String messageToXml(NewsMessage newsMessage) {
        xstream.alias("xml", newsMessage.getClass());
        xstream.alias("item", new Article().getClass());
        return xstream.toXML(newsMessage);
    }
```

备注：XStream 是 Thoughtworks 的包。CDATA 指的是不由 XML 解析器进行解析的文本数据，标准格式：![CDATA[文本内容]]>，可以解决&、<、>、"、'等特殊字符问题。企业号开发的读者需要注意，响应消息的 FromUserName 是 CorpID，而服务号响应消息的 FromUserName 是开发者微信号，不是 AppID，更不是 CorpID。

通过面向对象的多态性实现消息的回复，示例代码如下：

```
//生成一个被动响应的消息，文本消息
TextMessage txtMsg= new TextMessage();
txtMsg.setContent(content);//文字内容
txtMsg.setCreateTime(Long.valueOf(time));//创建时间
txtMsg.setFromUserName(sCorpID);//消息来源
txtMsg.setMsgType(WxUtil.RESP_MESSAGE_TYPE_TEXT);//消息类型
txtMsg.setToUserName(mycreate);
//通过Xstream 实现对象到 xml 的转换
String sRespData=WxUtil.messageToXml(txtMsg);
//对 xml 格式的字符串进行加密，参见 4.3 节
String sEncryptMsg = wxcpt.EncryptMsg(sRespData, time, sReqNonce);
//输出响应信息， xml 格式的加密的字符串
PrintWriter out = response.getWriter();
out.write(sEncryptMsg);
//清空输出流
out.flush();
//关闭输出流
out.close();
```

4.6 接收普通消息

被动回调消息主要分为三大块：普通消息、事件消息和响应消息，本节将为读者介绍如何接收、解析各类普通消息。

4.6.1 接口说明

普通消息是指微信用户向公众号发送的消息，包括文本、图片、语音、视频、地理位置等类型，公众号会将普通消息推送到公众号设置的回调链接中（4.2 节中配置的信息），读者们在学习如何接收普通消息之前，还是先了解下其基本信息，详细说明如下：

（1）数据链接

开启回调模式中的 URL 链接，用于接收微信反馈的用户信息。

（2）数据获取方式

以 Post 方式传递数据，通过数据流的形式 request.getInputStream()获取数据，验签参数则是通过 request.getParameter(String params)。

（3）消息类型

消息型包括文本消息（text）、图片消息（image）、语音消息（voice）、视频消息（video）、文件消息（file）以及图文消息（news）等。

（4）权限说明

应用必须开启"回调模式"，信息接收失败最多重新发送三次，需要进行消息排重。

（5）示例代码

建立回调消息处理类，命名 CoreServlet.java（命名随意），这里使用 Servlet 的方式实现，所以此类继承 HttpServlet 类，详细代码如下所示：

```java
package myf.caption4.demo4_1;

import java.io.IOException;
import java.io.PrintWriter;
import java.security.MessageDigest;
import java.util.Arrays;
import javax.servlet.ServletException;
import javax.servlet.http.HttpServlet;
import javax.servlet.http.HttpServletRequest;
import javax.servlet.http.HttpServletResponse;
import myf.caption4.QQTool.AesException;
import myf.caption4.demo4_1.service.CoreService;
import myf.caption4.util.WxUtil;
/**
 * @author muyunfei
 * <p>Modification History:</p>
 * <p>Date        Author      Description</p>
 * <p>-------------------------------------------------------------</p>
 * <p>Aug 5, 2016      牟云飞          新建</p>
 */
public class CoreServlet extends HttpServlet {

    private static final long serialVersionUID = 1L;
```

```java
/**
 * 请求校验（确认请求来自微信服务器）
 */
public void doGet(HttpServletRequest request, HttpServletResponse response) throws
                                                    ServletException, IOException
{
    // 微信加密签名
    String signature = request.getParameter("signature");
    System.out.println("signature:"+signature);
    // 时间戳
    String timestamp = request.getParameter("timestamp");
    System.out.println("timestamp:"+timestamp);
    // 随机数
    String nonce = request.getParameter("nonce");
    System.out.println("nonce:"+nonce);
    // 随机字符串
    String echostr = request.getParameter("echostr");
    System.out.println("echostr:"+echostr);
    String sToken = WxUtil.respMessageToken;
    try {
        String sEchoStr=""; //需要返回的明文
        //验证签名
        String sigStr = getSHA1(sToken, timestamp,nonce);
        if(sigStr.equals(signature)){
            sEchoStr=echostr;
        }
        System.out.println("verifyurl sigStr: " + sigStr);
        System.out.println("verifyurl sEchoStr: " + sEchoStr);
        // 验证URL成功，将sEchoStr返回
        PrintWriter out = response.getWriter();
        out.write(sEchoStr);
        out.flush();
        out.close();
    } catch (Exception e) {
        //验证URL失败，错误原因请查看异常
        e.printStackTrace();
    }
}

//Get加密验签
public String getSHA1(String token, String timestamp, String nonce) throws AesException
{
    try {
        String[] array = new String[] { token, timestamp, nonce };
        StringBuffer sb = new StringBuffer();
        // 字符串排序
        Arrays.sort(array);
        for (int i = 0; i < 3; i++) {
            sb.append(array[i]);
        }
        String str = sb.toString();
```

```java
        // SHA1 签名生成
        MessageDigest md = MessageDigest.getInstance("SHA-1");
        md.update(str.getBytes());
        byte[] digest = md.digest();
        StringBuffer hexstr = new StringBuffer();
        String shaHex = "";
        for (int i = 0; i < digest.length; i++) {
            shaHex = Integer.toHexString(digest[i] & 0xFF);
            if (shaHex.length() < 2) {
                hexstr.append(0);
            }
            hexstr.append(shaHex);
        }
        return hexstr.toString();
    } catch (Exception e) {
        e.printStackTrace();
    }
    return "";
}

private CoreService service=new CoreService();

/**
 * 处理微信服务器发来的消息
 */
public void doPost(HttpServletRequest request, HttpServletResponse response) throws ServletException, IOException {
    //读取消息，执行消息处理

    service.processRequest(request,response);
}
```

doGet 方法用于接收微信服务器发送的 Get 请求，实现回调链接的验证与启用，doPost 方法用于接收微信服务器发送的 Post 请求，实现消息的接收与响应；CoreServlet.java 类完成之后，需要配置 Web.xml 文件以实现完成的 servlet 的请求，代码如下：

```xml
<!-- 确认微信服务器的请求类,回调模式使用-->
    <servlet>
        <servlet-name>coreServlet</servlet-name>
        <servlet-class>
            myf.caption4.demo4_1.CoreServlet
        </servlet-class>
    </servlet>
    <servlet-mapping>
        <servlet-name>coreServlet</servlet-name>
        <url-pattern>/coreServlet.slt</url-pattern>
    </servlet-mapping>
```

备注：.slt 无特殊含义，可以随意命名，如果使用 struts1、struts2，不建议使用.do 以及.action，因为 struts1、struts2 分别对应处理.do、.action 的链接；过滤链接可以通过 struts.action.extension 等方式修改，修改之后读者便可以随意使用。

4.6.2 接收文本消息

接收文本信息之后读者可以针对接收的内容，进行人工智能回复。

（1）text 消息明文结构

```xml
<xml>
<ToUserName><![CDATA[toUser]]></ToUserName>
<FromUserName><![CDATA[fromUser]]></FromUserName>
<CreateTime>1348831860</CreateTime>
<MsgType><![CDATA[text]]></MsgType>
<Content><![CDATA[this is a test]]></Content>
<MsgId>1234567890123456</MsgId>
</xml>
```

（2）参数详细说明，参见表 4.3。

表 4.3 text 消息接收参数及说明

参数	说明
ToUserName	信息接收人，公众号唯一标识 appID
FromUserName	信息发送人，成员 UserID
CreateTime	消息创建时间（整型）
MsgType	消息类型，此时固定为：text
Content	文本消息内容
MsgId	消息 ID，64 位整型

（3）示例代码

```
//将明文信息存入数据流，获得 Document 元素
StringReader sr = new StringReader(sMsg);
InputSource is = new InputSource(sr);
Document document = db.parse(is);
//获得根节点数据
Element root = document.getDocumentElement();
//获得内容
NodeList nodelist1 = root.getElementsByTagName("Content");
String content = nodelist1.item(0).getTextContent();
//获得信息发送人
NodeList enter_people_note = root.getElementsByTagName("FromUserName");
String enter_people = enter_people_note.item(0).getTextContent();
```

4.6.3 接收图片消息

Image 消息为图片消息，属于多媒体素材信息，可以获得图片链接及 mediaId。

（1）image 消息明文结构

```xml
<xml>
<ToUserName><![CDATA[toUser]]></ToUserName>
<FromUserName><![CDATA[fromUser]]></FromUserName>
<CreateTime>1348831860</CreateTime>
<MsgType><![CDATA[image]]></MsgType>
<PicUrl><![CDATA[this is a url]]></PicUrl>
<MediaId><![CDATA[media_id]]></MediaId>
```

```
<MsgId>1234567890123456</MsgId>
</xml>
```

（2）参数详细说明，参见表 4.4。

表 4.4 image 消息接收参数及说明

参　　数	说　　明
ToUserName	信息接收人，公众号唯一标识 appID
FromUserName	信息发送人，成员 UserID
CreateTime	消息创建时间（整型）
MsgType	消息类型，此时固定为：image
PicUrl	图片链接
MediaId	图片媒体文件 id，可以调用获取媒体文件接口拉取数据
MsgId	消息 ID，64 位整型

（3）示例代码

```
//将明文信息存入数据流，获得 Document 元素
StringReader sr = new StringReader(sMsg);
InputSource is = new InputSource(sr);
Document document = db.parse(is);
//获得根节点数据
Element root = document.getDocumentElement();
//获得 mediaId
NodeList nodelist1 = root.getElementsByTagName("MediaId ");
String mediaId = nodelist1.item(0).getTextContent();
```

备注：对于要保存的图片，需要及时下载，临时素材文件在微信服务器只能保存 3 天时间，下载方式可以通过 mediaId 进行下载，详细说明参见"3.6 素材管理"。

4.6.4 接收音频消息

voice 消息为音频消息，属于多媒体素材信息，可以获得 mediaId 以及音频格式等信息。

（1）voice 消息明文结构

```
<xml>
<ToUserName><![CDATA[toUser]]></ToUserName>
<FromUserName><![CDATA[fromUser]]></FromUserName>
<CreateTime>1357290913</CreateTime>
<MsgType><![CDATA[voice]]></MsgType>
<MediaId><![CDATA[media_id]]></MediaId>
<Format><![CDATA[Format]]></Format>
<MsgId>1234567890123456</MsgId>
</xml>
```

（2）参数详细说明，参见表 4.5。

表 4.5 voice 消息接收参数及说明

参　　数	说　　明
ToUserName	信息接收人，微信公众号唯一标识 appID

续表

参　数	说　明
FromUserName	信息发送人，成员 UserID
CreateTime	消息创建时间（整型）
MsgType	消息类型，此时固定为：voice
MediaId	语音媒体文件 id，可以调用获取媒体文件接口拉取数据
Format	语音格式，如 amr，speex 等
MsgId	消息 ID，64 位整型

（3）示例代码

```
//将明文信息存入数据流，获得 Document 元素
StringReader sr = new StringReader(sMsg);
InputSource is = new InputSource(sr);
Document document = db.parse(is);
//获得根节点数据
Element root = document.getDocumentElement();
//获得 mediaId
NodeList nodelist1 = root.getElementsByTagName("MediaId ");
String mediaId = nodelist1.item(0).getTextContent();
//获得 format
NodeList nodelist1 = root.getElementsByTagName("Format ");
String format = nodelist1.item(0).getTextContent();
```

备注：读者可以通过【开发】|【接口权限】|【接收语音识别结果】|【开启】开通语音识别别，如图 4.5 所示，用户每次发送语音给公众号时，微信会在推送的语音消息 XML 数据包中，增加一个 Recognition 字段；由于客户端缓存原因，读者开启或者关闭语音识别功能后，对新关注者会立刻生效，对已关注用户需要 24 小时才能生效，读者可以重新关注此帐号进行测试。

图 4.5　开启语音接收识别

4.6.5 接收位置消息

location 消息为位置消息,可以获得经纬度、缩放比例等地图坐标信息。

(1) location 消息明文结构

```
<xml>
<ToUserName><![CDATA[toUser]]></ToUserName>
<FromUserName><![CDATA[fromUser]]></FromUserName>
<CreateTime>1351776360</CreateTime>
<MsgType><![CDATA[location]]></MsgType>
<Location_X>23.134521</Location_X>
<Location_Y>113.358803</Location_Y>
<Scale>20</Scale>
<Label><![CDATA[位置信息]]></Label>
<MsgId>1234567890123456</MsgId>
</xml>
```

注意:开发时注意区分大小写:小写的 location 是接收的地图信息,大写的 LOCATION 则是之后讲解的接收位置事件,以免混淆。

(2) 消息体详细说明,参见表 4.6。

表 4.6 location 消息接收参数及说明

参　　数	说　　明
ToUserName	信息接收人,公众号唯一标识 appID
FromUserName	信息发送人,成员 UserID
CreateTime	消息创建时间(整型)
MsgType	消息类型,此时固定为:location
Location_X	地理位置纬度
Location_Y	地理位置经度
Scale	地图缩放大小
Label	地理位置信息
MsgId	消息 ID,64 位整型

(3) 示例代码

```
//将明文信息存入数据流,获得 Document 元素
StringReader sr = new StringReader(sMsg);
InputSource is = new InputSource(sr);
Document document = db.parse(is);
//获得根节点数据
Element root = document.getDocumentElement();
//获得纬度信息
NodeList nodelist1 = root.getElementsByTagName("Location_X ");
String locationX = nodelist1.item(0).getTextContent();
//获得经度信息
NodeList nodelist1 = root.getElementsByTagName("Location_Y ");
String locationY = nodelist1.item(0).getTextContent();
```

注意：这里获得地理坐标信息为 GPS 坐标信息，腾讯地图坐标、百度地图坐标等均不是 GPS 坐标，使用时需要进行转换。

4.6.6 接收小视频消息

shortvideo 消息为小视频消息，属于多媒体素材信息，可以获得 mediaId 以及视频缩略图 ThumbMediaId 等信息。

（1）shortvideo 消息明文结构

```xml
<xml>
<ToUserName><![CDATA[toUser]]></ToUserName>
<FromUserName><![CDATA[fromUser]]></FromUserName>
<CreateTime>1357290913</CreateTime>
<MsgType><![CDATA[shortvideo]]></MsgType>
<MediaId><![CDATA[media_id]]></MediaId>
<ThumbMediaId><![CDATA[thumb_media_id]]></ThumbMediaId>
<MsgId>1234567890123456</MsgId>
</xml>
```

（2）消息体详细说明，参见表 4.7。

表 4.7 shortvideo 消息接收参数及说明

参　　数	说　　明
ToUserName	信息接收人，公众号唯一标识 appID
FromUserName	信息发送人，成员 UserID
CreateTime	消息创建时间（整型）
MsgType	消息类型，此时固定为：shortvideo
MediaId	视频媒体文件 id，可以调用获取媒体文件接口拉取数据
ThumbMediaId	视频消息缩略图的媒体 id，可以调用获取媒体文件接口拉取数据
MsgId	消息 ID，64 位整型

（3）示例代码

```
//将明文信息存入数据流，获得 Document 元素
StringReader sr = new StringReader(sMsg);
InputSource is = new InputSource(sr);
Document document = db.parse(is);
//获得根节点数据
Element root = document.getDocumentElement();
//获得 MediaId
NodeList nodelist1 = root.getElementsByTagName("MediaId ");
String mediaId = nodelist1.item(0).getTextContent();
//获得 ThumbMediaId
NodeList nodelist1 = root.getElementsByTagName("ThumbMediaId ");
String thumbMediaId = nodelist1.item(0).getTextContent();
```

备注：缩略图为视频的首帧或其他帧图片，对于视频处理感兴趣的读者可以通过 FFmpeg 等工具实现视频转换和缩略图提取。

4.6.7 接收链接消息

link 消息为链接信息,在消息接收上与其他消息类型并无差异;不同之处在于:之前介绍 text、image、voice、location、shortvideo 等消息的发送均由按键操作,而 link 消息却没有,link 消息是通过"收藏"、"转发"等形式发送的消息,如图 4.6 所示;读者可能认为这是多余的接口,其实不然,对于此类消息也需要做相应的消息处理,如人工客服功能需要将客户发送的任何信息(包括 link 消息)转发至客服,因此该接口并非多余,接口详细说明如下:

图 4.6　消息界面

(1) link 消息明文结构

```
<xml>
<ToUserName><![CDATA[toUser]]></ToUserName>
<FromUserName><![CDATA[muyunfei]]></FromUserName>
<CreateTime>1467274108</CreateTime>
<MsgType><![CDATA[link]]></MsgType>
<Title><![CDATA[如何打造企业自己的 DNA? ]]></Title>
<Description><![CDATA[企业号是一个企业文化建设方式]]></Description>
<Url><![CDATA[http://mp.weixin.qq.com/s?__biz= d]]></Url>
<MsgId>1234567890123456</MsgId>
</xml>
```

(2) 参数详细说明,参见表 4.8。

表 4.8　shortvideo 消息接收参数及说明

参　　数	说　　明
ToUserName	信息接收人,公众号唯一标识 appID
FromUserName	信息发送人,成员 UserID
CreateTime	消息创建时间(整型)
MsgType	消息类型,此时固定为:link
Title	标题
Description	描述
Url	Link 消息的链接地址
MsgId	消息 ID,64 位整型

（3）示例代码

```
//将明文信息存入数据流，获得 Document 元素
StringReader sr = new StringReader(sMsg);
InputSource is = new InputSource(sr);
Document document = db.parse(is);
//获得根节点数据
Element root = document.getDocumentElement();
//获得 Url
NodeList nodelist1 = root.getElementsByTagName("Url ");
String url = nodelist1.item(0).getTextContent();
//获得 PicUrl
NodeList nodelist1 = root.getElementsByTagName("PicUrl ");
String picUrl = nodelist1.item(0).getTextContent();
```

备注：对于 link 消息中的链接，可以通过 HttpURLConnection 等方式实现数据抓取，如下所示：

```
//建立链接
HttpURLConnection httpConn = (HttpURLConnection) oaUrl.openConnection();
//获得抓取数据流，操作数据流实现抓取
InputStream in = httpConn.getInputStream();
```

4.6.8 接收视频消息

video 消息为视频信息，其在消息体结构及开发上与 shortvideo 消息类似，但在发送上与 link 消息一致，均是在我的收藏中发送，下面将介绍的是 video 消息的接收，说明如下：

（1）video 消息明文结构

```xml
<xml>
<ToUserName><![CDATA[toUser]]></ToUserName>
<FromUserName><![CDATA[fromUser]]></FromUserName>
<CreateTime>1357290913</CreateTime>
<MsgType><![CDATA[video]]></MsgType>
<MediaId><![CDATA[media_id]]></MediaId>
<ThumbMediaId><![CDATA[thumb_media_id]]></ThumbMediaId>
<MsgId>1234567890123456</MsgId>
</xml>
```

（2）消息体详细说明，参见表 4.9。

表 4.9 video 消息接收参数及说明

参数	说明
ToUserName	信息接收人，公众号唯一标识 appID
FromUserName	信息发送人，成员 UserID
CreateTime	消息创建时间（整型）
MsgType	消息类型，此时固定为：video
MediaId	视频媒体文件 id，可以调用获取媒体文件接口拉取数据
ThumbMediaId	视频消息缩略图的媒体 id，可以调用获取媒体文件接口拉取数据
MsgId	消息 ID，64 位整型

（3）示例代码

```
//将明文信息存入数据流，获得 Document 元素
StringReader sr = new StringReader(sMsg);
InputSource is = new InputSource(sr);
Document document = db.parse(is);
//获得根节点数据
Element root = document.getDocumentElement();
//获得 MediaId
NodeList nodelist1 = root.getElementsByTagName("MediaId ");
String mediaId = nodelist1.item(0).getTextContent();
//获得 ThumbMediaId
NodeList nodelist1 = root.getElementsByTagName("ThumbMediaId ");
String thumbMediaId = nodelist1.item(0).getTextContent();
```

4.7 接收事件消息

接收消息分为接收普通消息和接收事件消息两类，上一节中讲解了如何接收普通消息，本节将为读者介绍各类事件消息的数据结构以及如何正确接收、解析事件消息。

4.7.1 接口说明

事件是指用户在微信公众号中触发的行为，如：关注应用、进入应用、点击菜单、发送地理位置等。用户触发公众号的操作，公众号则将消息事件推送到回调链接中，读者根据相应的事件进行相应的处理，详细说明如下：

（1）数据链接

开启回调模式中的 URL 链接

（2）数据获取方式

以 Post 方式传递数据，数据获取通过数据流的形式 request.getInputStream()。

（3）消息类型

事件类型包括成员关注、取消关注、上报地理位置、菜单操作等事件类型。

（4）权限说明

公众号必须开启"回调模式"，读者才能够接收用户消息。

（5）示例代码

```
if("text".equals(recieveMsgType)){//如果是文本消息
    //处理文本消息
}else if("location".equals(recieveMsgType)){//如果是位置消息
    //处理位置消息
}else if("image".equals(recieveMsgType)){//如果是图片消息
    //处理图片消息
}else if("event".equals(recieveMsgType)){//如果是时间消息
    //获得事件类型
    NodeList nodelist1 = root.getElementsByTagName("Event");
    String event_type = nodelist1.item(0).getTextContent();
    if("enter_agent".equals(event_type)){//进入应用的事件
        //进入的应用
        NodeList enter_app_note = root.getElementsByTagName("AgentID");
        String enter_app = enter_app_note.item(0).getTextContent();
```

```
            //哪个员工进入
            NodeList enter_people_note = root.getElementsByTagName("FromUserName");
            String enter_people = enter_people_note.item(0).getTextContent();
        }else if("LOCATION".equals(event_type)){//上报地理位置
            //大写 LOCATION 为位置事件,location 为位置消息
        }else if("subscribe".equals(event_type)){
            //关注
        }else if("unsubscribe".equals(event_type)){
            //取消关注
        }
    }
```

备注:接收普通消息与接收事件消息的数据获取、密文解析是一致的,示例代码请读者参照 4.6.1 节。

4.7.2 接收关注/取消关注事件

读者在关注、取消关注公众号时,将通过读者在管理端设置的回调链接推送 subscribe 事件和 unsubscribe 事件,以方便读者做相应处理,如:推送"使用帮助"、推送欢迎信息等。

(1)消息明文结构

```
<xml>
<ToUserName><![CDATA[toUser]]></ToUserName>
<FromUserName><![CDATA[UserID]]></FromUserName>
<CreateTime>1348831860</CreateTime>
<MsgType><![CDATA[event]]></MsgType>
<Event><![CDATA[subscribe]]></Event>
</xml>
```

(2)参数详细说明,参见表 4.10。

表 4.10 接收关注/取消关注事件消息参数及说明

参 数	说 明
ToUserName	信息接收人,公众号 appID
FromUserName	信息发送人,成员 UserID
CreateTime	消息创建时间(整型)
MsgType	消息类型,此时固定为:event
Event	事件类型,subscribe(订阅)、unsubscribe(取消订阅)

(3)示例代码

```
//将明文信息存入数据流,获得 Document 元素
StringReader sr = new StringReader(sMsg);
InputSource is = new InputSource(sr);
Document document = db.parse(is);
//获得根节点数据
Element root = document.getDocumentElement();
//获得某一节点数据,判断类型
NodeList nodelist_msgType = root.getElementsByTagName("MsgType");
String recieveMsgType = nodelist_msgType.item(0).getTextContent();
if("event".equals(recieveMsgType)){//如果是时间消息
    /获得事件类型
```

```
        NodeList nodelist1 = root.getElementsByTagName("Event");
        String event_type = nodelist1.item(0).getTextContent();
        //关注事件
        if("subscribe".equals(event_type)){
            //关注人
            NodeList enter_people_note = root.getElementsByTagName("FromUserName");
            //获得用户在当前公众号内的唯一标识 openID
            String enter_people = enter_people_note.item(0).getTextContent();
//            //打标签
//            String tagUrl = "https://api.weixin.qq.com/cgi-bin/tags/members/batchtagging?access_token=";
//            String tagPostData ="{\"openid_list\" : [\""+enter_people +"\"],\"tagid\" : 2}";
//            JSONObject tagResult = WxUtil.createPostMsg(tagUrl, tagPostData);
//            System.out.println(tagResult);
        }else if("unsubscribe".equals(event_type)){//取消关注
            //取消关注人
            NodeList enter_people_note = root.getElementsByTagName("FromUserName");
            String enter_people = enter_people_note.item(0).getTextContent();
        }
}
```

备注：读者可以在关注时，为所有用户打一个"普通用户"的标签，方便消息的群发、标签创建以及赋值用户。

4.7.3　接收地理位置事件

读者通过【开发】|【接口权限】开启公众号"获取用户地理位置"接口，并且用户同意上报地理位置后，用户每次进入公众号会话时将会上报地理位置，上报情况分两种：成员进入应用时上报一次和成员处于应用中每 5 秒上报一次，如图 4.7 所示。

图 4.7　开启上报地理位置事件

备注：每5秒上报一次数据增长速度会很快，需要根据具体情况选择开启方式。

（1）消息明文结构

```xml
<xml>
<ToUserName><![CDATA[toUser]]></ToUserName>
<FromUserName><![CDATA[FromUser]]></FromUserName>
<CreateTime>123456789</CreateTime>
<MsgType><![CDATA[event]]></MsgType>
<Event><![CDATA[LOCATION]]></Event>
<Latitude>23.104105</Latitude>
<Longitude>113.320107</Longitude>
<Precision>65.000000</Precision>
</xml>
```

注意：位置事件的 Event 为大写的 LOCATION。

（2）参数详细说明，参见表4.11。

表4.11 接收地理位置事件消息参数与说明

参　　数	说　　明
ToUserName	信息接收人，公众号 appID
FromUserName	信息发送人，成员 UserID
CreateTime	消息创建时间（整型）
MsgType	消息类型，此时固定为：event
Event	事件类型，此时固定为：LOCATION
Latitude	地理位置纬度
Longitude	地理位置经度
Precision	地理位置精度

（3）示例代码

```
if("LOCATION".equals(event_type)){//上报地理位置
    //信息发送人
    NodeList enter_people_note = root.getElementsByTagName("FromUserName");
    String enter_people = enter_people_note.item(0).getTextContent();
    //纬度
    NodeList enter_Latitude_note = root.getElementsByTagName("Latitude");
    String enter_Latitude = enter_Latitude_note.item(0).getTextContent();
    //经度
    NodeList enter_Longitude_note = root.getElementsByTagName("Longitude");
    String enter_Longitude = enter_Longitude_note.item(0).getTextContent();
    //精确度
    NodeList enter_Precision_note = root.getElementsByTagName("Precision");
    String enter_Precision = enter_Precision_note.item(0).getTextContent();
    //设置内容
    content =enter_people+" 进入公众号,当前位置： 经度"+enter_Longitude+" 纬度"+enter_Latitude;
}
```

4.7.4 接收菜单事件

菜单事件是用户触发菜单而产生的消息回调事件，包括点击、扫描、拍照、链接跳转等，详细事件分类如下：
- CLICK：单击菜单拉取消息时的事件推送。
- VIEW：单击菜单跳转链接时的事件推送。
- scancode_push：扫码推事件的事件推送（无弹窗）。
- scancode_waitmsg：扫码推事件且弹出"消息接收中"提示框的事件推送。
- pic_sysphoto：弹出系统拍照发图的事件推送。
- pic_photo_or_album：弹出拍照或者相册发图的事件推送。
- pic_weixin：弹出微信相册发图器的事件推送。
- location_select：弹出地理位置选择器的事件推送。

注意：一级菜单弹出二级菜单无触发事件。扫码、拍照及地理位置的菜单事件，仅支持微信 iPhone5.4.1/Android5.4 之后版本，之前版本不可用。

接收菜单事件，消息体结构详细说明如下：

（1）接收菜单拉取消息的事件（又称菜单 KEY 事件）

用户点击菜单之后，微信向读者后台服务推送 KEY 事件，读者解析密文之后获取 KEY 值，数据请求明文如下：

```
<xml>
<ToUserName><![CDATA[toUser]]></ToUserName>
<FromUserName><![CDATA[oGzTi0tOakoHMX76VxKIB0GMcX8M]]></FromUserName>
<CreateTime>1498885671</CreateTime>
<MsgType><![CDATA[event]]></MsgType>
<Event><![CDATA[CLICK]]></Event>
<EventKey><![CDATA[V1001_TODAY_MUSIC]]></EventKey>
</xml>
```

数据参数详细说明见表 4.12。

表 4.12 接收菜单拉取消息的事件参数及说明

参数	说明
ToUserName	信息接收人，服务号订阅号测试号 appID，企业号 CorpID
FromUserName	信息发送人，成员 UserID
CreateTime	消息创建时间（整型）
MsgType	消息类型，此时固定为：event
Event	事件类型，CLICK
EventKey	事件 Key 值，与自定义菜单接口中 Key 值对应

Key 值为自定义值，读者需要根据接收到的 Key 值进行相应处理，示例代码如下：

```
if("CLICK".equals(event_type)){
    //获得event_key
    NodeList node_EventKey = root.getElementsByTagName("EventKey");
    String eventKey = node_EventKey.item(0).getTextContent();
    if("KF_HELP".equals(eventKey)){
        //回复消息
```

```
        }
}
```

（2）接收菜单跳转网页链接事件

用户单击菜单打开链接的同时，微信向读者后台服务推送事件消息，需要做记录的业务可以进行记录，数据请求明文如下：

```xml
<xml>
<ToUserName><![CDATA[toUser]]></ToUserName>
<FromUserName><![CDATA[FromUser]]></FromUserName>
<CreateTime>123456789</CreateTime>
<MsgType><![CDATA[event]]></MsgType>
<Event><![CDATA[VIEW]]></Event>
<EventKey><![CDATA[www.qq.com]]></EventKey>
<MenuId>1</MenuId >
</xml>
```

数据参数详细说明见表 4.13。

表 4.13　接收菜单跳转网页事件参数及说明

参　　数	说　　明
ToUserName	信息接收人，服务号 appID，企业号 CorpID
FromUserName	信息发送人，成员 UserID
CreateTime	消息创建时间（整型）
MsgType	消息类型，此时固定为：event
Event	事件类型，VIEW
EventKey	事件 Key 值，设置的跳转 URL
MenuId	菜单 ID，如果是个性化菜单，则可以通过这个字段，知道是哪个规则的菜单被点击了

（3）扫码推事件（不弹窗）

通过扫描二维码使用户进入某个特权页面等，数据请求明文如下：

```xml
<xml>
    <ToUserName><![CDATA[toUser]]></ToUserName>
    <FromUserName><![CDATA[FromUser]]></FromUserName>
    <CreateTime>1408090502</CreateTime>
    <MsgType><![CDATA[event]]></MsgType>
    <Event><![CDATA[scancode_push]]></Event>
    <EventKey><![CDATA[6]]></EventKey>
    <ScanCodeInfo>
        <ScanType><![CDATA[qrcode]]></ScanType>
        <ScanResult><![CDATA[1]]></ScanResult>
    </ScanCodeInfo>
</xml>
```

数据参数详细说明见表 4.14。

表 4.14　扫码不弹窗事件参数及说明

参　　数	说　　明
ToUserName	信息接收人，服务号 appID
FromUserName	信息发送人，成员 UserID
CreateTime	消息创建时间（整型）
MsgType	消息类型，此时固定为：event

续表

参 数	说 明
Event	事件类型，scancode_push
EventKey	事件 Key 值，由开发者在创建菜单时设定
ScanCodeInfo	扫描信息
ScanType	扫描类型，一般是 qrcode
ScanResult	扫描结果，即二维码对应的字符串信息

注意：扫码事件分为弹窗和不弹窗两种类型。

（4）扫码推事件（弹窗）

扫码推事件能够弹出"消息接收中"提示框，数据请求明文如下：

```xml
<xml>
    <ToUserName><![CDATA[toUser]]></ToUserName>
    <FromUserName><![CDATA[FromUser]]></FromUserName>
    <CreateTime>1408090606</CreateTime>
    <MsgType><![CDATA[event]]></MsgType>
    <Event><![CDATA[scancode_waitmsg]]></Event>
    <EventKey><![CDATA[6]]></EventKey>
    <ScanCodeInfo>
        <ScanType><![CDATA[qrcode]]></ScanType>
        <ScanResult><![CDATA[2]]></ScanResult>
    </ScanCodeInfo>
</xml>
```

备注：不弹窗扫码事件 Event 为 scancode_push，而弹窗扫码事件为 scancode_waitmsg。数据参数详细说明见表 4.15。

表 4.15 扫码推事件（弹窗）参数及说明

参 数	说 明
ToUserName	信息接收人，公众号唯一标识
FromUserName	信息发送人，成员 UserID
CreateTime	消息创建时间（整型）
MsgType	消息类型，此时固定为：event
Event	事件类型，scancode_waitmsg
EventKey	事件 Key 值，由开发者在创建菜单时设定
ScanCodeInfo	扫描信息
ScanType	扫描类型，一般是 qrcode
ScanResult	扫描结果，即二维码对应的字符串信息

扫码之后，将等待获得消息，效果图如图 4.8 所示

图 4.8 扫码弹窗事件

（5）弹出地理位置选择器事件

单击菜单弹出地理位置选择器，选择地理位置发送至后台服务，数据请求明文如下：

```
<xml>
    <ToUserName><![CDATA[toUser]]></ToUserName>
    <FromUserName><![CDATA[FromUser]]></FromUserName>
    <CreateTime>1408091189</CreateTime>
    <MsgType><![CDATA[event]]></MsgType>
    <Event><![CDATA[location_select]]></Event>
    <EventKey><![CDATA[6]]></EventKey>
    <SendLocationInfo>
        <Location_X><![CDATA[23]]></Location_X>
        <Location_Y><![CDATA[113]]></Location_Y>
        <Scale><![CDATA[15]]></Scale>
        <Label><![CDATA[ 烟台市芝罘区机场路 x 号]]></Label>
        <Poiname><![CDATA[]]></Poiname>
    </SendLocationInfo>
</xml>
```

数据参数详细说明见表 4.16。

表 4.16　地理位置选择器事件参数与说明

参　　数	说　　明
ToUserName	信息接收人，公众号唯一标识
FromUserName	信息发送人，成员 UserID
CreateTime	消息创建时间（整型）
MsgType	消息类型，此时固定为：event
Event	事件类型，location_select
EventKey	事件 Key 值，由开发者在创建菜单时设定
SendLocationInfo	发送的位置信息
Location_X	X 坐标信息
Location_Y	Y 坐标信息
Scale	精度，可理解为精度或者比例尺、越精细的话 Scale 越高
Label	地理位置的字符串信息
Poiname	朋友圈 POI 的名字，可能为空

单击菜单显示地理位置选择，效果图如图 4.9 所示。

图 4.9　地理位置选择器事件

（6）拍照或相册发送事件

数据请求明文如下：

```xml
<xml>
    <ToUserName><![CDATA[toUser]]></ToUserName>
    <FromUserName><![CDATA[FromUser]]></FromUserName>
    <CreateTime>1408090816</CreateTime>
    <MsgType><![CDATA[event]]></MsgType>
    <Event><![CDATA[pic_photo_or_album]]></Event>
    <EventKey><![CDATA[6]]></EventKey>
    <SendPicsInfo>
        <Count>1</Count>
        <PicList>
            <item>
                <PicMd5Sum><![CDATA[mediaId]]></PicMd5Sum>
            </item>
        </PicList>
    </SendPicsInfo>
</xml>
```

数据参数说明见表 4.17。

表 4.17 拍照或相册发送图片事件参数及说明

参　数	说　　明
ToUserName	信息接收人，公众号唯一标识
FromUserName	信息发送人，成员 UserID
CreateTime	消息创建时间（整型）
MsgType	消息类型，此时固定为：event
Event	事件类型，pic_photo_or_album
EventKey	事件 Key 值，由开发者在创建菜单时设定
SendPicsInfo	发送的图片信息
Count	发送的图片数量
PicList	图片列表
PicMd5Sum	图片的 MD5 值，开发者若需要，可用于验证接收到图片

图片选择方式如图 4.10 所示。

图 4.10 图片选择方式

（7）系统拍照发送事件

该事件直接弹出拍照界面，无须进行方式选择，事件详细说明如下：

```xml
<xml>
    <ToUserName><![CDATA[toUser]]></ToUserName>
    <FromUserName><![CDATA[FromUser]]></FromUserName>
    <CreateTime>1408090651</CreateTime>
```

```xml
<MsgType><![CDATA[event]]></MsgType>
<Event><![CDATA[pic_sysphoto]]></Event>
<EventKey><![CDATA[6]]></EventKey>
<SendPicsInfo><Count>1</Count>
<PicList>
    <item>
        <PicMd5Sum><![CDATA[mediaId]]></PicMd5Sum>
    </item>
</PicList>
</SendPicsInfo>
</xml>
```

备注：系统拍照事件 Event 值为 pic_sysphoto，其余参数说明参照拍照或相册发送事件。

（8）微信相册选择发送事件

事件详细说明如下：

```xml
<xml>
    <ToUserName><![CDATA[toUser]]></ToUserName>
    <FromUserName><![CDATA[FromUser]]></FromUserName>
    <CreateTime>1408090816</CreateTime>
    <MsgType><![CDATA[event]]></MsgType>
    <Event><![CDATA[pic_weixin]]></Event>
    <EventKey><![CDATA[6]]></EventKey>
    <SendPicsInfo><Count>1</Count>
    <PicList>
        <item>
            <PicMd5Sum><![CDATA[mediaId]]></PicMd5Sum>
        </item>
    </PicList>
    </SendPicsInfo>
</xml>
```

备注：弹出微信相册发图器事件 Event 值为 pic_weixin，其余参数说明参照拍照或相册发送事件。mediaId 为多媒体文件的唯一标识，可参照"3.6.3 获得临时素材文件"获得图片。

4.8 被动响应消息

读者接收到普通消息或事件消息之后，需要对消息进行回复，回复的消息即为被动响应消息（以下简称响应消息）。前两节学习了消息的接收，本节将学习如何正确发送响应消息，了解各类响应消息的数据结构并掌握各类响应消息的使用的知识。

4.8.1 接口说明

被动响应消息可以用于快速检索、智能回复等功能；在消息结构上，接收到的消息是加密消息，同样在消息响应时，发送的消息也需要进行加密，详细说明如下：

（1）数据链接

开启回调模式中的 URL 链接

（2）数据发送方式

数据通过流的形式 response.getWriter() 进行响应，且需要在接受消息之后 5 秒内输出。

（3）消息类型

响应消息包括：文字(text)消息、图片(image)消息、声音(voice)消息、视频（video）消息以及图文（news）消息。

（4）权限说明

公众号必须开启回调链接，并且需要 5 秒内进行回复，否则企业号认为接收失败无响应。对于无法在 5 秒内响应的消息，为防止消息的重发可以直接回复 success 或者直接回复空串（指字节长度为 0 的空字符串，而不是 XML 结构体中 content 字段的内容为空）。

使用技巧：无法直接响应的消息，可以先回复 success，然后通过主动调用的方式推送 24 小时客服消息或者模板消息。

（5）消息结构体

消息响应与消息接收相同，分为明文传输和密文传输，明文传输时直接发送消息内容，而密文传输需要对消息进行加密，并且传输新的消息体，消息体包括：msg_signature、timestamp、nonce 以及密文（Encrypt），其中 timestamp、nonce 需要读者生成，msg_signature、密文则是由特定算法生成，消息结构如下：

```xml
<xml>
<Encrypt><![CDATA[msg_encrypt]]></Encrypt>
<MsgSignature><![CDATA[msg_signature]]></MsgSignature>
<TimeStamp>timestamp</TimeStamp>
<Nonce><![CDATA[nonce]]></Nonce>
</xml>
```

（6）示例代码

以空消息为例，回复空消息后，微信将不再进行重复发送，示例代码如下：

```
//!!!!!!!!!!回复空消息!!!!!!!!!!
//----------------------------------------
String sEncryptMsg = "success";
//输出
PrintWriter out = response.getWriter();
out.write(sEncryptMsg);
out.flush();
out.close();
```

注意：空消息不会发送提醒，因此成员微信客户端不会做出反应，可以放心回复空消息。回复空消息时必须为 success 或者空字符串（即""），否则用户将收到"该公众号暂时无法提供服务，请稍后再试"的提示。

4.8.2 被动响应文字消息

被动响应 text 消息为接收消息之后，5 秒内回复的 text 消息（文字消息），消息详细说明如下：

（1）消息明文结构

```xml
<xml>
<ToUserName><![CDATA[toUser]]></ToUserName>
<FromUserName><![CDATA[fromUser]]></FromUserName>
<CreateTime>1348831860</CreateTime>
```

```
<MsgType><![CDATA[text]]></MsgType>
<Content><![CDATA[this is a test]]></Content>
</xml>
```

（2）消息体详细说明参见表 4.18。

表 4.18　文字响应消息参数与说明

参　　数	说　　明
ToUserName	信息接收人，成员 UserID
FromUserName	信息发送人，公众号唯一标识
CreateTime	消息创建时间（整型）
MsgType	消息类型，此时固定为：text
Content	文本消息内容

（3）示例代码

利用面向对象的方式，封装 text 响应类 RespTextMessage.java，详细代码如下：

```java
package myf.caption4.resp;
public class RespTextMessage {
    // 接收方帐号
    private String ToUserName;
    // 开发者微信号
    private String FromUserName;
    // 消息创建时间（整型）
    private long CreateTime;
    // 消息类型
    private String MsgType;
    //内容
    private String Content;

    public String getToUserName() {
        return ToUserName;
    }
    public void setToUserName(String toUserName) {
        ToUserName = toUserName;
    }
    public String getFromUserName() {
        return FromUserName;
    }
    public void setFromUserName(String fromUserName) {
        FromUserName = fromUserName;
    }
    public long getCreateTime() {
        return CreateTime;
    }
    public void setCreateTime(long createTime) {
        CreateTime = createTime;
    }
    public String getMsgType() {
        return MsgType;
    }
```

```java
    public void setMsgType(String msgType) {
        MsgType = msgType;
    }
    public String getContent() {
        return Content;
    }
    public void setContent(String content) {
        Content = content;
    }
}
```

备注：响应消息 XML 中字段首字母大写，因此实体类也进行大写，否则将无法响应消息。

生成 XML 文件并加密响应消息，示例代码如下：

```java
//生成一个被动响应的消息
RespTextMessage txtMsg= new RespTextMessage();
txtMsg.setContent(content);//文字内容
txtMsg.setCreateTime(Long.valueOf(time));//创建时间
txtMsg.setFromUserName(appID);//消息来源
txtMsg.setMsgType(WxUtil.RESP_MESSAGE_TYPE_TEXT);//消息类型
txtMsg.setToUserName(mycreate);
//生成 XML 消息
String sRespData=WxUtil.messageToXml(txtMsg);
//判断是否加密传输，是则加密，否则明文传输
String sEncryptMsg=sRespData;
//加密类型
String encryptType =request.getParameter("encrypt_type");
if(encryptType!=null){
    //加密消息，详细说明参加 4.3 节
    sEncryptMsg = wxcpt.encryptMsg(sRespData, time, sReqNonce);
}
```

备注：消息是否需要解密或加密，可以根据 encrypt_type 进行判断，如果为空则表示读者选择的是明文传输，如果不为空则是密文传输，密文传输时 encrypt_type 默认值为"aes"。

利用 servlet 输出流直接响应消息，示例代码如下：

```java
//输出，response 为 servlet 服务中的 HttpServletResponse
//获得输出打印机
PrintWriter out = response.getWriter();
//输出文件
out.write(sEncryptMsg);
//清空数据流
out.flush();
//关闭数据流
out.close();
```

4.8.3 被动响应图片消息

image 消息为图片消息，接收消息之后，5 秒内回复的图片消息为被动响应图片消息，消息详细说明如下：

（1）消息明文结构

```xml
<xml>
<ToUserName><![CDATA[toUser]]></ToUserName>
<FromUserName><![CDATA[fromUser]]></FromUserName>
<CreateTime>1348831860</CreateTime>
<MsgType><![CDATA[image]]></MsgType>
<Image>
<MediaId><![CDATA[media_id]]></MediaId>
</Image>
</xml>
```

备注：MediaId 为素材库中的 mediaId，参照 3.6.2 和 3.6.4 上传素材图片。

（2）消息体详细说明参见表 4.19。

表 4.19 图片响应消息参数及说明

参 数	说 明
ToUserName	成员 UserID
FromUserName	公众号唯一标识
CreateTime	消息创建时间（整型）
MsgType	消息类型，此时固定为：image
MediaId	图片文件 id

（3）示例代码

XStream 的处理方式与 JSON 包处理的方式一样，需要将各对象进行封装；因此我们利用面向对象的方式，封装 image 响应类 RespImageMessage.java 和 RespImage.java，用于回复用户，响应 image 消息，详细代码如下：

```java
package myf.caption4.resp;
public class RespImageMessage {
    // 接收方帐号
    private String ToUserName;
    // 开发者微信号
    private String FromUserName;
    // 消息创建时间（整型）
    private long CreateTime;
    // 消息类型
    private String MsgType;
    // 图片
    private RespImage Image;
    public String getToUserName() {
        return ToUserName;
    }
    public void setToUserName(String toUserName) {
        ToUserName = toUserName;
    }
    public String getFromUserName() {
        return FromUserName;
    }
    public void setFromUserName(String fromUserName) {
        FromUserName = fromUserName;
```

```java
    }
    public long getCreateTime() {
        return CreateTime;
    }
    public void setCreateTime(long createTime) {
        CreateTime = createTime;
    }
    public String getMsgType() {
        return MsgType;
    }
    public void setMsgType(String msgType) {
        MsgType = msgType;
    }
    public RespImage getImage() {
        return Image;
    }
    public void setImage(RespImage image) {
        Image = image;
    }
}
```

封装 ResPImage 用于存放媒体 ID（MediaId），代码如下：

```java
package myf.caption4.resp;
public class RespImage {
    // 媒体文件 id
    private String MediaId;
    //get、set 方法
    public String getMediaId() {
        return MediaId;
    }
    public void setMediaId(String mediaId) {
        MediaId = mediaId;
    }
}
```

4.8.4 被动响应音频消息

voice 消息为音频消息；接收消息之后，5 秒内回复的音频消息为被动响应 voice 消息，消息详细说明如下：

（1）消息明文结构

```xml
<xml>
<ToUserName><![CDATA[toUser]]></ToUserName>
<FromUserName><![CDATA[fromUser]]></FromUserName>
<CreateTime>1357290913</CreateTime>
<MsgType><![CDATA[voice]]></MsgType>
<Voice>
<MediaId><![CDATA[media_id]]></MediaId>
</Voice>
</xml>
```

（2）消息体详细说明参见表 4.20。

表 4.20　音频响应消息参数及说明

参　　数	说　　明
ToUserName	成员 UserID
FromUserName	公众号唯一标识
CreateTime	消息创建时间（整型）
MsgType	消息类型，此时固定为：voice
MediaId	音频文件 id，素材文件 id

4.8.5　被动响应视频消息

video 消息为视频消息；接收消息之后，5 秒内回复的视频消息为被动响应视频消息，消息详细说明如下：

（1）消息明文结构

```xml
<xml>
<ToUserName><![CDATA[toUser]]></ToUserName>
<FromUserName><![CDATA[fromUser]]></FromUserName>
<CreateTime>1357290913</CreateTime>
<MsgType><![CDATA[video]]></MsgType>
<Video>
<MediaId><![CDATA[media_id]]></MediaId>
<Title><![CDATA[title]]></Title>
<Description><![CDATA[description]]></Description>
</Video>
</xml>
```

（2）消息体详细说明参见表 4.21。

表 4.21　视频响应消息参数及说明

参　　数	说　　明
ToUserName	成员 UserID
FromUserName	公众号唯一标识
CreateTime	消息创建时间（整型）
MsgType	消息类型，此时固定为：video
MediaId	视频文件 id，可以调用上传媒体文件接口获取
Title	视频消息的标题
Description	视频消息的描述

4.8.6　被动响应图文消息

news 消息为图文消息；被动响应图文消息，为 5 秒内能够回复的图文消息，也是文字消息之外比较常用的消息，详细说明如下：

（1）消息明文结构

```xml
<xml>
<ToUserName><![CDATA[toUser]]></ToUserName>
<FromUserName><![CDATA[fromUser]]></FromUserName>
```

```xml
<CreateTime>12345678</CreateTime>
<MsgType><![CDATA[news]]></MsgType>
<ArticleCount>2</ArticleCount>
<Articles>
<item>
<Title><![CDATA[title1]]></Title>
<Description><![CDATA[description1]]></Description>
<PicUrl><![CDATA[picurl]]></PicUrl>
<Url><![CDATA[url]]></Url>
</item>
<item>
<Title><![CDATA[title]]></Title>
<Description><![CDATA[description]]></Description>
<PicUrl><![CDATA[picurl]]></PicUrl>
<Url><![CDATA[url]]></Url>
</item>
</Articles>
</xml>
```

备注：News 消息中的封面图片可以是图片文件的链接，也可以是图片的输出流链接。News 消息一次性最多能够发送 10 条消息（建议 8 条），且第 1 条消息的封面图片将被放大。

（2）消息体详细说明参见表 4.22。

表 4.22　图文响应消息参数及说明

参　　数	说　　明
ToUserName	成员 UserID
FromUserName	公众号唯一标识
CreateTime	消息创建时间（整型）
MsgType	消息类型，此时固定为：news
ArticleCount	图文条数，默认第一条为大图。图文数不能超过 10，否则将会无响应
Title	图文消息标题
Description	图文消息描述
PicUrl	图片链接，支持 JPG、PNG 格式，较好的效果为大图 360*200，小图 200*200
Url	点击图文消息跳转链接

4.9　综合案例：微信机器人汤姆

本节在综合前面几节所学知识的基础上，通过"微信机器人汤姆"这个实例学习如何接收、回复消息；"微信机器人汤姆"的功能是将用户的消息原内容回复给用户，与"会说话的汤姆猫"功能类似，界面如图 4.11 所示，读者在实际开发中可以根据自身情况做一些有趣的回答以提升趣味性。

本案例将通过回调消息的接收、消息的解析、消息的响应以及回调接口的配置发布等 4 个步骤来逐步完成功能的实现。

图4.11 "微信机器人汤姆"界面

详细实现步骤如下：

第一步：创建回调链接CoreServlet

Servlet服务是JavaWeb中最为基础的服务，本节以Servlet为例重写doGet方法用于验证、启动回调链接，通过getSHA1方法获得生成签名，通过输出流输出sEchoStr明文；重写doPost方法用于接收用户消息以及响应用户消息，示例代码如下：

```java
package myf.caption4.demo4_1;

import java.io.IOException;
import java.io.PrintWriter;
import java.security.MessageDigest;
import java.util.Arrays;
import javax.servlet.ServletException;
import javax.servlet.http.HttpServlet;
import javax.servlet.http.HttpServletRequest;
import javax.servlet.http.HttpServletResponse;
import myf.caption4.QQTool.AesException;
import myf.caption4.demo4_1.service.CoreService;
import myf.caption4.util.WxUtil;
/**
 * 回调链接
 * @author muyunfei
 * <p>Modification History:</p>
 * <p>Date      Author       Description</p>
 * <p>------------------------------------------------------------------</p>
 * <p>Aug 5, 2016      牟云飞        新建</p>
 */
public class CoreServlet extends HttpServlet {
```

```java
    private static final long serialVersionUID = 1L;

    /**
     * 请求校验（确认请求来自微信服务器）
     */
    public void doGet(HttpServletRequest request, HttpServletResponse response) throws ServletException, IOException {
        // 微信加密签名
        String signature = request.getParameter("signature");
        System.out.println("signature:"+signature);
        // 时间戳
        String timestamp = request.getParameter("timestamp");
        System.out.println("timestamp:"+timestamp);
        // 随机数
        String nonce = request.getParameter("nonce");
        System.out.println("nonce:"+nonce);
        // 随机字符串
        String echostr = request.getParameter("echostr");
        System.out.println("echostr:"+echostr);
        String sToken = WxUtil.respMessageToken;
        try {
            String sEchoStr=""; //需要返回的明文
            //验证签名
            String sigStr = getSHA1(sToken, timestamp,nonce);
            if(sigStr.equals(signature)){
                sEchoStr=echostr;
            }
            System.out.println("verifyurl sigStr: " + sigStr);
            System.out.println("verifyurl sEchoStr: " + sEchoStr);
            // 验证URL成功，将sEchoStr返回
            PrintWriter out = response.getWriter();
            out.write(sEchoStr);
            out.flush();
            out.close();
        } catch (Exception e) {
            //验证URL失败，错误原因请查看异常
            e.printStackTrace();
        }
    }

//Get加密验签
public String getSHA1(String token, String timestamp, String nonce) throws AesException
{
    try {
        String[] array = new String[] { token, timestamp, nonce };
        StringBuffer sb = new StringBuffer();
        // 字符串排序
        Arrays.sort(array);
        for (int i = 0; i < 3; i++) {
            sb.append(array[i]);
        }
        String str = sb.toString();
```

```java
            // SHA1 签名生成
            MessageDigest md = MessageDigest.getInstance("SHA-1");
            md.update(str.getBytes());
            byte[] digest = md.digest();
            StringBuffer hexstr = new StringBuffer();
            String shaHex = "";
            for (int i = 0; i < digest.length; i++) {
                shaHex = Integer.toHexString(digest[i] & 0xFF);
                if (shaHex.length() < 2) {
                    hexstr.append(0);
                }
                hexstr.append(shaHex);
            }
            return hexstr.toString();
        } catch (Exception e) {
            e.printStackTrace();
        }
        return "";
    }

    private CoreService service=new CoreService();

    /**
     * 处理微信服务器发来的消息
     */
    public void doPost(HttpServletRequest request, HttpServletResponse response) throws ServletException, IOException {
        //读取消息，执行消息处理
        service.processRequest(request,response);
    }
}
```

第二步：创建服务类 CoreService

doPost 方法用于处理接收到的用户消息和回复用户消息，这里使用控制与服务分离的方式实现代码的分工。创建服务类 CoreService 用于解析 XML 消息文件、生成响应信息。

首先通过输入流（request.getInputStream()）接收用户消息，由于消息传输分为密文传输和明文传输，使用输入流获取消息后，需要根据是否加密获取消息内容，示例代码如下：

```java
WXBizMsgCrypt wxcpt = new WXBizMsgCrypt(sToken, sEncodingAESKey, appId);
if(encryptType!=null){
    //对消息进行处理获得明文
    sMsg = wxcpt.decryptMsg(sReqMsgSig, sReqTimeStamp, sReqNonce, sReqData);
}
```

明文消息是以 XML 格式存在的字符串，获取明文消息后将通过 W3C DOM 进行解析，将不同的消息类型进行逐个处理，对每种消息进行"复制"响应，响应消息与接收到的消息格式一致均为 XML 格式，可以通过 Xstream 生成，最后将消息以明文或者密文（通过判断 encryptType 是否为 null，null 为明文，非 null 则为密文）的形式，通过输出流返回给用户，示例代码如下：

```java
package myf.caption4.demo4_1.service;

import java.io.BufferedReader;
import java.io.InputStreamReader;
```

```java
import java.io.PrintWriter;
import java.io.StringReader;
import java.util.Date;
import javax.servlet.ServletInputStream;
import javax.servlet.http.HttpServletRequest;
import javax.servlet.http.HttpServletResponse;
import javax.xml.parsers.DocumentBuilder;
import javax.xml.parsers.DocumentBuilderFactory;
import myf.caption4.QQTool.WXBizMsgCrypt;
import myf.caption4.util.WxUtil;
import myf.caption4.vo.TextMessage;
import myf.caption4.vo.Voice;
import myf.caption4.vo.VoiceMessage;
import org.w3c.dom.Document;
import org.w3c.dom.Element;
import org.w3c.dom.NodeList;
import org.xml.sax.InputSource;

/**
 *
 *
 * @author muyunfei
 *
 * <p>Modification History:</p>
 * <p>Date        Author        Description</p>
 * <p>---------------------------------------------------------------------</p>
 * <p>Aug 5, 2016       牟云飞          新建</p>
 */
public class CoreService {

    //处理微信消息
    public  void processRequest(HttpServletRequest request,HttpServletResponse response) {
        // 微信加密签名
        String sReqMsgSig = request.getParameter("msg_signature");
        //System.out.println("msg_signature :"+sReqMsgSig);
        // 时间戳
        String sReqTimeStamp = request.getParameter("timestamp");
        //System.out.println("timestamp :"+sReqTimeStamp);
        // 随机数
        String sReqNonce = request.getParameter("nonce");
        //System.out.println("nonce :"+sReqNonce);
        //加密类型
        String encryptType =request.getParameter("encrypt_type");
        //System.out.println("加密类型: "+encrypt_type);
        String sToken = WxUtil.respMessageToken;
        String appId = WxUtil.messageAppId;
        String sEncodingAESKey = WxUtil.respMessageEncodingAesKey;
        try {
            request.setCharacterEncoding("utf-8");
            // post 请求的密文数据
            // sReqData = HttpUtils.PostData();
```

```java
            ServletInputStream in = request.getInputStream();
            BufferedReader reader =new BufferedReader(new InputStreamReader(in));
            String sReqData="";
            String itemStr="";//作为输出字符串的临时串,用于判断是否读取完毕
            while(null!=(itemStr=reader.readLine())){
                sReqData+=itemStr;
            }
            //输出解密前的文件
//          System.out.println("after decrypt msg: " + sReqData);
            String sMsg=sReqData;
            WXBizMsgCrypt wxcpt = new WXBizMsgCrypt(sToken, sEncodingAESKey, appId);
            if(encryptType!=null){
                //对消息进行处理获得明文
                sMsg = wxcpt.decryptMsg(sReqMsgSig, sReqTimeStamp, sReqNonce, sReqData);
            }
            //输出解密后的文件
            System.out.println("after decrypt msg: " + sMsg);
            // TODO: 解析出明文xml标签的内容进行处理
            // For example:
            DocumentBuilderFactory dbf = DocumentBuilderFactory.newInstance();
            DocumentBuilder db = dbf.newDocumentBuilder();
            StringReader sr = new StringReader(sMsg);
            InputSource is = new InputSource(sr);
            Document document = db.parse(is);
            Element root = document.getDocumentElement();
            //判断类型
            NodeList nodelistMsgType = root.getElementsByTagName("MsgType");
            String recieveMsgType = nodelistMsgType.item(0).getTextContent();
            String content="";
            if("text".equals(recieveMsgType)){//如果是文本消息
                //获得内容
                NodeList nodelist1 = root.getElementsByTagName("Content");
                //设置响应内容
                content = nodelist1.item(0).getTextContent();
                System.out.println("content:"+content);
                //昵称、解决乱码问题
                //content=new String(content.getBytes("ISO-8859-1"),"UTF-8");
                System.out.println("---content:"+content);
            }else if("voice".equals(recieveMsgType)){//如果是音频消息
                //获得音频的mediaID
                NodeList nodelistMediaId = root.getElementsByTagName("MediaId");
                //生成响应消息(音频)
                Voice voice = new Voice();
                voice.setMediaId(nodelistMediaId.item(0).getTextContent());
                VoiceMessage txtMsg= new VoiceMessage();
                txtMsg.setVoice(voice);
                long time = new Date().getTime();
                txtMsg.setCreateTime(time);//创建时间
                //响应消息的回复人
                NodeList nodelistFromUser = root.getElementsByTagName("FromUserName");
                String receiver = nodelistFromUser.item(0).getTextContent();
                //响应消息的发送人
```

```java
                NodeList nodelistToUserName = root.getElementsByTagName("ToUserName");
                String sender = nodelistToUserName.item(0).getTextContent();
                txtMsg.setFromUserName(sender);//消息来源，不是微信的 appID
                txtMsg.setMsgType(WxUtil.REQ_MESSAGE_TYPE_VOICE);//消息类型
                txtMsg.setToUserName(receiver);
                String sRespData=WxUtil.messageToXml(txtMsg);
                String sEncryptMsg=sRespData;
                if(encryptType!=null){
                    sEncryptMsg = wxcpt.encryptMsg(sRespData, time+"", sReqNonce);
                }
                System.out.println("回复消息: "+sRespData);
                System.out.println("回复消息加密: "+sEncryptMsg);
                //输出
                PrintWriter out = response.getWriter();
                out.write(sEncryptMsg);
                out.flush();
                out.close();
                return ;
            }else if("event".equals(recieveMsgType)){//如果是事件
                //获得事件类型
                NodeList nodelist1 = root.getElementsByTagName("Event");
                String eventType = nodelist1.item(0).getTextContent();
                if("subscribe".equals(eventType)){//关注
                    //subscribe(root);
                    content="欢迎关注"XXX"微信公众号";
                }else if("unsubscribe".equals(eventType)){//取消关注
                    //unSubscribe(root);
                }else if("CLICK".equals(eventType)){//菜单点击
                    //获取 eventKey
                    NodeList EventKeyNode = root.getElementsByTagName("EventKey");
                    String EventKeyNodeContext = EventKeyNode.item(0).getTextContent();
                    if("KF_TEL".equals(EventKeyNodeContext)){
                        //客服电话
                        content="技术支持: 15562579597\r\n" +
                                "服务时间: 09:00-5:00";
                    }
                }

            }
//            //!!!!!!!!!!!回复空消息!!!!!!!!!!
//            //------------------------------------------
//            String sEncryptMsg = "success";//或者 String sEncryptMsg = ""
//            //输出
//            PrintWriter out = response.getWriter();
//            out.write(sEncryptMsg);
//            out.flush();
//            out.close();
//            //!!!!!!!!!!!!!!!!!!!!!!设置回复!!!!!!!!!!
//            //------------------------------------------
            //响应消息的回复人
```

```java
            NodeList nodelistFromUser = root.getElementsByTagName("FromUserName");
            String mycreate = nodelistFromUser.item(0).getTextContent();
            //响应消息的发送人
            NodeList nodelistToUserName = root.getElementsByTagName("ToUserName");
            String wxDevelop = nodelistToUserName.item(0).getTextContent();
            //时间
            long time=new Date().getTime();
            //content="被动响应消息:"+content;
            //临时消息
            //content="";
            //生成一个被动响应的消息
            TextMessage txtMsg= new TextMessage();
            txtMsg.setContent(content);//文字内容
            txtMsg.setCreateTime(time);//创建时间
            txtMsg.setFromUserName(wxDevelop);//消息来源
            txtMsg.setMsgType(WxUtil.RESP_MESSAGE_TYPE_TEXT);//消息类型
            txtMsg.setToUserName(mycreate);
            String sRespData=WxUtil.messageToXml(txtMsg);
            String sEncryptMsg=sRespData;
            if(encryptType!=null){
                sEncryptMsg = wxcpt.encryptMsg(sRespData, time+"", sReqNonce);
            }
            System.out.println("回复消息: "+sRespData);
            System.out.println("回复消息加密: "+sEncryptMsg);
            //输出
            PrintWriter out = response.getWriter();
            out.write(sEncryptMsg);
            out.flush();
            out.close();
            
        } catch (Exception e) {
            // TODO
            // 解密失败,失败原因请查看异常
            e.printStackTrace();
        }
    }
}
```

备注:WXBizMsgCrypt加密解密工具类,读者可以根据4.3节介绍进行编写,也可以从官网 https://wximg.gtimg.com/shake_tv/mpwiki/cryptoDemo.zip 下载。

第三步:配置服务

服务创建成功后需要在 web.xml 中增加相应的服务配置,用于服务器中间件解决对应服务,web.xml 中增加如下代码:

```xml
<!-- 确认微信服务器的请求类,回调模式使用-->
<servlet>
    <servlet-name>coreServlet</servlet-name>
    <servlet-class>
        myf.caption4.demo4_1.CoreServlet
    </servlet-class>
```

```
</servlet>
<servlet-mapping>
    <servlet-name>coreServlet</servlet-name>
    <url-pattern>/coreServlet.slt</url-pattern>
</servlet-mapping>
```

第四步：映射外网服务&启用回调链接

服务在读者本机启动成功后需要通过花生壳等工具映射至外网（参照 2.11 节），服务成功后启动回调链接（参照 4.2 节），完成消息的接收与响应。

注意：回调链接不能够频繁启动和停用，回调链接支持没有经过备案的域名地址，域名必须以 http://或 https://开头，分别支持 80 端口（http）和 443 端口（https）。读者的本机服务地址端口号随意，域名映射地址注意为 80 或 443 即可，如：

本机端口号 8080，地址 http://192.168.0.105:8080/WX_DEMO/coreServlet.slt，而域名映射地址为 http://myfmyfmyfmyf.vicp.cc/ WX_DEMO/coreServlet.slt（端口为 80）。

通过本实例，读者能够成功建立回调链接，掌握了如何加/解密微信消息、如何接收/回复消息，如何解析/生成 XML 格式字符串，至此读者已经能够实现简单的微信公众号功能，接下来的第 5 章中，我们会讲解微信网页 JS-SDK 的应用，带领读者学习如何实现微信公众号与 ECharts、地图、多码合一等技术的融合，让微信公众号的功能更丰富。

第 5 章　微信网页 JS-SDK 的应用

微信 JS-SDK 是微信公众平台提供的基于微信内置浏览器开发的网页工具包，其开发模式也被称为 JSAPI 模式，具有应用范围广、功能丰富和轻应用等特点，能够方便地满足各类微信用户的多种需求。前两章我们学习了如何实现消息的传递，如何推送、接收、响应消息，本章将带领读者更加深入地学习如何调用 JS-SDK 的各类接口，如何丰富读者的微信公众号，如何将微信与其他主流功能进行结合，提升用户体验，增强微信公众号的可定制化，以及学习如何更广泛、正确地使用微信内置浏览器等。

本章主要涉及的知识点有：
- 什么是微信 JS-SDK：学习 JS-SDK 基础知识，了解其能够实现哪些功能。
- 权限验证及接口使用：学会如何通过权限验证引入微信各类 JS 接口。
- JS 接口调用：学会常用的 JS 接口，了解微信 JS-SDK 所具有的接口功能。
- 功能统计：如何引入百度开源框架 ECharts 实现各类移动端统计功能。
- 引入地图：学习如何将微信定位与常用地图（百度、高德等）相结合，实现高级功能。
- 单页面应用：学习如何开发微信小程序等 SPA 应用。

5.1　微信 JS–SDK 介绍

在学习微信网页 JS-SDK 之前，首先需要介绍下微信内置浏览器；微信内置浏览器是随微信一起安装并内置在微信中的软件，能够浏览 HTML、PHP、JSP 等网页资源，可能很多人注意到在打开微信"朋友圈"链接的时候会出现进度条，如图 5.1 所示，其实那是微信内置浏览器访问页面的进度，也就是说"朋友圈"是通过微信的内置浏览器访问的页面资源。

图 5.1　微信内置浏览器进度条

注意：iPhone 和 Android 的微信内置浏览器是不一样的，安卓手机上微信使用的是 QQ 浏览器 X5 内核，iPhone 使用的则是 Safari WKWebview 浏览器，在 2017 年 3 月 1 日之前微信 IOS 客户端为 UIWebview 内核。

JSAPI 模式是通过调用微信 JS-SDK 开发手机 Web 页面的模式，本质上也是开发 B/S（Browser/Server，浏览器/服务器模式）服务，但与传统的基于 Web 的 MIS 等各种 Web 系统相比，JSAPI 除能实现信息的传递、交互、管理之外，还能够使业务场景移动化、实时化；在功能上也稍具差异，微信 JSAPI 模式下不仅可以调用微信拍照、选图、语音、位置等功能，还能够使用微信分享、扫一扫等特有的功能，同时还可以使用 HTML5 丰富页面效果，实现更完美的用户体验。

5.2 平台接口接入

了解微信 JS-SDK 后，接下来将介绍如何接入微信 JS-SDK 以及 config 接口的权限配置和结果事件的处理。

1．微信 JS-SDK 接入准备

（1）具有 ICP 备案的域名，不支持 IP 地址、端口号及短链域名。
（2）通过微信管理端完成"可信域名"的配置。
（3）通过微信管理端完成"业务域名"、"网页授权域名"的配置。

2．微信 JS-SDK 接入流程

（1）JSP 页面中引入微信 JS 文件。
（2）通过 config 接口注入权限验证配置信息。
（3）微信处理验证信息，返回处理结果。
（4）验证成功调用 ready 接口，继续自定义处理。
（5）验证失败调用 error 接口，继续自定义处理。

5.2.1 配置 JS 接口安全域名

JS 接口安全域名，又称为"可信域名"，公众号开发者可在该域名（包括子域名）下调用微信开放的 JS 接口，是微信公众号开发必须填写的配置，配置方法如下：

打开微信管理端，单击【公众号设置】|【功能设置】|【JS 接口安全域名】|【设置】进入 JS 接口安全域名配置页面如图 5.2 所示，填写可信域名，域名最多可填写 3 个，且每个自然月可修改 3 次可信域名。在配置可信域名时，需要将 MP_verify_********.txt 文件放置在域名根目录下，配置页面如图 5.3 所示。

图 5.2　JS 接口安全域名配置页面

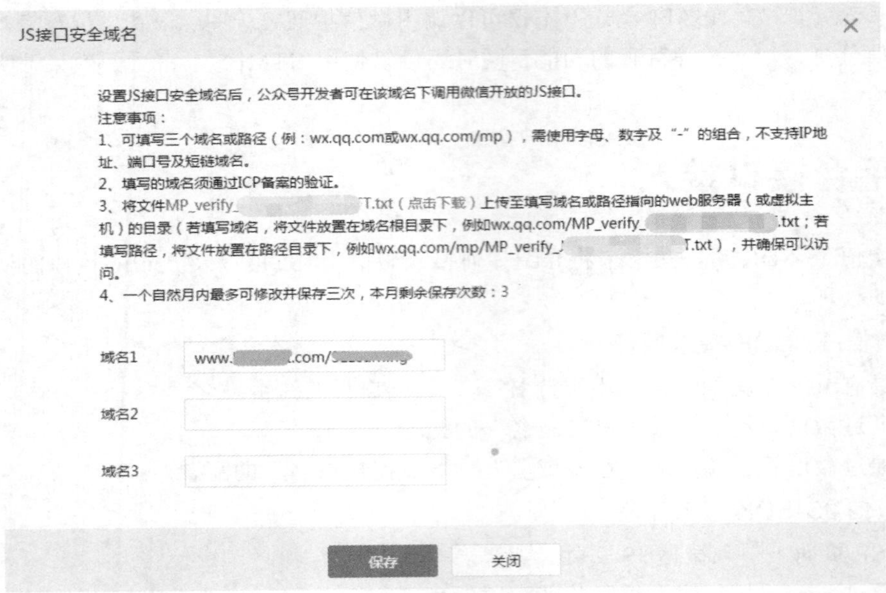

图 5.3　配置 JS-SDK 接口可信域名

注意：服务号中可以填写 3 个可信域名，而企业号中需要对每个应用进行配置，且仅能配置一个可信域名；两者的可信域名都必须使用 ICP（电信与信息服务业务经营许可证）备案的域名。不同之处在于，服务号不支持 IP 地址、端口号机短连接域名，而企业号如果访问的外网域名含有非 80 端口号，可以在可信域名地址中添加端口号。

5.2.2　配置网页授权域名

网页授权域名是用户在网页授权页中同意授权给公众号后，微信开发者获得的用户信息的安全域名，微信将通过此安全域名下的回调链接传递用户信息，以确保安全可靠。

网页授权域名的配置方法如下：

打开微信管理端，单击【公众号设置】|【功能设置】|【网页授权域名】|【设置】（如图 5.4 所示），也可以通过【接口权限】|【功能服务】|【网页授权】|【修改】|【网页授权域名】|【设置】进入网页授权域名设置页面。与 JS 接口安全域名不同，网页授权域名仅能设置一个域名。

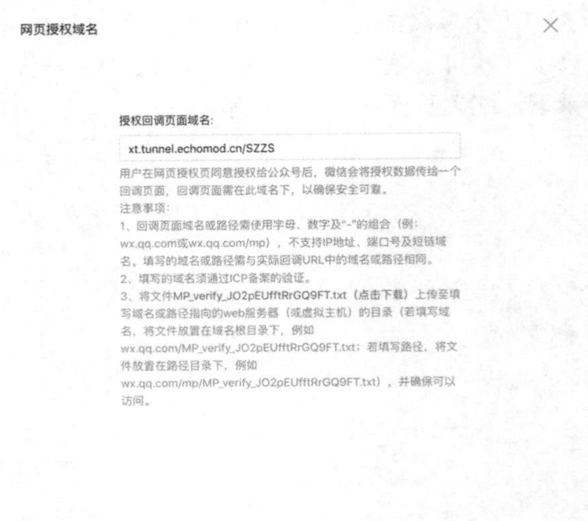

注意：域名是一个字符串，而不是 URL，因此请勿加 http:// 等协议头。

图 5.4　配置网页授权域名

5.2.3 配置业务域名

业务域名属于微信认证类域名，设置业务域名后，访问该域名下的页面时，不会被重新排版，用户在该域名下输入时，不会出现图 5.5 所示的安全提示，用户能够放心使用，提升操作体验。

图 5.5 安全提示

业务域名的配置方法如下：

打开微信管理端，单击【公众号设置】|【功能设置】|【业务域名】|【设置】进入业务域名设置界面（如图 5.6 所示），业务域名最多可设置 3 个，能够使用字母、数字及"-"，但不支持 IP 地址、端口号及短链域名，且每个自然月仅能修改并保存 3 次。

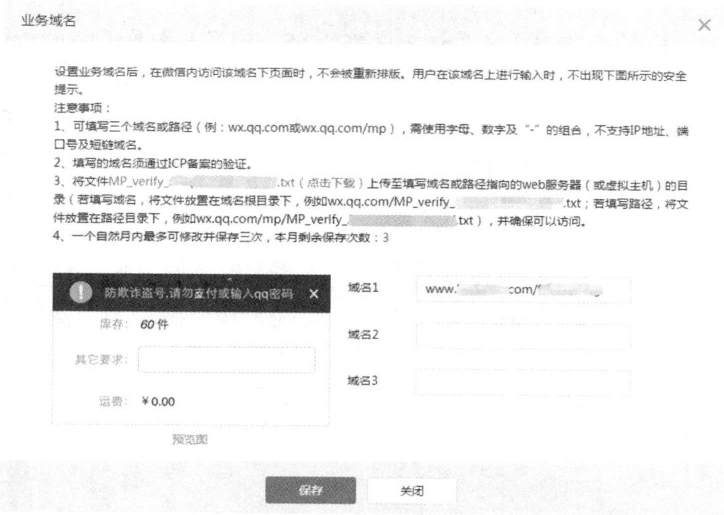

图 5.6 配置业务域名

5.2.4 引入微信 JS 文件

完成域名配置之后，我们进入正式的页面开发，首先要做的是引入微信的 JS 文件，这里我们可以在线引入 jweixin-1.2.0.js，示例代码如下：

```
<script type="text/javascript" src="http://res.wx.qq.com/open/js/jweixin-1.2.0.js"></script>
```

备注：支持使用 AMD/CMD 标准模块加载，支持 https 引入。微信 iOS 客户端于 2017 年 3 月 1 日将内置浏览器从 UIWebView 切换为 WKWebView，为此产生的兼容问题可以通过升级 1.2.0 版本的 JS 解决。

除此之外，还可以将 JS 文件下载到自己工程中进行引入，示例代码如下：

```
<scripttype="text/javascript" src="<%=request.getContextPath()%>/wx/js/jweixin-1.2.0.js">
</script>
```

关于 JS 文件的下载，可以在 IE 浏览器中直接输入 http://res.wx.qq.com/open/js/jweixin-1.2.0.js 即可。

使用技巧：request 为 jsp 九大内置对象之一，<%%>为 jsp 页面动态 java 代码执行标识框，request.getContextPath()获取当前系统路径，防止因路径变更造成的代码返工。

5.2.5 通过 config 接口授权

所有需要使用 JS-SDK 的页面必须首先注入权限配置信息,否则将无法调用微信 JS 接口,同一个 URL 链接仅需调用一次 config 函数进行初始化,而对于 URL 变化的单页面需要在每次 url 变化时(#之后除外)进行调用,接口注入如下:

```
wx.config({
    debug: false,                // 关闭调试模式
    appId: 'wx9612a3042xxxxxx',  // 必填,微信公众号的唯一标识
    timestamp: '1489762418',     // 必填,生成签名的时间戳
    nonceStr: '3582a2b1-ae6e-449b-a1e0-99bf525fca16',    // 必填,生成签名的随机串
    signature: '88fb355de59732f230a132634450bf9a27f3ad10',// 必填,签名
    jsApiList: ['hideOptionMenu','getLocation']    // 必填,需要使用的JS接口列表
});
```

备注:对于 url,只有#(哈希)之后部分变化的 SPA 应用无需多次调用 config 权限配置,只需调用一次即可。如:http://www.muyunfei.com/wxDemo/index.html#eyJpbmRleCI6MywicGF==与 http://www.muyunfei.com/wxDemo/index.html#YWxpcGF5Lmh0bWwifQ==两个链接只在 url hash 部分变化,因此只需在 index.html 主页面进行 config 授权注入即可。signature 签名详细说明请参照 5.3 节。

5.2.6 验证成功事件

权限验证成功之后,将执行 ready 接口;注意,所有接口调用都必须在 config 接口获得结果之后。config 是一个异步操作,所以对于需要在页面加载时就调用的接口,要把相关接口放在 ready 函数中执行,如果是用户触发时才调用的接口,则可以直接调用,不需要放入 ready 中执行(但调用之前必须初始化 wx 变量),看一下如下的小示例。

【示例 5-1】进入页面后立即隐藏右上角菜单按钮。

代码如下:

```
wx.ready(function(){
    //隐藏右上角菜单
    wx.hideOptionMenu();
});
```

5.2.7 验证失败事件

config 信息验证失败会执行 error 函数,如签名过期导致验证失败,具体错误信息可以打开 config 的 debug 模式查看,也可以在返回的 res 参数中查看,对于 SPA 可以在这里更新签名。

```
wx.error(function(res){
    // 处理失败消息
});
```

5.3 JS-SDK 权限签名

微信 JS-SDK 接口的调用并不是随意的,为了增强微信公众号的安全性以及接口频率的稳定性,接口调用之前除了需要配置"JS 接口安全域名"之外,还需要对接口调用的页面进行签名授权,授权方式主要分四步:

(1)获取主动调用的 access_token;

（2）利用 access_token 获取调用票据 jsapi_ticket；

（3）利用 jsapi_ticket、noncestr（随机字符串）、timestamp（时间戳）和当前页面的 url（不包含#及#后部分）完成授权签名；

（4）通过 wx.config 接口完成接口授权。

本节将带领读者一步一步学习如何对微信 Web 接口进行权限签名并实现正常调用微信 JS-SDK 接口。

5.3.1 获取调用票据 jsapi_ticket

jsapi_ticket 是公众号调用微信 JS 接口的临时票据，目前有效期为 7200 秒（以返回结果中的 expiress_in 为准），在这里，细心的读者可能会发现，该有效期与第 3 章中的 access_token 有效时间相同，不错，两者的有效时间相同，并且都具有调用频率限制，所以需要进行缓存处理，处理办法与 access_token 处理方法一致，采用全局变量的方式。

```
//JSAPI 模式：全局变量 jsapi_ticket
public static String jsapi_ticket;
// JSAPI 模式：请求 jsapi_ticket 的时间
public static Date jsapi_ticket_date;
```

jsapi_ticket 获取上大致上可分两步：

（1）获取全局缓存变量 access_token

token 的获取方式在第 3 章中已讲过，这里我们直接进行调用。

```
String token=getTokenFromWx();//获得 access_token
```

（2）利用 access_token 获取 jsapi_ticket，并进行全局静态变量保存。

jsapi_ticket 的请求采用 HTTP GET 的方式，请求地址为 https://qyapi.weixin.qq.com/cgi-bin/get_jsapi_ticket?access_token=ACCESS_TOKEN

调用成功后，返回 JSON 数据，数据格式如下：

```
{
    "errcode":0,
    "errmsg":"ok","ticket":"bxLdikRXVbTPdHSM05e5u5sUoXNKd8-41ZO3MhKoyN5OfkWITDGgnr2fwJ0m9E8NYzWKVZvdVtaUgWvsdshFKA",
    "expires_in":7200
}
```

返回 JSON 数据结果参数说明如表 5.1 所示。

表 5.1 获取调用票据 jsapi_ticket 接口返回参数及说明

属性/方法	说明
errcode	返回码，0 表示成功，其他表示失败
errmsg	返回码的文本描述信息
ticket	微信 js 接口调用的临时票据
expires	临时票据的有效期，单位秒

jsapi_ticket 获取及缓存处理源码如下：

```
/**
 * 从微信获得 jsapi_ticket
 * @return 返回 ticket
```

```java
*/
public StringgetJsapiTicketFromWx(){
    String token=getTokenFromWx();//获取access_token
    //1、判断jsapi_ticket是否存在，不存在的话直接申请
    //2、判断时间是否过期，过期(>=7200秒)申请，否则不用请求直接返回以后的token
    if(null==jsapi_ticket||"".equals(jsapi_ticket)||(new Date().getTime()-jsapi_ticket_date.getTime())>=(7000*1000)){

        CloseableHttpClienthttpclient = HttpClients.createDefault();
        try {
            //利用get形式获得jsapi_ticket
            HttpGethttpget = new HttpGet("https://qyapi.weixin.qq.com/cgi-bin/get_jsapi_ticket?access_token="+token);
            // Create a custom response handler
            ResponseHandler<JSONObject>responseHandler = new ResponseHandler<JSONObject>() {

                publicJSONObjecthandleResponse(
                        finalHttpResponse response) throws ClientProtocolException,
                        IOException
                {
                    int status = response.getStatusLine().getStatusCode();
                    if (status >= 200 && status < 300) {
                        HttpEntity entity = response.getEntity();
                        if(null!=entity){
                            String result= EntityUtils.toString(entity);
                            //根据字符串生成JSON对象
                            JSONObjectresultObj = JSONObject.fromObject(result);
                            returnresultObj;
                        }else{
                            return null;
                        }
                    } else {
                        throw new ClientProtocolException("Unexpected response status: " + status);
                    }
                }
            };
            //返回的json对象
            JSONObjectresponseBody = httpclient.execute(httpget, responseHandler);
            if(null!=responseBody){
                jsapi_ticket= (String) responseBody.get("ticket");//返回token
            }
            jsapi_ticket_date=new Date();
            httpclient.close();
        }catch (Exception e) {
            e.printStackTrace();
        }
    }
    returnjsapi_tick
}
```

说明：这里的有效时间设置为大于等于7000秒，目的是为了防止服务器时间延迟导致的服务异常，预留一定时间方便服务器维护人员及时处理。

5.3.2　生成 JS-SDK 权限验证签名

获取到 jsapi_ticket 之后，我们将利用 4 个有效变量（前面已讲过）完成权限验证签名，签名的规则如下：

将参与签名的字段 noncestr、有效的 jsapi_ticket、 timestamp、url 按照字段名的 ASCII 码从小到大排序（字典序），使用 URL 键值对的格式（即 key1=value1&key2=value2…）拼接成字符串 string1。这里需要注意的是所有参数名均为小写字符。对 string1 作 sha1 加密，字段名和字段值都采用原始值，不进行 URL 转义。

注意：生成验证签名必须在后台进行，使用 AngularJs 的读者也需要使用 $http 进行后台签名生成。

【示例 5-2】权限验证签名
代码如下：

```java
/****微信js签名******************************/
public static Map<String, String> sign(String jsapi_ticket, String url) {
    Map<String, String> ret = new HashMap<String, String>();
    String nonce_str = create_nonce_str();
    String timestamp = create_timestamp();
    String string1;
    String signature = "";
    //注意这里参数名必须全部小写，且必须有序
    string1 = "jsapi_ticket=" + jsapi_ticket +
              "&noncestr=" + nonce_str +
              "&timestamp=" + timestamp +
              "&url=" + url;
    try
    {
        MessageDigest crypt = MessageDigest.getInstance("SHA-1");
        crypt.reset();
        crypt.update(string1.getBytes("UTF-8"));
        signature = byteToHex(crypt.digest());
    }
    catch (NoSuchAlgorithmException e)
    {
        e.printStackTrace();
    }
    catch (UnsupportedEncodingException e)
    {
        e.printStackTrace();
    }
    ret.put("url", url);
    ret.put("jsapi_ticket", jsapi_ticket);
    ret.put("nonceStr", nonce_str);
    ret.put("timestamp", timestamp);
    ret.put("signature", signature);
    return ret;
}
private static String byteToHex(final byte[] hash) {
    Formatter formatter = new Formatter();
    for (byte b : hash)
    {
```

```
            formatter.format("%02x", b);
    }
    String result = formatter.toString();
    formatter.close();
    return result;
}
private static String create_nonce_str() {
    returnUUID.randomUUID().toString();
}
private static String create_timestamp() {
    returnLong.toString(System.currentTimeMillis() / 1000);
}
```

算法调用示例代码如下：

```
//生成微信js授权
String jsapi_ticket=msgUtil.getJsapiTicketFromWx();  //签名
//获得当前页面的请求URL
HttpServletRequestreq = ServletActionContext.getRequest();
String jsapi_ticket=msgUtil.getJsapiTicketFromWx();  //签名
String url = WxUtil.webUrl   //域名地址,自己的外网请求的域名,如:http://www.baidu.com/Demo
         + req.getServletPath();                     //请求页面或其他地址
if(null!=req.getQueryString()&&!"".equals(req.getQueryString())){
    url =  url + "?" + (req.getQueryString());       //参数
}
//输出请求地址
System.out.println(url);
//获得jsapi_ticket
Map<String, String> ret = WxUtil.sign(jsapi_ticket, url);
//放入页面信息
req.setAttribute("messageAppId", WxUtil.messageAppId);  //公众号appId
req.setAttribute("str1", ret.get("signature"));         //权限验证签名
req.setAttribute("time", ret.get("timestamp"));         //时间戳
req.setAttribute("nonceStr", ret.get("nonceStr"));      //随机串
```

注意：当前页面请求的 url 需要动态获取，不可手动写成固定变量，因为固定变量与 OAuth2.0 身份验证（将在第 8 章讲解）结合后，会造成权限签名失败，同时固定变量也无法用于 url 变化的应用中，url 的动态变化将导致授权签名失败。

5.3.3 页面 config 接口配置注入

config 是一个客户端异步操作接口，请求页面将通过 config 接口注入权限配置信息，只需要将如下代码写入<script></script>标签中即可：

```
wx.config({
    debug: false,                        // 关闭调试模式
    appId: '${messageAppId}',            // 必填,微信公众号的唯一标识
    timestamp: "${time}",                // 必填,生成签名的时间戳
    nonceStr: '${nonceStr}',             // 必填,生成签名的随机串
    signature: '${str1}',                // 必填,签名
    jsApiList: ['hideOptionMenu']        // 必填,需要使用的JS接口列表
});
```

说明：APP ID 为微信公众号唯一标识，订阅号、服务号、测试号中名称为 appID，企业号中则为 CorpID。上面代码中的${time}为 EL 表达式，意思是获得 req.setAttribute("time", ret.get("timestamp"))中设置的 time 数据。

5.4 Debug 调试与基础接口说明

在 Java、C#等语言中为了更好解决程序编写问题，开发者通常会通过 Debug 调试的方式查找问题原因；同样，在微信公众平台开发中也能够进行 Debug 调试。接下来，我们将学习调试微信 JS-SDK、调试模式下查看接口返回信息、调试接口是否可以正常调用等；通过本节的学习将让大家学会如何在 JSAPI 模式下进行 Debug 调试以及基础接口的调用。

5.4.1 Debug 调试模式开启

Debug 模式在默认状态下是关闭的，表现形式为权限验证页面中的"debug: false"，开启方式如下所示：

```
wx.config({
    debug: true,                          // 开启调试模式
    appId: '${messageAppId}',             // 必填，微信公众号的唯一标识
    timestamp: "${time}",                 // 必填，生成签名的时间戳
    nonceStr: '${nonceStr}',              // 必填，生成签名的随机串
    signature: '${str1}',                 // 必填，签名
    jsApiList: ['hideOptionMenu']         // 必填，需要使用的JS接口列表
});
```

可以看到，将 debug 参数值设置为 true 即可开启 Debag 调试格式，调用所有 JS-SDK 接口的返回值将会在客户端中以 alert 的形式提示，如图 5.7 所示，若要查看传入的参数，可以在 PC 端打开，参数信息会通过 log 打出，仅在 PC 端时才会打印，如图 5.8 所示，读者也可以通过微信 Web 开发工具进行查看（详细介绍请参照 2.3 节），如图 5.9 所示。

图 5.7 微信调试模式下接口返回值显示

备注：jsApiList 中多个函数用逗号分隔。

图 5.8 微信调试开发 log 输出信息

备注：input 为调试模式下微信 JS-SDK 输入的参数信息，output 为输出信息，读者也可以通过 JS-SDK 模板查看接口执行情况。

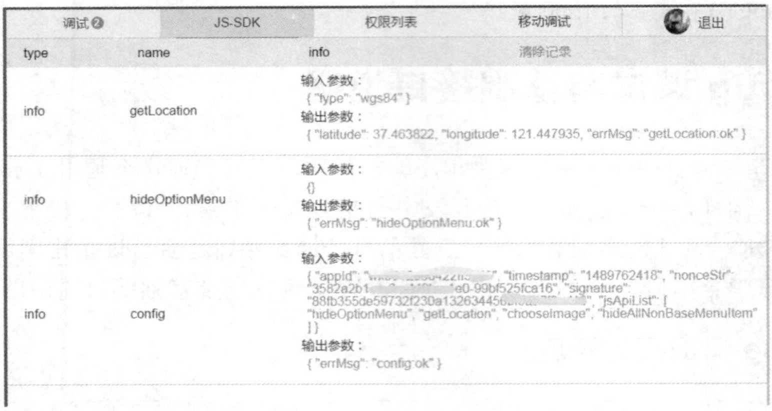

图 5.9　微信 Web 开发者工具调试信息

5.4.2　接口通用函数

微信 JS-SDK 的所有接口通过 wx 对象（也可使用 jWeixin 对象）来调用，除 wx 对象的初始化函数 config 以及初始化成功后的回调函数 ready、error 外，每个接口都具有 success、fail、complete、cancel、trigger 等多个通用函数，详细说明如表 5.2 所示。

表 5.2　JD-SDK 接口通用函数及说明

函 数 名 称	说　　明
success	接口调用成功时执行的回调函数
fail	接口调用失败时执行的回调函数
complete	接口调用完成时执行的回调函数，无论成功或失败都会执行
cancel	用户单击取消时的回调函数，仅有部分用户取消操作的 api 才会用到
trigger	监听 Menu 中按钮单击时触发的方法，该方法仅支持 Menu 中的相关接口

以上几个通用函数都带有一个参数，类型为对象，其中除了每个接口本身返回的数据之外，还有一个通用属性 errMsg，其值格式如下：

`{"errMsg":"hideOptionMenu:ok"}`

或

`{"latitude":37.463822,"longitude":121.447935,"errMsg":"getLocation:ok"}`

- 调用成功时："xxx:ok"，其中 xxx 为调用的接口名。
- 用户取消时："xxx:cancel"，其中 xxx 为调用的接口名。
- 调用失败时：其值为具体错误信息。

注意：不要尝试在 trigger 中使用 ajax 异步请求修改本次分享的内容，因为客户端分享操作是一个同步操作，这时候使用 ajax 的回调会没有返回。

5.4.3　小实例：查看微信版本情况

随着微信客户端的升级以及接口的开放，必然存在旧客户端无法兼容新客户端接口的问题，或者微信 IOS 客户端内置浏览器内核由 UIWebView 切换为 WKWebView 内核，从而导致部分接口无法正常使用等问题，这类问题可能使开发者误以为自己程序调用出现了问题，无端的耗费时间，影响项目进度，那如何解决此类问题呢？本节将介绍微信中的一个基础接口——微信JS检查接口，接口示例如下：

```
wx.config({
    debug: true,                                // 开启调试模式
    appId: '${corpid}',                         // 必填，微信公众号的唯一标识
    timestamp: "${time}",                       // 必填，生成签名的时间戳
    nonceStr: '${nonceStr}',                    // 必填，生成签名的随机串
    signature: '${str1}',                       // 必填，签名
    jsApiList: ['chooseImage' ,'checkJsApi']    // 必填，需要使用的JS接口列表
});
wx.ready(function(){
    wx.checkJsApi({
        jsApiList: ['chooseImage'],             // 需要检测的JS接口列表，
        success: function(res) {
            //调试模式下，将直接弹出消息提示，输出接口返回信息
        }
    });
});
```

以检查"chooseImage"接口为例，返回结果将以键值对的形式返回，可用的 API 值为 true，不可用的 API 值为 false，如：{"checkResult":{"chooseImage":true},"errMsg":"checkJsApi:ok"}，实际显示结果如图 5.10 所示，{"chooseImage":true} 表示检查 chooseImage 接口的结果为 true，chooseImage 接口可以使用。

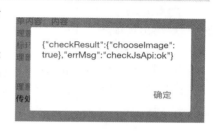

图 5.10　返回值显示

备注：checkJsApi 接口是客户端 6.0.2 新引入的一个预留接口。微信客户端版本查看方式：【我】|【设置】|【关于微信】

5.5　常用接口应用

学习了如何正常引入微信 JS-SDK 接口之后，接下来将深入了解一些常用接口，学习各个接口的输入/输出信息以及如何正确调用接口。

5.5.1　GPS 定位获取位置信息

getLocation 接口通过 GPS 定位获取用户当前位置信息，可以用于位置定位、周边搜索等场景，早期的开发 GPS 定位接口不存在 type 属性，type 属性默认为 wgs84 的 gps 坐标，如果需要火星坐标可传入'gcj02'，方便读者与其他地图系统进行对接，示例代码如下。

```
wx.getLocation({
    type: 'wgs84', //
    success: function (res) {
        alert(JSON.stringify(res));
        var latitude = res.latitude;            // 纬度，浮点数，范围为 90 ~ -90
        var longitude = res.longitude ;         // 经度，浮点数，范围为 180 ~ -180。
        var speed = res.speed;                  // 速度，以米/每秒计
        var accuracy = res.accuracy;            // 位置精度
    }
});
```

注意：不同坐标的地图，需要进行坐标转换，否则将出现较大的位置偏移。

接口执行成功将回调 success 方法，并传入回调参数，如图 5.11 所示。

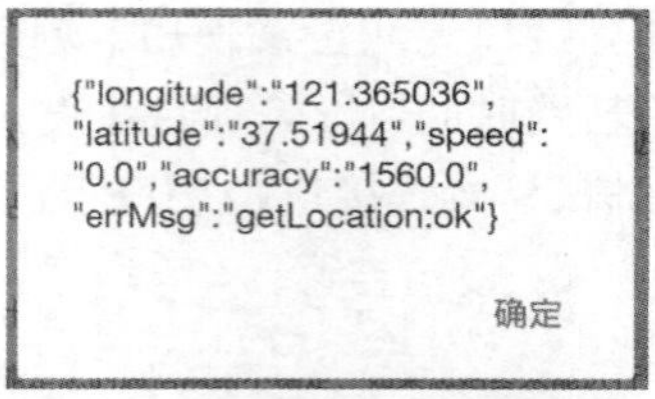

如果读者想要直接使用微信内置地图查看微信信息，微信后期也推出了 openLocation 接口可以直接显示位置信息，这里需要提醒读者的是 openLocation 接口使用的是火星坐标，所以在获取地理位置的时候需要将 type 属性设置为"gcj02"，openLocation 接口调用示例代码如下：

图 5.11　getLocation 接口返回结果

```
wx.openLocation({
    latitude: 0,           // 纬度,浮点数,范围为 90 ~ -90
    longitude: 0,          // 经度,浮点数,范围为 180 ~ -180。
    name: '',              // 位置名
    address: '',           // 地址详情说明
    scale: 1,              // 地图缩放级别,整形值,范围从 1~28。默认为最大
    infoUrl: ''            // 在查看位置界面底部显示的超链接,可单击跳转
});
```

如果出现如图 5.12 所示的返回结果，则请检查 jsApiList 是否有注入权限。

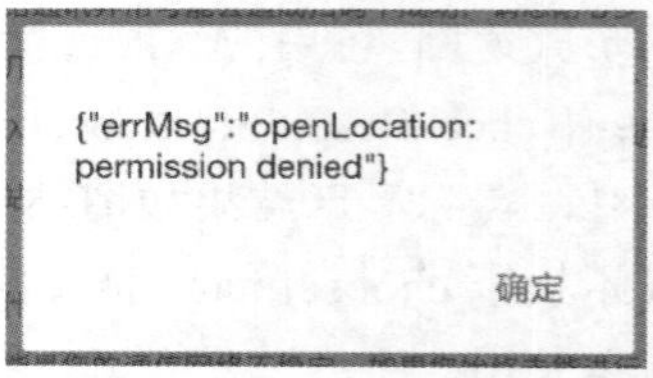

通过 getLocation 与 openLocation 可以实现微信内置浏览器查看当前位置的，进而实现导航功能，详细代码如下：

图 5.12　getLocation 接口返回结果

```
wx.getLocation({
type: 'wgs84', //
success: function (res) {
        alert(JSON.stringify(res));
        var _latitude = res.latitude;         // 纬度,浮点数,范围为 90 ~ -90
        var _longitude = res.longitude ;      // 经度,浮点数,范围为 180 ~ -180。
        var _speed = res.speed;               // 速度,以米/每秒计
        var _accuracy = res.accuracy;         // 位置精度
        wx.openLocation({
            latitude: _latitude,              // 纬度,浮点数,范围为 90 ~ -90
            longitude: _longitude,            // 经度,浮点数,范围为 180 ~ -180。
            name: '我的位置',                 // 位置名
            address: '地址详情说明',          // 地址详情说明
            scale: 1,                         // 地图缩放级别,整形值,范围从 1~28。默认为最大
            infoUrl: 'http://blog.csdn.net/myfmyfmyfmyf?viewmode=contents' //
                                              在查看位置界面底部显示的超链接,可单击跳转
        });
    }
});
```

执行效果如图 5.13 所示。

备注：GPS 定义不仅能够与微信内置地图进行结合使用，而且能够通过与其他第三方地图（高德地图、百度地图、腾讯地图等）相互融合更好提升用户体验。

图 5.13 getLocation 接口返回结果

5.5.2 选择相机/相册图片

微信公众号开发时可能需要上传图像的业务场景，如：上传会员头像、上传论坛图片等，为了解决用户需求，JS-SDK 中开放了图像上传功能，目前图片上传之后的有效时间为 3 天，所以读者需要及时下载图像到自己的文件服务器中，以防止因逾期而造成的资料丢失，文件下载接口的频率限制为 10 000 次/天，超过限制将提示"apifreq out of limit"错误。如果业务需要提高频率上限可以邮件发送到邮箱 weixin-open@qq.com，主题为【申请多媒体接口调用量】，同时需要对项目进行简单描述，并附上产品体验链接、用户量和使用量说明。

备注：每个帐号每月共 10 次清零机会，包括了平台上的清零和调用接口 API 的清零，超过限制将提示"forbid to clear quota because of reaching the limit"错误。

下面让我们看一下图像接口的使用。

（1）拍照或从手机相册中选图接口，如图 5.14 所示，示例代码如下：

图 5.14 从相机/相册选取图像

```
wx.chooseImage({
    count: 1,                              // 默认9
    sizeType: ['original', 'compressed'],  // 可以指定是原图还是压缩图，默认二者都有
    sourceType: ['album', 'camera'],       // 可以指定来源是相册还是相机，默认二者都有
    success: function (res) {
    varlocalIds = res.localIds; // 返回选定照片的本地 ID 列表，localId 可以作为 img 标签的 src 属性
显示图片
vartempHtml="";
for (vari=0; i<localIds.length; i++) {
            tempHtml+="<imgsrc='"+localIds[i]+"' id='img"+imgId+"' name='upImage'
                                              height='80px' width='80px' />";
```

```
            imgId++;
            //上传照片
            upImage(localIds[i],imgId);
    };
    varcurHtml=$("#imageList").html();
    $("#imageList").html(curHtml+tempHtml);
        }
});
```

上面代码中的 localIds 为数组，需要 localIds[i]得到单个本地 ID。由于 2017 年 3 月 1 日微信内置浏览器内核由 UIWebView 切换为 WKWebView，1.2.0 以下版本的 JS-SDK 不再支持通过使用 chooseImage 返回的 localId 预览图片，建议 iOS 微信客户端使用 1.2.0 以上（包含 1.2.0）的 JS-SDK，并通过 getLocalImgData 接口进行预览图片。

（2）上传图片接口

示例代码如下：

```
wx.uploadImage({
localId: '',                    // 需要上传的图片的本地 ID，由 chooseImage 接口获得
isShowProgressTips: 1           // 默认为1，显示进度提示
success: function (res) {
varserverId = res.serverId;     // 返回图片的服务器端 ID
    }
});
```

备注：这里的 serverId 即为微信服务器上的 media_id。

（3）下载图片接口

示例代码如下：

```
wx.downloadImage({
serverId: '',                 // 需要下载的图片的服务器端 ID，由 uploadImage 接口获得
isShowProgressTips: 1         // 默认为1，显示进度提示
success: function (res) {
varlocalId = res.localId;     // 返回图片下载后的本地 ID
    }
});
```

使用技巧：因为有效期为三天，建议读者使用自己服务器图片；对于上传图片的预览，也不建议使用微信服务图片，直接使用手机本地图片即可。

（4）iOS 专属获取本地图片接口

此接口仅在 iOSWKWebview 下提供，用于兼容 iOSWKWebview 不支持 localId 直接显示图片的问题，示例代码如下：

```
wx.getLocalImgData({
    localId: '',                              // 图片的 localID
    success: function (res) {
        varlocalData = res.localData;         // localData是图片的base64数据，可以用 img 标签显示
    }
});
```

5.5.3 页面判断 iOS/Android 微信

Navigator 对象是 window 中包含有关浏览器信息的对象，可能通过 window.navigator 进行

调用。通过调用 navigator 对象中的 window.navigator.userAgent 能够获得微信内置浏览器的代理信息，示例代码如下：

```
var _userAgent = window.navigator.userAgent.toLowerCase();
alert(_userAgent);
if(-1!=_userAgent.indexOf("micromessenger")&&-1!=_userAgent.indexOf("iphone")){
    alert("我是微信苹果设备");
}
if(-1!=_userAgent.indexOf("micromessenger")&&-1!=_userAgent.indexOf("android")){
    alert("我是微信安卓设备");
}
```

IOS 客户端输出信息如图 5.15 所示，Android 客户端输出信息如图 5.16 所示，读者可以通过"micromessenger"、"iphone"、"android"等信息判断当前设备类型

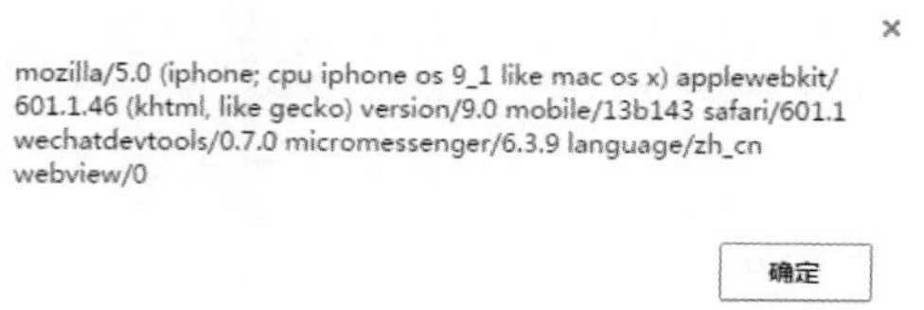

图 5.15　IOS 客户端信息 　　　　　　　　图 5.16　Android 客户端信息

备注：通过网页的 userAgent 功能能够防止页面在非微信内置浏览器中打开，可以作为信息安全的一种方式。

5.5.4　语音智能接口

在类型上，语音接口与图像处理接口一样，都属于多媒体文件接口，所以上传的语音文件在微信服务器保存时间也是 3 天，对于重要的客户录音文件需要及时下载保存，同时接口调用频率也受限于多媒体下载频率的使用，即每天不能超过 10 000 次，调高频率时需要邮件（weixin-open@qq.com）申请，语音及智能接口操作如下：

（1）开始录音接口

```
wx.startRecord();
```

（2）停止录音接口

```
wx.stopRecord({
    success: function (res) {
        varlocalId = res.localId;
    }
});
```

（3）监听录音自动停止接口

```
wx.onVoiceRecordEnd({
    complete: function (res) {
        varlocalId = res.localId;
    }
});
```

注意：录音时间超过一分钟没有停止的情况下会执行 complete 回调。

（4）播放语音接口

```
wx.playVoice({
    localId: ''          // 需要播放的音频的本地 ID, 由 stopRecord 接口获得
});
```

（5）暂停播放接口

```
wx.pauseVoice({
    localId: ''          // 需要暂停的音频的本地 ID, 由 stopRecord 接口获得
});
```

（6）停止播放接口

```
wx.stopVoice({
    localId: ''          // 需要停止的音频的本地 ID, 由 stopRecord 接口获得
});
```

（7）监听语音播放完毕接口

```
wx.onVoicePlayEnd({
    success: function (res) {
        varlocalId = res.localId;      // 返回音频的本地 ID
    }
});
```

（8）上传语音接口

```
wx.uploadVoice({
    localId: '',         // 需要上传的音频的本地 ID, 由 stopRecord 接口获得
    isShowProgressTips: 1                // 默认为 1, 显示进度提示
    success: function (res) {
        varserverId = res.serverId;     // 返回音频的服务器端 ID
    }
});
```

（9）下载语音接口

```
wx.downloadVoice({
    serverId: '',        // 需要下载的音频的服务器端 ID, 由 uploadVoice 接口获得
    isShowProgressTips: 1                // 默认为 1, 显示进度提示
    success: function (res) {
        varlocalId = res.localId;       // 返回音频的本地 ID
    }
});
```

（10）识别音频并返回识别结果接口

```
wx.translateVoice({
    localId: '',         // 需要识别的音频的本地 Id, 由录音相关接口获得
    isShowProgressTips: 1,               // 默认为 1, 显示进度提示
    success: function (res) {
        alert(res.translateResult);     // 语音识别的结果
    }
});
```

备注：语音智能接口可用于业务的快速输入。

5.5.5 微信扫一扫

微信 JS-SDK 中的扫一扫功能，主要是通过微信调用原生的相机，实现扫码功能，并将扫

码结果返回给开发者,开发者可以根据结果实现不同的业务场景,如:超市扫码优惠、电动汽车扫码充电等等,示例代码如下:

```
wx.scanQRCode({
    needResult: 1,              // 默认为 0,扫描结果由微信处理,1 则直接返回扫描结果,
    scanType: ["qrCode","barCode"],  // 可以指定扫二维码还是一维码,默认二者都有
    success: function (res) {
        var result = res.resultStr;  // 当 needResult 为 1 时,扫码返回的结果
    }
});
```

备注:多个二位码可以进行多码融合,5.7 节中将详细介绍多码融合。

5.5.6 微信分享接口

微信作为一款非常热门的社交软件,分享、转发功能也是必不可少的,包括:分享到朋友圈、分享给朋友、分享到 QQ 等接口,微信 JS-SDK 提供了能够分享的功能,详细说明如下:

(1) 获取"分享到朋友圈"按钮单击状态及自定义分享内容接口

```
wx.onMenuShareTimeline({
    title: '',              // 分享标题
    link: '',               // 分享链接
    imgUrl: '',             // 分享图标
    success: function () {
        // 用户确认分享后执行的回调函数
    },
    cancel: function () {
        // 用户取消分享后执行的回调函数
    }
});
```

(2) 获取"分享给朋友"按钮单击状态及自定义分享内容接口

```
wx.onMenuShareAppMessage({
    title: '',              // 分享标题
    desc: '',               // 分享描述
    link: '',               // 分享链接
    imgUrl: '',             // 分享图标
    type: '',               // 分享类型,music、video 或 link,不填默认为 link
    dataUrl: '',            // 如果 type 是 music 或 video,则要提供数据链接,默认为空
    success: function () {
        // 用户确认分享后执行的回调函数
    },
    cancel: function () {
        // 用户取消分享后执行的回调函数
    }
});
```

(3) 获取"分享到 QQ"按钮单击状态及自定义分享内容接口

```
wx.onMenuShareQQ({
    title: '',              // 分享标题
    desc: '',               // 分享描述
    link: '',               // 分享链接
    imgUrl: '',             // 分享图标
```

```
    success: function () {
        // 用户确认分享后执行的回调函数
    },
    cancel: function () {
        // 用户取消分享后执行的回调函数
    }
});
```

（4）获取"分享到腾讯微博"按钮单击状态及自定义分享内容接口

```
wx.onMenuShareWeibo({
    title: '',              // 分享标题
    desc: '',               // 分享描述
    link: '',               // 分享链接
    imgUrl: '',             // 分享图标
    success: function () {
        // 用户确认分享后执行的回调函数
    },
    cancel: function () {
        // 用户取消分享后执行的回调函数
    }
});
```

（5）获取"分享到 QQ 空间"按钮单击状态及自定义分享内容接口

```
wx.onMenuShareQZone({
    title: '',              // 分享标题
    desc: '',               // 分享描述
    link: '',               // 分享链接
    imgUrl: '',             // 分享图标
    success: function () {
        // 用户确认分享后执行的回调函数
    },
    cancel: function () {
        // 用户取消分享后执行的回调函数
    }
});
```

注意：不要有诱导分享等违规行为，对于诱导分享行为微信将永久回收公众号接口权限。

5.5.7 小实例：隐藏微信菜单

微信公众号服务于各行各业，因此在实际的业务场景中会出现禁止分享、禁止 PC 端打开等防止信息泄露的需求（默认情况下如图 5.17 所示），因此需要隐藏右上角功能菜单（屏蔽后如图 5.18 所示），当然这只是防止信息泄露的简单措施，在后面章节将会介绍一些其他的数据安全措施，隐藏菜单代码如下所示：

```
wx.config({
    debug: false, // 开启调试模式,调用的所有api的返回值会在客户端alert出来,若要查看传入的参数,可以在pc端打开,参数信息会通过log打出,仅在pc端时才会打印。
    appId: '${CorpId}',          // 必填,微信公众号的唯一标识,订阅号、服务号、测试号此处填写appid企业号填写corpid
    timestamp: "${time}",        // 必填,生成签名的时间戳
    nonceStr: '${nonceStr}',     // 必填,生成签名的随机串
    signature: '${str1}',        // 必填,签名,见附录1
```

```
    jsApiList: ['hideOptionMenu'] // 必填，需要使用的JS接口列表，所有JS接口列表见附录2
});
wx.ready(function(){
    // config信息验证后会执行ready方法，所有接口调用都必须在config接口获得结果之后，config
是一个客户端的异步操作，所以如果需要在页面加载时就调用相关接口，则须把相关接口放在ready函数中调用来
确保正确执行。对于用户触发时才调用的接口，则可以直接调用，不需要放在ready函数中。
    //隐藏右上角菜单
    wx.hideOptionMenu();
//    //显示右上角菜单
//    wx.showOptionMenu();
//    //关闭当前网页窗口接口
//    wx.closeWindow();
});
```

图 5.17 默认情况下微信右上角菜单功能

图 5.18 屏蔽右上角所有菜单功能

对于有个性化显示或者隐藏的客户，可以使用 hideMenuItems、showMenuItems 方法进行批量隐藏、显示功能按钮，示例代码如下：

```
wx.hideMenuItems({
menuList: []       // 要隐藏的菜单项，所有menu项见表5.3
});
wx.showMenuItems({
menuList: []       // 要显示的菜单项，所有menu项见表5.3
});
```

表 5.3 所有菜单项列表说明

类 型	功 能	菜 单 项
基本类	举报	menuItem:exposeArticle
	调整字体	menuItem:setFont
	日间模式	menuItem:dayMode
	夜间模式	menuItem:nightMode
	刷新	menuItem:refresh
	查看公众号（已添加）	menuItem:profile
	查看公众号（未添加）	menuItem:addContact
传播类	发送给朋友	menuItem:share:appMessage
	分享到朋友圈	menuItem:share:timeline

续表

类型	功能	菜单项
传播类	分享到 QQ	menuItem:share:qq
	分享到 QQ 空间	menuItem:share:QZone
	分享到 Weibo	menuItem:share:weiboApp
	收藏	menuItem:favorite
	分享到 FB	menuItem:share:facebook
保护类	调试	menuItem:jsDebug
	编辑标签	menuItem:editTag
	删除	menuItem:delete
	复制链接	menuItem:copyUrl
	原网页	menuItem:originPage
	阅读模式	menuItem:readMode
	在 QQ 浏览器中打开	menuItem:openWithQQBrowser
	在 Safari 中打开	menuItem:openWithSafari
	邮件	menuItem:share:email

5.6 微信 JS-SDK 接口说明

微信 JS-SDK 除前几节介绍的功能接口之外还具有其他功能,其中认证号拥有更多的 JS-SDK 权限,具体权限及接口详细信息见表 5.4。

表 5.4 微信 JS-SDK 权限接口说明

功能	接口	接口函数	需要认证
网页授权	网页授权获取用户基本信息	OAuth2.0 机制	是
基础接口	判断当前客户端版本是否支持指定 JS 接口	checkJsApi	否
	获取 jsapi_ticket	getticket	否
分享接口	获取"分享到朋友圈"按钮单击状态及自定义分享内容接口	onMenuShareTimeline	是
	获取"分享给朋友"按钮单击状态及自定义分享内容接口	onMenuShareAppMessage	是
	获取"分享到QQ"按钮单击状态及自定义分享内容接口	onMenuShareQQ	是
	获取"分享到腾讯微博"按钮单击状态及自定义分享内容接口	onMenuShareWeibo	是
图像接口	拍照或从手机相册中选图作为接口	chooseImage	否
	预览图片接口	previewImage	否
	上传图片接口	uploadImage	否
	下载图片接口	downloadImage	否
音频接口	开始录音接口	startRecord	否
	停止录音接口	stopRecord	否

续表

功能	接口	接口函数	需要认证
音频接口	监听录音自动停止接口	onVoiceRecordEnd	否
	播放语音接口	playVoice	否
	暂停播放接口	pauseVoice	否
	停止播放接口	stopVoice	否
	上传语音接口	onVoicePlayEnd	否
	下载语音接口	uploadVoice	否
智能接口	识别音频并返回识别结果接口	translateVoice	否
设备信息	获取网络状态接口	getNetworkType	否
地理位置	使用微信内置地图查看位置接口	openLocation	否
	获取地理位置接口	getLocation	否
界面操作	隐藏右上角菜单接口	hideOptionMenu	否
	显示右上角菜单接口	showOptionMenu	否
	关闭当前网页窗口接口	closeWindow	否
	批量隐藏功能按钮接口	hideMenuItems	否
	批量显示功能按钮接口	showMenuItems	否
	隐藏所有非基础按钮接口	hideAllNonBaseMenuItem	否
	显示所有功能按钮接口	showAllNonBaseMenuItem	否
微信扫一扫	调起微信扫一扫接口	scanQRCode	否
微信小店	跳转微信商品页接口	openProductSpecificView	是
微信卡券	调起适用于门店的卡券列表并获取用户选择列表	chooseCard	是
	批量添加卡券接口	addCard	是
	查看微信卡包中的卡券	openCard	是
微信支付	发起一个微信支付请求	chooseWXPay	是

5.7 二维码多码融合

随着移动应用的普及，二维码也随之越来越多，二维码的融合也是必要的，本节将以安卓 APP 下载二维码、IOS 下载二维码与业务二维码进行三码融合为例，为读者讲解二维码的融合，以及如何处理二维码下载 APP "空白页无响应"的问题。

5.7.1 安卓/苹果 APP 下载码融合

对于移动开发来说，安卓、苹果客户端是移动开发最常用的两种客户端，但是在推广过程中除 APP 等市场之外，客户还拥有自己的推广平台，那如何通过同一个二维码下载不同的应用客户端呢？

首先在 Java Web 工程中创建 downServlet.slt 服务连接，示例代码如下：

```
<!--二维码下载链接使用-->
<servlet>
    <servlet-name>downServlet</servlet-name>
    <servlet-class>
```

```xml
            myf.caption5.sevlet.DownloadServlet
        </servlet-class>
</servlet>
<servlet-mapping>
        <servlet-name>downServlet</servlet-name>
        <url-pattern>/downServlet.slt</url-pattern>
</servlet-mapping>
```

在 doGet 或者 doPost 中处理发送请求，通过浏览器请求的 User-Agent 获取请求设备信息，根据设备信息 redirect（重定向）到相应的下载链接，示例代码如下：

```java
/**
 * 处理微信服务器发来的消息
 */
public void doPost(HttpServletRequest request, HttpServletResponse response) throws ServletException, IOException {
    //判断浏览器
    String userAgent=request.getHeader("User-Agent");    //里面包含了设备类型
    System.out.println(userAgent);
    if(-1!=(userAgent.toLowerCase()).indexOf("iphone")){
        //如果是苹果设备
        response.sendRedirect("https://itunes.apple.com/cn/app/***********");
    }else{
        //如果是安卓设备
        response.sendRedirect("https://安卓url链接地址************");
    }
}
```

备注：User-Agent 获取可以通过 request.getHeader("User-Agent");获取，详细内容将在第 8 章介绍。

5.7.2 微信下载"空白页无响应"问题

通过上一节的学习，读者了解了如何将 Android APP 与 IOS App 下载码相融合，但实际运用中读者发现，扫描该二维码时会出现"空白页无响应"的问题，该问题可以通过腾讯开发平台的微下载来解决，微下载与其他下载方式相比方式更稳妥，其他方式也均在微信升级中被修复或禁止。

读者需要首先注册腾讯开发平台，上架自己的 APP，单击"微下载"（如图 5.19 所示），进入微下载配置页面（如图 5.20 所示），完成 Android、IOS APP 下载地址。

图 5.19　腾讯开发平台

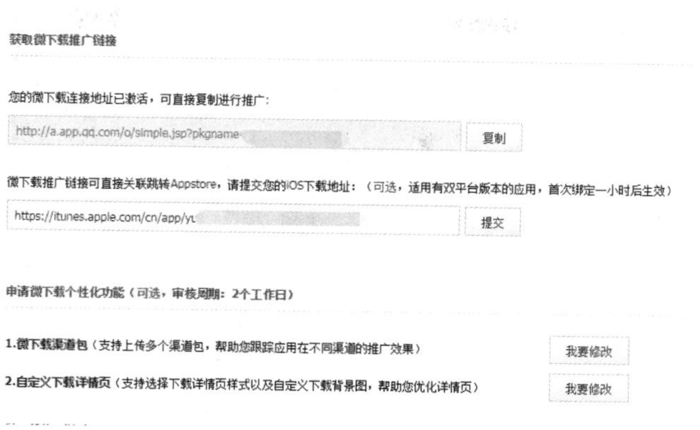

图 5.20 微下载配置页面

配置完成后，再对 5.7.1 节的 doPost 内容进行修改，使其能够更好地实现双码融合功能，示例代码如下：

```java
public void doPost(HttpServletRequest request, HttpServletResponse response) throws ServletException, IOException {
    //判断浏览器
    String userAgent=request.getHeader("User-Agent");    //里面包含了设备类型
    System.out.println(userAgent);
    if(-1!=(userAgent.toLowerCase()).indexOf("iphone")){
        //如果是苹果设备
        if(-1!=userAgent.indexOf("MicroMessenger")){
            //如果是微信

    response.sendRedirect("http://a.app.qq.com/o/simple.jsp?pkgname=com.***");
        }else{
            response.sendRedirect("https://itunes.apple.com/cn/app/*********");
        }
    }else{
        //如果是安卓设备
        if(-1!=userAgent.indexOf("MicroMessenger")){
            //如果是微信

    response.sendRedirect("http://a.app.qq.com/o/simple.jsp?pkgname=com.***");
        }else{
            //其他直接下载
            //获取 nginx 映射地址,如: http://myfmyfmyfmyf.vicp.cc/WX_DEMO/muyunfei.apk
            String    ftpBaseUrl   =   SystemInfoConfig.getConfig("EVPORTAL_CONFIG","ftpBaseUrl");
            if(null!=ftpBaseUrl&&!"".equals(ftpBaseUrl))
                response.sendRedirect(apkUrl);
            }else{
                printMsg(request,response,"404,不存在新的 APP");
                return;
            }
        }
    }
}
```

```java
public void printMsg(HttpServletRequest request, HttpServletResponse response,String msg){
    try{
        ServletOutputStream out = response.getOutputStream();
        response.setCharacterEncoding("UTF-8");
        response.setContentType("text/html;charset=UTF-8");
        out.print(msg);
        out.flush();
        out.close();
    }catch (Exception e) {
        // TODO: handle exception
    }
}
```

5.7.3 小实例：扫一扫三码合一

通过前两节的讲解，读者已经学习了如何将安卓 APP 与苹果 APP 下载码相融合，学习了如何下载不同版本的 APP，本节将进一步带领读者深入学习三码融合，将安卓 APP 下载码、苹果 APP 下载码与业务码相融合，使用三码合一后的二维码既能够实现业务需求，又能下载 APP。

前两节的讲解中已经生成了一个二码合一的链接，如：http://myfmyfmyfmyf.vicp.cc/WX_DEMO/downServlet.slt。我们继续对此链接进行改造，为了能够不破坏原有链接的作用，我们只需要在链接后增加相应的参数（以 code 为例），原链接则变成 http://myfmy fmyfmyf.vicp.cc/WX_DEMO/downServlet.slt?code=12312432534。使用手机或者微信扫一扫，将结果进行截取，示例代码如下：

```javascript
wx.scanQRCode({
    needResult: 1,                          // 默认为 0，扫描结果由微信处理，1 则直接返回扫描结果
    scanType: ["qrCode","barCode"],         // 可以指定扫二维码还是一维码，默认二者都有
    success: function (res) {
        var _code = res.resultStr;          // 当 needResult 为 1 时，扫码返回的结果
        var businessCode="";                //业务码
        //如果扫描结果是 http、https 的链接
if(_code.indexOf("http")>-1&&_code.indexOf("code")<0) {
            alert('二维码信息错误，请扫描屏幕中的二维码！')
return;
        }
if(_code.indexOf("http")>-1&&_code.indexOf("code ")>-1) {
//截取业务码
businessCode=chargeCode.substring(chargeCode.indexOf("code ")+9);
            if(null==chargeCode||""==chargeCode){
                alert('二维码信息错误，请扫描正确二维码！'
                return;
            }
        }
        //继续业务操作
    }
});
```

备注：对于同时开发 Android、IOS 以及微信的读者，可以通过"三码合一"的方式实现自身业务，更好提高客户体验，避免用户扫描错误二维码而引起的诉求问题。

5.8 高德地图的应用

高德地图是目前主流的数字地图内容、导航和位置服务解决方案提供商，其对外接口平台又称为高德开放平台，提供了 Web 端、Android 平台、iOS 平台和 Web 服务等接入方式，在微信公众平台中读者可以使用 Web 端开放接口进入，本节将带领读者学习如何进入高德地图，学习如何在微信中实现点标记、点聚合等高级应用。

5.8.1 申请地图 Key 值

首先地图接入都需要一个 Key 值，Key 值是调用地图开发平台的身份令牌，是一组加密的字符串，我们先来学习如何申请 Key 值。

（1）登录高德开放平台注册开发平台账号，填写平台账号信息，如图 5.21 所示。

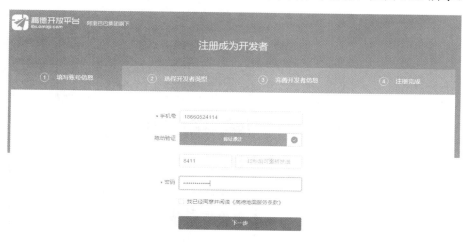

图 5.21　注册并填写账号信息

（2）选择开发者类型，开发者类型分为个人开发者和企业开发者（详细区别介绍参照 5.8.2），如图 5.22 所示。

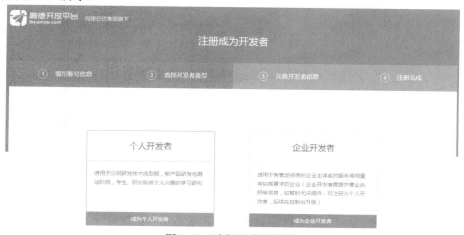

图 5.22　选择开发者信息

备注：读者为了能够快速接入应用，可以先申请个人开发者，后期再对账号进行升级，升级为企业开发者。

(3)完善开发者信息,包括姓名、邮箱、个人主页以及开发者简介信息,如图 5.23 所示。

图 5.23 完善开发者信息

(4)完成注册,登录高德开放平台,创建自己的应用,填写应用名称和应用类型,如图 5.24 所示。

图 5.24 创建新应用

(5)创建新应用后,单击"添加新 Key",选择"Web 端"并填写其他信息,如图 5.25 所示。

图 5.25 填写信息

（6）成功完成 Key 值注册，如图 5.26 所示。

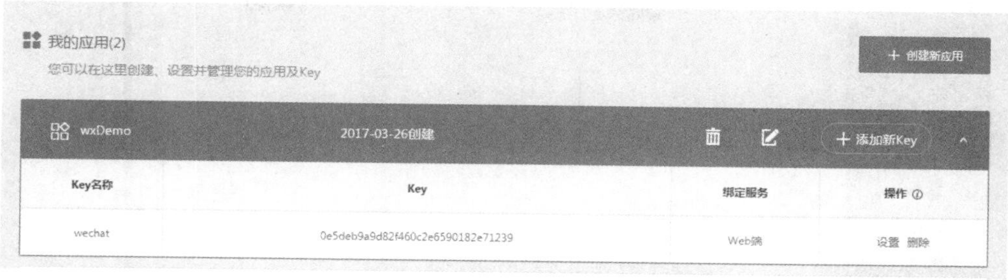

图 5.26 完成 Key 值注册

5.8.2 个人开发者与企业开发者区别

读者在注册开发平台时需要选择开发者类型，是个人开发者还是企业开发者，个人开发者适用于公司研发技术选型期，新产品研发与测试阶段，学生、研究所或个人兴趣的学习研究，而企业开发者适用于有营运资质的企业主体或对服务调用量有较高要求的企业（企业开发者需提供营业执照等信息，如果暂时无法提供，可注册为个人开发者，后续在控制台升级），两者详细区别见表 5.5。

表 5.5 个人开发者与企业开发者的区别

Key 平台类型	服务	个人开发者		企业开发者	
		日配额（次）	1 分钟配额（次）	日配额（次）	1 分钟配额（次）
Android SDK	已封装服务	无限制	无限制	无限制	无限制
iOS SDK					
JavaScript API					
WP SDK					
Web 服务 API	地理/逆地理编码	2 000	2 000	400 万	6 万
	路径规划	1 000	1 000	20 万	1 万
	搜索	1 000	1 000	40 万	1.5 万
	输入提示	1 000	1 000	40 万	1.5 万
	行政区查询	1 000	1 000	20 万	1.5 万
	静态地图	无限制	4 万	无限制	4 万
	IP 定位	无限制	1 万	无限制	1 万
	坐标转换	无限制	6 万	无限制	6 万
	天气查询	无限制	6 万	无限制	6 万
	抓路服务	无限制	1 万	无限制	1 万
	云图搜索	无限制	3 000	无限制	3 000
	云图存储	无限制	5 000	无限制	5 000
智能硬件定位	基站、WIFI 定位	无法使用	无法使用	200 万	6 万

个人开发者可以通过在线升级的方式，直接升级为企业开发者账户，读者只需进入【控制台】|【个人中心】|【账号权限】页面，单击"申请企业开发者权限"进行升级，如图 5.27 所示，升级成功后，原来账号下所有的 Key 都会升级为企业级调用权限，减少操作风险。

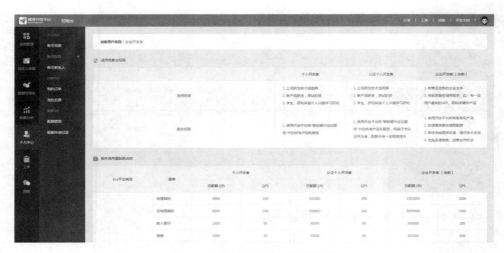

图 5.27 升级为企业开发者账号

备注：企业开发者账号的升级目前无需其他费用，只需提交企业营业执照照片即可。

5.8.3 引入高德地图

成功获得 Key 值之后，读者们需要在页面中引入高德地图 JavaScript API，代码如下：

```
<script type="text/javascript" src="http://webapi.amap.com/maps?v=1.3&key=您申请的key值"></script>
```

接下来在页面 body 中想要展示地图的地方创建一个 div 容器，div 是一个块级元素，在页面中为地图占据一块空间，也称"占位"，以便于根据 div 的宽高进行地图初始化，同时 div 必须指定 id 标识，为了能够在 js 中准确找到该 div，在微信中的示例代码如下：

```
<%@ page language="java" contentType="text/html; charset=GBK"
    pageEncoding="GBK"%>
<!-- @author 牟云飞 -->
<html>
<head>
<title>微信 JS-SDK 运用</title>
<meta name="viewport" content="initial-scale=1.0, user-scalable=no"/>
<meta name="viewport" content="width=device-width, initial-scale=1">
<script type="text/javascript" src="<%=request.getContextPath()%>/js/jquery-1.7.js"></script>
<script type="text/javascript" src="http://res.wx.qq.com/open/js/jweixin-1.2.0.js"></script>
<body>
    <div style="width:100%;height:30px;" align="center">高德地图 DEMO</div>
<div id="container" style="width:100%;height:95%;"></div>
<script type="text/javascript" src="http://webapi.amap.com/maps?v=1.3&key=0e5deb9a9d82****0182e71239"></script>
<script type="text/javascript">
var map = new AMap.Map('container',{
resizeEnable: true,
zoom: 10,
center: [116.480983, 40.0958]
    });
</script>
</body>
</html>
```

执行结果如下图 5.28 所示。

图 5.28 引入高德地图

注意：div 容器必须指定一个容器大小。

5.8.4 坐标转换

高德坐标转换主要分为三类：正向地理编码、逆向地理编码和坐标系经纬度转换。

1. 正向地理编码

正向地理编码用于地址描述与坐标之间的转换，实现地址转换成坐标的功能，示例代码如下：

```
var geocoder = new AMap.Geocoder({
        city: "010",         //城市，默认："全国"
        radius: 1000         //范围，默认: 500
    });
    //地理编码,返回地理编码结果
    geocoder.getLocation("北京市海淀区苏州街", function(status, result) {
if (status === 'complete' && result.info === 'OK') {
            geocoder_CallBack(result);
        }
    });
```

备注：地址转换坐标时需要尽量描述完整并且精确 city 值。

2. 逆向地理编码

逆向地理编码用于实现坐标转换地址描述，可用于提升用户体验，毕竟用户在使用过程中更关注的是地理位置的名称而非经纬度信息，示例代码如下：

```
var geocoder = new AMap.Geocoder({
radius: 1000,
extensions: "all"
    });
geocoder.getAddress([116.396574, 39.992706], function(status, result) {
if (status === 'complete' && result.info === 'OK') {
            geocoder_CallBack(result);
        }
    });
```

3．坐标系经纬度转换

convertFrom 接口用于将其他地图服务商的坐标批量转换成高德地图经纬度坐标，在微信定位中默认获得的为 GPS 坐标（详情参照 5.5.2 节），为了能够在高德地图中使用，需要将坐标转换成高德坐标，示例代码如下：

```
vartype=' gps ';
AMap.convertFrom([116.396574, 39.992706],type,function(status,result){
//继续业务操作
});
```

说明：type 用于说明坐标系类型,可选值有：
- gps:GPS 原始坐标。
- baidu：百度经纬度。
- mapbar：图吧经纬度。

5.8.5 关键字搜索

关键字搜索是高德地图提供的一款 JavaScript 插件，用于查询某一个特定区域的兴趣点位置信息，允许根据城市范围、数据类型、搜索结果数量等信息查询，对于查询结果，开发者可以通过自定义的回调函数进行相应操作，示例代码如下：

```
var placeSearch = new AMap.PlaceSearch({ //构造地点查询类
pageSize: 1,
pageIndex: 1,
type:'公司企业|道路附属设施|地名地址信息|公共设施',
    city: "010", //城市
map: map,
panel: "result"
});
//关键字查询
placeSearch.search('海颐软件', function(status, result) {
    //查询结果回调函数
});
```

备注：在使用关键字搜索时，虽然可以不填写 city 参数（默认全国），但可能会无法获取有效数据，因此在开发时尽量填写 city 值。

status 为结果状态码，当值为"complete"时表示获得有效查询结果；result 为结果信息，如：{"info":"OK","poiList":{"pois":[{"id":"B0FFFDQ19B","name":"海颐软件股份有限公司北京分公司","type":"公司企业;公司企业;公司企业","location":{"M":40.044666,"I":116.29926699999999,"lng":116.299267,"lat":40.044666},"address":"上地西路华夏科技大厦 3 层","tel":"","distance":null,"shopinfo":"0"}],"count":1,"pageIndex":1,"pageSize":1}}，调用参数等其他参数说明见下表 5.6 说明：

表 5.6 关键字搜索接口说明

名 称	类 型	说 明
pageSize	Number	单页显示结果条数，默认值：20，取值范围：1～50，超出取值范围按最大值返回
pageIndex	Number	页码，默认值：1 取值范围：1～100，超过实际页数不返回 POI

续表

名 称	类 型	说 明
type	String	兴趣点类别，多个类别用"|"分割，如"餐饮|酒店|电影院" POI 搜索类型共分为以下 20 种： 汽车服务|汽车销售|汽车维修|摩托车服务|餐饮服务|购物服务|生活服务|体育休闲服务|医疗保健服务|住宿服务|风景名胜|商务住宅|政府机构及社会团体|科教文化服务|交通设施服务|金融保险服务|公司企业|道路附属设施|地名地址信息|公共设施 默认值：餐饮服务、商务住宅、生活服务
city	String	兴趣点城市，可选值：城市名（中文或中文全拼）、citycode、adcode 默认值：全国
citylimit	Boolean	是否强制限制在设置的城市内搜索，默认值为：false true：强制限制设定城市，false：不强制限制设定城市
extensions	String	默认值：base，返回基本地址信息 取值：all，返回基本+详细信息
panel	String|HTMLElement	结果列表的 HTML 容器 id 或容器元素，提供此参数后，结果列表将在此容器中进行展示，可与回调函数中的值保持一致
showCover	Boolean	在使用 map 属性时，是否在地图上显示周边搜索的圆或者范围搜索的多边形，默认为 true
renderStyle	String	如使用了 map 或 panel 属性，renderStyle 可以用来设定绘制的 UI 风格，默认为 newpc 可选值为 newpc 或 default，newpc 为带图片展示的新样式，default 为原有简单样式

5.8.6 其他接口服务

高德开放平台为开发者和用户提供了多样的解决方案，包括电商类、出行类、外卖类、社交类等等，功能丰富，除前几节的介绍的入门学习接口之外，还具有其他接口服务：

1. 路径规划

路径规划分为驾车、公交、步行以及骑行，能够按照最短时间、最短距离、实时路况规划等路线；并且能够按照途径点，进行路线规划，如图 5.29 所示。

图 5.29　路线规划

2. 行政区划分

行政区划分可以获取到行政区域的区号、城市编码、中心点、边界、下辖区域的详细信息，并能够对行政区域进行标注划分，如图 5.30 所示。

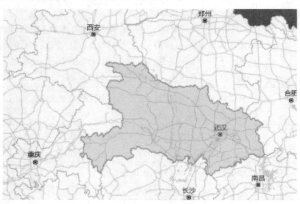

图 5.30　行政区域划分

3. 定义信息窗体

信息窗体包括 InfoWindow 和 AdvancedInfoWindow 两个类，InfoWindow 可以实现默认信息窗体、自定义信息窗体，AdvancedInfoWindow 是封装了周边搜索和三种路线规划的高级信息窗体，如图 5.31 所示。

图 5.31　自定义信息窗体

4. 自定义图形

能够在地图中自定义图形，包括：折现、多边形、圆，如图 5.32 所示。

5. 实时路况及自定义图层

能够地图显示实时路况信息，帮助用户更精准的导航规划自身路线，能够通过 z-index 属性自定义地图图层，实现更好的用户体验，如图 5.33 所示。

备注：高德地图其他功能详细的展示，请查看：http://lbs.amap.com/api/javascript-api/example/map/map-show。

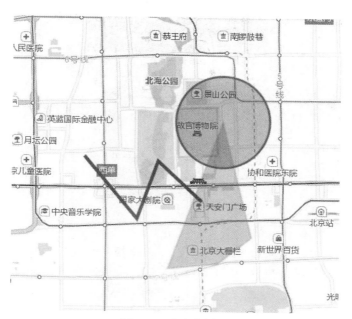

图 5.32 自定义图形

图 5.33 实时路况及自定义图层

5.8.7 小实例：地图"点聚合"

"点集合"效果用于地图上加载大量点标记，提高地图浏览性能（如图 5.34 所示），同时，"点集合"效果支持用户自定义点标记，能够自定义聚合级别以及聚合图片（自定义参数详细说明见表 5.7 所示）等。

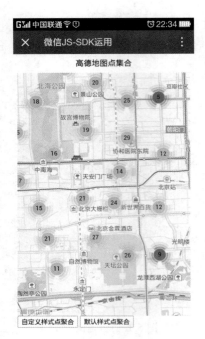

图 5.34 "点聚合"效果

备注：自定义点集合效果时，如果要设置一定范围内不聚合，可通过 maxZoom 进行调整。

表 5.7 点聚合自定义参数及说明

点集合参数	类型	说明
gridSize	Number	聚合计算时网格的像素大小，默认 60
minClusterSize	Number	聚合的最小数量。默认值为 2，即小于 2 个点则不能成为一个聚合
maxZoom	Number	最大的聚合级别，大于该级别就不进行相应的聚合。默认值为 18，即小于 18 级的级别均进行聚合，18 及以上级别不进行聚合
averageCenter	Boolean	聚合点的图标位置是否是所有聚合内点的中心点。默认为否，即聚合点的图标位置位于聚合内的第一个点处
styles	Array<Object>	自定义聚合后的点标记图标的样式，根据数组元素顺序设置 1-10,11-100,101-1000…聚合样式 当用户设置聚合样式少于实际叠加的点数，未设置部分按照系统默认样式显示 单个图标样式包括以下几个属性： 1. {string}url：图标显示图片的 url 地址（必选） 2. {AMap.Size}size：图标显示图片的大小（必选） 3. {AMap.Pixel} offset：图标定位在地图上的位置相对于图标左上角的偏移值。默认为(0,0),不偏移（可选） 4. {AMap.Pixel} imageOffset：图片相对于可视区域的偏移值，此功能的作用等同 CSS 中的 background-position 属性。默认为(0,0)，不偏移（可选） 5. {String} textColor：文字的颜色，默认为"#000000"（可选） 6. {Number} textSize：文字的大小，默认为 10（可选）
zoomOnClick	Boolean	单击聚合点时，是否散开，默认值为：true

读者了解了高德地图点集合功能后，我们接下来在微信中实际运用一下，通过高德地图的自定义点标记功能随机向地图添加 500 个标注点（在实际开发中可以是 n 个充电站、n 个商家

店铺、n个加油站等），然后对这500个标记点进行"点集合"操作，使界面更整洁美观，在大屏幕监控等项目中具有很好的展示效果，为管理者更好地展示当前发展情况，"点聚合"示例代码如下：

```jsp
<%@ page language="java" contentType="text/html; charset=GBK"
    pageEncoding="GBK"%>
<!-- @author 牟云飞 -->
<html>
<head>
<title>微信 JS-SDK 运用</title>
<meta name="viewport" content="initial-scale=1.0, user-scalable=no"/>
<meta name="viewport" content="width=device-width, initial-scale=1">
<script type="text/javascript" src="<%=request.getContextPath()%>/js/jquery-1.7.js"></script>
<script type="text/javascript" src="http://res.wx.qq.com/open/js/jweixin-1.2.0.js"></script>
<body>
    <div style="width:100%;height:30px;" align="center">高德地图点集合</div>

<div id="container" style="width:100%;height:90%;"></div>

<div class="button-group" style="width:100%;height:30px;">
<input type="button"  value="自定义样式点聚合" id="add1"/>
<input type="button"  value="默认样式点聚合" id="add0"/>
</div>
<script type="text/javascript" src="http://webapi.amap.com/maps?v=1.3&key=0e5deb9a9d82f460c2e6590182e71239"></script>
<script>
var cluster, markers = [];
var map = new AMap.Map("container", {
resizeEnable: true,
center: [116.397428, 39.90923],
zoom: 13
    });

    // 随机向地图添加 500 个标注点
var mapBounds = map.getBounds();
var sw = mapBounds.getSouthWest();
var ne = mapBounds.getNorthEast();
var lngSpan = Math.abs(sw.lng - ne.lng);
var latSpan = Math.abs(ne.lat - sw.lat);
for (var i = 0; i < 500; i++) {
var markerPosition = [sw.lng + lngSpan * (Math.random() * 1), ne.lat - latSpan * (Math.random() * 1)];
var marker = new AMap.Marker({
position: markerPosition,
icon: " http://myfmyfmyfmyf.vicp.cc/WX_DEMO/images/mk.png",
offset: {x: -8,y: -34}
        });
markers.push(marker);
    }
addCluster(0);
    //增加 click 监听事件
AMap.event.addDomListener(document.getElementById('add0'), 'click', function() {
```

```
addCluster(0);
    });
AMap.event.addDomListener(document.getElementById('add1'), 'click', function() {
addCluster(1);
    });

    // 添加点聚合
function addCluster(tag) {
if (cluster) {
cluster.setMap(null);
    }
if (tag == 1) {
var sts = [{
url: "http://myfmyfmyfmyf.vicp.cc/WX_DEMO/images/1.png",
size: new AMap.Size(32, 32),
offset: new AMap.Pixel(-16, -30)
        }, {
url: "http://myfmyfmyfmyf.vicp.cc/WX_DEMO/images/2.png",
size: new AMap.Size(32, 32),
offset: new AMap.Pixel(-16, -30)
        }, {
url: " http://myfmyfmyfmyf.vicp.cc/WX_DEMO/images/3.png",
size: new AMap.Size(48, 48),
offset: new AMap.Pixel(-24, -45),
textColor: '#CC0066'
        }];
map.plugin(["AMap.MarkerClusterer"], function() {
cluster = new AMap.MarkerClusterer(map, markers, {
styles: sts
            });
        });
    } else {
map.plugin(["AMap.MarkerClusterer"], function() {
cluster = new AMap.MarkerClusterer(map, markers);
        });
    }
}
</script>
</body>
</html>
```

备注：读者在自定义图片可能会遇到以下两个问题：

（1）size 与图片大小一致，聚合图片模糊。

（2）size 大于图片大小时，图片被截取。

导致以上问题的原因主要是聚合图片为 background 图片，但图片并未设置 background-size 属性，如何修复该问题呢？通过修改 div 样式解决，示例代码如下：

```
div{
    background-size:100% 100%
}
```

5.9 地图语音导航

地图语音导航是目前应用中不可或缺的一个环节，本节将以微信内置地图、腾讯地图、百度地图、高德地图为例介绍如何在微信中的实现语音导航功能。

5.9.1 微信内置地图语音导航

微信 JS-SDK 为开发者提供了定位接口（wx.getLocation 接口，详细介绍请参照 5.5.2 节）之外，还提供了 wx.openLocation 接口，通过微信内置地图查看指定位置信息，通过接口查看当前位置与目的地，接口说明如下：

```
wx.openLocation({
    latitude: 39.98477,              // 纬度,浮点数,范围为90 ~ -90
    longitude: 116.35432,            // 经度,浮点数,范围为180 ~ -180。
    name: 'XXXX诊所',                // 位置名
    address: 'XXX街XX号XXXX诊所',     // 地址详情说明
    scale: 15,                       // 地图缩放级别,整形值,范围从1~28。默认为最大
    infoUrl: ''                      // 在查看位置界面底部显示的超链接,可点击跳转
});
```

其中，latitude 与 longitude 分别为指定位置的纬度与经度信息，运行效果如图 5.35 所示：

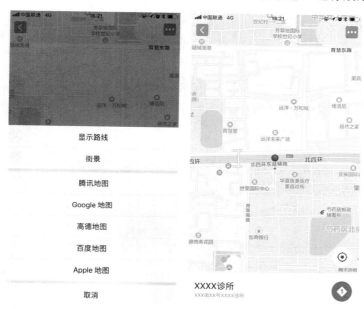

图 5.35 腾讯地图语音导航

说明：绿色标记点为当前位置，红色标记点为指定位置。

5.9.2 腾讯地图语音导航

毋庸置疑，在微信开发中腾讯地图具有一定的天然优势，腾讯地图的语音导航功能不仅支持在 APP 中打开，而且支持没有地图 APP 的情况下在微信中直接导航，如图 5.36 所示。

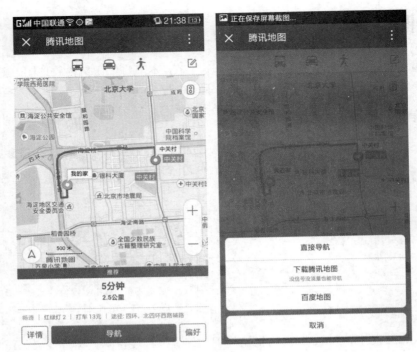

图 5.36 腾讯地图语音导航

备注：腾讯地图中的语音导航，不仅可以在微信内直接导航，还可以打开腾讯地图 APP 进行语音导航，除此之外还支持打开其他地图 APP 进行语音导航。

地图的导航功能在 Android、IOS 开发中提供的相应的接口，但是在手机 Web 开发（微信内置浏览器）中只能通过响应的 Web 服务实现。这里需要说明的是，腾讯地图提供的 JavaScript API 是不存在导航的，只能通过 URI API 中获得，接口详细说明如下：

（1）接口链接

http://apis.map.qq.com/uri/v1/routeplan?type=bus&from=家&fromcoord=39.980,116.3&to=公司&tocoord=39.9,116.3&policy=1&referer=myapp

（2）参数说明参见表 5.8 所示。

表 5.8 腾讯地图导航参数说明

参数	是否必须	说　　　明	示　　　例
type	是	路线规划方式参数： 公交：bus 驾车：drive 步行：walk（仅适用移动端）	type=bus type=drive type=walk
from	必填其一	起点名称	from=鼓楼
fromcoord		起点坐标 移动端如果起点名称和起点坐标均未传递，则使用当前定位位置作为起点	fromcoord=39.907380,116.388501
to	是	终点名称	to=奥林匹克森林公园
tocoord	否	终点坐标	tocoord=40.010024,116.392239

续表

参数	是否必须	说明	示例
coord_type	否	坐标类型，取值如下： 1：gps 2：腾讯坐标（默认） 如果用户指定该参数为非腾讯地图坐标系，则 URI API 自动进行坐标处理，以便准确对应到腾讯地图底图上。	coord_type=1
policy	否	本参数取决于 type 参数的取值，公交：type=bus，policy 有以下取值： 0：较快捷； 1：少换乘； 2：少步行； 3：不坐地铁。 驾车：type=drive，policy 有以下取值： 0：较快捷 1：无高速 2：距离 policy 的取值默认为 0	policy=1
referer	是	调用来源，一般为您的应用名称，为了保障对您的服务，请务必填写！	referer=您的应用名

备注：腾讯地图坐标转换可以查看 JavaScript API 中的 convertor 接口，代码如下：

```
convertor.translate(points:LatLng | Point | Array.<LatLng> | Array.<Point>,type:Number, callback:Function)
```

将标准经纬度或其他地图经纬度转换为腾讯地图经纬度坐标，其中 type 的可选值为 1：gps 经纬度；2：搜狗经纬度；3：百度经纬度；4：mapbar 经纬度；5：Google 经纬度；6：搜狗墨卡托，代码如下：

```
qq.maps.convertor.translate(new qq.maps.LatLng(40.901182, 148.391635), 3, function(res) {
    latlng = res[0];
    var marker = new qq.maps.Marker({
        map: map,
        position: latlng});
});
```

（3）示例代码

```
<a href="http://apis.map.qq.com/uri/v1/routeplan?type=drive&from= 我的家 &fromcoord= 39.980683,116.302&to= 中关村 &tocoord=39.9836,116.3164&policy=1&referer=myapp">腾讯地图 uri web 地图导航</a>
```

使用技巧：使用 Web URI 接口可以直接通过<a>标签调用，与 JavaScript API 不同，无需在页面中引入 JS 文件和开发者 Key 值。

5.9.3 百度地图语音导航

百度地图的语音导航与腾讯地图不同，只能通过 APP 进行导航，无法在微信中直接导航，如图 5.37 所示。

图 5.37 百度地图语音导航

百度地图的 JavaScript API 使用需要引入 JS 文件并获得 Key 值,但微信中的语音导航使用的却是 URI API 接口,并不需要开发者 Key 值,详细说明如下:

(1)接口链接

http://api.map.baidu.com/direction?origin=latlng:39.915,116.404|name:我家&destination=出发地的名字&mode=driving&region=烟台市&output=html&src=appName

(2)参数说明参见表 5.9 所示。

表 5.9 百度地图导航参数说明

参 数	是否必须	说 明
origin	是	起点名称或经纬度,或者可同时提供名称和经纬度,此时经纬度优先级高,将作为导航依据,名称只负责展示
destination	是	终点名称或经纬度,或者可同时提供名称和经纬度,此时经纬度优先级高,将作为导航依据,名称只负责展示
mode	是	导航模式,固定为 transit、driving、walking,分别表示公交、驾车和步行
region	当给定 region 时,认为起点和终点都在同一城市,除非单独给定起点或终点的城市。	城市名或县名
origin_region		起点所在城市或县
destination_region		终点所在城市或县
output	是	表示输出类型,Web 上必须指定为 HTML 才能展现地图产品结果
coord_type	否	坐标类型,可选参数
zoom	否	展现地图的级别,默认为视觉最优级别
src	是	appName

备注:origin 参数值的写法有三种:

1. 名称:××××诊所;
2. 经纬度:39.98477<纬度>,116.35432<经度>;
3. 名称和经纬度:name:××××诊所|latlng:39.98477,116.35432。

coord_type 的值默认为 bd09 经纬度坐标。允许的值为 bd09ll、bd09mc、gcj02、wgs84。bd09ll 表示百度经纬度坐标,bd09mc 表示百度墨卡托坐标,gcj02 表示经过国测局加密的坐标,wgs84 表示 gps 获取的坐标。

(3)示例代码

```
<a href="http://api.map.baidu.com/direction?origin=latlng:39.915,116.404|name:我家&destination=东方&mode=driving&region=烟台市&output=html&src=appName">
百度地图 uri web 地图导航
</a>
```

备注:直接调用 bdapp://map/direction?origin=latlng 的方式无法在微信内置浏览器中打开百度地图,在手机浏览器中可以,示例代码如下:

```
<a href="bdapp://map/direction?origin=latlng:34.264642646862,108.95108518068|name:我家&amp;destination=目的地&amp;mode=driving&amp;region=烟台&amp;src=yourCompanyName|yourAppName">bdapp 在微信内部浏览器不能导航</a>
```

5.9.4 高德地图语音导航

高德开放平台 URI API 是为开发者提供的一种在应用或网页中调用 H5 地图的方法,开发者只需根据提供的 URI API 构造一条标准的 URI，便可调用 H5 地图进行 POI 标点、公交、驾车查询等功能，在语音导航方面，高德地图的语音导航与百度地图相似，只能通过 APP 进行导航，同样无法在微信中直接导航，如图 5.38 所示。

图 5.38　高德地图语音导航

高德地图 URI 接口同样无需引入 JS 文件与 Key 值，详细说明如下：

（1）接口链接

http://uri.amap.com/navigation?from=116.478346,39.997361,startpoint&to=116.3246,39.966577,endpoint&via=116.402796,39.936915,midwaypoint&mode=car&policy=1&src=mypage&coordinate=gaode&callnative=0

（2）参数说明参见表 5.10 所示。

表 5.10　高德地图导航参数及说明

参　　数	是否必须	说　　明
from	是	起点经纬度坐标， 格式为：position=lon,lat[,name]
to	是	终点经纬度坐标， 格式为：position=lon,lat[,name]
via	否	途径点经纬度坐标（途径点只在驾车模式下有效）， 格式为：position=lon,lat[,name]
mode	否	缺省 mode=car； 骑行仅在移动端有效； 驾车：mode=car； 公交：：mode=bus； 步行：mode=walk； 骑行：mode=ride；

续表

参数	是否必须	说明
policy	否	当 mode=car（驾车）： 0:推荐策略, 1:避免拥堵, 2:避免收费, 3:不走高速（仅限移动端） 当 mode=bus（公交）： 0:最佳路线, 1:换乘少, 2:步行少, 3:不坐地铁 默认值：policy=0
src	否	appName。
coordinate	否	坐标系参数 coordinate=gaode,表示高德坐标（gcj02 坐标）， coordinate=wgs84,表示 wgs84 坐标（GPS 原始坐标） 默认为高德坐标系（gcj02 坐标系）
callnative	否	该参数仅在移动端有效,是否尝试调起高德地图 APP 并在 APP 中查看， 0 表示不调起，1 表示调起，默认值为 0

备注：lon 表示经度，lat 表示纬度；起终点信息不可全为空，起点为空则自动传入用户当前的位置信息；自动传入当前位置功能只在移动端生效；mode 当选择骑行模式时，调起客户端仅支持高德地图 APP V8.0.0 以上版本。

（3）示例代码

```
<a href="http://uri.amap.com/navigation?from=116.478346,39.997361,
startpoint&to=116.3246,39.966577,endpoint&via=116.402796,39.936915,midwaypoint
&mode=car&policy=1&src=mypage&coordinate=gaode&callnative=0">
高德地图 uri web 地图导航
</a>
```

5.10 ECharts 在微信中的应用

在微信内置浏览器中如果单纯的使用数字、文本、图片等元素，界面风格将趋于复古化和固定化，缺少移动端的视觉感受，为了提高用户视觉体验，在界面中适当的引入图表元素，可以大幅提高数据的可视化，增强视觉体验，ECharts 是百度开源的图表工程，本节将为读者展示如何在微信中引入 ECharts，如何开发、使用 ECharts 图表，通过本节学习使读者能够了解 ECharts，能够轻松将 ECharts 部署在微信中。

5.10.1 ECharts 简介

ECharts，缩写来自 Enterprise Charts，商业级数据图表，是由百度公司提供一个纯 Javascript 的开源图表库，不仅可以流畅的运行在 PC 和移动设备上，而且兼容当前绝大部分浏览器（IE6/7/8/9/10/11，chrome，firefox，Safari 等），底层依赖轻量级的 Canvas 类库 ZRender，提供直观、生动、可交互、可高度个性化定制的数据可视化图表。

支持折线图（区域图）、柱状图（条状图）、散点图（气泡图）、K 线图、饼图（环形图）、雷达图（填充雷达图）、和弦图、力导向布局图、地图、仪表盘、漏斗图、事件河流图等 12 类图表，同时提供标题、详情气泡、图例、值域、数据区域、时间轴、工具箱等 7 个可交互组件，支持多图表、组件的联动和混搭组合，同时创新的拖拽重计算、数据视图、值域漫游等特性大大增强了用户体验感，更赋予了用户对数据进行挖掘、整合的能力。

5.10.2 ECharts 快速接入

随着 ECharts 开源项目的不断升级，从 ECharts 3 开始不再强制使用 AMD 的方式按需引入，代码里也不再内置 AMD 加载器，所以在使用 ECharts 3 之前版本的读者可以从繁琐的 AMD 引入中解脱出来，尝试使用 ECharts 3/4 版本，具体操作如下：

1. 下载 ECharts JS 文件

新版的 ECharts 4 文件体积更小，可以通过官方地址定制化下载（如图 3.39 所示），也可以通过 github 下载，还可以通过 npm 获取 Echarts，详细地址如下：

图 5.39　Echarts 定制化下载

- 官方网址：http://echarts.baidu.com/download.html
- github 地址：https://github.com/echarts
- npm 获取：npm install echarts –save

2. 引入 ECharts 文件

从 ECharts 3 开始不再强制使用 AMD 的方式，所以文件的引入方式简单了很多，只需要像普通的 JavaScript 库一样，使用<script></script>标签引入即可，完整示例代码如下：

```
<!DOCTYPE html>
<html>
<header>
<meta charset="utf-8">
<!-- 引入 ECharts 文件 -->
<script src="echarts.min.js"></script>
</header>
</html>
```

备注：<meta charset="utf-8">为页面编码格式，读者可以根据自己项目情况进行配置。

3. DEMO 示例创建

ECharts 示例的创建，首先需要为 ECharts 准备一个具备高度、宽度的 dom 容器，如：<div

id="main" style="width: 600px;height:400px;"></div>，通过 echarts.init 方法初始化一个 Echarts 实例并通过 setOption 方法生成一个简单的柱状图，我们来看下面的小例子。

【示例 5-3】生成某产品每月销量柱形图

代码如下：

```html
<!DOCTYPE html>
<html>
<head>
<meta charset="utf-8">
<title>ECharts</title>
<!-- 引入 echarts.js -->
<script src="echarts.min.js"></script>
</head>
<body>
<!-- 为ECharts准备一个具备大小（宽高）的Dom -->
<div id="main" style="width: 600px;height:400px;"></div>
<script type="text/javascript">
    // 基于准备好的dom，初始化echarts实例
    var myChart = echarts.init(document.getElementById('main'));
    // 指定图表的配置项和数据
    var option = {
        title: {
            text: 'ECharts 入门示例'
        },
        tooltip: {},
        legend: {
            data:['销量']
        },
        xAxis: {
            data: ["一月","二月","三月","四月","五月","六月"]
        },
        yAxis: {},
        series: [{
            name: '销量',
            type: 'bar',
            data: [5, 20, 36, 10, 10, 20],
            itemStyle: {
                    normal: {
                        color: new echarts.graphic.LinearGradient(
                            0, 0, 0, 1,
                            [
                                {offset: 0, color: '#83bff6'},
                                {offset: 0.5, color: '#188df0'},
                                {offset: 1, color: '#188df0'}
                            ]
                        )
                    }
                }
        }]
    };
    // 使用刚指定的配置项和数据显示图表。
    myChart.setOption(option);
</script>
</body>
</html>
```

示例结果如图 5.40 所示。

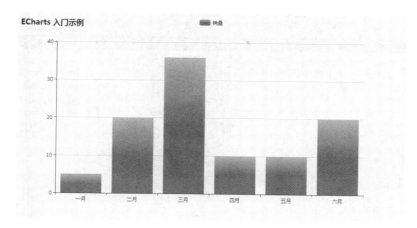

图 5.40　ECharts 快速接入 DEMO

备注：echarts.graphic.LinearGradient 为线性渐变，对于需要其他颜色控制的读者，可以为 color 编写自定义函数，如：

```
color:function(params) {
    return colorList[params.dataIndex];//params.dataIndex 为当前柱子的序号
}。
```

5.10.3　ECharts 知识扩展

ECharts 作为百度开源项目，提供了丰富的图表可供编辑，除常见的柱形图、折线图、饼图之外，还提供了散点图、雷达图、K 线图、箱线图、地图、热力图、仪表图等等，如图 5.41 所示，开发者可以选择任意一个符合需求的图表进行在线编辑、预览，官方在线编辑地址：http://echarts.baidu.com/examples.html。

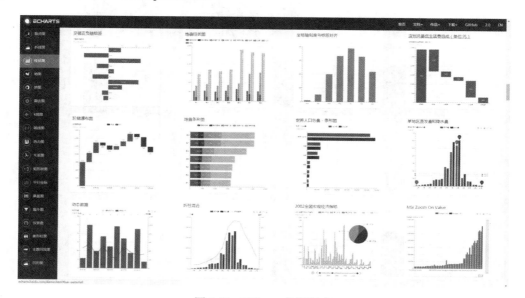

图 5.41　ECharts 各类图表

开发者选择合适的图表后，单击打开相应图表，左侧为编辑视图，右侧为预览视图，通过改变 option 的值进行修改图表样式，如图 5.42 所示。

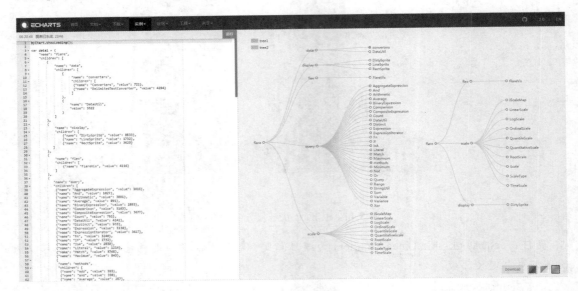

图 5.42　在线编辑 ECharts

备注：每个示例图表不可能包含所有属性，需要修改成其他样式的开发者可通过查找 API 进行修改。

API 地址：http://echarts.baidu.com/option.html#title。

对于 Echarts 感兴趣的读者可在 Gallery(http://gallery.echartsjs.com/explore.html#sort=rank~timeframe=all~author=all) 中查看更多地个性化 EChart 图表，如图 5.43 所示。

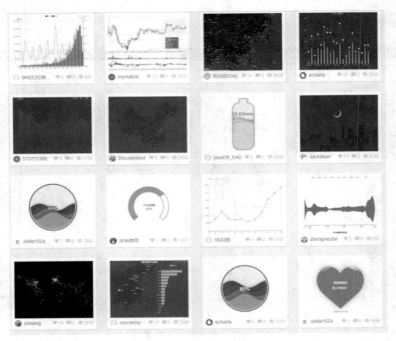

图 5.43　个性化 ECharts 图表

5.10.4　小实例：ECharts 微信应用——某公司每月新增客户报表

ECharts 在微信中的应用可以让数据在移动端进行更完美地展现，使数据生动、可视化展示，提高微信轻应用开发的视觉效果，如图 5.44 所示，接下来我们讲一个具体的小实例。

该示例是某公司每月新增客户报表，页面通过图表与文字结合的方式实现一个新增总览，通过点击，每月能够查看详细的新增客户。在开发中我们将微信页面分为上下两部分，上面部分初始化 ECharts 图表，下面部分使用列表文字的形式进行详细说明，单一的图片在实际生产中过于单调，将业务数据与图表相结合不仅能使数据更直观的表现，也能够提升用户视觉感受。

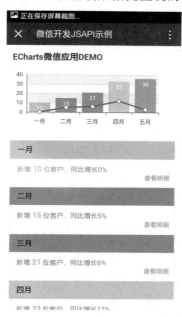

图 5.44　某公司每月新增客户报表

（1）实例实现思路

某公司每月新增客户报表页面由于是企业报表数据禁止转发，因此首先通过 wx.hideOptionMenu() 屏蔽微信右上角菜单功能，接下来通过 table 进行布局，第一行<div id="main" ... >为 ECharts 初始化占据页面空间，其余行用于编写文字描述，文字样式放入<style type="text/css"></style>中。

（2）完整示例代码

```
<%@ page language="java" contentType="text/html; charset=GBK" pageEncoding="GBK"%>
<%@ include file="../../framework/include/pageset.jspa"%>
<html>
<head>
<meta http-equiv="Content-Type" content="text/html; charset=GBK">
<script type="text/javascript"   src="jweixin-1.0.0.js"></script>
<script type="text/javascript"   src="echarts.min.js"></script>
<meta name="viewport" content="width=device-width, initial-scale=1">
<script>
    wx.config({
        debug : true, // 开启调试模式,调用的所有 api 的返回值会在客户端 alert 出来,若要查看传
入的参数,可以在 pc 端打开,参数信息会通过 log 打出,仅在 pc 端时才会打印。
        appId : '${appID}',    // 必填,公众号的唯一标识,企业号 corpid、订阅号/服务号 appID
        timestamp : "${time}",    // 必填,生成签名的时间戳
```

```
            nonceStr : '${nonceStr}', // 必填,生成签名的随机串
            signature : '${str1}',     // 必填,签名,见附录1
            jsApiList : [ 'hideOptionMenu' ]
        // 必填,需要使用的 JS 接口列表,所有 JS 接口列表见附录 2
        });
        wx.ready(function() {
            // config信息验证后会执行ready方法,所有接口调用都必须在config接口获得结果之后,config
是一个客户端的异步操作,所以如果需要在页面加载时就调用相关接口,则须把相关接口放在ready函数中调用来
确保正确执行。对于用户触发时才调用的接口,则可以直接调用,不需要放在ready函数中。
            wx.hideOptionMenu();
        });
        //列表展示
        function showBusiList(curtype){
            //跳转详细页面
        }
</script>
<title>微信开发 JSAPI 示例</title>
<style type="text/css">
.titleTd {
    border-top: 1px solid #eeeeee;
    border-left: 1px solid #eeeeee;
    border-right: 1px solid #eeeeee;
    font-size: 16px;
    font-family: 宋体;
    padding-left: 15px;
}
.detailTd {
    border-top: 1px dashed #eeeeee;
    border-left: 1px solid #eeeeee;
    border-right: 1px solid #eeeeee;
    font-size: 14px;
    font-family: 宋体;
    padding-left: 15px;
}
</style>
</head>
<body style="background-repeat:no-repeat;background-position:center center">
    <table id="micromonthList" width="99%" style="table-layout: fixed; border-collapse:
                            collapse;" cellpadding="0" cellspacing="0">
        <tr>
            <td>
            <div id="main" style="width: 100%;height:200px;"></div>
<script type="text/javascript">
        // 基于准备好的dom,初始化echarts实例
        var myChart = echarts.init(document.getElementById('main'));
        var colorList = ['#f191f1','#5AB52C','#3AA6D9','#DDC768','#FF7711'];
        // 指定图表的配置项和数据
        var option = {
            title: {
                text: 'ECharts 微信应用 DEMO'
            },
            tooltip: {},
```

```
            xAxis: {
    axisLabel:{'interval':0},
                splitLine: { show: false },
                data: ["一月","二月","三月","四月","五月"]
            },
            yAxis: {
    axisLine: { show: true },
                axisTick: { show: false },
                splitArea: {show:true},
                barWidth:30
            },
            series: [{
                name: '',
                type: 'bar',
                itemStyle:{
                    normal: {
                        label:{ show: true, position: 'insideTop' },
    color:function(params) {
        return colorList[params.dataIndex];
    }
                    }
                },
                data: [10, 15, 21, 33, 36]
            },{
                name: '同比增长',
                type: 'line',
                showSymbol: true,
                symbolSize:8,
                lineStyle:{
                        normal:{
                            color:'#666666',
                            tyle:'dotted',
                            width:3
                        }
                },
                hoverAnimation: false,
                data: [0, 5, 6, 12, 3]
            }]
        };
        // 使用刚指定的配置项和数据显示图表。
        myChart.setOption(option);
</script>
            </td>
        </tr>
        <tr height="40" bgcolor="#f191f1">
            <td class="titleTd">一月</td>
        </tr>
        <tr height="60">
            <td class="detailTd"><div style="color: #777777;">
                新增<span style="font-size: 16px; color: #FF9E2A; font-weight:
                                    bolder;"> 10 </span>位客户，同比增长 0%
            </div>
```

```html
                    <div align="right" style="color: #1DB4F2; font-size: 13px; padding-right:
                            10px" onclick="showBusiList('0')">查看明细</div></td>
        </tr>
        <tr height="40" bgcolor="#5AB52C">
            <td class="titleTd">二月</td>
        </tr>
        <tr height="60">
            <td class="detailTd"><div style="color: #777777;">
                新增<span style="font-size: 16px; color: #FF9E2A; font-weight:
                            bolder;"> 15 </span>位客户,同比增长 5%
                </div>
                <div align="right" style="color: #1DB4F2; font-size: 13px; padding-right:
                            10px" onclick="showBusiList('1')">查看明细</div></td>
        </tr>
        <tr height="40" bgcolor="#3AA6D9">
            <td class="titleTd">三月</td>
        </tr>
        <tr height="60">
            <td class="detailTd"><div style="color: #777777;">
                新增<span style="font-size: 16px; color: #FF9E2A; font-weight:
                            bolder;"> 21 </span>位客户,同比增长 6%
                </div>
                <div align="right" style="color: #1DB4F2; font-size: 13px; padding-right:
                            10px" onclick="showBusiList('2')">查看明细</div></td>
        </tr>
        <tr height="40" bgcolor="#DDC768">
            <td class="titleTd">四月</td>
        </tr>
        <tr height="60">
            <td class="detailTd"><div style="color: #777777;">
                新增<span style="font-size: 16px; color: #FF9E2A; font-weight:
                            bolder;"> 33 </span>位客户,同比增长 12%
                </div>
                <div align="right" style="color: #1DB4F2; font-size: 13px; padding-right:
                            10px" onclick="showBusiList('3')">查看明细</div></td>
        </tr>
        <tr height="40" bgcolor="#FF7711">
            <td class="titleTd">五月</td>
        </tr>
        <tr height="60">
            <td class="detailTd"><div style="color: #777777;">
                新增<span style="font-size: 16px; color: #FF9E2A; font-weight:
                            bolder;"> 36 </span>位客户,同比增长 3%
                </div>
                <div align="right" style="color: #1DB4F2; font-size: 13px; padding-right:
                            10px" onclick="showBusiList('4')">查看明细</div></td>
        </tr>
        <tr>
            <td style="border-top: 1px solid #eeeeee;"></td>
        </tr>
    </table>
</body>
</html>
```

ECharts 在数据可视化中起到了重要作用，但是单一的使用 ECharts 可能也会使页面过于简单，将图表与文字相结合的方式能够使功能更好地展现，提升微信公众号用户体验。

使用技巧：<meta name="viewport" content="width=device-width, initial-scale=1">用于解决微信内置浏览器中的窗口大小问题。

5.11 微信中的 APP——单页面应用

微信中的 APP 是指采用移动 H5 开发 APP 的同时，兼用微信公众号的开发，属于 SPA 开发。SPA 是一种新的 Web 开发方式——Single Page Application（单页面应用），能够使用 AngularJS、Ember.js、onsenUI 等进行开发，其应用不仅能够进行 Android/IOS 移动混合开发，而且能够用于微信公众号的开发，如图 5.45 所示。

图 5.45　单页面应用

单页面应用开发中，所有页面可以均采用静态文件（.html），由主页面（index.html）进入，通过 push、replace 以及 pop 的形式加载页面，实现页面跳转。在页面数据加载层面，则采用 ajax 等形式加载数据。本节将通过 onsenUI、angularJS 带领读者学习 SPA 下如何进行微信开发。

备注：onsenUI 是 angularJS 基础上封装的单页面应用框架，读者可以通过 https://onsen.io/v1/reference/javascript.html 学习。对 SPA 感兴趣的读者可以查看 onsenUI 和 angularJS，本节主要是讲解 onsenUI 和 angularJS 如何实现微信开发。

5.11.1　基于 angularJS 的 onsenUI

onsenUI 中的基础语法为 angularJS，标签格式为<ons-***>，与普通 struts 开发中的 struts

标签用法较为相似，angularJS 表达式则与 EL 表达式相似，EL 表达式为${user.name}，而 angularJS 表达式为{{user.name}}，通过 html 中的{{ user.name }}能够实现主页 index.html，示例代码如下：

```html
<!doctype html>
<html lang="en">
<head>
<meta charset="utf-8">
<link rel="stylesheet" href="lib/onsen/css/onsenui.css"/>
<link rel="stylesheet" href="lib/onsen/css/onsen-css-components.css"/>
<script src="lib/onsen/js/angular/angular.js"></script>
<script src="lib/onsen/js/onsenui.js"></script>
<script>
    var module = ons.bootstrap('my-app', ['onsen']);
    module.controller('AppController', function($scope) { });
    module.controller('PageController', function($scope) {
      ons.ready(function() {
        // Init code here
      });
    });
</script>
</head>
<body ng-controller="AppController">
<ons-navigator var="navigator">
<ons-page ng-controller="PageController">
<!-- Page content -->
</ons-page>
</ons-navigator>
</body>
</html>
```

onsenUI 除了通过<ons-tabbar>实现页面跳转之外（如图 5.46 所示），还提供了<ons-navigator>标签来作为 onsenUI 中的导航控制标签，可以通过以下方式加载页面：

```
navigator.pushPage('page2.html');          //加载新页面，原页面放入堆栈
navigator.pushPage("page2.html", options);
navigator.popPage();                        //返回堆栈中上一页面，pop 当前页面
navigator.replacePage('page2.html');       //加载新页面，原页面不放入堆栈
navigator.replacePage ("page2.html", options);
```

备注：options 为 json 对象，如{ param1: "value1", param2: "value2" , animation: 'slide' }，其中 animation 为页面加载时的动画效果，param1、param2 为传递到下一页面的参数。

图 5.46　onsenUI 中的<ons-tabbar>标签

5.11.2　创建 angularJS 微信服务

单页面应用通过主页一次性加载所有 JS 文件，所有公用的微信服务文件都可以使用 angularJS 中的 service 服务来创建新的微信服务，我们来看下面的一个例子。

【示例 5-4】创建 angularJS 服务 "判断是否用微信浏览器" 和 "获取 url 中参数"。

代码如下：

```
module.factory('$wxUtil',[ '$http',function($http) {
    var $s = {};
    //判断是不是微信浏览器
    $s.isWeixin = isWeixin;
    function isWeixin(){
        var ua = window.navigator.userAgent.toLowerCase();
        if(ua.match(/MicroMessenger/i)!="micromessenger") {
            window.location.href="safepage.html";
        }
    }
    //argName 表示要获取哪个参数的值
    $s.getArgsFromHref = getArgsFromHref;
    function getArgsFromHref(argName){
        //测试"Untitled-2.html?id=2"
        var sHref = window.location.href.split("#")[0];
        var args = sHref.split("?");
        var retval = "";
        //参数为空
        if(args[0] == sHref) {
            return retval; /*无须做任何处理*/
        }
        var str = args[1];
        args = str.split("&");
        for(var i = 0; i < args.length; i++ ) {
            str = args[i];
            var arg = str.split("=");
            if(arg.length <= 1) continue;
            if(arg[0] == sArgName) retval = arg[1];
        }
        return retval;
    }
    return $s;
}]);
```

5.11.3 SPA 下 JSAPI 模式权限初始化

单页面应用中的数据需要通过异步推送访问并且 URL 链接不变（单页面应用只变#之后部分），所以在微信 JS-SDK 的授权页面中只需授权 SPA 的主页面即可，通过 window.location 获得主页面地址，示例代码如下：

```
var $$$url=window.location.href.split("#")[0];
```

将主页地址传入后台，由后台利用有效的 jsapi_ticket、noncestr（随机字符串）、timestamp（时间戳）、url（单页面应用主页地址，不包含#及其后面部分）等 4 个变量完成权限验证签名并获得签名 signature，将 signature、corpId、timestamp、nonceStr 组成 json 数据传递至前台，由前台进行解析、初始化微信 wx.config()方法，示例代码如下：

```
//获得主页链接，不包括#及#后面部分
var $$$url=window.location.href.split("#")[0];
//将主页 url 传至后台，获取权限验证签名
$http({
```

```
            url:'/wx/getWxPageConfig.do',
            method: 'POST',
            data: {curUrl: $$$url }
    }).success(function(){
//链接成功获得数据,初始化微信 JS-SDK 授权签名
        var errcode=data.errcode;
        var errmsg=data.errmsg;
        wx.config({
            debug: false,  // 开启调试模式,调用的所有 api 的返回值会在客户端 alert 出来,若要查
看传入的参数,可以在 pc 端打开,参数信息会通过 log 打出,仅在 pc 端时才会打印。
            appId: data.appid, // 必填,公众号的唯一标识,企业号 corpid、订阅/服务/测试号 appID
            timestamp: data.time,        // 必填,生成签名的时间戳
            nonceStr: data.nonceStr,     // 必填,生成签名的随机串
            signature: data.str1,        // 必填,签名,见附录 1
            jsApiList:
['hideOptionMenu','getLocation','chooseImage','hideAllNonBaseMenuItem'] // 必填,需要
使用的 JS 接口列表,所有 JS 接口列表见附录 2
        });
        wx.ready(function(){
            //微信回调方法
//获得坐标
            wx.getLocation({
                success: function (res) {
                    var latitude = res.latitude;        // 纬度,浮点数,范围为 90 ~ -90
                    var longitude = res.longitude ;     // 经度,浮点数,范围为 180 ~ -180。
                    var speed = res.speed;              // 速度,以米/每秒计
                    var accuracy = res.accuracy;        // 位置精度
                    //console.log("-------地理位置----: ",res);
                    $scope.posi=res;
                }
            });

        });
    }).error(function(){
    });
```

备注:后台获取签名,请参照"5.2.3 权限验证",获取的账户信息可以存放至 LocalStorage 中。

5.11.4 SPA 下获取 OAuth2.0 成员身份信息

SPA 中所有页面均通过入口 index 页面进入,因此 OAuth2.0 链接(8.1 节中介绍)的处理只需要对主页面进行处理,通过主页面获取微信 code,将 code 传递至后台获取成员身份信息,并保存至 session 和前台页面中,处理方式如下:

备注:由于 OAuth2.0 不支持 push 特性和 ajax,所以只能通过主页获取 code,进而得到成员 userId。这种操作的缺陷在于 userId 存至前台并利用前台 userId 操作,具有一定的安全隐患。

(1)将微信菜单链接进行处理,并指向单页面主页 wxAccountIndex.html,示例代码如下:

```
https://open.weixin.qq.com/connect/oauth2/authorize?appid=wx12345789fffff3c59&redir
ect_uri=http%3a%2f%2fmyfmyfmyfmyf.vicp.cc%2fWXDEMO%2fwx%2fwxAccountIndex.html&respo
nse_type=code&scope=snsapi_userinfo&state=123#wechat_redirect
```

（2）通过 OAuth2.0 链接获得身份链接，链接如下：

```
http://myfmyfmyfmyf.vicp.cc/WXDEMO/wx/wxAccountIndex.html?code=041Mkpus0Zdsrr1Uoiss
0d6uus0MkpuY&state=123#eyJpbmRleCI6MiwicGFnZSI6Ii4uL3d3dy9wZXJzb25hbC9wZXJzb25hbC5o
dG1sIn0=
```

备注：#号部分为 SPA 页面的 HASH 信息。

（3）在主页面控制器 controller 中获取 code 信息，将 code 信息通过 angularJS 中的$http 服务传递至后台，由后台通过 code 向公众号换取成员信息，示例代码如下：

```
//获取url地址中code
var $$$code=$wxUtil.getArgsFromHref("code");
//获得url地址
var $$$url=window.location.href.split("#")[0];
```

备注：$wxUtil 为自定义服务，在 5.8.2 中介绍过。code 获取成员信息将在 8.1.2 中介绍。url 链接中#及#后面部分不参与权限授权签名。

5.11.5 小实例：解决微信物理回退问题

物理回退，指通过手机按键中的"回退"键实现页面后退功能。在 SPA 开发中，由于 url 地址无变化，导致微信中按"回退"键时会直接退出微信内置浏览器，那如何解决 SPA 中的物理回退问题呢？这里就用到 window.location.hash 了。

window.location.hash 是一个可读写字符串，它是 url 的锚部分（从#号开始的部分），在实现物理回退中，通过创建监听事件 postpush（页面加载之后），修改 url 链接中的 hash 值，使 url 地址发生变化（由于 hash 值为#值，不影响微信 JS-SDK 授权）从而解决回退问题，以 onsenUI 为例，示例代码如下：

```
//调用回退
    setImmediate(function () {parseHashChange(mainNavi)});
    /**
    * 物理回退
    * @param mainNavi
    */
    function parseHashChange(mainNavi){
        if(!mainNavi) return;
        mainNavi.on('postpush', function(event) {
            //监听push后事件
        //{index: 3, page: "../www/login/login.html"}
            var pages = event.navigator.pages;
            var pageName = event.enterPage.page;
            console.log("pages:",pages);
            console.log("pageName:",pageName);
            var hash = {index:pages?pages.length:0,page:pageName};
            console.log("hash:",hash);
            window.location.hash = window.btoa(angular.toJson(hash));
        });
        mainNavi.on('prepush', function(event) {
            //监听push之前的事件
        });
        mainNavi.on('prepop', function(event) {
```

```
            //监听 pop 之前的事件
        });
        mainNavi.on('postpop', function(event) {
            //监听 pop 之后的事件
        });
        angular.element(window).on('hashchange', function(event){
            //监听 hashchange 事件
        });
    }
```

备注：HASH 属性是一个可读可写的字符串，是 URL 的锚部分（从#号开始的部分），可以通过 window.location.hash 修改 hash 值；window.btoa 和 window.atob 是 JS 中的原生方法，用于进行 Base64 的转码和解码。

5.12 微信 WebSocket 开发

WebSocket 是 H5 中的新特性，有幸在微信公众号中也支持 WebSocket 的开发，与普通 Socket 开发相同，WebSocket 也需要客户端和服务端的支持，客户端为浏览器页面，服务端为后台服务支撑，就像水管与水一样，"水管"是 WebSocket 通道，一头连接在用户水龙头，一头连接在蓄水池，"用户水龙头"犹如 WebSocket 客户端，"蓄水池"是 WebSocket 服务端，水则是 WebSocket 中的数据。

5.12.1 WebSocket 客户端

WebSocket 客户端为浏览器页面，只需在 JS 中使用 new WebSocket 便可以在客户端开通。

【示例 5-5】在 JS 中使用 new WebSocket 开通客户端。

示例代码如下：

```
<%@ page language="java" import="java.util.*" pageEncoding="UTF-8"%>
<%
String path = request.getContextPath();
String basePath = request.getScheme()+"://"+request.getServerName()+":"+request.getServerPort()+path+"/";
%>
<!DOCTYPE HTML>
<html>
<head>
<base href="<%=basePath%>">
<title>My WebSocket</title>
</head>
<body>
    Welcome<br/>
<input id="text" type="text" />
<button onclick="send()">发送信息</button>  
<button onclick="closeWebSocket()">关闭 websocket</button>
<div id="message">
内容及状态
</div>
<script type="text/javascript">
    var websocket = null;
```

```javascript
        //判断当前浏览器是否支持WebSocket
        if('WebSocket' in window){
            websocket = new WebSocket("ws://myfmyfmyfmyf.vicp.cc/SELearning/ws/chat/33");
        }else{
            alert('Not support websocket');
        }
        //连接发生错误的回调方法
        websocket.onerror = function(){
            setMessageInnerHTML("error");
        };
        //连接成功建立的回调方法
        websocket.onopen = function(event){
            setMessageInnerHTML("open");
        };
        //接收到消息的回调方法
        websocket.onmessage = function(){
            setMessageInnerHTML(event.data);
        };
        //连接关闭的回调方法
        websocket.onclose = function(){
            setMessageInnerHTML("close");
        };
        //监听窗口关闭事件,当窗口关闭时,主动去关闭websocket连接,防止连接还没断开就关闭窗口,server端会抛异常。
        window.onbeforeunload = function(){
            websocket.close();
        };
        //将消息显示在网页上
        function setMessageInnerHTML(innerHTML){
            document.getElementById('message').innerHTML += innerHTML + '<br/>';
        }
        //关闭连接
        function closeWebSocket(){
            websocket.close();
        }
        //发送消息
        function send(){
            var message = document.getElementById('text').value;
            websocket.send(message);
        }
</script>
</body>
</html>
```

注意：如果使用 WebSocket，读者在开通 http 服务的同时，需要开通 ws 协议的服务。ws 协议类似 tcp、http 协议等，写法为：ws://myfmyfmyfmyf.vicp.cc/SELearning/ws/chat/33

5.12.2　WebSocket 服务端

后台服务中需要导入 websocket-api.jar 包，该 jar 包可以在 Tomcat 的 lib 库中获得。导入成功后，便可以使用 ServerEndpoint 注解指定 uri，在无须配置 web.xml 的情况下，客户端便可以通过注解中的 uri 连接到 WebSocket。

【示例 5-6】客户端通过注解中的 uri 连接到 WebSocket。

示例代码如下：

```java
package com.service;
import java.util.HashMap;
import java.util.Map;
import javax.websocket.OnClose;
import javax.websocket.OnError;
import javax.websocket.OnMessage;
import javax.websocket.OnOpen;
import javax.websocket.Session;
import javax.websocket.server.PathParam;
import javax.websocket.server.ServerEndpoint;
@ServerEndpoint(value ="/ws/chat/{client-id}")
public class WebSocketService {

  private static Map<String, Session> clients = new HashMap<String, Session>();

  @OnOpen
  public void onOpen(Session client,@PathParam("client-id") String clientId) {
   System.out.println("用户" + clientId + "接入");
   clients.put(clientId, client);

  }
  @OnMessage
  public void onMessage(String message,@PathParam("client-id") String clientId) {

  }
  @OnClose
  public void onClose(Session session, @PathParam("client-id") String clientId) {
   System.out.println("向用户" + clientId + "关闭连接");
   clients.remove(clientId);
  }
  @OnError
  public void onError(Session session, Throwable error, @PathParam("client-id") String clientId){
    clients.remove(clientId);
     error.printStackTrace();
  }
    public static void sendMessage(String message, String clientId) throws Exception{
   if(clients.containsKey(clientId)){
       System.out.println("向用户" + clientId + "发送消息: " + message);
       clients.get(clientId).getBasicRemote().sendText(message);
    }
   }
}
```

备注：WebSocket 的使用需要注意链接数量以及稳定性（心跳）的问题，例如：I5，8G 内存，64 位的普通台式机在默认配置的 tomcat 7.0 中能够成功连接的 WebSocket 数量为 256 个。读者可以自行编写检测（测试时可能会造成机器无法运行）。

【示例 5-7】编写程序检测 WebSocket 连接数量。

示例代码如下：

```
<input type="button" onclick="wbNumClick()" value="测试连接数:" /><span id="wbNum">1
</span>
<script type="text/javascript">
function wbNumClick(){
    var wbNum = document.getElementById('wbNum').innerHTML;
    var i=0;
    while(1==1){
        i=parseInt(i)+1;
        varwebsocket2 = new WebSocket("ws://localhost:8089/WSCON/ws/chat/"+i);
        websocket2.onopen = function(event){
            console.log(i+"接入");
        };
        websocket2.onclose = function(){
            console.log(i+"关闭");
        };
        document.getElementById('wbNum').innerHTML=i;
    }
}
</script>
```

5.13 JS–SDK 应用中常见问题及解决办法

调用 config 接口的时候传入参数 debug: true 可以开启 debug 模式，页面会 alert 出错误信息。以下为常见错误及解决方法：

1．invalid url domain

错误提示：未设置 JS 接口安全域名

解决方法：请设置 JS 接口安全域名

2．invalid signature

错误提示：签名错误

解决方法：建议按如下顺序检查：

（1）确认签名算法是否正确，可用 http://mp.weixin.qq.com/debug/cgi-bin/sandbox?t=jsapisign 页面工具进行校验。

（2）确认 config 中 nonceStr（JS 中驼峰标准 S 为大写）、timestamp 与用于签名中的对应 noncestr、timestamp 是否一致。

（3）确认 url 是页面完整的 url（请在当前页面 alert(location.href.split('#')[0])确认），包括 'http(s)://'部分，以及'？'后面的 GET 参数部分，但不包括'#'hash 后面的部分。

（4）确认 config 中的 appID 与用来获取 jsapi_ticket 的 corpID 一致。

（5）确保一定缓存了 access_token 和 jsapi_ticket。

（6）确保你获取用来签名的 url 是动态获取的，Java 获取动态 url 方式如下：

```
HttpServletRequest req = ServletActionContext.getRequest();
String url = WxUtil.webUrl //域名地址,自己的外网请求的域名,如: http://www.baidu.com/Demo
+ req.getServletPath() //请求页面或其他地址
+ "?" + (req.getQueryString()); //参数
```

如果是 html 的静态页面在前端通过 ajax 将 url 传到后台签名，前端需要用 JS 获取当前页面除去'#'hash 部分的链接（可用 location.href.split('#')[0]获取,而且需要 encodeURIComponent），因为页面一旦分享，微信客户端会在你的链接末尾加入其他参数，如果不是动态获取当前链接，将导致分享后的页面签名失败。

3. the permission value is offline verifying

错误提示：因为 config 没有正确执行，或者是调用的 JSAPI 没有传入 config 的 jsApiList 参数中。

解决方法：建议按如下顺序检查：

（1）确认 config 正确通过。

（2）如果是在页面加载好时就调用了 JSAPI，则必须写在 wx.ready 的回调中。

（3）确认 config 的 jsApiList 参数包含了这个 JSAPI。

4. permission denied

错误提示：该公众号没有权限使用这个 JSAPI（部分接口需要认证之后才能使用）。

5. function not exist

错误提示：当前客户端版本不支持该接口，请升级到新版。

6. 为什么 6.0.1 版本 config:ok，但是 6.0.2 版本之后没有 ok？

因为 6.0.2 版本之前没有做权限验证，所以 config 都是 ok，但这并不意味着你 config 中的签名是 ok 的，请在 6.0.2 检验是否生成正确的签名以保证 config 在高版本中也 ok。

7. 在 iOS 和 Android 都无法分享

请确认公众号已经认证，只有认证的公众号才具有分享相关接口权限，如果确实已经认证，则要检查监听接口是否在 wx.ready 回调函数中触发。

8. 服务上线之后无法获取 jsapi_ticket，自己测试时没问题。

因为 access_token 和 jsapi_ticket 必须要在自己的服务器缓存，否则上线后会触发频率限制。请确保一定对 token 和 ticket 做缓存以减少服务器请求，这样不仅可以避免触发频率限制，还可以加快服务速度。目前为了方便测试提供了 1w 的获取量，超过阈值后，服务将不再可用，请确保在服务上线前一定全局缓存 access_token 和 jsapi_ticket，两者有效期均为 7200 秒（以返回结果中的 expires_in 为准），否则一旦上线触发频率限制，服务将不再可用。

9. uploadImage 怎么传多图？

目前只支持一次上传一张，多张图片需等前一张图片上传之后再调用该接口。

10. 为什么没法对本地选择的图片进行预览？

因为 chooseImage 接口本身就支持预览，不需要额外支持。

11. 通过 a 链接（例如先通过微信授权登录）跳转到 b 链接，为什么 invalid signature 签名失败？

后台生成签名的链接为使用 jssdk 的当前链接，也就是跳转后的 b 链接，请不要用微信登录的授权链接进行签名计算，因为后台签名的 url 一定是使用 jssdk 的当前页面的完整 url 除去'#'部分。

12. 出现 config:fail 错误

这是由于传入的 config 参数不全导致，请确保传入正确的 appId、timestamp、nonceStr、signature 和需要使用的 jsApiList。

13. Android 通过 jssdk 上传到微信服务器，第三方再从微信下载到自己的服务器，会出现杂音。

微信团队已经修复此问题，目前后台已优化上线。

14．绑定父级域名，是否其子域名也是可用的？

是的，合法的子域名在绑定父域名之后是完全支持的。

15．在 iOS 微信 6.1 版本中，为什么分享的图片外链不显示，只能显示公众号页面内链的图片或者微信服务器的图片？

没问题已在 6.2 中修复。

16．JS-SDK 是否可以兼容低版本的微信客户端。

JS-SDK 都是兼容低版本的，不需要第三方额外做更多工作，但有的接口是 6.0.2 版本新引入的，只有新版才可调用。

17．为什么使用 pushState 来实现 web app 的页面会导致签名失败？

此问题已在 Android 6.2 中修复。

18．为什么 uploadImage 在 chooseImage 的回调中有时候 Android 会不执行？

Android 6.2 会解决此问题，若需支持低版本可以把调用 uploadImage 放在 setTimeout 中延迟 100ms 解决。

19．为什么 getLocation 返回的坐标在 openLocation 有偏差？

因为 getLocation 返回的是 gps 坐标，openLocation 打开的腾讯地图为火星坐标，需要第三方自己做转换，6.2 版本开始已经支持直接获取火星坐标。

20．单击数字拨打电话

在<a>标签的 href 属性中增加 tel:字符串，即可实现拨打电话功能，如：<a href="tel:1556257xxxx">

21．单击数字发送短信

在<a>标签的 href 属性中增加 sms:字符串，即可实现拨打电话功能，如：<a href="sms:1556257xxxx">

22．出现 redirect_uri 错误

错误提示：参数错误

解决方法：建议按如下顺序检查。

（1）检查连接中的 redirect_uri 参数值是否进过 urlencode 编码。

（2）是否添加可信域名。

（3）非 80 端口的可信域名是否添加端口号。

第6章 综合案例：I'M 朋友圈

通过前几章的学习，读者已经掌握了微信 JS-SDK 的使用，了解了如何与其他主流应用相结合，本章以实际操作为例更深入地学习微信内置浏览器的开发——I'M 朋友圈，如图 6.1 所示，本实例将实现朋友圈消息的查看以及动态发布，用户打开该功能首先能够查看最新的好友动态以及最热门的好友动态，接下来用户能够发布自己的动态。

本案例从业务上将实现"查看好友动态"、"查看最热动态"以及"发布自身动态"；从技术上将实现"微信前、后台对接"、"识别微信浏览器"、"微信 JS 授权"、"动态获取请求地址"、"静态块初始化加载"、"微信接口的主动调用"以及"JSSDK 方法的使用"等，本案例涉及知识点较多，没有压力就没有动力，读者只有在实际的项目编写中才能快速成长。

图 6.1 I'M 朋友圈

6.1 创建 Action 后台服务

创建后台服务 WxJsSdkDemoAction.java 类，实现微信 JS-SDK 的授权签名，通过动态 url 获取的方式获取当前网页 URL 实现授权签名，示例代码如下：

```
package myf.caption5.action;

import java.util.Map;
import javax.servlet.http.HttpServletRequest;
import javax.servlet.http.HttpServletResponse;
import myf.caption5.util.WxUtil;
```

```java
import org.apache.struts.action.ActionForm;
import org.apache.struts.action.ActionForward;
import org.apache.struts.action.ActionMapping;
import org.apache.struts.actions.DispatchAction;
/**
 * @author     牟云飞
 * @tel        155***9597
 * @QQ         1147417467
 * @时间        2014-7-22
 */
public class WxJsSdkDemoAction extends DispatchAction{

    //初始化考勤页面
    public ActionForward initPage(ActionMapping mapping, ActionForm form,
            HttpServletRequest req, HttpServletResponse response){
        //识别微信浏览器
        String userAgent=req.getHeader("User-Agent");//里面包含了设备类型
        if(-1==userAgent.indexOf("MicroMessenger")){
            //如果不是微信浏览器,跳转到安全页
            return mapping.findForward("safePage");
        }
        //生成微信js授权
        WxUtil msgUtil=new WxUtil();
        String jsapi_ticket=msgUtil.getJsapiTicketFromWx();//签名
        String url=WxUtil.webUrl   //域名地址,自己的外网请求的域名,如: http://www.baidu.com/Demo
                + req.getServletPath();  //请求页面或其他地址
        if(null!=req.getQueryString()&&!"".equals(req.getQueryString())){
            url =  url + "?" + (req.getQueryString()); //参数
        }
        Map<String, String> ret = WxUtil.sign(jsapi_ticket, url);
        req.setAttribute("messageAppId", WxUtil.messageAppId);
        req.setAttribute("str1", ret.get("signature"));
        req.setAttribute("time", ret.get("timestamp"));
        req.setAttribute("nonceStr", ret.get("nonceStr"));

        //获取网址
        req.setAttribute("addressUrl", WxUtil.webUrl);//范围
        return mapping.findForward("success");
    }
}
```

备注:req.getHeader("User-Agent")用于后台获取请求浏览器代理信息,便于信息安全交互,详细介绍参照第8章。

6.2 生成工具类 WxUtil

创建微信工具类,实现I'M朋友圈微信公众方法的创建,该类主要实现以下功能:
(1)通过 static{}静态块,在项目启动时用 properties 初始化微信公众号信息,如:AppId 和 AppSecret。

（2）创建 getTokenFromWx()方法获取并缓存具有一定时效的 access_token。

（3）创建 getJsapiTicketFromWx()方法，通过 access_token 获取 jsapiTicket 进而完成微信 JS-SDK 授权签名。

（4）根据 openid 获取微信用户信息，如头像、昵称等。

（5）通过 code 获取用户在微信公众号内的唯一标识 getOpenIdByCode。

通过工具类进行调用微信接口，既能够提高代码复用度，又能够减少因接口变更而造成的代码重复返工，同时也有利于项目开发汇总微信接口模块的管理，WxUtil 工具类示例代码如下：

```java
package myf.caption5.util;

import java.io.IOException;
import java.io.InputStream;
import java.io.UnsupportedEncodingException;
import java.security.MessageDigest;
import java.security.NoSuchAlgorithmException;
import java.util.Date;
import java.util.Formatter;
import java.util.HashMap;
import java.util.Map;
import java.util.Properties;
import java.util.UUID;
import net.sf.json.JSONObject;
import org.apache.http.HttpEntity;
import org.apache.http.HttpResponse;
import org.apache.http.client.ClientProtocolException;
import org.apache.http.client.ResponseHandler;
import org.apache.http.client.methods.HttpGet;
import org.apache.http.client.methods.HttpPost;
import org.apache.http.impl.client.CloseableHttpClient;
import org.apache.http.impl.client.HttpClients;
import org.apache.http.util.EntityUtils;

/**
 * 微信服务
 *
 * @author muyunfei
 *
 *<p>Modification History:</p>
 *<p>Date                 Author           Description</p>
 *<p>------------------------------------------------------------------</p>
 *<p>8 4, 2016            muyunfei         新建</p>
 */
public class WxUtil {

    public static  String messageAppId;

    public static  String messageSecret;

    //发送消息获得token
    public static String accessToken;
    //请求token的时间
```

```java
public static Date accessTokenDate;
//token有效时间,默认7200秒,每次请求更新
public static long accessTokenInvalidTime=7200L;
//主动调用：发送消息获得token
public static String jsapiTicket;
//主动调用：请求token的时间
public static Date jsapiTicketDate;
//域名
public static String webUrl="http://myfmyfmyfmyf.vicp.cc/WX_DEMO";

/**
 * 静态块，初始化数据
 */
static{
    try{
        Properties properties = new Properties();
        InputStream in = WxUtil.class.getClassLoader().getResourceAsStream("myf/wxConfig.properties");
        properties.load(in);
        messageAppId = properties.get("appId")+"";
        messageSecret = properties.get("secret")+"";
    }catch(Exception e){
        e.printStackTrace();
    }

}

/**
 * 从微信获得accessToken
 * @return
 */
public static String getTokenFromWx(){
    String token="";
    //微信公众号标识
    String corpid=messageAppId;
    //管理组凭证密钥
    String corpsecret=messageSecret;
    //获取的标识
    //1、判断accessToken是否存在，不存在的话直接申请
    //2、判断时间是否过期，过期(>=7200秒)申请，否则不用请求直接返回以后的token
    if(null==accessToken||"".equals(accessToken)||
            (new Date().getTime()-accessTokenDate.getTime())>=((accessTokenInvalidTime-200L)*1000L)){
        CloseableHttpClient httpclient = HttpClients.createDefault();
        try {
    //利用get形式获得token
            HttpGet httpget = new HttpGet("https://api.weixin.qq.com/cgi-bin/token?" +
            "grant_type=client_credential&appid="+corpid+"&secret="+corpsecret);
            // Create a custom response handler
            ResponseHandler<JSONObject> responseHandler = new ResponseHandler<JSONObject>() {
                public JSONObject handleResponse(
```

```java
                        final HttpResponse response) throws ClientProtocolException, IOException {
                    int status = response.getStatusLine().getStatusCode();
                    if (status >= 200 && status < 300) {
                        HttpEntity entity = response.getEntity();
                        if(null!=entity){
            String result= EntityUtils.toString(entity);
                    //根据字符串生成JSON对象
                JSONObject resultObj = JSONObject.fromObject(result);
                return resultObj;
                    }else{
            return null;
                    }
                } else {
                    throw new ClientProtocolException("Unexpected response status: " + status);
                }
            }
        };
        //返回的json对象
        JSONObject responseBody = httpclient.execute(httpget, responseHandler);
        //正确返回结果,进行更新数据
        if(null!=responseBody&&null!=responseBody.get("access_token")){
    token= (String) responseBody.get("access_token");//返回token
    //token有效时间
    accessTokenInvalidTime=Long.valueOf(responseBody.get("expires_in")+"");
            //设置全局变量
            accessToken=token;
            accessTokenDate=new Date();
        }
        httpclient.close();
      }catch (Exception e) {
            e.printStackTrace();
        }
    }else{
    token=accessToken;
    }
        return token;
}

/**
 * 根据code获得openid
 * @return
 */
public static String getOpenIdByCode(String code){
    //微信公众号标识
    String corpid=messageAppId;
    //管理组凭证密钥
    String corpsecret=messageSecret;
    //获取的标识
    String token="";
```

```java
        CloseableHttpClient httpclient = HttpClients.createDefault();
        try {
            //利用get形式获得token
            HttpGet httpget = new HttpGet("https://api.weixin.qq.com/sns/oauth2" +
                "/access_token?appid="+corpid+"&secret="+corpsecret
                +"&code="+code+"&grant_type=authorization_code");
            // Create a custom response handler
            ResponseHandler<JSONObject> responseHandler = new ResponseHandler
<JSONObject>() {
                public JSONObject handleResponse(
                        final HttpResponse response) throws ClientProtocolException,
IOException {
                    int status = response.getStatusLine().getStatusCode();
                    if (status >= 200 && status < 300) {
                        HttpEntity entity = response.getEntity();
                        if(null!=entity){
            String result= EntityUtils.toString(entity);
                            //根据字符串生成JSON对象
                        JSONObject resultObj = JSONObject.fromObject(result);
                        return resultObj;
                            }else{
            return null;
                            }
                    } else {
                        throw new ClientProtocolException("Unexpected response status: "
+ status);
                    }
                }
            };
            //返回的json对象
            JSONObject responseBody = httpclient.execute(httpget, responseHandler);
            if(null!=responseBody){
            token= (String) responseBody.get("openid");//返回token
            }
            httpclient.close();
        }catch (Exception e) {
            e.printStackTrace();
        }
        return token;
    }

    /**
    * 从微信获得jsapi_ticket
    * @return
    */
    public String getJsapiTicketFromWx(){
        String token=getTokenFromWx();//token
        //1、判断jsapiTicket是否存在，不存在的话直接申请
        //2、判断时间是否过期，过期(>=7200秒)申请，否则不用请求直接返回以后的token
        if(null==jsapiTicket||"".equals(jsapiTicket)||(new
Date().getTime()-jsapiTicketDate.getTime())>=(7000*1000)){
```

```java
            CloseableHttpClient httpclient = HttpClients.createDefault();
        try {
    //利用get形式获得token
            HttpGet httpget = new HttpGet("https://api.weixin.qq.com/cgi-bin/ticket/getticket?access_token="+token+"&type=jsapi");
            // Create a custom response handler
            ResponseHandler<JSONObject> responseHandler = new ResponseHandler<JSONObject>() {
                public JSONObject handleResponse(
                        final HttpResponse response) throws ClientProtocolException, IOException {
                    int status = response.getStatusLine().getStatusCode();
                    if (status >= 200 && status < 300) {
                        HttpEntity entity = response.getEntity();
                        if(null!=entity){
            String result= EntityUtils.toString(entity);
                    //根据字符串生成JSON对象
                JSONObject resultObj = JSONObject.fromObject(result);
                return resultObj;
                    }else{
            return null;
                    }
                    } else {
                        throw new ClientProtocolException("Unexpected response status: " + status);
                    }
                }
            };
            //返回的json对象
            JSONObject responseBody = httpclient.execute(httpget, responseHandler);
            if(null!=responseBody){
    jsapiTicket= (String) responseBody.get("ticket");//返回token
            }
            jsapiTicketDate=new Date();
            httpclient.close();
        }catch (Exception e) {
            e.printStackTrace();
        }
    }
    return jsapiTicket;
}


/****微信js签名********************************/

public static Map<String, String> sign(String jsapiTicket, String url) {
    Map<String, String> ret = new HashMap<String, String>();
    String nonceStr = createNonceStr();
    String timestamp = createTimestamp();
    String string1;
    String signature = "";
```

```java
        //注意这里参数名必须全部小写,且必须有序
        string1 = "jsapi_ticket=" + jsapiTicket +
                "&noncestr=" + nonceStr +
                "&timestamp=" + timestamp +
                "&url=" + url;
        try
        {
            MessageDigest crypt = MessageDigest.getInstance("SHA-1");
            crypt.reset();
            crypt.update(string1.getBytes("UTF-8"));
            signature = byteToHex(crypt.digest());
        }
        catch (NoSuchAlgorithmException e)
        {
            e.printStackTrace();
        }
        catch (UnsupportedEncodingException e)
        {
            e.printStackTrace();
        }

        ret.put("url", url);
        ret.put("jsapi_ticket", jsapiTicket);
        ret.put("nonceStr", nonceStr);
        ret.put("timestamp", timestamp);
        ret.put("signature", signature);

        return ret;
    }

    private static String byteToHex(final byte[] hash) {
        Formatter formatter = new Formatter();
        for (byte b : hash)
        {
            formatter.format("%02x", b);
        }
        String result = formatter.toString();
        formatter.close();
        return result;
    }

    private static String createNonceStr() {
        return UUID.randomUUID().toString();
    }

    private static String createTimestamp() {
        return Long.toString(System.currentTimeMillis() / 1000);
    }
    /****微信js签名********************************/

    /**
```

```
     * 获得人员，根据useid
     */
    public JSONObject getPeopleByOpenId(String openId){
        //消息json格式
        //获得token
        String token=getTokenFromWx();
        try {
            CloseableHttpClient httpclient = HttpClients.createDefault();
            HttpPost httpPost= new HttpPost("https://api.weixin.qq.com/cgi-bin" +
"/user/info?access_token="+token+"&openid="+openId+"&lang=zh_CN");
            // Create a custom response handler
            ResponseHandler<JSONObject> responseHandler = new ResponseHandler<JSONObject>() {
                public JSONObject handleResponse(
                    final HttpResponse response) throws ClientProtocolException,
IOException {
                    int status = response.getStatusLine().getStatusCode();
                    if (status >= 200 && status < 300) {
                        HttpEntity entity = response.getEntity();
                        if(null!=entity){
String result= EntityUtils.toString(entity);
                     //根据字符串生成JSON对象
            JSONObject resultObj = JSONObject.fromObject(result);
            return resultObj;
                        }else{
return null;
                        }
                    } else {
                        throw new ClientProtocolException("Unexpected response status: " + status);
                    }
                }
            };
        //返回的json对象
            JSONObject responseBody = httpclient.execute(httpPost, responseHandler);
            System.out.println(responseBody.toString());
            return responseBody;
        } catch (Exception e) {
            //e.printStackTrace();
            return null;
        }
    }
}
```

备注：static 静态块在项目启动过程中，通过 properties 文件进行初始化信息。动态获取 url 以及签名算法的实现，请参照 5.3.2 节。

6.3 开发"朋友圈"页面

创建 wxJsSdkDemo.jsp 页面，页面通过 config 接口进行权限注入，通过 GPS 定位接口获取 gcj02 坐标系坐标，接下来使用高德 SDK 进行逆地址编码解析获取当前位置信息或附近位置信息，示例代码如下：

```jsp
<%@ page language="java" contentType="text/html; charset=GBK"
    pageEncoding="GBK"%>
<html>
<head>
<title>朋友圈</title>
<meta name="viewport" content="initial-scale=1.0, user-scalable=no"/>
<meta name="viewport" content="width=device-width, initial-scale=1">
<script type="text/javascript" src="<%=request.getContextPath()%>/js/jquery-1.7.js">
</script>
<script type="text/javascript" src="http://res.wx.qq.com/open/js/jweixin-1.0.0.js">
</script>
<script type="text/javascript" src="http://webapi.amap.com/maps?v=1.3&key=0e5deb9a9d82f460c2e6590182e71239&plugin=AMap.Geocoder"></script>
<style type="text/css">
*{
    margin:0px;
    padding:0px;
}
body, button, input, select, textarea {
    font: 12px/16px Verdana, Helvetica, Arial, sans-serif;
}

.myTitle-left {
    width:35%;
    height:23px;
    border:1px solid;
    background: url(source/bg.png);
    float:left;
    color:#ffffff;
    font-size: 18px;
    padding-top:7px;
    border-top-left-radius:2em;
    border-bottom-left-radius:2em;
    -webkit-border-top-left-radius:2em; /* Safari */
    -webkit-border-bottom-left-radius:2em; /* Safari */
}
.myTitle-right {
    width:35%;
    height:23px;
    border:1px solid #cccccc;
    background: #ffffff;
    float:left;
    color:#000000;
    font-size: 18px;
    padding-top:7px;
    border-top-right-radius:2em;
    border-bottom-right-radius:2em;
    -webkit-border-top-right-radius:2em; /* Safari */
    -webkit-border-bottom-right-radius:2em; /* Safari */
}
.myHeader{
    border:2px solid #eee;
```

```css
    width: 55px;
    border-radius: 50%;
}
#dialog{
    position: absolute;
    z-index: 2;
    width: 100%;
    height: 100%;
}
.dialog-bg{
    position: absolute;
    z-index: 3;
    width: 100%;
    height: 100%;
    background: url(source/bk.png);
    filter: blur(10px);
    -webkit-filter: blur(15px);
    -moz-filter: blur(15px);
    -o-filter: blur(15px);
    -ms-filter: blur(15px);
}
.dialog-content{
    position: absolute;
    z-index: 4;
    width: 100%;
    height: 100%;
}
</style>
</head>
<body style="overflow: hidden;" >
<div id="dialog"  style="visibility: hidden">
    <div class="dialog-bg"></div>
    <div class="dialog-content">
        <div style="width:100%;height:35px;padding-top:10px;border-bottom: solid 1px #555555">
            <div onclick="publishTrack()" style="line-height: 50px;color:black;font-size: 13px;float: left;vertical-align: middle;">
                取消
            </div>
            <div style="color:black;font-size: 18px;width: calc(100% - 80px);float: left" align="center" >I'M 朋友圈</div>
            <div onclick="publishTrack()" style="line-height: 50px;color:black;font-size: 13px;float: left;vertical-align: middle;">
                发布
            </div>
        </div>
        <textarea style="width:93%;height:80px;margin-left:10px" placeholder='说点什么吧...' >
        </textarea>
        <div style="width:93%;color:#555555;margin:10px" align="center">
            <img alt="" src="source/address.png" style="float:left" width="15px" height="15px" align="middle" />
```

```html
            <div style="margin-top:1px;width:calc(100% - 15px);float:left; white-space:nowrap; overflow:hidden; text-overflow:ellipsis;"><font size="1" id="curPosit" >山东省烟台市芝罘区</font></div>
        </div>
        <div style="width:93%;color:#aaaaaa;margin-left:10px" id="photoList">
            <img src='source/add.png' height='80px' width='80px' onclick="addPhoto()"/>
        </div>
        <div style="background: #cccccc;width: 100%;height: 2px;margin-top: 2px"></div>
        <div style="width:93%;color:#444444;margin:10px;font-size: 18px;">
            公开
        </div>
    </div>
</div>
<div style="width:100%;height:35px;padding-top:10px;border-bottom: solid 1px #555555; visibility: visible;" id="imtitle" >
<div style="color:black;font-size: 18px;width: calc(100% - 40px);float: left" align="center" >I'M 朋友圈</div>
<div onclick="showDialog()" style="line-height: 50px;color:black;font-size: 26px; float: left;vertical-align: middle;">
<img alt="" src="source/senddyn.png" width="30px" height="30px"/>
</div>
</div>
<div style="width: 100%;height:10px"></div>
<div style="width:100%;height:23px">
    <div style="width: 15%;height:10px;float:left" ></div>
    <div class="myTitle-left" align="center">最新</div>
    <div class="myTitle-right" align="center">最热</div>
    <div style="width: 15%;height:10px;float:left"></div>
</div>
<div style="width:100%;height:10px"></div>
<div style="width:100%;height:calc(100% - 85px)">
    <div style="width:55px;float:left;height:200px;margin-left:-55px;" >
        <img alt="" src="source/touxiang.png" width="55px" height="55px" class="myHeader" align="middle"/>
    </div>
    <div style="width: calc(100% - 65px);float:left;padding-left:6px">
<div style="width:90%">
<div style="width:40%;float:left" align="left">155****9597</div>
<div  style="width:60%;float:left" align="right">1 小时前</div>
</div>
<div style="width:90%;height:40px;padding-top:10px;font-size: 15px">
    天才出于勤奋!!!!
</div>
<div style="width:90%">
    <img alt="" src="source/resource.png" width="100%"  />
</div>
<div style="width:90%;color:#aaaaaa;">
    <img alt="" src="source/address.png" style="float:left" width="15px" height="15px" align="middle" />
    <div style="margin-top:1px;width:calc(100% - 15px);float:left" ><font size="1" >山东省烟台市芝罘区</font></div>
</div>
```

```html
<div style="width:90%;color:#aaaaaa;">
<div style="width:55%;height:25px;float:left"></div>
<img alt="" src="source/my_Collection.png" style="float:left" width="25px" height="25px" align="middle" />
<div style="width:10px;height:25px;float:left"></div>
<img alt="" src="source/my_Evaluation.png" style="float:left" width="25px" height="25px" align="middle" />
<div style="width:10px;height:25px;float:left"></div>
<img alt="" src="source/del.png" style="float:left" width="23px" height="23px" align="middle" />
<div style="width:10px;height:25px;float:left"></div>
</div>
    </div>
    <div style="width:100%;height:10px"></div>
    <div style="width:55px;float:left;height:200px;" >
        <img alt="" src="source/touxiang.png" width="55px" height="55px" class="myHeader" align="middle"/>
    </div>
    <div style="width: calc(100% - 65px);float:left;padding-left:6px">
<div style="width:90%">
<div style="width:40%;float:left" align="left">155****1234</div>
<div  style="width:60%;float:left" align="right">5 小时前</div>
</div>
<div style="width:90%;height:40px;padding-top:10px;font-size: 15px">
    新书《微信企业号开发完全自学手册》
</div>
<div style="width:90%">
    <img alt="" src="source/book.png" width="100%" height="122px" />
</div>
<div style="width:90%;color:#aaaaaa;">
    <img alt="" src="source/address.png" style="float:left" width="15px" height="15px" align="middle" />
    <div style="margin-top:1px;width:calc(100% - 15px);float:left"><font size="1" >山东省烟台市芝罘区</font></div>
</div>
<div style="width:90%;color:#aaaaaa;">
<div style="width:55%;height:25px;float:left"></div>
<img alt="" src="source/my_Collection.png" style="float:left" width="25px" height="25px" align="middle" />
<div style="width:10px;height:25px;float:left"></div>
<img alt="" src="source/my_Evaluation.png" style="float:left" width="25px" height="25px" align="middle" />
<div style="width:10px;height:25px;float:left"></div>
<img alt="" src="source/del.png" style="float:left" width="23px" height="23px" align="middle" />
<div style="width:10px;height:25px;float:left"></div>
</div>
    </div>
</div>
</body>
<script>
    wx.config({
```

```javascript
            debug : false, //开启调试模式,调用的所有api的返回值会在客户端alert出来,若要查看传
                    入的参数,可以在pc端打开,参数信息会通过log打出,仅在pc端时才会打印。
            appId : '${messageAppId}', //必填,公众号的唯一标识appID,企业号corpid
            timestamp : "${time}", //必填,生成签名的时间戳
            nonceStr : '${nonceStr}', // 必填,生成签名的随机串
            signature : '${str1}',// 必填,签名
            jsApiList : ['hideOptionMenu','getLocation','checkJsApi','chooseImage']// 必
                    填,需要使用的JS接口列表
        });
        wx.ready(function(){
            // config信息验证后会执行ready方法,所有接口调用都必须在config接口获得结果之后,config
是一个客户端的异步操作,所以如果需要在页面加载时就调用相关接口,则须把相关接口放在ready函数中调用来
确保正确执行。对于用户触发时才调用的接口,则可以直接调用,不需要放在ready函数中。
            wx.hideOptionMenu();
            locationAgain();//获取位置
        });
        //显示框
        function showDialog(){
            $("#dialog").css("visibility","visible");
            $("#imtitle").css("visibility","hidden");
        }
        var curPosition="";
        //重新定位位置
        function locationAgain(){
            wx.getLocation({
                type: 'gcj02', // 默认为wgs84的gps坐标,火星坐标,可传入'gcj02'
                success: function (res) {
                    var latitude = res.latitude; // 纬度,浮点数,范围为90 ~ -90
                    var longitude = res.longitude ; // 经度,浮点数,范围为180 ~ -180。
                    var speed = res.speed; // 速度,以米/每秒计
                    var accuracy = res.accuracy; // 位置精度
                    /**
                    //GPS坐标系转换成高德坐标系
                    var converGeo = AMap.convertFrom([longitude,latitude], 'gps',function
(status,result){
                        console.log(result);
                        //使用高德逆地址解析服务
                        var geocoder = new AMap.Geocoder({
                            radius: 1000,
                            extensions: "all"
                        });
                        geocoder.getAddress([result.locations[0].lng,result.locations
[0].lat], function(status, result) {
                            if (status === 'complete' && result.info === 'OK') {
                                var address = result.regeocode.formattedAddress; //返回地址描述
                                alert(address);
                            }
                        });
                    });
                    **/
                    //使用高德逆地址解析服务
```

```
                var geocoder = new AMap.Geocoder({
                    radius: 1000,
                    extensions: "all"
                });
                geocoder.getAddress([longitude,latitude], function(status, result) {
                    if (status === 'complete' && result.info === 'OK') {
            curPosition = result.regeocode.formattedAddress; //返回地址描述
            console.log(curPosition);
            document.getElementById("curPosit").innerHTML=curPosition;
            console.log("--------"+$("#curPosit").html());
                    }
                });
            }
        });
    }

    function addPhoto(){
        wx.chooseImage({
            count: 1, // 默认9
            sizeType: ['original', 'compressed'], // 可以指定是原图还是压缩图,默认二者都有
            sourceType: ['album', 'camera'], // 可以指定来源是相册还是相机,默认二者都有
            success: function (res) {
                var localIds = res.localIds; // 返回选定照片的本地ID列表,localId可以作为
img标签的src属性显示图片
            //alert(localIds);
                $("#photoList").prepend("<img  src='"+localIds+"'   height='80px'
width='80px' />")
            }
        });
    }
</script>
</html>
```

备注: gcj02 为火星坐标系,在逆地址编码解析中也可以使用 GPS 坐标系,通过高德 convertFrom 接口转成 gcj02 坐标后进行逆地址编码解析,详细介绍操作 5.8.4 节介绍。

IT 技术发展日新月异,微信 JS-SDK 基于微信内置浏览器的特点使公众号页面能够接受绝大多数的 Web 新技术,读者在实际开发中要勇于接受挑战,实践中发掘可行性,引入新框架新技术解决项目需求。

第 7 章　微信公众号支付

　　微信公众号支付是微信开发中比较常用的功能之一，用于生活缴费、商场购物、手机充值等，本章将为读者介绍如何申请开通微信支付，了解微信支付的认证过程，学习如何在微信中开发微信公众号支付等。

　　本章主要涉及的知识点有：
- 微信支付介绍：学习微信支付基础知识，了解微信支付申请、认证过程等。
- 统一下订单：学会什么是统一下订单，如何调用接口进行微信下订单。
- 发起微信支付：学会如何发起微信支付。
- 支付通知：了解异步通知、同步通知返回结果，学习如何处理支付结果。
- 微信对账单：掌握如何获取、解析微信账单数据。
- 综合案例：通过案例学习完整的微信支付流程，掌握如何发起微信支付完成支付。

7.1　微信支付介绍

　　微信支付，是微信 5.0 之后推出的一个热门功能，已是腾讯公司的支付业务品牌，用户可在微信公众号、APP 中完成线上选购支付，也可以把商品网页生成二维码完成线下支付，极大的丰富了用户的日常生活。微信支付包括微信公众号支付、APP 支付、扫码支付、刷卡支付等支付方式，详细说明如下：

1．微信公众号支付

　　即用户在微信中打开商户的 H5 页面，商户在 H5 页面通过调用微信支付提供的 JSAPI 接口调起微信支付，用户支付结果将以同步通知和异步通知的方式通知商户，适用于在公众号、朋友圈、聊天窗口等微信内完成支付的场景。

2．APP 支付

　　APP 支付是指商户在移动端应用 APP 中集成微信支付 SDK 调起微信支付模块来完成支付的过程，适用于在移动端 APP 中集成微信支付功能的场景。

3．扫码支付

　　商户系统按微信支付协议生成支付二维码，用户使用微信"扫一扫"完成支付的过程，适用于 PC 网站支付、实体店单品支付等场景。

4．刷卡支付

　　用户展示微信钱包内的"刷卡条码/二维码"给商户系统，商户系统扫描后完成支付的过程，适用于线下面对面收银的场景，如超市、便利店等。

5．微信买单

　　微信买单是一款可自助开通、免开发的微信支付收款产品。微信买单帮助商户生成收款二维码，商户下载收款二维码并张贴在门店内，消费者扫描收款二维码向商户付钱，适用于无开发能力的商户。

备注：微信公众号支付中，每个微信公众号只能绑定一个对公账户，如需绑定多个对公账户实现微信分账可通过微信服务商解决，详细介绍请参照第7章。

7.2 微信公众号支付申请

了解微信支付后接下来学习如何申请微信公众号支付，微信公众号支付的申请需要已认证的服务号才能够申请，申请主要分为填写基本资料、上传企业资质、填写对公账户、提交审核、对公账户打款验证、签署协议完成支付申请。

备注：微信公众号支付目前对部分订阅号开放，认证的政府与媒体类订阅号可以单击左侧导航"微信支付"进行申请。

1．申请开通微信支付

单击左侧菜单【微信支付】|【支付申请】|【开通】进入支付申请页面，如下图7.1所示。

图7.1　申请开通微信支付

2．填写基本资料

基本资料分为联系人信息和经营信息两类。
- 联系人信息也被称为经办人信息，是微信公众账号的超级管理员，能够申请微信支付认证以及增加运营管理账号等，填写信息有联系人姓名、手机号码、邮箱；
- 经营信息主要包括公众号企业类型以及企业名称等，如图7.2所示。

备注：经办人联系方式一定要确保有效性、安全性。在1～5个工作日申请中，微信工作人员将通过该手机号码验证企业信息，请确保手机的畅通。邮箱将用于接收微信商户账号、密码等信息，请开发者确保邮箱的安全性，切勿使用个人邮箱。

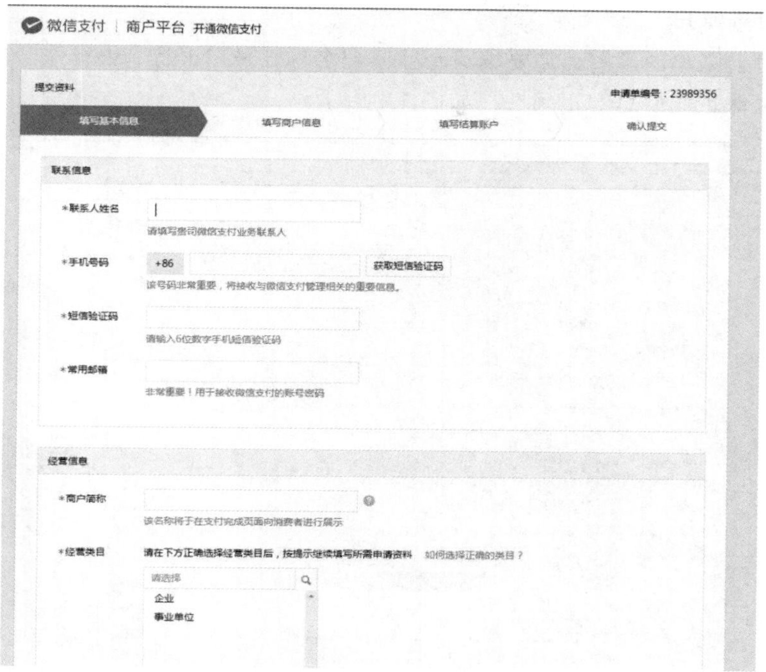

图 7.2 填写基本信息

3. 填写商户资料

基本信息填写完毕后,进入企业资质填写界面,需要经办人准备营业执照照片、组织机构照片(三证合一的营业执照照片)以及经办人身份证照片等,如图 7.3 所示。

图 7.3 填写商户信息

4. 填写结算账户

接下来是对公账户的填写，需要填写企业开户名称、开户银行、银行账号信息等，用于微信打款验证，确保企业信息的正确性，如图7.4所示。

图7.4 填写结算账户

备注：微信打款验证是微信向企业对公账户转一笔低于1元的随机金额，通过企业自行填写验证或微信客服电话确认的方式开通微信支付。

5. 提交申请

完成信息填写并确认无误后，便可以提交微信支付申请资料，审核日期为1~5个工作日，期间可通过微信公众平台进行查询进度，提示信息如图7.5所示。

图7.5 资料审核

6. 接收商户信息邮件

审核通过后，将收到含有微信商户账号、密码等信息的邮件，如图7.6所示。

7. 账户验证

收到商户邮件后，便可以登录微信商户平台（https://pay.weixin.qq.com）进行对公账户的金额验证，如图 7.7 所示。

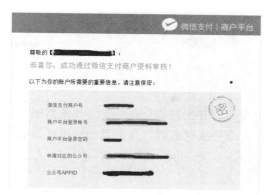

图 7.6　商户邮件信息

图 7.7　账户验证

8．完成申请

微信支付最后一步，单击签署协议后便能够正式开通微信公众号支付，如图 7.8 所示。

图 7.8　完成微信公众号支付申请

备注：微信支付分为微信商户、服务商和特约商户，其中服务商无支付能力，微信商户与特约商户具有支付能力，一个微信公众账号能够申请一个微信支付商户账号和一个微信服务商，可以绑定一个对公账户，如需绑定多个对公账户实现分账可通过特约商户的方式实现。

7.3 开发配置

开发者拥有微信商户身份后，开发微信公众号支付首选需要对公众号以及商户进行配置，本节将为读者介绍配置微信公众号支付配置信息以及如何正式开启微信公众号支付。

7.3.1 配置商户密钥

开发者登录微信商户平台，依次单击【微信商户平台】|【账户设置】|【API 安全】|【设置密钥】，如图 7.9 所示，安装证书后设置商户密钥。

备注：密钥用于统一下订单，进行订单签名。商户密钥的设置需要在开发者电脑中安装设置操作证书，否则无法设置证密钥。操作证书是使用账户资金的身份凭证，只有在安装了操作证书的电脑上，才能使用你的账户进行转账、提现等操作，以保障资金不被盗用。同一账号最多安装 10 台电脑设备；安装时，系统会短信校验账户绑定的手机，通过验证即可完成证书的安装，方便快捷。

图 7.9　设置支付密钥

7.3.2 配置域名信息

为了能够在微信内置浏览器中使用 wx 对象以及 OAuth2.0 身份验证，需要设置如下域名信息：

1．网页授权域名

依次单击【公众号设置】|【功能设置】|【网页授权域名】|【设置】，用于获得 openID（用户在服务号中的唯一标识）进而完成微信支付统一下单。

2. JS 安全域名

依次单击【公众号设置】|【功能设置】|【JS 接口安全域名】|【设置】，用于调用微信内置浏览器中的内置对象 wx，进而调用微信支付 JS 接口发起微信支付。

3. 业务域名

依次单击【公众号设置】|【功能设置】|【业务域名】|【设置】，用于在支付过程中提升用户体验，避免重新排版和风险提示。

7.3.3 设置支付目录

微信支付目录分为测试目录和正式目录，通过依次单击【微信支付】|【开发配置】进行设置，如图 7.10 所示。

图 7.10 设置支付目录

设置微信支付正式目录时，读者需要注意以下几点：
- 所有使用 JSAPI 方式发起支付请求的链接地址，都必须在支付授权目录之下。
- 最多设置 3 个支付授权目录，且域名必须通过 ICP 备案。
- 头部要包含 http 或 https，须细化到二级或三级目录，以左斜杠"/"结尾。
- 修改生效时间大约为十分钟，尽量避免交易高峰期操作。

支付测试目录用户读者测试开发，在支付测试状态下，读者需要满足以下条件才能够发起支付：
- 设置支付的页面目录，该目录需要精确匹配支付发起页面，需要精确到二级或者三级目录。
- 将测试人的微信号添加到白名单，白名单内最多 20 人。
- 将支付链接发到对应的公众号会话窗口中。

注意：测试目录和正式目录分别设置成为两个不同的目录。

7.4 统一下单

不论微信公众号支付，还是 APP、扫码微信支付，在发起支付之前，都必须通过"统一下单"接口生成预支付交易单，通过正确的预支付交易单才能够调用并发起微信支付。本小节将为读者演示如何正确调用微信统一下单接口，如何正确的进行订单签名。

7.4.1 接口介绍

微信支付统一下单接口与主动发送消息接口相似，通过向 URL 中发送数据库完成接口调用，详细说明如下：

（1）接口链接

https://api.mch.weixin.qq.com/pay/unifiedorder

（2）是否需要证书

不需要证书。

备注：证书是使用账户资金的身份凭证，只有在安装了操作证书的电脑上，才能进行转账、提现等特殊操作，以保障资金不被盗用

（3）请求参数

订单请求参数较多，读者可根据自身开发需要填写非必须参数，参数详细说明请参见下表 7.1 所示。

表 7.1 统一下单请求参数及说明

字段名	变量名	必填	类型	示例值	描述
公众账号 ID	appid	是	String（32）	wxd6111fh567hg6787	微信支付分配的公众账号 ID（企业号 corpid 即为此 appId）
商户号	mch_id	是	String（32）	1230000109	微信支付分配的商户号，邮件中可以查看
设备号	device_info	否	String（32）	013467117045764	自定义参数，可以为终端设备号（门店号或收银设备 ID），PC 网页或公众号内支付可以传"WEB"
随机字符串	nonce_str	是	String（32）	5K8264ILTKCH16CQ2502SI8ZNMTM67VS	随机字符串，长度要求在 32 位以内。推荐随机数生成算法
签名	sign	是	String（32）	C380BEC2BFD727A4B6845133519F3AD6	通过签名算法计算得出的签名值，详见 7.4.2 签名生成算法
签名类型	sign_type	否	String（32）	HMAC-SHA256	签名类型，默认为 MD5，支持 HMAC-SHA256 和 MD5
商品描述	body	是	String（128）	XX 微信支付	商品简单描述，该字段请按照规范传递，具体请见参数规定
商品详情	detail	否	String（6000）		单品优惠字段（暂未上线）
附加数据	attach	否	String（127）	XX 分店	附加数据，在查询 API 和支付通知中原样返回，可作为自定义参数使用
商户订单号	out_trade_no	是	String（32）	20150806125346	商户系统内部订单号，要求 32 个字符内、且在同一个商户号下唯一
标价币种	fee_type	否	String（16）	CNY	符合 ISO 4217 标准的三位字母代码，默认人民币：CNY
标价金额	total_fee	是	Int	88	订单总金额，单位为分，详见支付金额
终端 IP	spbill_create_ip	是	String（16）	123.12.12.123	APP 和网页支付提交用户端 ip，Native 支付填调用微信支付 API 的机器 IP

续表

字段名	变量名	必填	类型	示例值	描述
交易起始时间	time_start	否	String（14）	20091225091010	订单生成时间，格式为yyyyMMddHHmmss，如2009年12月25日9点10分10秒表示为20091225091010
交易结束时间	time_expire	否	String（14）	20091227091010	订单失效时间，格式为yyyyMMddHHmmss，如2009年12月27日9点10分10秒表示为20091227091010
商品标记	goods_tag	否	String（32）	WXG	商品标记，使用代金券或立减优惠功能时需要的参数，说明详见代金券或立减优惠
通知地址	notify_url	是	String（256）	http://www.weixin.qq.com/wxpay/pay.php	异步接收微信支付结果通知的回调地址，通知url必须为外网可访问的url，不能携带参数
交易类型	trade_type	是	String（16）	JSAPI	取值如下：JSAPI，NATIVE，APP等，说明详见参数规定
商品ID	product_id	否	String（32）	12235413214070356458058	trade_type=NATIVE时（即扫码支付），此参数必传。此参数为二维码中包含的商品ID，商户自行定义
指定支付方式	limit_pay	否	String（32）	no_credit	上传此参数no_credit，可限制用户不能使用信用卡支付
用户标识	openid	否	String（128）	oUpF8uMuAJO_M2pxb1Q9zNjWeS6o	trade_type=JSAPI时（即公众号支付），此参数必传，此参数为微信用户在商户对应appid下的唯一标识

注意：开发者系统订单号（out_trade_no）必须保证唯一性，重复订单将无法发起支付，接口将提示重复订单；最短失效时间间隔（time_start~time_expire）必须大于5分钟。

请求数据示例代码如下：

```xml
<xml>
  <appid>wx2421b1c4370ec43b</appid>
  <attach>支付测试</attach>
  <body>JSAPI支付测试</body>
  <mch_id>10000100</mch_id>
  <detail><![CDATA[{ "goods_detail":[ { "goods_id":"iphone6s_16G", "wxpay_goods_id":"1001", "goods_name":"iPhone6s 16G", "quantity":1, "price":528800, "goods_category":"123456", "body":"苹果手机" }, { "goods_id":"iphone6s_32G", "wxpay_goods_id":"1002", "goods_name":"iPhone6s 32G", "quantity":1, "price":608800, "goods_category":"123789", "body":"苹果手机" } ] }]]></detail>
  <nonce_str>1add1a30ac87aa2db72f57a2375d8fec</nonce_str>
  <notify_url>http://www.muyunfei.com/wxDemo/wxNotifyAction.slt</notify_url>
  <openid>oUpF8uMuAJO_M2pxb1Q9zNjWeS6o</openid>
  <out_trade_no>1415659990</out_trade_no>
  <spbill_create_ip>14.23.150.211</spbill_create_ip>
  <total_fee>1</total_fee>
  <trade_type>JSAPI</trade_type>
  <sign>0CB01533B8C1EF103065174F50BCA001</sign>
</xml>
```

备注：请求参数为XML格式，其中CDATA标签用于说明数据，但不被XML解析器解析。

（4）返回数据

返回值中当 return_code 和 result_code 都为的时，表示成功生成预付订单，并返回预支订单号（prepay_id），详细说明如下表 7.2 所示。

表 7.2　统一下单返回参数及说明

字段名	变量名	必填	类型	示例值	描述
返回状态码	return_code	是	String（16）	SUCCESS	SUCCESS/FAIL，此字段是通信标识，非交易标识，交易是否成功需要查看 result_code 来判断
返回信息	return_msg	否	String（128）	签名失败	返回信息，如非空，为错误原因

当 return_code 为 SUCCESS 时，表示本次接口调用成功，返回额外数据如下表 7.3 所示。

表 7.3　统一下单返回交易基本参数及说明

字段名	变量名	必填	类型	示例值	描述
公众账号 ID	appid	是	String（32）	wx8888888888888888	调用接口提交的公众账号 ID
商户号	mch_id	是	String（32）	1900000109	调用接口提交的商户号
设备号	device_info	否	String（32）	013467007045764	自定义参数，可以为请求支付的终端设备号等
随机字符串	nonce_str	是	String（32）	5K8264ILTKCH16CQ2502SI8ZNMTM67VS	微信返回的随机字符串
签名	sign	是	String（32）	C380BEC2BFD727A4B6845133519F3AD6	微信返回的签名值，详见 7.4.2 签名算法
业务结果	result_code	是	String（16）	SUCCESS	SUCCESS/FAIL
错误代码	err_code	否	String（32）	SYSTEMERROR	详细参见表 7.5 说明
错误代码描述	err_code_des	否	String（128）	系统错误	错误信息描述

在返回状态码（return_code）为 SUCCESS 且业务结果（result_code）也为 SUCCESS 时，微信支付将返回预支付订单号，表示成功完成预支付订单的生成，返回结果如表 7.4 所示。调用统一下单失败，则会返回错误码，如表 7.5 所示。

表 7.4　统一下单预支付交易参数及说明

字段名	变量名	必填	类型	示例值	描述
交易类型	trade_type	是	String（16）	JSAPI	交易类型
预支付交易会话标识	prepay_id	是	String（64）	wx201410272009395522657a690389285100	微信生成的预支付会话标识
二维码链接	code_url	否	String（64）	URl: weixin: //wxpay/s/An4baqw	trade_type 为 NATIVE 时有返回，用于生成二维码，展示给用户进行扫码支付

备注：预支付交易会话标识（prepay_id）用于后续支付签名以及发起支付，有效期为 2 小时。

表 7.5　统一下单返回错误码及说明

返回码	变量名	类型	描述
NOAUTH	商户无此接口权限	商户未开通此接口权限	请商户前往申请此接口权限
NOTENOUGH	余额不足	用户帐号余额不足	用户帐号余额不足，请用户充值或更换支付卡后再支付
ORDERPAID	商户订单已支付	商户订单已支付，无需重复操作	商户订单已支付，无需更多操作

续表

返回码	变量名	类型	描述
ORDERCLOSED	订单已关闭	当前订单已关闭,无法支付	当前订单已关闭,请重新下单
SYSTEMERROR	系统错误	系统超时	系统异常,请用相同参数重新调用
APPID_NOT_EXIST	appid 不存在	参数中缺少 appid	请检查 appid 是否正确
MCHID_NOT_EXIST	mch_id 不存在	参数中缺少 mch_id	请检查 mch_id 是否正确
APPID_MCHID_NOT_MATCH	appid 和 mch_id 不匹配	appid 和 mch_id 不匹配	请确认 appid 和 mch_id 是否匹配
LACK_PARAMS	缺少参数	缺少必要的请求参数	请检查参数是否齐全
OUT_TRADE_NO_USED	商户订单号重复	同一笔交易不能多次提交	请核实商户订单号是否重复提交
SIGNERROR	签名错误	参数签名结果不正确	请检查签名参数和方法是否都符合签名算法要求
XML_FORMAT_ERROR	XML 格式错误	XML 格式错误	请检查 XML 参数格式是否正确
REQUIRE_POST_METHOD	请使用 Post 方式	未使用 Post 传递参数	请检查请求参数是否通过 Post 方式提交
POST_DATA_EMPTY	Post 数据为空	Post 数据不能为空	请检查 Post 数据是否为空
NOT_UTF8	编码格式错误	未使用指定编码格式	请使用 UTF-8 编码格式

7.4.2 订单签名

为保证消息的正确性,微信统一下单接口调用需要通过商户密钥生成数据签名,签名生成的通用步骤如下:

注意:微信支付开发中签名共分两部分:下订单签名和发起支付签名,读者开发时需要正确填写请求中的签名。

第一步:设所有发送或者接收到的数据为集合 M,将集合 M 内非空参数值的参数按照参数名 ASCII 码从小到大排序(字典序),使用 URL 键值对的格式(即 key1=value1&key2=value2…)拼接成字符串 stringA。

签名数据需要注意以下事项:
- 参数名 ASCII 码从小到大排序(字典序)。
- 如果参数的值为空不参与签名。
- 参数名区分大小写。
- 验证调用返回或微信主动通知签名时,传送的 sign 参数不参与签名,将生成的签名与该 sign 值作校验。
- 微信接口可能增加字段,验证签名时必须支持增加的扩展字段。

第二步:在 stringA 最后拼接上 key 得到 stringSignTemp 字符串,并对 stringSignTemp 进行 MD5 运算,再将得到的字符串所有字符转换为大写,得到 sign 值 signValue。

生成订单签名示例代码如下:

```
/**
 * 生成随机字符串
 * @param length
 * @return
 */
public static String getRandomString2(int length){
```

```java
        Random random = new Random();

        StringBuffer sb = new StringBuffer();

        for(int i = 0; i < length; ++i){
            int number = random.nextInt(3);
            long result = 0;

            switch(number){
            case 0:
                result = Math.round(Math.random() * 25 + 65);
                sb.append(String.valueOf((char)result));
                break;
            case 1:
                result = Math.round(Math.random() * 25 + 97);
                sb.append(String.valueOf((char)result));
                break;
            case 2:
                sb.append(String.valueOf(new Random().nextInt(10)));
                break;
            }
        }
        return sb.toString();
    }

    /**
     * 签名
     * key设置路径：微信商户平台(pay.weixin.qq.com)-->账户设置-->API 安全-->密钥设置
     * @param map
     * @return
     * @throws UnsupportedEncodingException
     */
    /**
     * 签名算法
     * @param o 要参与签名的数据对象
     * @return 签名
     * @throws IllegalAccessException
     */
    public static String getSign(Object o) throws IllegalAccessException {
        ArrayList<String> list = new ArrayList<String>();
        Class cls = o.getClass();
        Field[] fields = cls.getDeclaredFields();
        for (Field f : fields) {
            f.setAccessible(true);
            if (f.get(o) != null && f.get(o) != "") {
                list.add(f.getName() + "=" + f.get(o) );
            }
        }
        int size = list.size();
        String [] arrayToSort = list.toArray(new String[size]);
        Arrays.sort(arrayToSort, String.CASE_INSENSITIVE_ORDER);
        StringBuilder sb = new StringBuilder();
```

```
        for(int i = 0; i < size; i ++) {
            sb.append(arrayToSort[i]);
            if(i!=size-1){
    sb.append("&");
            }
        }
        String result = sb.toString();
        result += "&key=" + WxUtil.key;
        result = MD5.MD5Encode(result).toUpperCase();
        return result;
    }
```

签名中对 stringSignTemp 进行 MD5 加密，创建 MD5.java 文件的代码如下：

```
package myf.caption6;

import java.security.MessageDigest;
/**
 * 微信支付
 *
 * @author muyunfei
 *
 *<p>Modification History:</p>
 *<p>Date                  Author              Description</p>
 *<p>--------------------------------------------------------------------</p>
 *<p>8 4, 2016             muyunfei            新建</p>
 */
public class MD5 {
    private final static String[] hexDigits = {"0", "1", "2", "3", "4", "5", "6", "7",
            "8", "9", "a", "b", "c", "d", "e", "f"};

    /**
     * 转换字节数组为16进制字串
     * @param b 字节数组
     * @return 16进制字串
     */
    public static String byteArrayToHexString(byte[] b) {
        StringBuilder resultSb = new StringBuilder();
        for (byte aB : b) {
    System.out.println(aB);
            resultSb.append(byteToHexString(aB));
        }
        return resultSb.toString();
    }

    /**
     * 转换byte到16进制
     * @param b 要转换的byte
     * @return 16进制格式
     */
    private static String byteToHexString(byte b) {
        int n = b;
        if (n < 0) {
```

```java
            n = 256 + n;
        }
        int d1 = n / 16;
        int d2 = n % 16;
        return hexDigits[d1] + hexDigits[d2];
    }

    /**
     * MD5 编码
     * @param origin 原始字符串
     * @return 经过MD5加密之后的结果
     */
    public static String MD5Encode(String origin) {
        System.out.println(origin);
        String resultString = null;
        try {
            resultString = origin;
            MessageDigest md = MessageDigest.getInstance("MD5");
            resultString = byteArrayToHexString(md.digest(resultString.getBytes("utf-8")));
        } catch (Exception e) {
            e.printStackTrace();
        }
        return resultString;
    }
}
```

备注：微信统一下单接口中的签名字符串，建议读者调用随机数函数生成，将得到的值转换为字符串，以保证签名的不可测性，提高数据安全。

7.4.3 小实例：微信支付下订单

在我们平时购物时，看中某样商品需要先下订单，只有创建了订单才能够支付购买，像这样的操作其实际目的是确认购买用户和获得订单编号，唯一的订单编号是买卖双方交易查询的重要数据，也是系统运转的关键数据，因此本案例将为读者演示如何创建微信统一订单，如何获取订单编号。

首先创建微信统一下单实体类 PayOrder.java，示例代码如下：

```java
package myf.caption6.entity;
/**
 * 微信支付，微信支付商户统一下单实体类
 *
 * @author muyunfei
 *
 *<p>Modification History:</p>
 *<p>Date                    Author              Description</p>
 *<p>--------------------------------------------------------------</p>
 *<p>11 30, 2016             muyunfei            新建</p>
 */
public class PayOrder {
    //微信分配的公众账号 ID
    private String appid;
```

```java
    //微信支付分配的商户号
    private String mch_id;
    //随机字符串,不长于32位
    private String nonce_str ;
    //签名
    private String sign;
    //商品简单描述不长于128位
    private String body;
    //商品详细不长于6000位,商品详细列表,使用Json格式,传输签名前请务必使用CDATA标签将JSON
                                                    文本串保护起来。可以不填
    private String detail;
    //商户订单号 32个字符内
    private String out_trade_no;
    //订单总金额,单位为分
    private String total_fee;
     //APP和网页支付提交用户端ip,Native支付填调用微信支付API的机器IP
    private String spbill_create_ip;
    //接收微信支付异步通知回调地址,通知url必须为直接可访问的url,不能携带参数。
    private String notify_url;
    //交易类型取值如下: JSAPI,NATIVE,APP
    private String trade_type;
    //指定支付方式  no_credit--指定不能使用信用卡支付,可以不填
    private String limit_pay;
    //用户标识,trade_type=JSAPI,此参数必传,用户在商户appid下的唯一标识。openid如何获取
    private String openid;

    public PayOrder(){};

    public PayOrder(String appid, String mchId, String nonceStr, String sign,
            String body, String detail, String outTradeNo, String totalFee,
            String spbillCreateIp, String notifyUrl, String tradeType,
            String limitPay, String openid) {
        super();
        this.appid = appid;
        mch_id = mchId;
        nonce_str = nonceStr;
        this.sign = sign;
        this.body = body;
        this.detail = detail;
        out_trade_no = outTradeNo;
        total_fee = totalFee;
        spbill_create_ip = spbillCreateIp;
        notify_url = notifyUrl;
        trade_type = tradeType;
        limit_pay = limitPay;
        this.openid = openid;
    }
    public String getAppid() {
        return appid;
    }
    public void setAppid(String appid) {
        this.appid = appid;
```

```java
    }
    public String getMch_id() {
        return mch_id;
    }
    public void setMch_id(String mchId) {
        mch_id = mchId;
    }
    public String getNonce_str() {
        return nonce_str;
    }
    public void setNonce_str(String nonceStr) {
        nonce_str = nonceStr;
    }
    public String getSign() {
        return sign;
    }
    public void setSign(String sign) {
        this.sign = sign;
    }
    public String getBody() {
        return body;
    }
    public void setBody(String body) {
        this.body = body;
    }
    public String getDetail() {
        return detail;
    }
    public void setDetail(String detail) {
        this.detail = detail;
    }
    public String getOut_trade_no() {
        return out_trade_no;
    }
    public void setOut_trade_no(String outTradeNo) {
        out_trade_no = outTradeNo;
    }
    public String getTotal_fee() {
        return total_fee;
    }
    public void setTotal_fee(String totalFee) {
        total_fee = totalFee;
    }
    public String getSpbill_create_ip() {
        return spbill_create_ip;
    }
    public void setSpbill_create_ip(String spbillCreateIp) {
        spbill_create_ip = spbillCreateIp;
    }
    public String getNotify_url() {
        return notify_url;
    }
```

```java
    public void setNotify_url(String notifyUrl) {
        notify_url = notifyUrl;
    }
    public String getTrade_type() {
        return trade_type;
    }
    public void setTrade_type(String tradeType) {
        trade_type = tradeType;
    }
    public String getLimit_pay() {
        return limit_pay;
    }
    public void setLimit_pay(String limitPay) {
        limit_pay = limitPay;
    }
    public String getOpenid() {
        return openid;
    }
    public void setOpenid(String openid) {
        this.openid = openid;
    }
}
```

微信统一下单实体类创建完成后，表示商家已经拥有了自己货物单据，接下来是填写购物单据，为买家创建订单。通过 PayOrder.java 实体类完成下订单。

创建下订单类 WxOrderService.java 示例代码如下：

```java
package myf.caption6;

import java.io.IOException;
import myf.caption6.entity.PayOrder;
import org.apache.http.HttpEntity;
import org.apache.http.HttpResponse;
import org.apache.http.client.ClientProtocolException;
import org.apache.http.client.ResponseHandler;
import org.apache.http.client.methods.HttpPost;
import org.apache.http.entity.ContentType;
import org.apache.http.entity.StringEntity;
import org.apache.http.impl.client.CloseableHttpClient;
import org.apache.http.impl.client.HttpClients;
import org.apache.http.util.EntityUtils;

/**
 * 微信支付，订单服务类
 *
 * @author muyunfei
 *
 * <p>Modification History:</p>
 * <p>Date                 Author              Description</p>
 * <p>------------------------------------------------------------------</p>
 * <p>8 4, 2016            muyunfei            新建</p>
 */
```

```java
public class WxOrderService {

    /**
     * 创建微信同一订单
     * @return
     */
    public  String createOrder(PayOrder order){
        try {
            //根据order生成订单签名
            if(null!=order&&(null==order.getSign()||"".equals(order.getSign()))){
                String sign = WxPayUtil.getSign(order);
                order.setSign(sign);
            }
            String orderXML = WxPayUtil.orderToXml(order);
            CloseableHttpClient httpclient = HttpClients.createDefault();
            HttpPost httpPost= new HttpPost("https://api.mch.weixin.qq.com/pay/
                                            unifiedorder");
            //发送json格式的数据
            StringEntity myEntity = new StringEntity(orderXML,
                    ContentType.create("text/plain", "UTF-8"));
            //设置需要传递的数据
            httpPost.setEntity(myEntity);
            // Create a custom response handler
            ResponseHandler<String> responseHandler = new ResponseHandler<String>()
{
                //对访问结果进行处理
                public String handleResponse(
                final HttpResponse response) throws ClientProtocolException, IOException
    {
                    int status = response.getStatusLine().getStatusCode();
                    if (status >= 200 && status < 300) {
                        HttpEntity entity = response.getEntity();
                        if(null!=entity){
                            String result= EntityUtils.toString(entity);
                            System.out.println(result);
            return result;
                        }else{
        return null;
                        }
                    } else {
                        throw new ClientProtocolException("Unexpected response
                                                        status: " + status);
                    }
                }
            };
//返回的json对象
     String responseBody = httpclient.execute(httpPost, responseHandler);
    System.out.println(responseBody);
            httpclient.close();
            return responseBody;
        } catch (Exception e) {
            // TODO Auto-generated catch block
```

```
            e.printStackTrace();
        }
        return null;
    }
}
```

备注：WxPayUtil.getSign 为微信统一下单签名方法，详细介绍读者请参照 7.4.2 节中介绍。

下订单接口调用成功后，将获得系统唯一的订单号，该订单号在微信中不会重复，凭借该订单号能够发起支付，接下来一节将为读者介绍如何发起支付。

7.5 发起支付

微信公众号的发起支付功能，与下订单功能相似，开发者在后台首先生成签名，将签名、时间戳、随机字符串等信息传递至页面，由页面调用微信内置浏览器中的 JS 方法，发起 H5 支付，本节将为读者演示如何对支付数据进行签名，如何发起微信 JS-H5 支付。

7.5.1 支付签名

读者通过"统一下单接口"获得预支付订单号后，首先与微信唯一标识、时间戳、随机字符串、订单详细扩展字符串（packageVal）以及签名类型生成签名数据，存入 paySign 中，借口调用具体代码如下：

```
//订单创建成功
String prepay_id=(String) xmlMap.get("prepay_id");
//利用订单号生成支付信息
//appID
String appID=WxUtil.messageAppId;//--------------待修改，微信appid
//时间戳
long timeStamp = new Date().getTime();
//随机字符串
String nonceStr = WxPayUtil.getRandomString2(32);
//订单详情扩展字符串
String packageVal="prepay_id="+prepay_id;
//签名方式
String signType="MD5";
//生成支付签名
Map<String,Object> map = new HashMap<String, Object>();
map.put("appId", appID);
map.put("timeStamp", timeStamp);
map.put("nonceStr", nonceStr);
map.put("package", packageVal);
map.put("signType", signType);
String paySign = WxPayUtil.getSign(map);
System.out.println("微信公众号支付签名: "+paySign);
//跳转订单详细页面，进行支付
req.setAttribute("appId", appID);
req.setAttribute("payTimeStamp", timeStamp+"");
req.setAttribute("nonceStr", nonceStr);
req.setAttribute("packageVal", packageVal);
```

```
req.setAttribute("signType", signType);
req.setAttribute("paySign", paySign);
```

备注：订单详细扩展字符串中记录预订单号，如：prepay_id=wx123434254。

上述代码讲述了支付签名如何调用；签名操作提取到 WxPayUtil 中，通过 WxPayUtil.getSign(map);增加代码复用度，支付签名方法 getSign 的示例代码如下：

```java
public static String getSign(Map<String,Object> map) throws UnsupportedEncodingException{
    ArrayList<String> list = new ArrayList<String>();
    for(Map.Entry<String,Object> entry:map.entrySet()){
    //sign 不参与验签
    if(entry.getKey()=="sign"){
    continue;
        }
    //参数为空不参与签名
        if(entry.getValue()!=""){
    list.add(entry.getKey() + "=" + entry.getValue());
        }
    }
    int size = list.size();
    String [] arrayToSort = list.toArray(new String[size]);
    Arrays.sort(arrayToSort, String.CASE_INSENSITIVE_ORDER);
    StringBuilder sb = new StringBuilder();
    for(int i = 0; i < size; i ++) {
        sb.append(arrayToSort[i]);
        if(i!=size-1){
    sb.append("&");
        }
    }
    String result = sb.toString();
    result += "&key=" + WxUtil.key;
    //Util.log("Sign Before MD5:" + result);
    result = MD5.MD5Encode(result).toUpperCase();
    //Util.log("Sign Result:" + result);
    return result;
}
```

备注：MD5 算法、getRandomString2()获取随机字符串方案，请读者参照 7.4.2 中介绍。

7.5.2 小实例：发起微信 JS-H5 支付

读者在前几节掌握了如何下订单、获取订单号以及生成支付签名，接下来我们将通过一个小实例学习如何发起微信公众号支付。

微信公众号的支付，是通过在微信公众号内置浏览器中内置对象 WeixinJSBridge 发起的 JS-H5 支付，执行代码为 WeixinJSBridge.invok()，本质上是通过 JS 调用微信原生组件发起支付，由 invoke 初始化 AppId、时间戳、支付签名、回调函数等信息，通过回调函数获得 JSON 格式的结果，这整个过程是一个密闭的调用过程，读者只需初始化相关数据即可，示例代码如下：

注意：重复的商户系统订单号将无法发起支付，已经支付的微信预订单也无法发起支付。

```
//调用微信 JS api 支付
function jsApiCall()
{
```

```
    WeixinJSBridge.invoke(
    'getBrandWCPayRequest',
    {"appId": '<%=request.getAttribute("appId")%>',
     "timeStamp": <%=request.getAttribute("payTimeStamp")%>,
       "nonceStr": '<%=request.getAttribute("nonceStr")%>',
       "package": '<%=request.getAttribute("packageVal")%>',
       "signType": '<%=request.getAttribute("signType")%>',
       "paySign": '<%=request.getAttribute("paySign")%>',
    },//json串
    function (res){
       alert("同步返回数据: "+JSON.stringify(res));
       // 支付成功后的回调函数
           if(res.err_msg == "get_brand_wcpay_request: ok" ) {
       // 使用以上方式判断前端返回,微信团队郑重提示: res.err_msg 将在用户支付成功后返回    ok,但并
不保证它绝对可靠。
           alert("支付成功,请稍后查询...");
           }
       }
    );
}

function callpay(){
   if (typeof WeixinJSBridge == "undefined"){
      if (document.addEventListener){
         document.addEventListener('WeixinJSBridgeReady', jsApiCall, false);
      }
      else if (document.attachEvent){
         document.attachEvent('WeixinJSBridgeReady', jsApiCall);
         document.attachEvent('onWeixinJSBridgeReady', jsApiCall);
      }
   }else{
      jsApiCall();
   }
}
```

在 WeixinJSBridge.invoke()方法中,请求参数名要区分大小,大小写错误签名验证会失败,JS-H5 支付请求参数详细说明参见表 7.6 说明。

表 7.6 微信 JS-H5 支付请求参数及说明

字段名	变量名	必填	类型	示例值	描述
公众号 id	appid	是	String（16）	wx8888888888888888	商户注册具有支付权限的公众号成功后即可获得
时间戳	timeStamp	是	String（32）	1414561699	当前的时间,其他详见时间戳规则
随机字符串	nonceStr	是	String（32）	5K8264ILTKCH16CQ2502SI8ZNMTM67VS	随机字符串,不长于 32 位。推荐随机数生成算法
订单详情扩展字符串	package	是	String（128）	prepay_id=123456789	统一下单接口返回的 prepay_id 参数值,提交格式如: prepay_id=*** 详细介绍参见 7.4 节中介绍
签名方式	signType	是	String（32）	MD5	签名算法,暂支持 MD5
签名	paySign	是	String（64）	C380BEC2BFD727A4B6845133519F3AD6	订单签名,详细介绍请参照 7.4.2 节中介绍

备注：WeixinJSBridge 为微信内置浏览器中的内置对象，在其他浏览器中无效。

7.6 支付结果

微信用户完成支付后，微信将向开发者系统推送两类消息：同步通知和异步通知。同步通知为页面通知，该通知主要表示接口是否调用成功，方便开发者系统继续下一步操作；而实际支付结果需要以异步通知为准；异步通知是后台被动接受微信推送的支付结果，该结果中包含了相关支付内容和用户信息，用于系统的实际结算。

备注：一般情况下，同步通知返回支付成功，异步结果也会返回成功，但为防止异常情况的发生还是采用异步通知结算较为稳妥，结算时注意验签、验金额、验用户、排重等。

7.6.1 同步通知

微信发起 JS-H5 支付后，页面同步通知中返回如下参数：

```
{"err_msg":"get_brand_wcpay_request: ok"}
```

可以通过 err_msg 不同的返回值进行判断，详细说明参见表 7.7 所示。

表 7.7　同步通知返回值及说明

返　回　值	说　　明
get_brand_wcpay_request:ok	支付成功
get_brand_wcpay_request:cancel	支付过程中用户取消
get_brand_wcpay_request:fail	支付失败

备注：get_brand_wcpay_request:ok 仅在用户成功完成支付时返回。由于前端交互复杂，get_brand_wcpay_request:cancel 或者 get_brand_wcpay_request:fail 可以统一作为用户遇到错误或者主动放弃来处理，不必细化区分。

7.6.2 异步通知

在支付结果结算处理中，用户支付完成后，微信会把相关支付结果和用户信息发送给商户后台系统，商户后台系统接收、处理并返回应答，这是异步通知的工作机制。对商户后台通知交互时，如果微信收到商户的应答是非成功或超时，微信会认为通知失败，接下来会通过一定的策略定期重新发起通知，尽可能提高通知的成功率，但微信不保证通知最终能成功，通知频率为 15/15/30/180/1800/1800/1800/1800/3600，单位：秒，因此开发者在开发时需要做好数据的排重工作。

读者在收到支付结果处理时，首先需要进行排重，检查对应业务数据的状态，判断该通知是否已经处理过，如果没有处理过再进行验签处理；如果处理过直接返回成功即可。在对业务数据进行状态检查和处理之前，要采用数据锁进行并发控制，对数据库操作需要能够事务异常回滚，以避免函数重入造成的数据混乱，示例代码如下：

注意：开发者在排重完成后，对支付结果必须进行签名验证，并校验微信支付订单金额与商户系统订单金额是否一致，防止接口泄露而导致的"假通知"问题。

```java
package myf.caption6;

import java.io.BufferedReader;
```

```java
import java.io.IOException;
import java.io.InputStreamReader;
import java.io.PrintWriter;
import java.util.HashMap;
import java.util.Map;
import javax.servlet.ServletException;
import javax.servlet.ServletInputStream;
import javax.servlet.http.HttpServlet;
import javax.servlet.http.HttpServletRequest;
import javax.servlet.http.HttpServletResponse;
import myf.caption6.WxPayUtil;
/**
 * 微信支付，工具类
 *
 * @author muyunfei
 *
 *<p>Modification History:</p>
 *<p>Date                 Author              Description</p>
 *<p>------------------------------------------------------------------</p>
 *<p>11 30, 2016          muyunfei            新建</p>
 */
public class WxNotifyAction extends HttpServlet {

    private static final long serialVersionUID = 1L;

    @Override
    protected void doGet(HttpServletRequest req, HttpServletResponse resp)
            throws ServletException, IOException {
        // TODO Auto-generated method stub
        this.doPost(req, resp);
    }

    @Override
    protected void doPost(HttpServletRequest req, HttpServletResponse resp)
            throws ServletException, IOException {
        try{
            //获取微信POST过来反馈信息
            Map<String,String> params = new HashMap<String,String>();
            // post 请求的数据
            // sReqData = HttpUtils.PostData();
            ServletInputStream in = req.getInputStream();
            BufferedReader reader =new BufferedReader(new InputStreamReader(in));
            String sReqData="";
            String itemStr="";//作为输出字符串的临时串，用于判断是否读取完毕
            while(null!=(itemStr=reader.readLine())){
                sReqData+=itemStr;
            }
            //---- 待修改，可以在这里写一个log日志文件，记录相应信息
            System.out.println(sReqData);
            //---- 待修改，结束
            //解析数据
            Map<String, Object> map = WxPayUtil.getMapFromXML(sReqData);
```

```java
//            //打印接收信息
//            Iterator iterator = map.entrySet().iterator();
//            while (iterator.hasNext()) {
//                Map.Entry<String, String> entry = (Entry<String, String>) iterator.next();
//                System.out.println("key:" + entry.getKey() + " value: "+ entry.
                                                                    getValue());
//            }
            //判断支付结果,return_code 通信标识,非交易标识,交易是否成功需要查看 result_code
                                                                        来判断
            String return_code=map.get("return_code")+"";
            String result_code=map.get("result_code")+"";
            if("SUCCESS".equals(return_code)&&"SUCCESS".equals(result_code)){
                //表示支付成功
                //sign 进行验签,确保消息的真伪
                String sign = map.get("sign")+"";//sign 不参与验签
                String reSign = WxPayUtil.getSign(map);
                if(sign.equals(reSign)){
                    //验签成功,进行结算
                    System.out.println("验签成功");

                    //----待修改,结算时,加锁加事务,验证订单是否有效,判断金额是否正确
                }
            }
            //返回消息
            String resultMsg="<xml><return_code><![CDATA[SUCCESS]]></return_code>
                             <return_msg><![CDATA[OK]]></return_msg></xml> ";
            PrintWriter out = resp.getWriter();
            out.write(resultMsg);
            out.flush();
            out.close();
        }catch (Exception e) {
            e.printStackTrace();
        }

    }

}
```

异步通知的 URL 是通过"统一下单接口"中提交的 notify_url 进行设置,如果链接无法访问,商户将无法接收到微信通知,并且 URL 链接中不能携带参数,示例:notify_url:"https://pay.weixin.qq.com/wxpay/pay.action",接口调用中不需要安装证书,请求参数说明参见表 7.8 所示。

表 7.8 微信异步通知接收参数及说明

字段名	变量名	必填	类型	示例值	描述
公众号 id	appid	是	String(16)	wx8888888888888888	商户注册具有支付权限的公众号,成功后即可获得
返回状态码	return_code	是	String(16)	SUCCESS	SUCCESS/FAIL 此字段是通信标识,非交易标识,交易是否成功需要查看 result_code 来判断

续表

字段名	变量名	必填	类型	示例值	描述
返回信息	return_msg	否	String(128)	签名失败	当 return_code 为 fail 时，返回信息为错误原因，例如：签名失败，参数格式校验错误
公众账号 ID	appid	是	String(32)	wx8888888888888888	微信分配的公众账号 ID（企业号 corpid 即为此 appid）
商户号	mch_id	是	String(32)	1900000109	微信支付分配的商户号
设备号	device_info	否	String(32)	013467007045764	微信支付分配的终端设备号
随机字符串	nonce_str	是	String(32)	5K8264ILTKCH16CQ2502SI8ZNMTM67VS	随机字符串，不长于 32 位
签名	sign	是	String(32)	C380BEC2BFD727A4B6845133519F3AD6	签名，详见 7.5.1 支付签名算法
签名类型	sign_type	否	String(32)	HMAC-SHA256	签名类型，目前支持 HMAC-SHA256 和 MD5，默认为 MD5
业务结果	result_code	是	String(16)	SUCCESS	SUCCESS/FAIL
错误代码	err_code	否	String(32)	SYSTEMERROR	错误返回的信息描述
错误代码描述	err_code_des	否	String(128)	系统错误	错误返回的信息描述
用户标识	openid	是	String(128)	wxd930ea5d5a258f4f	用户在商户 appid 下的唯一标识
是否关注公众账号	is_subscribe	否	String(1)	Y	用户是否关注公众账号，Y-关注，N-未关注，仅在公众账号类型支付有效
交易类型	trade_type	是	String(16)	JSAPI	JSAPI、NATIVE、APP
付款银行	bank_type	是	String(16)	CMC	银行类型
订单金额	total_fee	是	Int	100	订单总金额，单位为分
应结订单金额	settlement_total_fee	否	Int	100	应结订单金额=订单金额-非充值代金券金额，应结订单金额<=订单金额
货币种类	fee_type	否	String(8)	CNY	货币类型，符合 ISO4217 标准的三位字母代码，默认人民币：CNY
现金支付金额	cash_fee	是	Int	100	现金支付金额订单现金支付金额，详见支付金额
现金支付货币类型	cash_fee_type	否	String(16)	CNY	货币类型，符合 ISO4217 标准的三位字母代码，默认人民币：CNY
总代金券金额	coupon_fee	否	Int	10	代金券金额<=订单金额，订单金额-代金券金额=现金支付金额
代金券使用数量	coupon_count	否	Int	1	代金券使用数量
代金券类型	coupon_type_$n	否	Int	CASH	CASH：充值代金券 NO_CASH：非充值代金券 订单使用代金券时有返回（取值：CASH、NO_CASH）。$n 为下标，从 0 开始编号，举例：coupon_type_0

续表

字段名	变量名	必填	类型	示例值	描述
代金券 ID	coupon_id_$n	否	String（20）	10 000	代金券 ID,$n 为下标，从 0 开始编号
单个代金券支付金额	coupon_fee_$n	否	Int	100	单个代金券支付金额,$n 为下标，从 0 开始编号
微信支付订单号	transaction_id	是	String（32）	1217752501201407033233368018	微信支付订单号
商户订单号	out_trade_no	是	String（32）	1212321211201407033568112322	商户系统的订单号，与请求一致。
商家数据包	attach	否	String（128）	123456	商家数据包，原样返回
支付完成时间	time_end	是	String（14）	20141030133525	支付完成时间，格式为 yyyyMMddHHmmss，如：2009 年 12 月 25 日 9 点 10 分 10 秒表示为 20091225091010

请求参数以 XML 格式推送给商户系统，示例参数如下：

```xml
<xml>
  <appid><![CDATA[wx2421b1c4370ec43b]]></appid>
  <attach><![CDATA[支付测试]]></attach>
  <bank_type><![CDATA[CFT]]></bank_type>
  <fee_type><![CDATA[CNY]]></fee_type>
  <is_subscribe><![CDATA[Y]]></is_subscribe>
  <mch_id><![CDATA[10000100]]></mch_id>
  <nonce_str><![CDATA[5d2b6c2a8db53831f7eda20af46e531c]]></nonce_str>
  <openid><![CDATA[oUpF8uMEb4qRXf22hE3X68TekukE]]></openid>
  <out_trade_no><![CDATA[1409811653]]></out_trade_no>
  <result_code><![CDATA[SUCCESS]]></result_code>
  <return_code><![CDATA[SUCCESS]]></return_code>
  <sign><![CDATA[B552ED6B279343CB493C5DD0D78AB241]]></sign>
  <sub_mch_id><![CDATA[10000100]]></sub_mch_id>
  <time_end><![CDATA[20140903131540]]></time_end>
  <total_fee>1</total_fee>
  <trade_type><![CDATA[JSAPI]]></trade_type>
  <transaction_id><![CDATA[1004400740201409030005092168]]></transaction_id>
</xml>
```

备注：return_code 为通信标识，result_code 为交易标识，当 return_code 与 result_code 同时为 "SUCCESS" 时表示支付成功。

成功接收微信支付异步结果后，需要返回接收成功的信息，用于结束本次微信支付的通知重发机制，具体代码如下：

```xml
<xml>
<return_code><![CDATA[SUCCESS]]></return_code>
<return_msg><![CDATA[OK]]></return_msg>
</xml>
```

7.7 获取对账单文件

开发商户系统时，部分商户会需要电子对账或者账单统计功能，微信针对此类需求开放了

"下载对账单接口",商户可以通过该接口下载历史交易清单。对于掉单、系统错误等而导致的商户侧和微信侧数据不一致,也可以通过对账单核对后校正支付状态。

7.7.1 接口介绍

微信下载对账单通过 URL 获得数据流,进而解析数据流文件,详细说明如下:
(1)接口链接
https://api.mch.weixin.qq.com/pay/downloadbill
(2)是否需要证书
不需要证书。
(3)请求参数

请求数据以 XML 格式发送,对于非必填数据读者可以根据项目需要自行设置,详细说明参见下表 7.9。

表 7.9 下载对账单请求参数及说明

字段名	变量名	必填	类型	示例值	描述
公众账号 ID	appid	是	String(32)	wx8888888888888888	微信分配的公众账号 ID(企业号 corpid 即为此 appId)
商户号	mch_id	是	String(32)	1900000109	微信支付分配的商户号
设备号	device_info	否	String(32)	013467007045764	微信支付分配的终端设备号
随机字符串	nonce_str	是	String(32)	5K8264ILTKCH16CQ2502SI8ZNMTM67VS	随机字符串,不长于 32 位。推荐随机数生成算法
签名	sign	是	String(32)	C380BEC2BFD727A4B6845133519F3AD6	签名,详见 7.5.1 签名生成算法
签名类型	sign_type	否	String(32)	HMAC-SHA256	签名类型,目前支持 HMAC-SHA256 和 MD5,默认为 MD5
对账单日期	bill_date	是	String(8)	20140603	下载对账单的日期,格式:20140603
账单类型	bill_type	是	String(8)	ALL	• ALL,返回当日所有订单信息,默认值 • SUCCESS,返回当日成功支付的订单 • REFUND,返回当日退款单 • RECHARGE_REFUND,返回当日充值退款订单(相比其他对账单多一栏"返还手续费")
压缩账单	tar_type	否	String(8)	GZIP	非必传参数,固定值:GZIP,返回格式为.gzip 的压缩包账单。不传则默认为数据流形式

(4)响应参数

数据请求成功后数据以文本表格的方式返回,第一行为表头,从第二行起,为数据记录,各参数以逗号分隔,倒数第二行为订单统计标题,最后一行为统计数据。

第一行为表头,根据请求下载的对账单类型不同而不同(由 bill_type 决定),目前有:

- 当日所有订单(ALL):

当日所有订单具体内容参考下面的示例数据。

- 当日成功支付的订单(SUCCESS):

当日成功支付的订单内容相较当日所有订单内容少了微信退款单号、商户退款单号、退款金额、代金券或立减优惠退款金额、退款类型与退款状态等项。

- 当日退款的订单（REFUND）：

当日退款的订单内容相较于当日所有订单内容多了退款申请时间和退款成功时间两项。

示例数据（当日所有订单）如下：

```
交易时间,公众账号 ID,商户号,子商户号,设备号,微信订单号,商户订单号,用户标识,交易类型,交易状态,付款银行,货币种类,总金额,代金券或立减优惠金额,微信退款单号,商户退款单号,退款金额,代金券或立减优惠退款金额,退款类型,退款状态,商品名称,商户数据包,手续费,费率
`2014-11-1016: 33: 45,`wx2421b1c4370ec43b,`10000100,`0,`1000,`1001690740201411100005734289,`1415640626,`085e9858e3ba5186aafcbaed1,`MICROPAY,`SUCCESS,`CFT,`CNY,`0.01,`0.0,`0,`0,`0,`0,`,`,`被扫支付测试,`订单额外描述,`0,`0.60%
`2014-11-1016: 46: 14,`wx2421b1c4370ec43b,`10000100,`0,`1000,`1002780740201411100005729794,`1415635270,`085e9858e90ca40c0b5aee463,`MICROPAY,`SUCCESS,`CFT,`CNY,`0.01,`0.0,`0,`0,`0,`0,`,`,`被扫支付测试,`订单额外描述,`0,`0.60%
总交易单数,总交易额,总退款金额,总代金券或立减优惠退款金额,手续费总金额
`2,`0.02,`0.0,`0.0,`0
```

备注：账单数据中各参数以逗号分隔，参数前增加"`"符号，为标准键盘数字 1 左边键的字符，字段顺序与表头一致

当账单获取失败时，将返回 XML 格式的数据信息，示例数据如下：

```xml
<xml>
  <return_code><![CDATA[FAIL]]></return_code>
  <return_msg><![CDATA[No Bill Exist]]></return_msg>
  <error_code><![CDATA[20002]]></error_code>
</xml>
```

读者可以根据 return_msg 返回信息，判断接口请求情况，进而快速定位自身问题，具体返回错误码及其说明请参照表 7.10。

表 7.10　下载对账单返回错误码说明

名　称	描　述	原　因	解决方案
SYSTEMERROR	下载失败	系统超时	请尝试再次查询
invalid bill_type	参数错误	请求参数未按指引进行填写	参数错误，请重新检查
data format error			
missing parameter			
SIGN ERROR			
NO Bill Exist	账单不存在	当前商户号没有已成交的订单，不生成对账单	请检查当前商户号在指定日期内是否有成功的交易
Bill Creating	账单未生成	当前商户号没有已成交的订单或对账单尚未生成	请先检查当前商户号在指定日期内是否有成功的交易，如指定日期有交易则表示账单正在生成中，请在上午 10 点以后再下载
CompressGZip Error	账单压缩失败	账单压缩失败，请稍后重试	账单压缩失败，请稍后重试

注意：关于对账单功能有以下几点要注意:

- 微信侧未成功下单的交易不会出现在对账单中。支付成功后撤销的交易会出现在对账单中，跟原支付单订单号一致。

- 微信在次日 9 点启动，开始生成前一天的对账单，建议 10 点后再获取。
- 对账单中涉及金额的字段单位为 "元"。
- 对账单接口只能下载三个月以内的账单。

7.7.2 账单签名

除了下订单、发起支付两个环节需要签名之外，在下载对账单时也需要对请求数据进行签名。对所有请求的数据（除 sign 之外）进行签名，示例代码如下：

```java
//生成支付签名
    Map<String,Object> map = new HashMap<String, Object>();
    map.put("appid", WxUtil.messageAppId);
    //商户号
    String mch_id = "1456887902";
    map.put("mch_id", mch_id);
    //随机字符串
    String nonce_str = WxPayUtil.getRandomString2(32);
    map.put("nonce_str", nonce_str);
    //下载对账单的日期，格式：20170417
    String bill_date = "20170412";
    map.put("bill_date", bill_date);
    //ALL，返回当日所有订单信息，默认值
    //SUCCESS，返回当日成功支付的订单
    //REFUND，返回当日退款订单
    //RECHARGE_REFUND，返回当日充值退款订单（相比其他对账单多一栏"返还手续费"）
    String bill_type = "ALL";
    map.put("bill_type", bill_type);
    //非必传参数，固定值：GZIP，返回格式为.gzip 的压缩包账单。不传则默认为数据流形式。
    //map.put("tar_type", "GZIP");
    String paySign = WxPayUtil.getSign(map);
```

备注：签名算法 WxPayUtil.getSign 与支付签名相同，对所有请求数据排序后进行 MD5 加密生成大写加密字符串，读者可以参考 7.5.1 节。

7.7.3 小实例：下载微信账单

微信对账单用于商家轧帐和定期结账，本实例通过 HttpClient 的方式，以 Post 方式请求微信服务器，获得微信对账单数据流文件，并将流文件以 byte[1024]缓冲的方式循环读取，以防止文件过大而造成超时失败问题，示例代码如下：

```java
package com.highsoft.wxpay;

import java.io.IOException;
import java.io.InputStream;
import java.io.UnsupportedEncodingException;
import java.util.HashMap;
import java.util.Map;
import org.apache.http.HttpEntity;
import org.apache.http.HttpResponse;
import org.apache.http.StatusLine;
import org.apache.http.client.ClientProtocolException;
import org.apache.http.client.ResponseHandler;
import org.apache.http.client.methods.CloseableHttpResponse;
import org.apache.http.client.methods.HttpPost;
import org.apache.http.entity.ContentType;
```

```java
import org.apache.http.entity.StringEntity;
import org.apache.http.impl.client.CloseableHttpClient;
import org.apache.http.impl.client.HttpClients;
import org.apache.http.util.EntityUtils;

/**
 * 获取微信对账单文件
 *
 * @author muyunfei
 *
 *<p>Modification History:</p>
 *<p>Date              Author            Description</p>
 *<p>-----------------------------------------------------------------</p>
 *<p>8 4, 2016         muyunfei          新建</p>
 */
public class WxPayBillFile {
    public static void main(String[] args) {
        //生成支付签名
        Map<String,Object> map = new HashMap<String, Object>();
        map.put("appid", WxUtil.messageAppId);
        //商户号
        String mch_id = "***商户号***";
        map.put("mch_id", mch_id);
        //随机字符串
        String nonce_str = WxPayUtil.getRandomString2(32);
        map.put("nonce_str", nonce_str);
        //下载对账单的日期，格式：20170417
        String bill_date = "20170415";
        map.put("bill_date", bill_date);
        //ALL，返回当日所有订单信息，默认值
        //SUCCESS，返回当日成功支付的订单
        //REFUND，返回当日退款订单
        //RECHARGE_REFUND，返回当日充值退款订单（相比其他对账单多一栏"返还手续费"）
        String bill_type = "ALL";
        map.put("bill_type", bill_type);
        //非必传参数，固定值：GZIP，返回格式为.gzip的压缩包账单。不传则默认为数据流形式。
        //map.put("tar_type", "GZIP");
        try {
            String paySign = WxPayUtil.getSign(map);
            StringBuffer requestParam = new StringBuffer("");
            requestParam.append("<xml>");
            requestParam.append("<appid>"+WxUtil.messageAppId+"</appid>");
            requestParam.append("<bill_date>"+bill_date+"</bill_date>");
            requestParam.append("<bill_type>"+bill_type+"</bill_type>");
            requestParam.append("<mch_id>"+mch_id+"</mch_id>");
            requestParam.append("<nonce_str>"+nonce_str+"</nonce_str>");
            requestParam.append("<sign>"+paySign+"</sign>");
            requestParam.append("</xml>");
            //请求微信账单数据
            CloseableHttpClient httpclient = HttpClients.createDefault();
            HttpPost httpPost= new HttpPost("https://api.mch.weixin.qq.com/pay/downloadbill");
            //发送json格式的数据
            StringEntity myEntity = new StringEntity(requestParam.toString(),
                    ContentType.create("text/plain", "UTF-8"));
```

```
            //设置需要传递的数据
            httpPost.setEntity(myEntity);
    //返回的json对象
    CloseableHttpResponse response = httpclient.execute(httpPost);
    HttpEntity responseEntity = response.getEntity();
    InputStream in = responseEntity.getContent();
    String result ="";
    int count = 0 ;
    byte[] b = new byte[1024];
    while((count = in.read(b))!=-1){
        result= new String(b, 0, count, "UTF-8");
    }
    in.close();
    response.close();
    System.out.println(result);
        } catch (Exception e) {
            // TODO Auto-generated catch block
            e.printStackTrace();
        }
    }
}
```

执行结果如下图 7.11 所示。

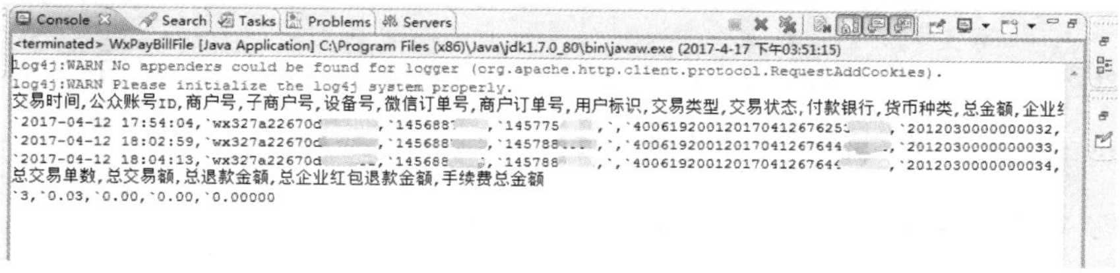

图 7.11　获取对账单数据

使用技巧：数据流既可以通过 HttpClient 对象获取，代码如下：

```
CloseableHttpResponse response = httpclient.execute(httpPost);
HttpEntity responseEntity = response.getEntity();
InputStream in = responseEntity.getContent();
```

还可以通过 HttpURLConnection 获取，代码如下：

```
oaUrl = new URL(url);
HttpURLConnection httpConn = (HttpURLConnection) oaUrl.openConnection();
InputStream in = httpConn.getInputStream();
```

7.8　小实例：在微信中发起支付宝支付

众所周知，微信支付与支付宝支付是相互竞争的平台，微信中无法正常的发起支付宝支付，对于好奇的开发者们来说，如果微信支付发起支付宝支付那效果又是如何呢，本节将为演示支付宝是如何在微信中支付。

首先，通过支付宝手机网站支付，完成签名，发起支付之后，页面将提示"如需浏览，请长按网址复制后使用浏览器访问"，如图 7.12 所示，读者也可按照提示进行操作，也可以单击右上角按钮"在浏览器中打开"。

图 7.12　微信中打开支付宝支付

支付宝手机网站支付发起页面，示例代码如下：

```
//支付页面
//H5 支付页面-测试连接
mainNavi.pushPage("https://openapi.alipaydev.com/gateway.do?"+data.signStr);
//H5 支付页面-正式连接
mainNavi.pushPage("https://openapi.alipay.com/gateway.do?"+data.signStr);
```

备注：data.signStr 为支付宝支付签名，经过 urlencode 处理。

通过浏览器打开支付便可以正常完成支付宝支付，如下图 7.13 所示。

图 7.13　完成支付宝支付

第 8 章 微信服务商支付

微信服务商是指有技术开发能力的第三方开发者为普通商户提供微信支付技术开发、营销方案，即服务商可在微信支付开放的服务商高级接口的基础上，为商户完成支付申请、技术开发、机具调试、活动营销等全生态链服务，而微信服务商公众号支付能够实现同一微信公众号下对不同对公账户的支付，简单地说就是服务商能够为普通商户提供微信支付服务，普通商户无需开发，只需提供企业资质材料即可。

本章主要涉及的知识点有：
- 微信服务商：了解什么是微信服务商，服务商支付能够满足哪些需求。
- 微信特约商户：了解什么是特约商户，学习特约商户的申请、验证。
- 服务商开发配置：学会如何进行微信服务商公众号支付的开发配置。
- 发起支付：学会如何发起微信服务商公众号支付。

8.1 微信服务商

微信支付与微信服务商属于两个独立不同的功能，读者在公众号中申请成功微信支付后不代表已经开通微信服务商，本节将为读者介绍详细介绍什么是微信服务商，以及了解如何开通服务商功能。

8.1.1 微信商户类型

微信商户分为普通商户、服务商和特约商户（子商户）。普通商户是通过微信公众平台或微信开发平台中申请的具有微信支付能力的商户；服务商是有技术开发能力的第三方开发者，能够为特约商户提供微信支付技术开发、营销方案的商户；特约商户是商户在服务商注册的具有支付能力的子商户，商户只需提供企业资质材料无需开发，详细介绍请参照下表 8.1 所示。

表 8.1 微信服务商、普通商户、特约商户对比

		服务商及特约商户	普通商户
申请前置	申请入口	公众平台	公众平台、微信开放平台
	申请条件	企业类型认证通过的服务号	已微信认证的服务号
			政府、媒体的订阅号
申请流程	经营信息	联系信息、服务描述、客服电话	联系信息、商户简称、类目信息、商品描述、客服电话
	企业信息	从微信认证资料中拉取	
	银行卡信息	与营业执照同名的对公账户	个体户：与营业执照同名对公账户或法人对私账户
			普通企业：与营业执照同名的对公账户
			政府事业单位：可不同名的对公账户

		服务商及特约商户	普通商户
申请流程	打款验证	银行打款金额随机，查收款项，输入金额，通过帐户验证	
	在线签约	在线确认信息后，线上签署协议	
技术开发		在服务商管理页面配置子商户开发参数	在微信公众平台或开放平台配置开发参数
交易功能		服务商本身无法发起普通商户交易，只能用于受理模式代子商户发起交易	用商户号即可发起普通商户交易
结算功能		无结算	按照对应类目标准进行结算
账单功能		支持账单获取	

备注：服务商自身无法作为一个普通商户直接发起交易，其发起交易必须传入相关特约商户商户号的参数信息，同时服务商的商户号无结算功能，发起交易时，对应交易款直接进入其特约商户的商户号账户。在费用问题上，已认证的服务号申请成为服务商不收取任何费用。

8.1.2 申请服务商

申请微信服务商必须是已认证的服务号，对于非认证、非服务号的读者无法开通服务商功能，依次单击【微信支付】|【服务商申请】|【开通】，开通情况可通过微信公众号查看，如图8.1所示。

图 8.1 申请微信服务商

备注：服务商资料填写流程与微信支付相同，填写基本资料之后，依次进行对公账户打款、客服电话认证、在线验证金额及签署协议，详细介绍请参照 8.2 节。

8.1.3 服务商平台

服务商开通成功后，便可以通过商户平台（https://pay.weixin.qq.com）查看服务商功能，能够新增子商户、维护子商户、查看服务商奖励等，如下图8.2所示。

备注：普通商户、服务商、特约商户都是通过商户平台（https://pay.weixin.qq.com）登录，登录后显示控制台各不相同。

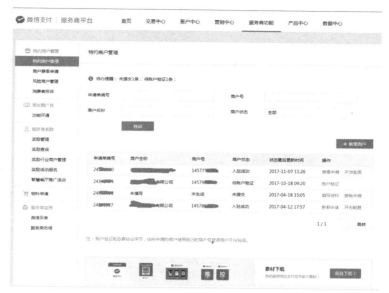

图 8.2 服务商平台

8.2 微信特约商户

微信特约商户，又被称为服务商子商户或者子商户，只需向服务商提供企业资质材料即可，是由服务商代为开通微信支付并提供支付开发能力的子商户。普通商户号无法直接转成特约商户，需要通过服务商平台重新录入资料生成新的商户号（特约商户）

8.2.1 申请特约商户

特约商户的申请需要服务商进行提交资料，服务商登录商户平台依次单击【服务商功能】|【子商户管理】|【新增商户】，提交微信特约商户认证资料，如图 8.3 所示。

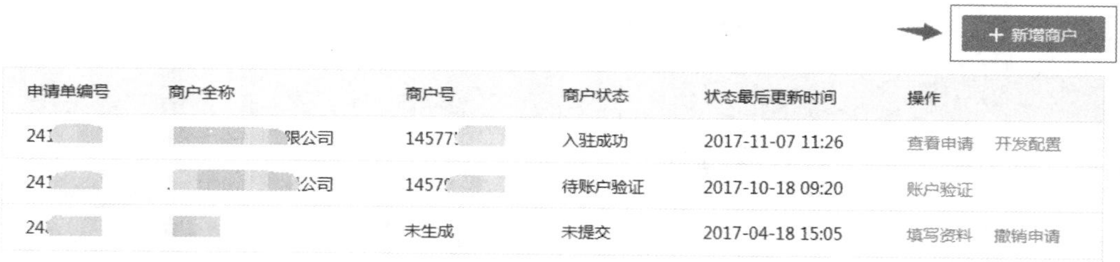

图 8.3 申请特约商户

备注：申请开通特约商户、服务商、普通商户的流程相同，开发服务商的读者需要及时查看邮件以免影响项目进度。

8.2.2 特约商户平台

特约商户通过商户平台（https://pay.weixin.qq.com）能够进行账户验证签约，还可以查看交易记录等，如图 8.4 所示。

图 8.4 特约商户平台

备注：特约商户可以不开通微信公众号。

8.3 服务商开发配置

服务商及特约商户申请成功后，需要进入服务商管理平台进行开发配置，如图 8.5 所示，依次单击【服务商功能】|【子商户管理】|【开发配置】，便可打开配置页面。

图 8.5 服务商开发配置

选择需要接入的特约商户，单击"开发配置"即可进入特约商户配置页面，包括：推荐关注公众号、支付权限设置以及特约商户 APPID 设置等，如下图 8.6 所示。

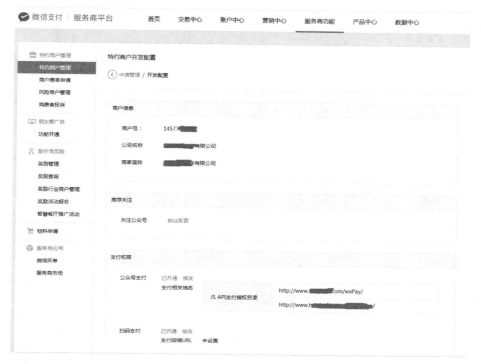

图 8.6 特约商户开发配置

备注：推荐关注公众号、特约商户 APPID 为非必填项，如果需要设置特约商户为已通过微信认证的服务号，其认证主体需与特约商户企业全称一致。特约商户无需开通公众号也可以进行微信支付。

8.4 服务商发起公众号支付

服务商发起公众号支付与微信普通商户相似，需要订单签名、调用统一下单接口、生成预订单号、支付签名、发起 H5 支付、接收同/异步消息。不同之处在于订单请求参数不同，详细说明如下表 8.2 所示。

表 8.2 服务商统一下单请求参数及说明

字段名	变量名	必填	类型	示例值	描述
公众账号 ID	appid	是	String（32）	wxd6111fh567hg6787	微信支付分配的公众账号 ID（企业号 corpid 即为此 appID）
商户号	mch_id	是	String（32）	1230000109	微信支付分配的商户号，邮件中可以查看
子商户公众账号 ID	sub_appid	否	String（32）	wx8888888888888888	微信分配的子商户公众账号 ID，如需在支付完成后获取 sub_openid 则此参数必传
子商户号	sub_mch_id	是	String（32）	1900000109	特约商户号（子商户号）
设备号	device_info	否	String（32）	013467117045764	自定义参数，可以为终端设备号(门店号或收银设备 ID)，PC 网页或公众号内支付可以传"WEB"
随机字符串	nonce_str	是	String（32）	5K8264ILTKCH16CQ2502SI8ZNMTM67VS	随机字符串，长度要求在 32 位以内。推荐随机数生成算法

续表

字段名	变量名	必填	类型	示例值	描述
签名	sign	是	String（32）	C380BEC2BFD727A4B6845133519F3AD6	通过签名算法计算得出的签名值,详见 7.5.1 签名生成算法
签名类型	sign_type	否	String（32）	HMAC-SHA256	签名类型,默认为 MD5,支持 HMAC-SHA256 和 MD5
商品描述	body	是	String（128）	XX 微信支付	商品简单描述,该字段请按照规范传递,具体请见参数规定
商品详情	detail	否	String（6000）		单品优惠字段（暂未上线）
附加数据	attach	否	String（127）	XX 分店	附加数据,在查询 API 和支付通知中原样返回,可作为自定义参数使用
商户订单号	out_trade_no	是	String（32）	20150806125346	商户系统内部订单号,要求 32 个字符内、且在同一个商户号下唯一
标价币种	fee_type	否	String（16）	CNY	符合 ISO 4217 标准的三位字母代码,默认人民币:CNY
标价金额	total_fee	是	Int	88	订单总金额,单位为分,详见支付金额
终端 IP	spbill_create_ip	是	String（16）	123.12.12.123	APP 和网页支付提交用户端 ip, Native 支付填调用微信支付 API 的机器 IP
交易起始时间	time_start	否	String（14）	20091225091010	订单生成时间,格式为 yyyyMMddHHmmss,如 2009 年 12 月 25 日 9 点 10 分 10 秒表示为 20091225091010
交易结束时间	time_expire	否	String（14）	20091227091010	订单失效时间,格式为 yyyyMMddHHmmss,如 2009 年 12 月 27 日 9 点 10 分 10 秒表示为 20091227091010
商品标记	goods_tag	否	String（32）	WXG	商品标记,使用代金券或立减优惠功能时需要的参数,说明详见代金券或立减优惠
通知地址	notify_url	是	String（256）	http://www.weixin.qq.com/wxpay/pay.php	异步接收微信支付结果通知的回调地址,通知URL 必须为外网可访问的 URL,不能携带参数
交易类型	trade_type	是	String（16）	JSAPI	取值如下:JSAPI, NATIVE, APP 等,说明详见参数规定
商品 ID	product_id	否	String（32）	12235413214070356458058	trade_type=NATIVE 时（即扫码支付）,此参数必传。此参数为二维码中包含的商品 ID,商户自行定义
指定支付方式	limit_pay	否	String（32）	no_credit	上传此参数 no_credit--可限制用户不能使用信用卡支付
用户标识	openid	否	String（128）	oUpF8uMuAJO_M2pxb1Q9zNjWeS6o	trade_type=JSAPI 时（即公众号支付）,此参数必传,此参数为微信用户在商户对应 appid 下的唯一标识
用户子标识	sub_openid	否	String（128）	oUpF8uMuAJO_M2pxb1Q9zNjWeS6o	trade_type=JSAPI 时（即公众号支付）,用户在子商户 appid 下的唯一标识。openid 和 sub_openid 可以选传其中之一,如果选择传 sub_openid,则必须传 sub_appid

备注:服务商统一下订单接口与普通商户统一下订单接口相比,增加了子商户公众账号 ID（sub_appid）、子商户号（sub_mch_id）和用户子标识（sub_openid）,接口调用是完全相同的详细内容请读者参照 7.4 节介绍。

第 9 章 综合案例：开发一个微信水果购物平台

正所谓学而不"练"则罔，通过前几节的学习读者已经了解了如何开发微信支付，本节将跟读者一起开发一个关于水果的微信购物平台（如图 9.1 所示），使读者在实战中积累知识，学习微信支付的各类注意事项。

图 9.1　微信水果购物平台

微信购物案例开发中，主要系统地学习、实践如何下订单，完成微信支付。在功能上通过货物列表查看货物详情，单击下订单完成付款；在实现上，通过 properties 与 static{}静态块实现微信公众号和商户信息的初始化，通过 JSP 页面展示货物信息，由 action 处理数据请求，工程结构如图 9.2 所示。

9.1　创建实体类

首先创建微信订单实体类 PayOrder.java，用于微信下订单，代码如下：

```
package myf.caption6.entity;
/**
```

图 9.2　工程结构图

```java
 * 微信支付，微信支付商户统一下单实体类
 *
 * @author muyunfei
 *
 *<p>Modification History:</p>
 *<p>Date                    Author           Description</p>
 *<p>--------------------------------------------------------------------</p>
 *<p>11 30, 2016             muyunfei         新建</p>
 */
public class PayOrder {
//      <xml>
//      <appid>wx2421b1c4370ec43b</appid>
//      <attach>支付测试</attach>
//      <body>JSAPI 支付测试</body>
//      <mch_id>10000100</mch_id>
// <detail><![CDATA[{ "goods_detail":[ { "goods_id":"iphone6s_16G", "wxpay_goods_id":
"1001", "goods_name":"iPhone6s 16G", "quantity":1, "price":528800, "goods_category":
"123456", "body":"苹果手机" }, { "goods_id":"iphone6s_32G", "wxpay_goods_id":"1002",
"goods_name":"iPhone6s 32G", "quantity":1, "price":608800, "goods_category":"123789",
"body":"苹果手机" } ] }]]></detail>
//      <nonce_str>1add1a30ac87aa2db72f57a2375d8fec</nonce_str>
//      <notify_url>http://wxpay.weixin.qq.com/pub_v2/pay/notify.v2.php</notify_url>
//      <openid>oUpF8uMuAJO_M2pxb1Q9zNjWeS6o</openid>
//      <out_trade_no>1415659990</out_trade_no>
//      <spbill_create_ip>14.23.150.211</spbill_create_ip>
//      <total_fee>1</total_fee>
//      <trade_type>JSAPI</trade_type>
//      <sign>0CB01533B8C1EF103065174F50BCA001</sign>
//      </xml>
    //微信分配的公众账号 ID
    private String appid;
    //微信支付分配的商户号
    private String mch_id;
    //随机字符串，不长于 32 位
    private String nonce_str ;
    //签名
    private String sign;
    //商品简单描述不长于 128 位
    private String body;
    //商品详细不长于 6000 位,商品详细列表，使用 Json 格式，传输签名前请务必使用 CDATA 标签将 JSON
    //                                                              文本串保护起来。可以不填
    private String detail;
    //商户订单号 32 个字符内
    private String out_trade_no;
    //订单总金额，单位为分
    private String total_fee;
     //APP 和网页支付提交用户端 ip，Native 支付填调用微信支付 API 的机器 IP
    private String spbill_create_ip;
    //接收微信支付异步通知回调地址，通知 url 必须为直接可访问的 url，不能携带参数。
    private String notify_url;
    //交易类型取值如下：JSAPI，NATIVE，APP
    private String trade_type;
```

```java
    //指定支付方式  no_credit--指定不能使用信用卡支付,可以不填
    private String limit_pay;
    //用户标识,trade_type=JSAPI,此参数必传,用户在商户appid下的唯一标识。openid如何获取
    private String openid;

    public PayOrder(){};

    public PayOrder(String appid, String mchId, String nonceStr, String sign,
            String body, String detail, String outTradeNo, String totalFee,
            String spbillCreateIp, String notifyUrl, String tradeType,
            String limitPay, String openid) {
        super();
        this.appid = appid;
        mch_id = mchId;
        nonce_str = nonceStr;
        this.sign = sign;
        this.body = body;
        this.detail = detail;
        out_trade_no = outTradeNo;
        total_fee = totalFee;
        spbill_create_ip = spbillCreateIp;
        notify_url = notifyUrl;
        trade_type = tradeType;
        limit_pay = limitPay;
        this.openid = openid;
    }
    public String getAppid() {
        return appid;
    }
    public void setAppid(String appid) {
        this.appid = appid;
    }
    public String getMch_id() {
        return mch_id;
    }
    public void setMch_id(String mchId) {
        mch_id = mchId;
    }
    public String getNonce_str() {
        return nonce_str;
    }
    public void setNonce_str(String nonceStr) {
        nonce_str = nonceStr;
    }
    public String getSign() {
        return sign;
    }
    public void setSign(String sign) {
        this.sign = sign;
    }
    public String getBody() {
        return body;
    }
```

```java
    public void setBody(String body) {
        this.body = body;
    }
    public String getDetail() {
        return detail;
    }
    public void setDetail(String detail) {
        this.detail = detail;
    }
    public String getOut_trade_no() {
        return out_trade_no;
    }
    public void setOut_trade_no(String outTradeNo) {
        out_trade_no = outTradeNo;
    }
    public String getTotal_fee() {
        return total_fee;
    }
    public void setTotal_fee(String totalFee) {
        total_fee = totalFee;
    }
    public String getSpbill_create_ip() {
        return spbill_create_ip;
    }
    public void setSpbill_create_ip(String spbillCreateIp) {
        spbill_create_ip = spbillCreateIp;
    }
    public String getNotify_url() {
        return notify_url;
    }
    public void setNotify_url(String notifyUrl) {
        notify_url = notifyUrl;
    }
    public String getTrade_type() {
        return trade_type;
    }
    public void setTrade_type(String tradeType) {
        trade_type = tradeType;
    }
    public String getLimit_pay() {
        return limit_pay;
    }
    public void setLimit_pay(String limitPay) {
        limit_pay = limitPay;
    }
    public String getOpenid() {
        return openid;
    }
    public void setOpenid(String openid) {
        this.openid = openid;
    }
}
```

备注：订单中的非必填项在本实体类中未添加，如果需要添加非必填项的读者，可以自行添加。

9.2 创建微信工具类

微信工具类主要功能是将微信常用的方法进行封装，本节主要介绍 WxUtil、WxPayUtil 和 MD5 这三个工具类，WxUtil 工具类是微信通用工具类，用于初始化微信公众号信息以及主动接口的调用；MD5 算法工具类，主要提供 MD5 算法实现，用于支付签名；WxPayUtil 工具类提供微信支付相关的实现。工具类的编写能够减少开发人员的工作量，提高代码复用度，避免编写失误。

9.2.1 消息工具类 WxUtil

创建微信消息工具类 WxUtil.java；通过 static{}静态块与 properties 文件相结合初始化微信公众号信息以及商户信息，如：AppId、AppSecret、mchId 等；编写 getTokenFromWx()方法获取并缓存具有一定时效的 access_token；编写 getJsapiTicketFromWx()方法，获取 jsapi_ticket，以完成微信 JS-SDK 授权签名，示例代码如下：

```java
package myf.caption6;

import java.io.IOException;
import java.io.InputStream;
import java.io.UnsupportedEncodingException;
import java.security.MessageDigest;
import java.security.NoSuchAlgorithmException;
import java.util.Date;
import java.util.Formatter;
import java.util.HashMap;
import java.util.Map;
import java.util.Properties;
import java.util.Random;
import net.sf.json.JSONObject;
import org.apache.http.HttpEntity;
import org.apache.http.HttpResponse;
import org.apache.http.client.ClientProtocolException;
import org.apache.http.client.ResponseHandler;
import org.apache.http.client.methods.HttpGet;
import org.apache.http.impl.client.CloseableHttpClient;
import org.apache.http.impl.client.HttpClients;
import org.apache.http.util.EntityUtils;

/**
 * 微信服务
 *
 * @author muyunfei
 *
 *<p>Modification History:</p>
 *<p>Date                 Author            Description</p>
 *<p>--------------------------------------------------------------</p>
 *<p>8 4, 2016            muyunfei          新建</p>
 */
public class WxUtil {
```

```java
public static  String messageAppId;
// 管理组凭证密钥
public static  String messageSecret;
//商户密钥
public static String key;//--------商户密钥，可以修改至数据库
//商户号
public static String mchId;
//域名
public static String webUrl;

/**
 * 静态块，初始化数据
 */
static{
    try{
        Properties properties = new Properties();
        InputStream in = WxUtil.class.getClassLoader().getResourceAsStream("com/highsoft/wxpay/wxConfig.properties");
        properties.load(in);
        messageAppId = properties.get("messageAppId")+"";
        messageSecret = properties.get("messageSecret")+"";
        key = properties.get("key")+"";
        mchId = properties.get("mchId")+"";
        webUrl = properties.get("webUrl")+"";
        in.close();
    }catch(Exception e){
        e.printStackTrace();
    }

}


//发送消息获得token
public static String accessToken;
//请求token的时间
public static Date accessTokenDate;
//token有效时间,默认7200秒,每次请求更新
public static long accessTokenInvalidTime=7200L;
//jstick有效时间
public static long jsapiTicketInvalidTime=7200L;
//主动调用：发送消息获得token
public static String jsapiTicket;
//主动调用：请求token的时间
public static Date jsapiTicketDate;

/**
 * 从微信获得accessToken
 * @return
 */
public synchronized static  String getTokenFromWx(){
    //微信公众号标识
```

```java
            String corpid=messageAppId;
            //管理组凭证密钥
            String corpsecret=messageSecret;
            //获取的标识
        String token="";
            //1、判断accessToken是否存在，不存在的话直接申请
        //2、判断时间是否过期，过期(>=7200秒)申请，否则不用请求直接返回以后的token
            if(null==accessToken||"".equals(accessToken)||
                (new Date().getTime()-accessTokenDate.getTime())>=((accessTokenInvalidTime-200L)*1000L))
{
                CloseableHttpClient httpclient = HttpClients.createDefault();
             try {
            //利用get形式获得token
                HttpGet httpget = new HttpGet("https://api.weixin.qq.com/cgi-bin/token?" +
                "grant_type=client_credential&appid="+corpid+"&secret="+corpsecret);
                // Create a custom response handler
                ResponseHandler<JSONObject> responseHandler = new ResponseHandler
<JSONObject>() {
                    public JSONObject handleResponse(
                        final HttpResponse response) throws ClientProtocolException,
IOException {
                        int status = response.getStatusLine().getStatusCode();
                        if (status >= 200 && status < 300) {
                            HttpEntity entity = response.getEntity();
                            if(null!=entity){
            String result= EntityUtils.toString(entity);
                            //根据字符串生成JSON对象
                    JSONObject resultObj = JSONObject.fromObject(result);
                    return resultObj;
                            }else{
    return null;
                            }
                        } else {
                            throw new ClientProtocolException("Unexpected response status: 
                                                                 " + status);
                        }
                    }
                };
                //返回的json对象
                JSONObject responseBody = httpclient.execute(httpget, responseHandler);
                //正确返回结果，进行更新数据
                if(null!=responseBody&&null!=responseBody.get("access_token")){
token= (String) responseBody.get("access_token");//返回token
//token有效时间
accessTokenInvalidTime=Long.valueOf(responseBody.get("expires_in")+"");
                //设置全局变量
                accessToken=token;
                accessTokenDate=new Date();
                }
             httpclient.close();
          }catch (Exception e) {
```

```java
                    e.printStackTrace();
            }
        }else{
    token=accessToken;
        }
            return token;
    }
    
    /**
     * 从微信获得jsapi_ticket
     * @return
     */
    public String getJsapiTicketFromWx(){
        String token=getTokenFromWx();//token
        //1、判断jsapiTicket是否存在，不存在的话直接申请
        //2、判断时间是否过期，过期(>=7200秒)申请，否则不用请求直接返回以后的token
        if(null==jsapiTicket||"".equals(jsapiTicket)||(new Date().getTime()-jsapiTicket
Date.getTime())>=((jsapiTicketInvalidTime-200L)*1000)){
    
            CloseableHttpClient httpclient = HttpClients.createDefault();
            try {
    //利用get形式获得token
                HttpGet httpget = new HttpGet("https://api.weixin.qq.com/cgi-bin/ticket/
                                getticket?access_token="+token+"&type=jsapi");
                // Create a custom response handler
                ResponseHandler<JSONObject> responseHandler = new ResponseHandler
<JSONObject>() {
                    public JSONObject handleResponse(
                            final HttpResponse response) throws ClientProtocolException,
IOException {
                        int status = response.getStatusLine().getStatusCode();
                        if (status >= 200 && status < 300) {
                            HttpEntity entity = response.getEntity();
                            if(null!=entity){
            String result= EntityUtils.toString(entity);
                            //根据字符串生成JSON对象
                    JSONObject resultObj = JSONObject.fromObject(result);
                    return resultObj;
                            }else{
    return null;
                            }
                        } else {
                            throw new ClientProtocolException("Unexpected response status:
                                                    " + status);
                        }
                    }
                };
                //返回的json对象
                JSONObject responseBody = httpclient.execute(httpget, responseHandler);
                if(null!=responseBody){
    jsapiTicket= (String) responseBody.get("ticket");//返回token
                }
```

```java
                jsapiTicketDate=new Date();
                httpclient.close();
            }catch (Exception e) {
                e.printStackTrace();
            }
        }
        return jsapiTicket;
    }


    /****微信js签名********************************/
    public static Map<String, String> sign(String jsapiTicket, String url) {
        Map<String, String> ret = new HashMap<String, String>();
        String nonceStr = createNonceStr();
        String timestamp = createTimestamp();
        String string1;
        String signature = "";

        //注意这里参数名必须全部小写,且必须有序
        string1 = "jsapi_ticket=" + jsapiTicket +
                "&noncestr=" + nonceStr +
                "&timestamp=" + timestamp +
                "&url=" + url;
        try
        {
            MessageDigest crypt = MessageDigest.getInstance("SHA-1");
            crypt.reset();
            crypt.update(string1.getBytes("UTF-8"));
            signature = byteToHex(crypt.digest());
        }
        catch (NoSuchAlgorithmException e)
        {
            e.printStackTrace();
        }
        catch (UnsupportedEncodingException e)
        {
            e.printStackTrace();
        }

        ret.put("url", url);
        ret.put("jsapi_ticket", jsapiTicket);
        ret.put("nonceStr", nonceStr);
        ret.put("timestamp", timestamp);
        ret.put("signature", signature);

        return ret;
    }

    private static String byteToHex(final byte[] hash) {
        Formatter formatter = new Formatter();
        for (byte b : hash)
```

```java
        {
            formatter.format("%02x", b);
        }
        String result = formatter.toString();
        formatter.close();
        return result;
    }

    private static String createNonceStr() {
        Random random = new Random();

        StringBuffer sb = new StringBuffer();

        for(int i = 0; i < 32; ++i){
            int number = random.nextInt(3);
            long result = 0;

            switch(number){
            case 0:
                result = Math.round(Math.random() * 25 + 65);
                sb.append(String.valueOf((char)result));
                break;
            case 1:
                result = Math.round(Math.random() * 25 + 97);
                sb.append(String.valueOf((char)result));
                break;
            case 2:
                sb.append(String.valueOf(new Random().nextInt(10)));
                break;
            }
        }
        return sb.toString();

    }

    private static String createTimestamp() {
        return Long.toString(System.currentTimeMillis() / 1000);
    }
    /****微信js签名*********************************/
}
```

备注：接口调用票据 jsapi_ticket 以及接口签名授权等 JSAPI 操作，请参照第 5 章说明。wxConfig.properties 是一种以键值对为存储格式的数据文件，文件中记录微信公众号唯一标识（messageAppId）、公众号管理密钥（messageSecret）、商户私钥（key）、商户号（mchId）、读者域名地址（webUrl）。

9.2.2 微信支付工具类 WxPayUtil

接下来创建微信支付的工具类 WxPayUtil.java，用于封装微信支付等相关的公用方法，如：

获取随机字符串、签名等，示例代码如下：

```java
package myf.caption6;

import java.io.ByteArrayInputStream;
import java.io.IOException;
import java.io.InputStream;
import java.io.UnsupportedEncodingException;
import java.io.Writer;
import java.lang.reflect.Field;
import java.util.ArrayList;
import java.util.Arrays;
import java.util.HashMap;
import java.util.Map;
import java.util.Random;
import javax.xml.parsers.DocumentBuilder;
import javax.xml.parsers.DocumentBuilderFactory;
import javax.xml.parsers.ParserConfigurationException;
import myf.caption6.entity.PayOrder;
import org.w3c.dom.Document;
import org.w3c.dom.Element;
import org.w3c.dom.Node;
import org.w3c.dom.NodeList;
import org.xml.sax.SAXException;
import com.thoughtworks.xstream.XStream;
import com.thoughtworks.xstream.core.util.QuickWriter;
import com.thoughtworks.xstream.io.HierarchicalStreamWriter;
import com.thoughtworks.xstream.io.xml.PrettyPrintWriter;
import com.thoughtworks.xstream.io.xml.XppDriver;
/**
 * 微信支付，工具类
 *
 * @author muyunfei
 *
 *<p>Modification History:</p>
 *<p>Date              Author           Description</p>
 *<p>-----------------------------------------------------------------</p>
 *<p>11 30, 2016       muyunfei         新建</p>
 */
public class WxPayUtil {
    /**
     * 生成随机字符串
     * @param length
     * @return
     */
    public static String getRandomString2(int length){
        Random random = new Random();

        StringBuffer sb = new StringBuffer();

        for(int i = 0; i < length; ++i){
            int number = random.nextInt(3);
            long result = 0;
```

```java
        switch(number){
        case 0:
            result = Math.round(Math.random() * 25 + 65);
            sb.append(String.valueOf((char)result));
            break;
        case 1:
            result = Math.round(Math.random() * 25 + 97);
            sb.append(String.valueOf((char)result));
            break;
        case 2:
            sb.append(String.valueOf(new Random().nextInt(10)));
            break;
        }
    }
    return sb.toString();
}

/**
 * 签名
 * 第一步,设所有发送或者接收到的数据为集合M,将集合M内非空参数值的参数按照参数名ASCII码从小到大排序(字典序),
 * 使用URL键值对的格式(即key1=value1&key2=value2…)拼接成字符串stringA。
 * 特别注意以下重要规则:
 * ◆参数名ASCII码从小到大排序(字典序);
 * ◆如果参数的值为空不参与签名;
 * ◆参数名区分大小写;
 * ◆验证调用返回或微信主动通知签名时,传送的sign参数不参与签名,将生成的签名与该sign值作校验。
 * ◆微信接口可能增加字段,验证签名时必须支持增加的扩展字段
 * 第二步,在stringA最后拼接上key得到stringSignTemp字符串,并对stringSignTemp进行MD5运算,再将得到的字符串所有字符转换为大写,得到sign值signValue。
 * key设置路径:微信商户平台(pay.weixin.qq.com)-->账户设置-->API安全-->密钥设置
 * @param map
 * @return
 * @throws UnsupportedEncodingException
 */
public static String getSign(Map<String,Object> map) throws UnsupportedEncodingException{
    ArrayList<String> list = new ArrayList<String>();
    for(Map.Entry<String,Object> entry:map.entrySet()){
//sign不参与验签
if(entry.getKey()=="sign"){
continue;
    }
//参数为空不参与签名
        if(entry.getValue()!=""){
list.add(entry.getKey() + "=" + entry.getValue());
        }
    }
    int size = list.size();
    String [] arrayToSort = list.toArray(new String[size]);
    Arrays.sort(arrayToSort, String.CASE_INSENSITIVE_ORDER);
    StringBuilder sb = new StringBuilder();
```

```java
        for(int i = 0; i < size; i ++) {
            sb.append(arrayToSort[i]);
            if(i!=size-1){
    sb.append("&");
            }
        }
        String result = sb.toString();
        result += "&key=" + WxUtil.key;
        //Util.log("Sign Before MD5:" + result);
        result = MD5.MD5Encode(result).toUpperCase();
        //Util.log("Sign Result:" + result);
        return result;
}

/**
 * 签名算法
 * @param o 要参与签名的数据对象
 * @return 签名
 * @throws IllegalAccessException
 */
public static String getSign(Object o) throws IllegalAccessException {
    ArrayList<String> list = new ArrayList<String>();
    Class cls = o.getClass();
    Field[] fields = cls.getDeclaredFields();
    for (Field f : fields) {
        f.setAccessible(true);
        if (f.get(o) != null && f.get(o) != "") {
            list.add(f.getName() + "=" + f.get(o) );
        }
    }
    int size = list.size();
    String [] arrayToSort = list.toArray(new String[size]);
    Arrays.sort(arrayToSort, String.CASE_INSENSITIVE_ORDER);
    StringBuilder sb = new StringBuilder();
    for(int i = 0; i < size; i ++) {
        sb.append(arrayToSort[i]);
        if(i!=size-1){
    sb.append("&");
        }
    }
    String result = sb.toString();
    result += "&key=" + WxUtil.key;
    result = MD5.MD5Encode(result).toUpperCase();
    return result;
}

/**
 * 获取xml信息
 * @param xmlString
 * @return
 * @throws ParserConfigurationException
 * @throws IOException
```

```java
 * @throws SAXException
 */
public static Map<String,Object> getMapFromXML(String xmlString) throws Parser
ConfigurationException, IOException, SAXException {

    //这里用Dom的方式解析回包的最主要目的是防止API新增回包字段
    DocumentBuilderFactory factory = DocumentBuilderFactory.newInstance();
    DocumentBuilder builder = factory.newDocumentBuilder();
    InputStream is = null;
    if (xmlString != null && !xmlString.trim().equals("")) {
is = new ByteArrayInputStream(xmlString.getBytes("utf-8"));
    }
    Document document = builder.parse(is);

    //获取到document里面的全部结点
    NodeList allNodes = document.getFirstChild().getChildNodes();
    Node node;
    Map<String, Object> map = new HashMap<String, Object>();
    int i=0;
    while (i < allNodes.getLength()) {
        node = allNodes.item(i);
        if(node instanceof Element){
            map.put(node.getNodeName(),node.getTextContent());
        }
        i++;
    }
    return map;
}

/**
 * 扩展xstream使其支持CDATA
 * 内部类XppDriver
 */
private static XStream xstream = new XStream(new XppDriver() {
    public HierarchicalStreamWriter createWriter(Writer out) {
        return new PrettyPrintWriter(out) {
            // 对所有xml节点的转换都增加CDATA标记
            boolean cdata = true;
            public void startNode(String name, Class clazz) {
                super.startNode(name, clazz);
            }
            protected void writeText(QuickWriter writer, String text) {
                if (cdata) {
                    //writer.write("<![CDATA[");
                    writer.write(text);
                    //writer.write("]]>");
                } else {
                    writer.write(text);
                }
            }
        };
    }
```

```
        });

        /**
         * 文本消息对象转换成xml
         *
         * @param textMessage 文本消息对象
         * @return xml
         */
        public static String orderToXml(PayOrder order) {
            xstream.alias("xml", order.getClass());
            String xmlStr=xstream.toXML(order);
            xmlStr=xmlStr.replaceAll("__", "_");
            return xmlStr;
        }
}
```

9.2.3 MD5算法工具类

MD5.java算法工具类，用于完成微信支付签名中的算法加密，示例代码如下：

```
package myf.caption6;

import java.security.MessageDigest;
/**
 * 微信支付
 *
 * @author muyunfei
 *
 *<p>Modification History:</p>
 *<p>Date                  Author              Description</p>
 *<p>--------------------------------------------------------------</p>
 *<p>8 4, 2016             muyunfei            新建</p>
 */
public class MD5 {
    private final static String[] hexDigits = {"0", "1", "2", "3", "4", "5", "6", "7",
            "8", "9", "a", "b", "c", "d", "e", "f"};

    /**
     * 转换字节数组为16进制字串
     * @param b 字节数组
     * @return 16进制字串
     */
    public static String byteArrayToHexString(byte[] b) {
        StringBuilder resultSb = new StringBuilder();
        for (byte aB : b) {
    System.out.println(aB);
            resultSb.append(byteToHexString(aB));
        }
        return resultSb.toString();
    }

    /**
     * 转换byte到16进制
```

```java
 * @param b 要转换的byte
 * @return 16进制格式
 */
private static String byteToHexString(byte b) {
    int n = b;
    if (n < 0) {
        n = 256 + n;
    }
    int d1 = n / 16;
    int d2 = n % 16;
    return hexDigits[d1] + hexDigits[d2];
}

/**
 * MD5 编码
 * @param origin 原始字符串
 * @return 经过MD5 加密之后的结果
 */
public static String MD5Encode(String origin) {
  System.out.println(origin);
    String resultString = null;
    try {
        resultString = origin;
        MessageDigest md = MessageDigest.getInstance("MD5");
        resultString = byteArrayToHexString(md.digest(resultString.getBytes("utf-8")));
    } catch (Exception e) {
        e.printStackTrace();
    }
    return resultString;
}
```

9.3 微信下订单

用微信页面发起下订单，可通过单击页面"下订单"功能，将页面信息（如：货物编号、优惠价格等）处理成 OAuth2.0 授权方式，以便后台获得 code 进而获得 openID，而后台服务接受到请求后，首先需要通过 req.getHeader("User-Agent")判断该请求是否由微信发起，然后依次单击【生成订单实体】|【进行订单签名】|【下订单】|【获得预订单号】|【生成支付签名】|【生成微信 JS-API 授权签名】|【跳转支付页面】。

本节将通过"创建 servlet 服务"、"创建订单服务类"、"创建下订单页面类"和"配置 web.xml"等 4 个步骤讲解如何微信下订单。

9.3.1 创建 Servlet 服务

WxPayServlet.java 类是下订单 servlet 服务类，用于接收页面请求，处理页面请求的"中转站"，也被成为控制层，在这里用于判断用户身份、识别请求是否合法、下订单等，通过该类能够实现业务逻辑（service 服务）与展现层（web 页面）的对接，该类示例代码如下：

```java
package myf.caption6.servlet;

import java.io.IOException;
import java.util.Date;
import java.util.HashMap;
import java.util.Map;
import javax.servlet.ServletException;
import javax.servlet.http.HttpServlet;
import javax.servlet.http.HttpServletRequest;
import javax.servlet.http.HttpServletResponse;
import org.apache.http.HttpEntity;
import org.apache.http.HttpResponse;
import org.apache.http.client.ClientProtocolException;
import org.apache.http.client.ResponseHandler;
import org.apache.http.client.methods.HttpGet;
import org.apache.http.impl.client.CloseableHttpClient;
import org.apache.http.impl.client.HttpClients;
import org.apache.http.util.EntityUtils;
import myf.caption6.WxOrderService;
import myf.caption6.WxPayUtil;
import myf.caption6.WxUtil;
import myf.caption6.entity.PayOrder;
import net.sf.json.JSONObject;

/**
 * 微信支付,工具类
 *<p>Date              Author              Description</p>
 *<p>------------------------------------------------------------------</p>
 *<p>11 30, 2016       muyunfei            新建</p>
 */
public class WxPayServlet extends HttpServlet {
    private static final long serialVersionUID = 1L;

    @Override
    protected void doGet(HttpServletRequest req, HttpServletResponse resp)
            throws ServletException, IOException {
        // TODO Auto-generated method stub
        this.doPost(req, resp);
    }

    @Override
    protected void doPost(HttpServletRequest req, HttpServletResponse resp)
            throws ServletException, IOException {
        //判断是否微信浏览器
        String userAgent=req.getHeader("User-Agent");
        if(-1==userAgent.indexOf("MicroMessenger")){
            //如果不是微信浏览器,跳转到安全页
            resp.sendRedirect("jsp/wxPay/safePage.jsp");
            return ;
        }
        //根据code获得openid
        String code = req.getParameter("code");
```

```java
            if(null==code||"".equals(code)){
                //如果没有code返回失败
                resp.sendRedirect("jsp/wxPay/safePage.jsp");
                return ;
            }
            String openId=getOpenIdByCode(code);
            //判断openId
            if(null==openId||"".equals(openId)){
                resp.sendRedirect("jsp/wxPay/safePage.jsp");
                return ;
            }
//          String openId="oJwCTwZy5Ofrb11vwuxP_jxdZ7dY";    //--------测试使用
            //创建支付订单
            PayOrder order = new PayOrder();
            order.setAppid(WxUtil.messageAppId);      //--------------待修改,微信appid
            order.setMch_id(WxUtil.mchId);            //--------------待修改,商户号
            order.setNonce_str(WxPayUtil.getRandomString2(32));
            order.setBody("XXX微信支付");              //--------------待修改,支付描述
            order.setOut_trade_no("2012030000000032"); //--------------待修改,开发者系统订
                                                                单号(很重要,用于对账结算)
            order.setTotal_fee("1");     //--------------待修改,支付金额,单位分,1表示0.01元
            System.out.println("请求地址: "+req.getLocalAddr());
            order.setSpbill_create_ip(req.getLocalAddr());//--------------待修改,APP和网
页支付提交用户端ip
            order.setNotify_url("http://www.muyunfei.com/SELearning/wxNotifyAction.slt");
            //--------------待修改,异步消息地址
            order.setTrade_type("JSAPI");
            order.setOpenid(openId);
            //创建订单获得
            WxOrderService service=new WxOrderService();
            String orderResult = service.createOrder(order);
            try{
                if(null==orderResult||"".equals(orderResult)){
                    //订单创建失败
                    resp.sendRedirect("jsp/wxPay/safePage.jsp");
                    return ;
                }
                //转换乱码问题
                orderResult=new String(orderResult.getBytes("ISO-8859-1"), "utf-8");
                System.out.println(orderResult+"   -----------------");
                //将xml字符串转换成map
                Map<String, Object>xmlMap = WxPayUtil.getMapFromXML(orderResult);
                //获取数据进行支付签名
                if(null!=xmlMap.get("return_code")&&"SUCCESS".equals(xmlMap.get("return_code"))
                        &&null!=xmlMap.get("result_code")&&"SUCCESS".equals(xmlMap.get
                                                                    ("result_code"))
                        &&null!=xmlMap.get("prepay_id")&&!"".equals(xmlMap.get("prepay_id"))){
                    //订单创建成功
                    String prepay_id=(String) xmlMap.get("prepay_id");
                    //利用订单号生成支付信息
                    //appID
                    String appID=WxUtil.messageAppId;//--------------待修改,微信appid
```

```java
            //时间戳
            long timeStamp = new Date().getTime();
            //随机字符串
            String nonceStr = WxPayUtil.getRandomString2(32);
            //订单详情扩展字符串
            String packageVal="prepay_id="+prepay_id;
            //签名方式
            String signType="MD5";
            //生成支付签名
            Map<String,Object> map = new HashMap<String, Object>();
            map.put("appId", appID);
            map.put("timeStamp", timeStamp);
            map.put("nonceStr", nonceStr);
            map.put("package", packageVal);
            map.put("signType", signType);
            String paySign = WxPayUtil.getSign(map);
            System.out.println("微信公众号支付签名："+paySign);
            //跳转订单详细页面，进行支付
            req.setAttribute("appId", appID);
            req.setAttribute("payTimeStamp", timeStamp+"");
            req.setAttribute("nonceStr", nonceStr);
            req.setAttribute("packageVal", packageVal);
            req.setAttribute("signType", signType);
            req.setAttribute("paySign", paySign);
            //
            //生成微信js授权
            WxUtil msgUtil=new WxUtil();
            String jsapi_ticket=msgUtil.getJsapiTicketFromWx();//签名
            String url = WxUtil.webUrl     //域名地址，自己的外网请求的域名，如：
                                                            http://www.baidu.com/Demo
                    + req.getServletPath();              //请求页面或其他地址
            if(null!=req.getQueryString()&&!"".equals(req.getQueryString()))
                url=url+ "?" + (req.getQueryString());   //参数
            System.out.println(url);
            Map<String, String> ret = WxUtil.sign(jsapi_ticket, url);
            req.setAttribute("jsapiStr1", ret.get("signature"));
            req.setAttribute("jsapiTime", ret.get("timestamp"));
            req.setAttribute("jsapiNonceStr", ret.get("nonceStr"));
            //调转到支付页面
            req.getRequestDispatcher("jsp/wxPay/wxPay.jsp").forward(req, resp);
        }
    }catch (Exception e) {
        e.printStackTrace();
    }
}
```

经过 OAuth2.0 授权后，servlet 控制层能够获得 code，通过 code 能够获得用户在公众号内的唯一标识 OpenID，上述代码的 getOpenIdByCode() 方法即为获取 OpenID，示例代码如下：

```java
/**
 * 根据 code 获得 openid
 * @return
```

```java
*/
public StringgetOpenIdByCode(String code){
    //微信公众号标识
    String corpid=WxUtil.messageAppId;         //-------------待修改,微信appid
    //管理组凭证密钥
    String corpsecret=WxUtil.messageSecret; //-------------待修改,微信secret
    //获取的标识
    String token="";

    CloseableHttpClienthttpclient = HttpClients.createDefault();
try {
    //利用get形式获得token
HttpGethttpget = new HttpGet("https://api.weixin.qq.com/sns/oauth2" +
        "/access_token?appid="+corpid+"&secret="+corpsecret
        +"&code="+code+"&grant_type=authorization_code");
    // Create a custom response handler
ResponseHandler<JSONObject>responseHandler = new ResponseHandler<JSONObject>() {
publicJSONObjecthandleResponse(
finalHttpResponse response) throws ClientProtocolException, IOException {
int status = response.getStatusLine().getStatusCode();
if (status >= 200 && status < 300) {
HttpEntity entity = response.getEntity();
if(null!=entity){
    String result= EntityUtils.toString(entity);
                //根据字符串生成JSON对象
            JSONObjectresultObj = JSONObject.fromObject(result);
            returnresultObj;
}else{
    return null;
            }
        } else {
throw new ClientProtocolException("Unexpected response status: " + status);
        }
    }
};
        //返回的json对象
JSONObjectresponseBody = httpclient.execute(httpget, responseHandler);
System.out.println("获得openId: ");
System.out.println(responseBody.toString());
if(null!=responseBody){
    token= (String) responseBody.get("openid");//返回token
    }
httpclient.close();
}catch (Exception e) {
        e.printStackTrace();
    }
    return token;
}
```

9.3.2 创建订单服务类

在 servlet 控制层完成后,我们将创建 service 服务层,创建 service 订单服务类

WxOrderService.java，用于完成微信支付订单的生成，实现业务逻辑的提取与分离，示例代码如下：

```java
package myf.caption6;

import java.io.IOException;
import myf.caption6.entity.PayOrder;
import org.apache.http.HttpEntity;
import org.apache.http.HttpResponse;
import org.apache.http.client.ClientProtocolException;
import org.apache.http.client.ResponseHandler;
import org.apache.http.client.methods.HttpPost;
import org.apache.http.entity.ContentType;
import org.apache.http.entity.StringEntity;
import org.apache.http.impl.client.CloseableHttpClient;
import org.apache.http.impl.client.HttpClients;
import org.apache.http.util.EntityUtils;

/**
 * 微信支付，订单服务类
 *
 * @author muyunfei
 *
 *<p>Modification History:</p>
 *<p>Date            Author           Description</p>
 *<p>-------------------------------------------------------------</p>
 *<p>8 4, 2016       muyunfei         新建</p>
 */
public class WxOrderService {

    /**
     * 创建微信同一订单
     * @return
     */
    public String createOrder(PayOrder order){
        try {
            //根据order生成订单签名
            if(null!=order&&(null==order.getSign()||"".equals(order.getSign()))){
                String sign = WxPayUtil.getSign(order);
                order.setSign(sign);
            }
            String orderXML = WxPayUtil.orderToXml(order);
            CloseableHttpClient httpclient = HttpClients.createDefault();
            HttpPost httpPost= new HttpPost("https://api.mch.weixin.qq.com/pay/unifiedorder");
            //发送json格式的数据
            StringEntity myEntity = new StringEntity(orderXML,
                    ContentType.create("text/plain", "UTF-8"));
            //设置需要传递的数据
            httpPost.setEntity(myEntity);
            // Create a custom response handler
            ResponseHandler<String> responseHandler = new ResponseHandler<String>()
```

```java
{
                //对访问结果进行处理
                public String handleResponse(
                 final HttpResponse response) throws ClientProtocolException,
IOException {
                    int status = response.getStatusLine().getStatusCode();
                    if (status >= 200 && status < 300) {
                        HttpEntity entity = response.getEntity();
                        if(null!=entity){
                            String result= EntityUtils.toString(entity);
                            System.out.println(result);
        return result;
                        }else{
    return null;
                        }
                    } else {
                        throw new ClientProtocolException("Unexpected response
                                                status: " + status);
                    }
                }
            };
//返回的json对象
    String responseBody = httpclient.execute(httpPost, responseHandler);
System.out.println(responseBody);
            httpclient.close();
            return responseBody;
        } catch (Exception e) {
            // TODO Auto-generated catch block
            e.printStackTrace();
        }
        return null;
    }
}
```

9.3.3 创建下订单

创建展现层下订单页面 wxPayOrder.jsp，用于展示商品信息，方便下订单；由于微信内置浏览器内核版本较高，读者可以引用 H5/CSS3 等操作实现，示例代码如下：

```jsp
<%@ page language="java" import="java.util.*" pageEncoding="UTF-8"%>
<%@taglib prefix="c" uri="http://java.sun.com/jsp/jstl/core"%>
<!DOCTYPE html PUBLIC "-//WAPFORUM//DTD XHTML Mobile 1.0//EN" "http://www.wapforum.org/DTD/xhtml-mobile10.dtd">
<html>
<head>
<meta name="viewport" content="width=device-width,initial-scale=1.0, minimum-scale=1.0,maximum-scale=1.0,user-scalable=no">
<title>微信支付 Demo</title>
<script>
    function createOrder(){
    //----待修改---
        var getUrl="http://www.muyunfei.com/wxDemo/payServlet.slt";
        var appId="wx3288888811111f";
```

```
                var changeurl=getUrl.replace(/[:]/g,"%3a").replace(/[/]/g,"%2f").replace(/[\?]/g,
                                    "%3f").replace(/[=]/g,"%3d").replace(/[&]/g,"%26");
                var tourl="https://open.weixin.qq.com/connect/oauth2/authorize?appid="+appId+
"&redirect_uri="+changeurl+"&response_type=code&scope=snsapi_base&state=location#we
                                                        chat_redirect";
                location.href=tourl;

                //location.href=getUrl;
        }
    </script>
</head>
<body>
    <form action="/payServlet" name="myform" method="post" style="width: 100%;height: 100%">
        <div style="height: 30px;width: 100%;background:#aa0000;padding-top: 8px;
                                color: white;" align="center">正宗栖霞苹果</div>
        <div style="width:100%;height: 350px;"><img src="myApple.jpg" height="100%"
                                                     width="100%" /></div>
        <div style="width:100%;border-bottom: solid 2px #999999;border-top: solid 2px
#999999">正宗栖霞苹果 条纹红富士 片红富士 冰糖心 圣诞/节日礼品</div>
        <div style="width:100%;color:red"> ￥ <font size="15">75</font>.00 ( <font
color="#999999" style="text-decoration:line-through">￥90.00</font>) </div>
        <div style="width:100%;color:#999999;font-size: 0.5em">
            <div style="width: 34%;float: left">快递: 0.00</div>
            <div style="width: 30%;float: left;" align="center">月销量168笔</div>
            <div style="width: 34%;float: left" align="right">北京</div>
        </div>
        <div style="width:100%;height:30px">
            <div style="width:calc(100% - 80px);height:30px;float:left"></div>
            <div onclick="createOrder()" style=" background: linear-gradient(yellow,
orange);float:left;width: 80px;height:30px;padding-top:9px;color: white;font-weight:
                                            bold" align="center">下订单</div>
        </div>
    </form>
</body>
</html>
```

备注：数据请求中对 url 进行了 urlencode 编码，并进行 OAuth2.0 授权处理，用于获取用户的 openID 来下订单。

9.3.4 配置 web.xml

后台服务与前台展示页面完成后，创建中间的纽带，在 web.xml 中注册 servlet 服务，示例代码如下：

```
<servlet-name>payServlet</servlet-name>
<servlet-class>
      com.highsoft.wxpay.servlet.WxPayServlet
</servlet-class>
</servlet>
<servlet-mapping>
<servlet-name>payServlet</servlet-name>
<url-pattern>/payServlet.slt</url-pattern>
</servlet-mapping>
```

9.4 微信 JS 发起支付

获取订单并生成支付签名后，便可以通过微信 JS 发起微信支付了，示例代码如下：

```jsp
<%@ page language="java" import="java.util.*" pageEncoding="UTF-8"%>
<!DOCTYPE html PUBLIC "-//WAPFORUM//DTD XHTML Mobile 1.0//EN" "http://www.wapforum.org/DTD/xhtml-mobile10.dtd">
<html>
<head>
<meta name="viewport" content="width=device-width,initial-scale=1.0,minimum-scale=1.0,maximum-scale=1.0,user-scalable=no">
<script type="text/javascript" src="http://res.wx.qq.com/open/js/jweixin-1.2.0.js">
</script>
<title>下订单</title>
<script>
    wx.config({
        debug: false,
        appId: '<%=request.getAttribute("appId")%>',
        timestamp: '<%=request.getAttribute("jsapiTime")%>',
        nonceStr: '<%=request.getAttribute("jsapiNonceStr")%>',
        signature: '<%=request.getAttribute("jsapiStr1")%>',
        jsApiList: ['hideOptionMenu','checkJsApi','networkType']
    });
    wx.ready(function(){
        // config 信息验证后会执行 ready 方法,所有接口调用都必须在 config 接口获得结果之后, config
是一个客户端的异步操作,所以如果需要在页面加载时就调用相关接口,则须把相关接口放在 ready 函数中调用来
确保正确执行。对于用户触发时才调用的接口,则可以直接调用,不需要放在 ready 函数中。
        wx.hideOptionMenu();
    });
    wx.error(function(res){
        // config 信息验证失败会执行 error 函数,如签名过期导致验证失败,具体错误信息可以打开 config
的 debug 模式查看,也可以在返回的 res 参数中查看,对于 SPA 可以在这里更新签名。
    });

    //调用微信 JS api 支付
    function jsApiCall()
    {
        WeixinJSBridge.invoke(
        'getBrandWCPayRequest',
        {"appId": '<%=request.getAttribute("appId")%>',
         "timeStamp": <%=request.getAttribute("payTimeStamp")%>,
            "nonceStr": '<%=request.getAttribute("nonceStr")%>',
            "package": '<%=request.getAttribute("packageVal")%>',
            "signType": '<%=request.getAttribute("signType")%>',
            "paySign": '<%=request.getAttribute("paySign")%>',
        },//json 串
        function (res){
         alert("同步返回数据: "+JSON.stringify(res));
         // 支付成功后的回调函数
                if(res.err_msg == "get_brand_wcpay_request: ok" ) {
            // 使用以上方式判断前端返回,微信团队郑重提示: res.err_msg 将在用户支付成功后返回    ok,
```

但并不保证它绝对可靠。
```
                alert("支付成功,请稍后查询...");
            }
        }
    );
}

function callpay(){
    if (typeof WeixinJSBridge == "undefined"){
        if (document.addEventListener){
            document.addEventListener('WeixinJSBridgeReady', jsApiCall, false);
        }
        else if (document.attachEvent){
            document.attachEvent('WeixinJSBridgeReady', jsApiCall);
            document.attachEvent('onWeixinJSBridgeReady', jsApiCall);
        }
    }else{
        jsApiCall();
    }
}
</script>
</head>
<body>
    <form action="/payServlet" name="myform" method="post">
        <input type="button" name="orderBtn" value="支付"  onclick="javascript:
                                                    callpay();return false;"/>
    </form>
</body>
</html>
```

购物平台是一个安全要求较高的平台,安全交易是购物的基础,读者在开发时一定要注意 OpenID 需要通过 OAuth2.0 获取并且校验浏览器的合法性,同时系统通过调用微信内置对象 WeixinJSBridge 发起微信 H5 支付、接收到同/异步通知之后,需要通过金额、订单编号、签名等验证之后才能够在系统中进行结转,同/异通知详细介绍请读者参照 7.6 节和 7.7 节。

备注:我们在微信支付页面可以通过 window.navigator.userAgent 获得浏览器信息,用于阻止非微信页面进入,可以通过后台服务 req.getHeader("User-Agent")进行判断,提升支付安全性。

第 10 章 综合案例：微信服务商 "一号多卡" 支付实现（生活缴费）

有微信认证经验的读者应该知道，微信公众号仅能绑定一个对公账户，即微信公众号支付只能实现"一号一卡"的支付方式，那如何实现"一号多卡"的支付方式呢？我们可以通过微信服务商与特约商户 1：N 的方式实现。

如图 10.1 所示，用户需求是能够在同一个微信公众号中完成水费、电费、燃气费等费用的缴纳，而收支账户为不同的对公账户。在实现上我们采用微信服务商/特约商户的方式，由客户提供响应的企业资质，分别开通服务商账号、电费特约商户账号、水费特约商户账号和燃气费特约商户账号等，然后进行相应的配置（详细说明请参照 8.2、8.3 节介绍），配置信息通过 static{}静态块和 properties 文件进行初始化到项目中，由展示层、控制层和逻辑层分离的

图 10.1 "一号多卡"支付

方式实现需求，在实际生产中读者一定要注意安全，通过识别浏览器、判断用户身份、结果验签以及金额匹配等方式实现微信服务商支付。

备注：微信服务商必须使用已经认证的服务号才能够申请，申请成功后再进行特约商户的凭证申请（以下称为子账户），申请时需要营业执照、对公账户以及联系方式等，详细介绍请参照 8.1、8.2 介绍。服务商本身无法实现支付，如果需要支付可以通过"微信支付"申请的账号进行支付（以下称为主账户）。

10.1 创建配置文件获取特约商户

一号多卡的支付实现，是通过在微信页面单击按钮或者用户身份等差异信息做区分，在后台实现不同信息下账户信息的获取，本案例中将主账户以及子账户信息保存至 properties 文件（读者也可以存入 XML 或者数据库中）。

创建 wxConfig.properties 配置文件，用户获取微信支付主账户、服务商特约商户的凭证、公众号等基本信息，配置文件内容如下：

```
messageAppId=wx32xxxxxxx613f
messageSecret=cxxxxxxxxxxxxxxx12200f63af5e
key=666666663xxxxxx6666666
mchId=1488888802
subMchId_1=14588888102
```

```
subMchId_2=1458888802
webUrl=http\://www.muyunfei.com/wxDemo
```

wxConfig.properties 配置文件中的信息，通过静态块（static{}）获取配置信息，示例代码如下：

```java
/**
 * 静态块，初始化数据
 */
static{
    try{
        Properties properties = new Properties();
        InputStream in = WxUtil.class.getClassLoader().getResourceAsStream("myf/
                                                            caption7/wxConfig.properties");
        properties.load(in);
        messageAppId = properties.get("messageAppId")+"";
        messageSecret = properties.get("messageSecret")+"";
        key = properties.get("key")+"";
        mchId = properties.get("mchId")+"";
        webUrl = properties.get("webUrl")+"";
        subMchId_1 = properties.get("subMchId_1")+"";
        subMchId_2 = properties.get("subMchId_2")+"";
        in.close();
    }catch(Exception e){
        e.printStackTrace();
    }
}
```

10.2 创建服务商统一下单实体类

创建微信服务商统一下单实体类，用于调用微信统一下单接口，生成预支付订单号，实体类示例代码如下：

```java
package myf.caption7.entity;
/**
 * 微信服务商统一下单实体类
 *
 * @author muyunfei
 *
 *<p>Modification History:</p>
 *<p>Date           Author            Description</p>
 *<p>------------------------------------------------------------------</p>
 *<p>11 30, 2016    muyunfei          新建</p>
 */
public class PayServerOrder {
    private String appid; //微信分配的公众账号ID
    private String mch_id;//微信支付分配的商户号
    private String sub_mch_id;//子商户号
    private String nonce_str ;//随机字符串，不长于32位
    private String sign;//签名
    private String body;//商品简单描述不长于128位
```

```java
    private String detail;//商品详细不长于6000位,商品详细列表,使用Json格式,传输签名前请务
                          必使用CDATA标签将JSON文本串保护起来。可以不填
    private String out_trade_no;//商户订单号 32个字符内
    private String total_fee;//订单总金额,单位为分
    private String spbill_create_ip; //APP和网页支付提交用户端ip,Native支付填调用微信支
                                     付API的机器IP
    private String notify_url;//接收微信支付异步通知回调地址,通知url必须为直接可访问的url,
                              不能携带参数
    private String trade_type;//交易类型取值如下: JSAPI, NATIVE, APP
    private String limit_pay;//指定支付方式  no_credit--指定不能使用信用卡支付,可以不填
    private String openid;//用户标识,trade_type=JSAPI,此参数必传,用户在商户appid下的唯
                          一标识。

    public PayServerOrder(){};

    public PayServerOrder(String appid, String mchId, String nonceStr, String sign,
            String body, String detail, String outTradeNo, String totalFee,
            String spbillCreateIp, String notifyUrl, String tradeType,
            String limitPay, String openid) {
        super();
        this.appid = appid;
        mch_id = mchId;
        nonce_str = nonceStr;
        this.sign = sign;
        this.body = body;
        this.detail = detail;
        out_trade_no = outTradeNo;
        total_fee = totalFee;
        spbill_create_ip = spbillCreateIp;
        notify_url = notifyUrl;
        trade_type = tradeType;
        limit_pay = limitPay;
        this.openid = openid;
    }
    public String getAppid() {
        return appid;
    }
    public void setAppid(String appid) {
        this.appid = appid;
    }
    public String getMch_id() {
        return mch_id;
    }
    public void setMch_id(String mchId) {
        mch_id = mchId;
    }
    public String getNonce_str() {
        return nonce_str;
    }
    public void setNonce_str(String nonceStr) {
        nonce_str = nonceStr;
    }
```

```java
public String getSign() {
    return sign;
}
public void setSign(String sign) {
    this.sign = sign;
}
public String getBody() {
    return body;
}
public void setBody(String body) {
    this.body = body;
}
public String getDetail() {
    return detail;
}
public void setDetail(String detail) {
    this.detail = detail;
}
public String getOut_trade_no() {
    return out_trade_no;
}
public void setOut_trade_no(String outTradeNo) {
    out_trade_no = outTradeNo;
}
public String getTotal_fee() {
    return total_fee;
}
public void setTotal_fee(String totalFee) {
    total_fee = totalFee;
}
public String getSpbill_create_ip() {
    return spbill_create_ip;
}
public void setSpbill_create_ip(String spbillCreateIp) {
    spbill_create_ip = spbillCreateIp;
}
public String getNotify_url() {
    return notify_url;
}
public void setNotify_url(String notifyUrl) {
    notify_url = notifyUrl;
}
public String getTrade_type() {
    return trade_type;
}
public void setTrade_type(String tradeType) {
    trade_type = tradeType;
}
public String getLimit_pay() {
    return limit_pay;
}
public void setLimit_pay(String limitPay) {
```

```
            limit_pay = limitPay;
    }
    public String getOpenid() {
        return openid;
    }
    public void setOpenid(String openid) {
        this.openid = openid;
    }
    public String getSub_mch_id() {
        return sub_mch_id;
    }
    public void setSub_mch_id(String subMchId) {
        sub_mch_id = subMchId;
    }
}
```

10.3 下订单并生成支付签名

通过点击电费、水费等不同的按钮，实际是进行了微信下订单操作，根据用户点击的不同而传递不同的缴费类型，通过缴费类型获取相应的特约商户信息，进而实现微信一号多卡下订单操作。

10.3.1 创建订单页面

订单页面通过传递 area 变量传递缴费类型，实现不同业务的特约商户信息切换，实现微信统一下订单，示例代码如下：

```
<script>
    function createOrder(subCode){
    //----待修改---
        var getUrl="http://www.muyunfei.com/WX_DEMO/payServlet.slt?area="+subCode;
        var appId='<%=request.getAttribute("appId")%>';
        var changeurl=getUrl.replace(/[:]/g,"%3a").replace(/[/]/g,"%2f").replace(/[\?]/g,"%3f")
                            .replace(/[=]/g,"%3d").replace(/[&]/g,"%26");
        var tourl="https://open.weixin.qq.com/connect/oauth2/authorize?appid="+appId+
"&redirect_uri="+changeurl+"&response_type=code&scope=snsapi_base&state=location#wechat_redirect";
        location.href=tourl;

        //location.href=getUrl;
    }
</script>
```

10.3.2 创建 servlet 控制层

创建支付服务类 WxPayServlet.java，servlet 中通过 area 变量获取主账户以及子账户信息，完成预支付订单号生成以及支付签名，示例代码如下：

```
package myf.caption7.servlet;
```

```java
import java.io.IOException;
import java.util.Date;
import java.util.HashMap;
import java.util.Map;
import javax.servlet.ServletException;
import javax.servlet.http.HttpServlet;
import javax.servlet.http.HttpServletRequest;
import javax.servlet.http.HttpServletResponse;
import org.apache.http.HttpEntity;
import org.apache.http.HttpResponse;
import org.apache.http.client.ClientProtocolException;
import org.apache.http.client.ResponseHandler;
import org.apache.http.client.methods.HttpGet;
import org.apache.http.impl.client.CloseableHttpClient;
import org.apache.http.impl.client.HttpClients;
import org.apache.http.util.EntityUtils;
import net.sf.json.JSONObject;
import myf.caption7.entity.PayServerOrder;
import myf.caption7.WxOrderService;
import myf.caption7.WxPayUtil;
import myf.caption7.WxUtil;
/**
 * 微信服务商支付服务类
 *
 * @author muyunfei
 *
 *<p>Modification History:</p>
 *<p>Date                    Author           Description</p>
 *<p>--------------------------------------------------------------------</p>
 *<p>11 30, 2016             muyunfei         新建</p>
 */
public class WxPayServlet extends HttpServlet {

    private static final long serialVersionUID = 1L;

    @Override
    protected void doGet(HttpServletRequest req, HttpServletResponse resp)
            throws ServletException, IOException {
        // TODO Auto-generated method stub
        this.doPost(req, resp);
    }

    @Override
    protected void doPost(HttpServletRequest req, HttpServletResponse resp)
            throws ServletException, IOException {
        //判断是否微信浏览器
        String userAgent=req.getHeader("User-Agent");
        if(-1==userAgent.indexOf("MicroMessenger")){
            //如果不是微信浏览器,跳转到安全页
            resp.sendRedirect("jsp/wxPay/safePage.jsp");
            return ;
```

```java
}
//根据code获得openid
String code = req.getParameter("code");
if(null==code||"".equals(code)){
    //如果没有code返回失败
    resp.sendRedirect("jsp/wxPay/safePage.jsp");
    return ;
}
String openId=getOpenIdByCode(code);
//判断openId
if(null==openId||"".equals(openId)){
    resp.sendRedirect("jsp/wxPay/safePage.jsp");
    return ;
}
//根据所选类型获取子商户号
String area = req.getParameter("area")+"";
String subMchId="";
if(null!=area&&"1".equals(area)){
    subMchId = WxUtil.subMchId_1;
}else{
    subMchId = WxUtil.subMchId_2;
}

//创建服务商支付订单
PayServerOrder order = new PayServerOrder();
order.setAppid(WxUtil.messageAppId);//--------------待修改,微信appid
order.setMch_id(WxUtil.mchId);//--------------待修改,商户号
order.setSub_mch_id(subMchId);
order.setNonce_str(WxPayUtil.getRandomString2(32));
order.setBody("生活缴费");//--------------待修改,支付描述
order.setOut_trade_no("2012030000000038");//--------------待修改,开发者系统订单
                                                号(很重要,用于对账结算)
order.setTotal_fee("7500");//--------------待修改,支付金额,单位分,1表示0.01元
System.out.println("请求地址: "+req.getLocalAddr());
order.setSpbill_create_ip(req.getLocalAddr());//--------------待修改,APP和网
                                                页支付提交用户端ip
order.setNotify_url("http://www.muyunfei.com/wxDemo/wxNotifyAction.slt");
//--------------待修改,异步消息地址
order.setTrade_type("JSAPI");
order.setOpenid(openId);

//创建订单获得
WxOrderService service=new WxOrderService();
String orderResult = service.createServerOrder(order);
try{
    if(null==orderResult||"".equals(orderResult)){
        //订单创建失败
        resp.sendRedirect("jsp/wxPay2/safePage.jsp");
        return ;
    }
    //转换乱码问题
    orderResult=new String(orderResult.getBytes("ISO-8859-1"), "utf-8");
```

```java
System.out.println(orderResult+"    ------------------");
//将xml字符串转换成map
Map<String, Object> xmlMap = WxPayUtil.getMapFromXML(orderResult);
//获取数据进行支付签名
if(null!=xmlMap.get("return_code")&&"SUCCESS".equals(xmlMap.get("return_code"))
        &&null!=xmlMap.get("result_code")&&"SUCCESS".equals(xmlMap.
                                                    get("result_code"))
        &&null!=xmlMap.get("prepay_id")&&!"".equals(xmlMap.get("prepay_id"))){
    //订单创建成功
    String prepay_id=(String) xmlMap.get("prepay_id");
    //利用订单号生成支付信息
    //appID
    String appID=WxUtil.messageAppId;//--------------待修改，微信appid
    //时间戳
    long timeStamp = new Date().getTime();
    //随机字符串
    String nonceStr = WxPayUtil.getRandomString2(32);
    //订单详情扩展字符串
    String packageVal="prepay_id="+prepay_id;
    //签名方式
    String signType="MD5";
    //生成支付签名
    Map<String,Object> map = new HashMap<String, Object>();
    map.put("appId", appID);
    map.put("timeStamp", timeStamp);
    map.put("nonceStr", nonceStr);
    map.put("package", packageVal);
    map.put("signType", signType);
    String paySign = WxPayUtil.getSign(map);
    System.out.println("微信公众号支付签名: "+paySign);
    //跳转订单详细页面，进行支付
    req.setAttribute("appId", appID);
    req.setAttribute("payTimeStamp", timeStamp+"");
    req.setAttribute("nonceStr", nonceStr);
    req.setAttribute("packageVal", packageVal);
    req.setAttribute("signType", signType);
    req.setAttribute("paySign", paySign);
    //
    //生成微信js授权
    WxUtil msgUtil=new WxUtil();
    String jsapi_ticket=msgUtil.getJsapiTicketFromWx();//签名
    String url = WxUtil.webUrl //域名地址,自己的外网请求的域名,如: http://www.
                                                                baidu.com/Demo
            + req.getServletPath() ;        //请求页面或其他地址
    if(null!=req.getQueryString()&&!"".equals(req.getQueryString()))
        url=url+ "?" + (req.getQueryString()); //参数
    System.out.println(url);
    Map<String, String> ret = WxUtil.sign(jsapi_ticket, url);
    req.setAttribute("jsapiStr1", ret.get("signature"));
    req.setAttribute("jsapiTime", ret.get("timestamp"));
    req.setAttribute("jsapiNonceStr", ret.get("nonceStr"));
    //调转到支付页面
```

```
                req.getRequestDispatcher("jsp/wxPay2/wxPay.jsp").forward(req, resp);
            }
        }catch (Exception e) {
            e.printStackTrace();
        }
    }
}
```

备注：业务逻辑层读者可以根据业务情况进行详细地编写，主要包括"生成系统订单"、"微信订单与系统订单的关联"以及"DAO 数据访问层数据的保存"等，获取用户唯一标识 getOpenIdByCode()读者可以参照 11.4 介绍，微信支付工具类 WxPay 以及通用工具类 WxUtil 工具类在 9.2 节中已经介绍过，不再赘述。

10.4 发起 H5 支付

获取预支付订单号以及签名后，读者可以通过调用微信浏览器内置方法 WeixinJSBridge.invoke()发起支付（支付方式与微信支付相同），示例代码如下：

```jsp
<%@ page language="java" import="java.util.*" pageEncoding="UTF-8"%>
<!DOCTYPE html PUBLIC "-//WAPFORUM//DTD XHTML Mobile 1.0//EN" "http://www.wapforum.org/DTD/xhtml-mobile10.dtd">
<html>
<head>
<meta name="viewport" content="width=device-width,initial-scale=1.0, minimum-scale=1.0, maximum-scale=1.0,user-scalable=no">
<script type="text/javascript" src="http://res.wx.qq.com/open/js/jweixin-1.2.0.js"></script>
<title>下订单</title>
<script>
    wx.config({
        debug: false,
        appId: '<%=request.getAttribute("appId")%>',
        timestamp: '<%=request.getAttribute("jsapiTime")%>',
        nonceStr: '<%=request.getAttribute("jsapiNonceStr")%>',
        signature: '<%=request.getAttribute("jsapiStr1")%>',
        jsApiList: ['hideOptionMenu','checkJsApi','networkType']
    });
    wx.ready(function(){
    // config 信息验证后会执行 ready 方法,所有接口调用都必须在 config 接口获得结果之后,config
是一个客户端的异步操作,所以如果需要在页面加载时就调用相关接口,则须把相关接口放在 ready 函数中调用来
确保正确执行。对于用户触发时才调用的接口,则可以直接调用,不需要放在 ready 函数中。
        wx.hideOptionMenu();
    });
    wx.error(function(res){
    // config 信息验证失败会执行error函数,如签名过期导致验证失败,具体错误信息可以打开config
的 debug 模式查看,也可以在返回的 res 参数中查看,对于 SPA 可以在这里更新签名。
    });

    //调用微信 JS api 支付
    function jsApiCall()
    {
```

```
            WeixinJSBridge.invoke(
            'getBrandWCPayRequest',
            {"appId": '<%=request.getAttribute("appId")%>',
             "timeStamp": <%=request.getAttribute("payTimeStamp")%>,
              "nonceStr": '<%=request.getAttribute("nonceStr")%>',
              "package": '<%=request.getAttribute("packageVal")%>',
              "signType": '<%=request.getAttribute("signType")%>',
              "paySign": '<%=request.getAttribute("paySign")%>',
            },//json 串
            function (res){
            alert("同步返回数据: "+JSON.stringify(res));
            // 支付成功后的回调函数
                if(res.err_msg == "get_brand_wcpay_request: ok" ) {
            // 使用以上方式判断前端返回,微信团队郑重提示: res.err_msg将在用户支付成功后返回ok,
                                                                但并不保证它绝对可靠。
                alert("支付成功,请稍后查询...");
                }
                }
            );
        }

        function callpay(){
            if (typeof WeixinJSBridge == "undefined"){
                if (document.addEventListener){
                    document.addEventListener('WeixinJSBridgeReady', jsApiCall, false);
                }
                else if (document.attachEvent){
                    document.attachEvent('WeixinJSBridgeReady', jsApiCall);
                    document.attachEvent('onWeixinJSBridgeReady', jsApiCall);
                }
            }else{
                jsApiCall();
            }
        }
</script>
</head>
<body>
    <form action="/payServlet" name="myform" method="post">
        <!--展示订单信息 -->
        <input type="button" name="orderBtn" value="确认支付" onclick="javascript:
                                                         callpay();return false;"/>
    </form>
</body>
</html>
```

备注: 服务商支付与微信支付流程相同,首先用户页面发起支付(选择账户),其次下订单、生成支付签名,最后发起交易支付,因此读者可以将微信支付与服务商支付关联学习。

微信服务商一号多卡支付是通过服务商:特约商户 = 1: N 的方式实现,每个商户账号都是独立的账号,申请服务商、特约商户时无需支付任何费用,已经拥有认证服务号的读者可以尝试申请开发,在实现过程中读者需要注意商户 mchId 和商户密钥 KEY 的保存,与 OpenID 一样切勿通过 Web 传输。

第 11 章 账号及用户管理

为了方便管理，微信公众号提供了账户及用户管理的接口，通过接口能够更加便捷地管理公众号账号以及用户等信息。

本章主要涉及的知识点有：
- 微信公众号管理：如何生成带参数二维码以及链接转换等。
- 标签管理：标签的创建、删除、维护以及查询等。
- 用户管理：如何为已关注用户绑定、修改标签，获得用户基本信息等。
- 数据安全：如何通过 OAuth2.0 获得身份验证，如何分配微信浏览器等安全访问。

11.1 微信公众账号管理

微信开发接口除提供消息发送与接收、JSAPI 网页、微信支付之外，还提供了公众账号管理的接口，包括生成带参数二维码、长链接转换、微信认证通知等，提高公众号管理的精细化水平。

11.1.1 生成带参数二维码

为了满足渠道推广分析和用户帐号绑定场景分析等需要，公众平台提供了可生成带参数二维码的接口，用户扫码关注公众号，该二维码可用于员工推广数量统计、自动绑定销售群体、统计渠道推广数量等，方便进行业务考核和数据分析，用户扫描带场景值二维码时，可能推送以下两种事件：

（1）如果用户还未关注公众号，则可以关注公众号，关注后微信会将带场景值的关注事件推送给开发者。

（2）如果用户已经关注公众号，在用户扫描后会自动进入会话，微信也会将带场景值扫描事件推送给开发者。

二维码的生成分为两种类型：临时二维码和永久二维码，生成过程分为两步，首先创建二维码 ticket，然后凭借 ticket 到指定 URL 换取二维码。

1. 临时二维码请求说明

临时二维码，是有过期时间的，最长可以设置为在二维码生成后的 30 天（即 2 592 000 秒）后过期，但能够生成较多数量，主要用于帐号绑定等不要求二维码永久保存的业务场景。

（1）请求链接

https://api.weixin.qq.com/cgi-bin/qrcode/create?access_token=TOKENPOST

（2）请求方式

使用 Post 方式提交数据。

（3）数据格式

以 JSON 格式进行提交数据，示例如下：

```
{
"expire_seconds": 604800,
 "action_name": "QR_SCENE",
 "action_info": {
    "scene": {
        "scene_id": 123
    }
 }
}
```

提交的数据（scene_id）除数字类型外，还可以以字符串形式的形式生成二维码：

```
{
"expire_seconds": 604800,
 "action_name": "QR_STR_SCENE",
 "action_info": {
    "scene": {
        "scene_str": "test"
    }
 }
}
```

（4）参数说明

请求参数说明如下表 11.1 所示。

表 11.1　生成临时二维码接口请求参数及说明

参　数	是否必须	说　　明
expire_seconds	否	该二维码有效时间，以秒为单位。最大不超过 2 592 000（即 30 天），此字段如果不填，则默认有效期为 30 秒。
action_name	是	二维码类型： QR_SCENE 为临时的整型参数值，QR_STR_SCENE 为临时的字符串参数值，QR_LIMIT_SCENE 为永久的整型参数值，QR_LIMIT_STR_SCENE 为永久的字符串参数值
action_info	是	二维码详细信息
scene_id	是	场景值 ID，临时二维码时为 32 位非 0 整型，永久二维码时最大值为 100 000（目前参数只支持 1-100 000）
scene_str	是	场景值 ID（字符串形式的 ID），字符串类型，长度限制为 1 到 64

（5）返回结果

正确调用后将返回获取的二维码 ticket、二维码有效时间 expire_seconds（以秒为单位）以及二维码图片解析后的地址 url，示例结果如下：

```
{"ticket":"gQH47joAAAAAAAAASxodHRwOi8vd2VpeGluLnFxLmNvbS9xL2taZ2Z3TVRtNzJXV1Brb3ZhYmJJYmJJJAAIEZ23sUwMEmm3sUw==","expire_seconds":60,"url":"http:\/\/weixin.qq.com\/q\/kZgfwMTm72WWPkovabbI"}
```

备注：返回结果中含有 url，读者可以使用该 url 生成新的二维码，或者通过该 url 实现单击效果，均可以触发用户扫码事件。调用失败后将返回错误码 errcode 以及错误信息 errmsg，错误提示会比较清楚，读者根据错误信息进行相应处理即可。

2. 永久二维码请求说明

永久二维码则是无过期时间的,但数量较少(目前为最多 10 万个),主要用于帐号绑定、用户来源统计等场景。

(1)请求链接

https://api.weixin.qq.com/cgi-bin/qrcode/create?access_token=TOKENPOST

(2)http 请求方式

使用 Post 方式提交数据。

(3)数据格式

以 JSON 格式进行提交数据,示例如下:

```
{
"action_name": "QR_LIMIT_SCENE",
 "action_info": {
    "scene": {
        "scene_id": 123
    }}
}
```

提交的数据(scene_id)除数字类型外,还可以以字符串形式的形式生成二维码:

```
{
"action_name": "QR_LIMIT_STR_SCENE",
 "action_info": {
    "scene": {
        "scene_str": "test"
    }}
}
```

备注:生成永久二维码的请求参数与临时二维码一致,请读者参照表 11.1 介绍。

(4)返回结果

正确调用后将返回获取的二维码 ticket 和二维码图片解析后的地址 url;调用失败后返回错误码 errcode 以及错误信息 errmsg 方便读者进行处理,正确调用后示例结果如下:

```
{"ticket":"gQEr8DwAAAAAAAAAS5odHRwOi8vd2VpeGluLnFxLmNvbS9xLzAyWTBVaTFsclFmeWkxMDAw
MDAwN24AAgQWS19ZAwQAAAAA","url":"http://weixin.qq.com/q/02Y0Ui1lrQfyi10000007n"}
```

下面我们通过一个小示例来了解一下二维码的生成。

【示例 11-1】生成个人推广二维码

某些商户做客户推广时需要知道哪位员工推广的较多,可以在推广二维码中设置参数,通过 scene_str 生成员工个人推广码,从而方便统计推广量,示例代码如下:

```
package myf.caption8.demo8_1;

import myf.caption3.demo3_4.WxUtil;
import net.sf.json.JSONObject;

/**
 * 创建带参数二维码
 * @author muyunfei
 * <p>Modification History:</p>
 * <p>Date        Author      Description</p>
 * <p>--------------------------------------------------------------</p>
```

```java
 * <p>Jul 7, 2017        牟云飞         新建</p>
 */
public class CreateCode {
    public static void main(String[] args) {
        StringBuilder jsonContext = new StringBuilder("");
        jsonContext.append("{");
        jsonContext.append("    \"action_name\": \"QR_LIMIT_STR_SCENE\",");
        jsonContext.append("    \"action_info\": {");
        jsonContext.append("        \"scene\": {");
        jsonContext.append("            \"scene_str\": \"muyunfei121\"");
        jsonContext.append("        }");
        jsonContext.append("    }");
        jsonContext.append("}");
        //WxUtil 工具类请读者参照 3.4 节介绍
        String url = "https://api.weixin.qq.com/cgi-bin/qrcode/create?access_token=";
        JSONObject result = WxUtil.createPostMsg(url, jsonContext.toString());
        System.out.println(result);
    }
}
```

（5）通过 ticket 获取二维码

获取 ticket 后，可直接通过 url 获取二维码图片，获取方式为：

"https://mp.weixin.qq.com/cgi-bin/showqrcode?ticket=" +ticket

示例代码如下：

```
https://mp.weixin.qq.com/cgi-bin/showqrcode?ticket=gQEr8DwAAAAAAAAAS5odHRwOi8vd2Vp
eGluLnFxLmNvbS9xLzAyWTBVaTFsclFmeWkxMDAwMDAwN24AAgQWS19ZAwQAAAAA
```

备注：ticket 需要进行 UrlEncode 转码，如果读者需要下载该图片，可以通过数据流的方式获取图片流进行保存。

（6）扫码事件推送

通过微信"扫一扫"，扫描 url 获取的二维码图片，将通过微信回调的方式接收响应的事件，读者根据事件内容进行相应的回复（回复内容请参照 4.8 节），接收的时间内容示例如下：

```xml
<xml>
<ToUserName><![CDATA[gh_c640a345659b]]></ToUserName>
<FromUserName><![CDATA[oGzTi0tOakoHMX76VxKIB0GMcX8M]]></FromUserName>
<CreateTime>1499482391</CreateTime>
<MsgType><![CDATA[event]]></MsgType>
<Event><![CDATA[SCAN]]></Event>
<EventKey><![CDATA[muyunfei121]]></EventKey>
<Ticket><![CDATA[gQEr8DwAAAAAAAAAS5odHHOi8vd2VpeGluNnFxLmNvbS9xLzAyWTBVaTFsclFmeWk
xMDAwMDAwN24AAgQWS19ZAwQAAAAA]]></Ticket>
</xml>
```

11.1.2 长链接转短链接

在开发过程中，由于需要在 url 中拼接很多参数，而导致商品、支付等二维码链接太长，相应的扫码速度以及成功率也会下降，同时为了减少参数的直接暴露，微信公众号提供了"长链接转短链接的"接口，通过该接口能够将较长的 url 链接转换成短链接。

（1）请求链接

https://api.weixin.qq.com/cgi-bin/shorturl?access_token=ACCESS_TOKEN

（2）请求方式

使用 Post 方式提交数据。

（3）请求参数

示例代码如下：

```
{
"action": "long2short",
"long_url":
"http://wap.koudaitong.com/v2/showcase/goods?alias=128wi9shh&spm=h56083&redirect_co
unt=1"
}
```

请求参数说明如下表 11.2 所示。

表 11.2　长链接转短链接接口请求参数及说明

参　数	是否必须	说　明
access_token	是	调用接口凭证
action	是	此处填 long2short，代表长链接转短链接
long_url	是	需要转换的长链接，支持 http://、https://、weixin://wxpay 格式的 url

（4）返回结果

返回结果与其他接口一致，皆为 JSON 格式，errcode 的值表示接口调用是否成功，0 表示成功，其他表示失败；errmsg 为结果描述，成功时返回 ok，错误时返回详细的错误原因；short_url 为短连接地址，即长链接转换成功的短链接，示例结果如下：

```
{"errcode":0,"errmsg":"ok","short_url":"http:\/\/w.url.cn\/s\/AvCo6Ih"}
```

下面我们通过一个小示例来看一个简洁的推广链接是如何生成的。

【示例 11-2】分享简洁的商品推广链接

示例代码如下：

```
package myf.caption8.demo8_1;

import myf.caption3.demo3_4.WxUtil;
import net.sf.json.JSONObject;
/**
 * 长链接转换短链接
 * @authormuyunfei
 * <p>Modification History:</p>
 * <p>Date       Author       Description</p>
 * <p>--------------------------------------------------------------------</p>
 * <p>Jul 7, 2017       牟云飞       新建</p>
 */
publicclass ChangeShortUrl {
    publicstaticvoid main(String[] args) {
        StringBuilder jsonContext = new StringBuilder("");
        jsonContext.append("{");
        jsonContext.append("    \"action\": \"long2short\",");
        jsonContext.append("    \"long_url\": \"http://wap.koudaitong.com/v2/showcase/goods?alias=128wi9shh&spm=h56083&redirect_count=1\"");
        jsonContext.append("    }");
        String url = "https://api.weixin.qq.com/cgi-bin/shorturl?access_token=";
        JSONObject result = WxUtil.createPostMsg(url, jsonContext.toString());
```

```
        System.out.println(result);
    }
}
```

11.2 标签管理

标签是对不同用户群体的特殊标记,方便开发者对已关注用户进行管理,还可方便消息的群发等,通过该接口能够实现标签的创建、删除、编辑以及查询。

11.2.1 创建标签

开发者可以在服务启动时创建默认标签,并进行保存,用户关注时立刻打默认标签,方便用户的管理。每个公众号最多能够创建 100 个标签,接口详细说明如下。

(1)请求链接

https://api.weixin.qq.com/cgi-bin/tags/create?access_token= ACCESS_TOKEN

(2)请求方式

使用 Post 方式提交数据。

(3)请求参数

仅提交一个参数,UTF-8 编码的标签名称参数,提交内容如下所示:

```
{"tag" : {"name" : "普通用户"}}}
```

(4)示例代码

以 3.4 中介绍的 WxUtil 工具类为例,实现标签的创建,示例代码如下:

```
//创建标签
String createTagJsonStr = "{\"tag\" : {\"name\" : \"微信普通用户\"}}";
JSONObject newTagResult = WxUtil.createPostMsg(
    "https://api.weixin.qq.com/cgi-bin/tags/create?access_token=",createTagJsonStr);
System.out.println(new
String((newTagResult.toString()).getBytes("ISO-8859-1"),"UTF-8"));
```

(5)返回结果

创建成功将返回标签 id,读者需要对该 id 进行存储,后期可直接使用,返回结果如下:

```
{"tag":{"id":104,"name":"微信普通用户 3"}}
```

备注:new String(byte[] bytes, String charsetName)可用于汉字转码。标签名不能够重复,重复的标签名将返回 45157 错误码{"errcode":45157,"errmsg":"invalid tag name hint: [wPFo5a0128vr21]"}。45158 为标签长度超过 30 个字节,45056 则为标签数超过上限 100 个。

11.2.2 删除标签

对于过期或者无效的标签,微信提供了删除接口,但是需要注意当某个标签下的粉丝超过 10 万时,读者不能够直接删除标签,需要对该标签下的 openid 列表(用户列表)进行取消标签的操作(11.3.2 介绍),直到粉丝数降到 10 万之下,才可直接删除该标签。

(1)请求链接

https://api.weixin.qq.com/cgi-bin/tags/delete?access_token= ACCESS_TOKEN

(2)请求方式

使用 Post 方式提交数据

（3）请求参数

通过 id 进行删除标签，请求数据如下：

```
{"tag":{"id" : 134}}
```

（4）示例代码

```
//删除标签
String deleteTagJsonStr = "{\"tag\":{\"id\" : 134}}";
//WxUtil 工具类请参照 3.4 节
JSONObject deleteTagResult = WxUtil.createPostMsg(
        "https://api.weixin.qq.com/cgi-bin/tags/delete?access_token=",deleteTagJsonStr);
System.out.println(deleteTagResult);
```

（5）返回结果

成功调用后，与其他接口相同，返回 errcode 值并且为 0；调用失败也将返回非 0 的 errcode 值，返回结果示例如下：

```
{"errcode":0,"errmsg":"ok"}
```

11.2.3 查询所有标签

通过该接口能够查看该公众号下所有标签，接口详细说明如下：

（1）请求链接

https://api.weixin.qq.com/cgi-bin/tags/get?access_token= ACCESS_TOKEN

（2）请求方式

使用 Get 方式请求数据。

（3）示例代码

```
//查询所有标签,WxUtil 工具类 3.4 节介绍
JSONObject queryTagList = WxUtil.createGetMsg(
        "https://api.weixin.qq.com/cgi-bin/tags/get?access_token=");
System.out.println(new String((queryTagList.toString()).getBytes("ISO-8859-1"),"UTF-8"));
```

备注：new String 方法并非固定写法，读者需要根据实际情况进行相应的转码，已解决乱码问题，常用的编码方式有：UTF-8、ISO-8859-1、GBK、GB2312 等。

（4）返回结果

```
{
    "tags": [
        {
            "id": 2,
            "name": "星标组",
            "count": 0
        },
        {
            "id": 100,
            "name": "普通用户",
            "count": 1
        }
    ]
}
```

返回结果说明请参照下表 11.3 所示。

表 11.3 查询所有标签接口返回结果参数及说明

参 数	说 明
id	标签 id，用于删除、编辑以及发送群发消息
name	标签名称
count	该标签下粉丝数量

11.2.4 编辑标签

对于已经存在的标签，通过编辑标签接口能够实现标签的修改，接口详细说明如下：
（1）请求链接

https://api.weixin.qq.com/cgi-bin/tags/update?access_token=ACCESS_TOKEN

（2）请求方式

使用 Post 方式提交数据。

（3）请求参数

修改标签与创建标签约束条件相同，不能够标签名重复，标签 id 必须存在，请求示例如下：

```
{
  "tag" : {
    "id" : 134,
    "name" : "广东人"
  }
}
```

（4）示例代码

通过主动调用的方式调用接口进行标签修改，示例代码如下：

```
//修改标签
String updateTagJsonStr = "{\"tag\" : {\"id\" : 104,\"name\" : \"会员用户\"}}";
JSONObject updateTagReselt = WxUtil.createPostMsg(
        "https://api.weixin.qq.com/cgi-bin/tags/update?access_token=",updateTagJsonStr);
System.out.println(updateTagReselt);
```

（5）返回结果

返回结果包含 errcode 和 errmsg 两个参数，成功或错误的参数值前面已讲，不再赘述；调用成功时返回结果如下：

```
{"errcode":0,"errmsg":"ok"}
```

11.2.5 小实例：为用户设置特权标签

通过前几节的学习读者已经学习了标签的增、删、改、查操作，本节通过 main 方法实现各类接口的手动调用，为公众号用户设置标签，实现分组功能，方便用户查找以及特定消息的特定推送，示例代码如下：

```java
package myf.caption8.demo8_2;

import java.io.UnsupportedEncodingException;
import net.sf.json.JSONObject;
import myf.caption3.demo3_4.WxUtil;
```

```java
/**
 * 标签管理
 *<p>Modification History:</p>
 *<p>Date                    Author              Description</p>
 *<p>------------------------------------------------------------</p>
 *<p>11 30, 2016            muyunfei             新建</p>
 */
public class TagManager {
    public static void main(String[] args) throws UnsupportedEncodingException {
//        //创建标签
//        String createTagJsonStr = "{\"tag\" : {\"name\" : \"微信普通用户3\"}}";
//        JSONObject newTagResult = WxUtil.createPostMsg("https://api.weixin.qq.com/
                          cgi-bin/tags/create?access_token=",createTagJsonStr);
//        System.out.println(new String((newTagResult.toString()).getBytes("ISO-8859-1"),
                                                                         "UTF-8"));

//        //删除标签
//        String deleteTagJsonStr = "{\"tag\":{\"id\" : 134}}";
//        JSONObject deleteTagResult = WxUtil.createPostMsg("https://api.weixin.qq.com
                           /cgi-bin/tags/delete?access_token=",deleteTagJsonStr);
//        System.out.println(deleteTagResult);

        //查询所有标签,WxUtil工具类3.4节介绍
        JSONObject queryTagList = WxUtil.createGetMsg(
                "https://api.weixin.qq.com/cgi-bin/tags/get?access_token=");
        System.out.println(new String((queryTagList.toString()).getBytes("ISO-8859-1"),
                                                                         "UTF-8"));

//        //修改标签
//        String updateTagJsonStr = "{\"tag\" : {\"id\" : 104,\"name\" : \"会员用户\"}}";
//        JSONObject updateTagReselt = WxUtil.createPostMsg(
//                "https://api.weixin.qq.com/cgi-bin/tags/update?access_token=",
                                                            updateTagJsonStr);
//        System.out.println(updateTagReselt);
    }
}
```

通过为用户设置标签，不仅能够方便用户群体的查找，还能够实现消息的"超额"发送，读者在之前章节已经了解到，每个自然月内服务号中每位用户只能接受4条信息，通过特定的标签推送特定的消息能够实现超过4条的发送，比如：某公众号有3类用户标签普通用户、会员、高级会员，那该公众号通过标签每月能够发送12（3×4）条消息，每类标签用户都能接收4条"不同于其他标签用户"的消息。

11.3 公众号用户管理

已关注用户是微信公众号的重要客户资源，为了更好、更方便地对用户进行精细化的管理，微信公众号提供了用户管理接口，包括：绑定标签、查看用户基本信息以及黑名单等。

11.3.1 用户绑定标签

为了对不同的用户群体进行不同的管理及消息推送，本节将介绍如何通过接口批量的为用

户标签绑定，详细说明如下：

（1）请求链接

https://api.weixin.qq.com/cgi-bin/tags/members/batchtagging?access_token=ACCESS_TOKEN

（2）请求方式

使用 Post 方式提交 JSON 数据。

（3）请求参数

请求参数包括需要绑定标签的参数列表 openid_list 和需要绑定的标签 tagid，openid_list 中为用户在当前公众号内的唯一标识 openid，请求示例如下：

```
{
  "openid_list" : [//粉丝列表
    "ocYxcuAEy30bX0NXmGn4ypqx3tI0",
    "ocYxcuBt0mRugKZ7tGAHPnUaOW7Y"
  ],
  "tagid" : 134
}
```

（4）返回结果

提交的 openid 列表中不能够有超过 20 个标签的用户（否则返回 45059 错误），正确返回结果如下：

```
{
  "errcode":0,
  "errmsg":"ok"
}
```

备注：批量绑定的用户（即 openid_list）一次性不能超过 50 个，否则将返回 40032 错误。

（5）示例代码

通过主动调用封装类 WxUtil（3.4 节介绍）实现接口调用，示例代码如下：

```
//打标签
String tagUrl = "https://api.weixin.qq.com/cgi-bin/tags/members/batchtagging?
                                                 access_token=";
String tagPostData="{\"openid_list\":[\"oGzTi0vDjCSXUC57LysuDVT4MJng\"],\"tagid\" : 104}";
JSONObject tagResult = WxUtil.createPostMsg(tagUrl, tagPostData);
System.out.println(tagResult);
```

11.3.2 用户取消绑定标签

对于已经过时或者升级的用户，可以通过接口对原有标签进行取消，接口说明如下：

（1）请求链接

https://api.weixin.qq.com/cgi-bin/tags/members/batchuntagging?access_token=

（2）请求方式

使用 Post 方式提交 JSON 数据。

（3）请求参数

请求参数包括需要取消绑定标签的用户列表 openid_list 和需要取消绑定的标签 tagid，请求示例如下：

```
{
  "openid_list" : [//粉丝列表
```

```
    "ocYxcuAEy30bX0NXmGn4ypqx3tI0",
    "ocYxcuBt0mRugKZ7tGAHPnUaOW7Y"
  ],
  "tagid" : 134
}
```

（4）返回结果

返回结果包含 errcode 和 errmsg 两个参数，具体内容前面已讲，不再赘述；成功调用结果示例如下：

```
{"errcode":0,"errmsg":"ok"}
```

（5）示例代码

通过主动调用封装类 WxUtil（3.4 节介绍）实现接口调用，示例代码如下：

```
//取消标签
String tagUrl = "https://api.weixin.qq.com/cgi-bin/tags/members/batchuntagging?access_token=";
String tagPostData="{\"openid_list\":[\"oGzTi0vDjCSXUC57LysuDVT4MJng\"],\"tagid\" : 104}";
JSONObject tagResult = WxUtil.createPostMsg(tagUrl, tagPostData);
System.out.println(tagResult);
```

11.3.3 获取某一个用户下所有标签

通过本接口能够查询某一关注用户的所有标签，接口说明如下：

（1）请求链接

https://api.weixin.qq.com/cgi-bin/tags/getidlist?access_token=ACCESS_TOKEN

（2）请求方式

使用 Post 方式提交 JSON 数据。

（3）请求参数

仅需该用户的 openid，请求示例如下：

```
{"openid" : "ocYxcuBt0mRugKZ7tGAHPnUaOW7Y"}
```

（4）返回结果

正确返回结果如下：

```
{"tagid_list":[100,2]}
```

（5）示例代码

通过主动调用封装类 WxUtil（3.4 节介绍）实现接口调用，示例代码如下：

```
//查看某一个用户下所有标签
String userTagStr = "https://api.weixin.qq.com/cgi-bin/tags/getidlist?access_token=";
String userTagPostData ="{\"openid\" : \"oGzTi0vDjCSXUC57LysuDVT4MJng\"}";
JSONObject userResult = WxUtil.createPostMsg(userTagStr,userTagPostData);
System.out.println(userResult);
```

11.3.4 获取某一个标签下所有用户

通过本接口能够查询某一标签下的所有用户，接口说明如下：

（1）请求链接

https://api.weixin.qq.com/cgi-bin/user/tag/get?access_token=ACCESS_TOKEN

（2）请求方式

使用 Post 方式提交 JSON 数据。

（3）请求参数

请求参数包括标签 id 和 next_openid。next_openid 用于解决分页获取的问题，当其为空时，默认从第一个开始获取，请求示例如下：

```
{"tagid" : 134,"next_openid":""}
```

（4）返回结果

返回结果为分页传输，通过 next_openid 进行获取下一页数据；当调用失败时返回 errcode 和 errmsg 参数，errcode 为接口错误码，errmsg 为错误描述，返回正确结果示例代码如下：

```
{
  "count":2,//这次获取的粉丝数量
  "data":{//粉丝列表
"openid":[
    "ocYxcuAEy30bX0NXmGn4ypqx3tI0",
    "ocYxcuBt0mRugKZ7tGAHPnUaOW7Y"
    ]
  },
  "next_openid":"ocYxcuBt0mRugKZ7tGAHPnUaOW7Y"//拉取列表最后一个用户的 openid
}
```

（5）示例代码

通过主动调用封装类 WxUtil（3.4 节介绍）实现接口调用，示例代码如下：

```
//获得标签下所有用户
String urlString = "https://api.weixin.qq.com/cgi-bin/user/tag/get?access_token=";
String postData="{\"tagid\" : 100,\"next_openid\":\"\"}";
JSONObject resultList = WxUtil.createPostMsg(urlString,postData);
System.out.println(resultList);
```

11.3.5 公众号用户黑名单

通过本接口可以将某一关注用户拉入黑名单，黑名单内用户无法接收公众号发来的消息，包括群发消息和自动回复消息，也无法参与留言和赞赏。接口详细说明如下：

（1）请求链接

https://api.weixin.qq.com/cgi-bin/tags/members/batchblacklist?access_token=

（2）请求参数

通过 Post 提交需要拉黑的用户数据，数据格式如下：

```
{"opened_list":["OPENID1"," OPENID2"]}
```

备注：一次调用 opened_list 中的用户数量不能超过 20 个，否则返回 40032 错误。

（3）示例代码

```
//拉黑用户
String urlString = "https://api.weixin.qq.com/cgi-bin/tags/members/batchblacklist?
                                access_token=";
String postData="{\"opened_list\":[\"oGzTi0vDjCSXUC57LysuDVT4MJng\"]}";
JSONObject resultList = WxUtil.createPostMsg(urlString,postData);
System.out.println(resultList);
```

通过管理端【管理】|【用户管理】也能够将用户拉入黑名单,如图 11.1 所示:

图 11.1　用户黑名单

11.3.6　获得用户基本信息

对于已关注用户,读者可以通过本接口获取用户的基本信息,包括:用户昵称、性别、所在国家、所在城市、所在省份、用户语言以及用户头像等信息。接口获取方式分为单个用户基本信息获取和批量用户基本信息获取,接口详细说明如下:

备注:同一个微信开放平台帐号下的移动应用、网站应用和公众帐号,用户的 UnionID 是唯一的,如果读者拥有多个移动应用、网站应用和公众帐号,可通过 UnionID 获取用户基本信息。单一公众号内只能通过 openID 获取用户基本信息。

1. 获取单个用户基本信息

(1) 请求链接

https://api.weixin.qq.com/cgi-bin/user/info?access_token=ACCESS_TOKEN&openid=OPENID&lang=zh_CN

(2) 请求方式与参数

通过 Get 方式提交 OpenID(在 url 中拼接参数即可)

(3) 示例代码

```
//获取用户基本信息
try {
    String openID = "oGzTi0vDjCSXUC57LysuDVT4MJng";
    String urlString = "https://api.weixin.qq.com/cgi-bin/user/info?&openid="
        +openID+"&lang=zh_CN&access_token=";
    JSONObject resultList = WxUtil.createGetMsg(urlString);
    System.out.println(new
String((resultList.toString()).getBytes("ISO-8859-1"),"UTF-8"));
} catch (UnsupportedEncodingException e) {
    // TODO Auto-generated catch block
    e.printStackTrace();
}
```

(4) 返回结果

```
{
    "subscribe": 1,
    "openid": "oGzTi0vDjCSXUC57LysuDVT4MJng",
    "nickname": "牟云飞",
    "sex": 2,
```

```
    "language": "zh_CN",
    "city": "烟台",
    "province": "山东",
    "country": "中国",
    "headimgurl":
"http://wx.qlogo.cn/mmopen/T8W6Vmndyryq4GNQFkibTbz2EpibicCnXStZXiaTWgqo7kzBNKGiaTFS
ZY6vT3kGQmHoOd70X61MNiccIDKaMv16WWuiavoEonrHRO8/0",
    "subscribe_time": 1497168949,
    "remark": "",
    "groupid": 100,
    "tagid_list": [
        100
    ]
}
```

返回结果说明请参照下表 11.4 所示。

表 11.4 获取单个用户基本信息接口返回结果及说明

参 数	说 明
subscribe	用户是否订阅该公众号标识，值为 0 时，代表此用户没有关注该公众号，拉取不到其余信息
openid	用户的标识，对当前公众号唯一
nickname	用户的昵称
sex	用户的性别，值为 1 时是男性，值为 2 时是女性，值为 0 时是未知
city	用户所在城市
country	用户所在国家
province	用户所在省份
language	用户的语言，简体中文为 zh_CN
headimgurl	用户头像，最后一个数值代表正方形头像大小（有 0、46、64、96、132 数值可选，0 代表 640*640 正方形头像），用户没有头像时该项为空。若用户更换头像，原有头像 URL 将失效
subscribe_time	用户关注时间，为时间戳。如果用户曾多次关注，则取最后关注时间
unionid	只有在用户将公众号绑定到微信开放平台帐号后，才会出现该字段。
remark	公众号运营者对粉丝的备注，公众号运营者可在微信公众平台用户管理界面对粉丝添加备注
groupid	用户所在的分组 ID（兼容旧的用户分组接口）
tagid_list	用户被打上的标签 ID 列表

2．批量获取用户基本信息

（1）请求链接

https://api.weixin.qq.com/cgi-bin/user/info/batchget?access_token=ACCESS_TOKEN

（2）请求方式与参数

通过 Post 方式提交 OpenID 列表，提交示例如下：

```
{
  "user_list": [
    {
      "openid": "otvxTs4dckWG7imySrJd6jSi0CWE",
      "lang": "zh_CN"
    },
```

```
            {
                "openid": "otvxTs_JZ6SEiP0imdhpi50fuSZg",
                "lang": "zh_CN"
            }
        ]
}
```

备注：lang 非必填项，默认为 zh-CN。

（3）示例代码

```
//获取用户基本信息
try {
    String openID = "oGzTi0vDjCSXUC57LysuDVT4MJng";
    String urlString = "https://api.weixin.qq.com/cgi-bin/user/info?&openid="
        +openID+"&lang=zh_CN&access_token=";
    JSONObject resultList = WxUtil.createGetMsg(urlString);
    System.out.println(new
String((resultList.toString()).getBytes("ISO-8859-1"),"UTF-8"));
} catch (UnsupportedEncodingException e) {
    // TODO Auto-generated catch block
    e.printStackTrace();
}
```

（4）返回结果

返回结果以 JSON 数据的方式返回，返回结果及说明请参照表 11.4 所示，示例结果如下：

```
{
    "user_info_list": [
        {
            "subscribe": 1,
            "openid": "oGzTi0tOakoHMX76VxKIB0GMcX8M",
            "nickname": "牟云飞",
            "sex": 1,
            "language": "zh_CN",
            "city": "济南",
            "province": "山东",
            "country": "中国",
            "headimgurl": "http://wx.qlogo.cn/mmopen/Of8Q9djo5cKoKtPMj83Yv0vNzAZbjPBu
Y6e0YLyjxiakMgOGq6dCHPcseRDomAlgInxC92Ud6g73hY2kf685MoCh05ELEdJMg/0",
            "subscribe_time": 1498959394,
            "remark": "",
            "groupid": 0,
            "tagid_list": [ ]
        },
        {
            "subscribe": 1,
            "openid": "oGzTi0vDjCSXUC57LysuDVT4MJng",
            "nickname": "简简单单",
            "sex": 2,
            "language": "zh_CN",
            "city": "烟台",
            "province": "山东",
            "country": "中国",
            "headimgurl": "http://wx.qlogo.cn/mmopen/T8W6Vmndyryq4GNQFkibTbz2EpibicCnX
```

```
StZXiaTWgqo7kzBNKGiaTFSZY6vT3kGQmHoOd70X61MNiccIDKaMv16WWuiavoEonrHRO8/0",
            "subscribe_time": 1497168949,
            "remark": "",
            "groupid": 100,
            "tagid_list": [
                100
            ]
        }
    ]
}
```

11.3.7 小实例：用户身份设置及信息获取

通过前几节的学习，读者已经了解了针对用户的各类操作，本实例通过 main 方法实现各类接口的手动调用，实现用户身份标签的设置、黑名单管理以及用户信息的获取，在获取用户信息时读者可以选择单个获取或者批量获取信息，示例代码如下：

```java
package myf.caption8.demo8_3;

import java.io.UnsupportedEncodingException;
import net.sf.json.JSONObject;
import myf.caption3.demo3_4.WxUtil;
/**
 * 用户管理
 * @author 牟云飞
 *<p>Modification History:</p>
 *<p>Date                  Author              Description</p>
 *<p>---------------------------------------------------------------</p>
 *<p>11 30, 2016           muyunfei            新建</p>
 */
public class WxUserManager {
    public static void main(String[] args) {
//        //查看某一个用户下所有标签
//        String userTagStr = "https://api.weixin.qq.com/cgi-bin/tags/getidlist?
                                                                    access_token=";
//        String userTagPostData ="{\"openid\" : \"oGzTi0vDjCSXUC57LysuDVT4MJng\"}";
//        JSONObject userResult = WxUtil.createPostMsg(userTagStr,userTagPostData);
//        System.out.println(userResult);

//        //打标签
//        String tagUrl = "https://api.weixin.qq.com/cgi-bin/tags/members/batchtagging?
                                                                    access_token=";
//        String tagPostData ="{\"openid_list\" : [\"oGzTi0vDjCSXUC57LysuDVT4MJng\"],
                                                                    \"tagid\" : 104}";
//        JSONObject tagResult = WxUtil.createPostMsg(tagUrl, tagPostData);
//        System.out.println(tagResult);

//        //取消标签
//        String tagUrl = "https://api.weixin.qq.com/cgi-bin/tags/members/batchuntagging?
                                                                    access_token=";
//        String tagPostData ="{\"openid_list\" : [\"oGzTi0vDjCSXUC57LysuDVT4MJng\"],
                                                                    \"tagid\" : 104}";
//        JSONObject tagResult = WxUtil.createPostMsg(tagUrl, tagPostData);
```

```java
//          System.out.println(tagResult);

//          //获得标签下所有用户
//          String urlString = "https://api.weixin.qq.com/cgi-bin/user/tag/get?access_token=";
//          String postData="{\"tagid\" : 100,\"next_openid\":\"\"}";
//          JSONObject resultList = WxUtil.createPostMsg(urlString,postData);
//          System.out.println(resultList);

//          //拉黑用户
//          String urlString = "https://api.weixin.qq.com/cgi-bin/tags/members/batchblacklist?access_token=";
//          String postData="{\"opened_list\":[\"oGzTi0vDjCSXUC57LysuDVT4MJng\"]}";
//          JSONObject resultList = WxUtil.createPostMsg(urlString,postData);
//          System.out.println(resultList);

//          //获取单个用户基本信息
//          try {
//              String openID = "oGzTi0vDjCSXUC57LysuDVT4MJng";
//              String urlString = "https://api.weixin.qq.com/cgi-bin/user/info?&openid="
//                  +openID+"&lang=zh_CN&access_token=";
//              JSONObject resultList = WxUtil.createGetMsg(urlString);
//              System.out.println(new String((resultList.toString()).getBytes("ISO-8859-1"),"UTF-8"));
//          } catch (UnsupportedEncodingException e) {
//              // TODO Auto-generated catch block
//              e.printStackTrace();
//          }

            //批量获取用户基本信息
            try {
                String openIDList = "{\"user_list\": [{\"openid\": " +
                    "\"oGzTi0tOakoHMX76VxKIB0GMcX8M\"}," +
                    "{\"openid\": \"oGzTi0vDjCSXUC57LysuDVT4MJng\"}]}";
                String urlString = "https://api.weixin.qq.com/cgi-bin/user/info/batchget?access_token=";
                JSONObject resultList = WxUtil.createPostMsg(urlString,openIDList);
                System.out.println(new String((resultList.toString()).getBytes("ISO-8859-1"),"UTF-8"));
            } catch (UnsupportedEncodingException e) {
                // TODO Auto-generated catch block
                e.printStackTrace();
            }

        }
    }
```

在获取用户基本信息时不会获得手机号码，因此读者在开发时根据自身情况，如果没必要获取基本信息，可以不用获取。

11.4 OAuth2.0 身份验证

OAuth2.0 身份验证用于公众号开发中通过 url 链接获取成员身份信息，成员通过单击具有身份验证的链接访问读者服务时,读者服务将获得当前访问成员的身份信息,应用场景包括:主动推送报名或问卷调查、菜单进入个人页面、JSAPI 页面跳转等。

读者在开发中需要注意,url 链接的域名必须完全匹配公众号设置项中的"网页授权域名",该链接不支持 IP 地址、端口号及短链域名,否则跳转时会提示 redirect_uri 参数错误,详细配置步骤请读者参照 5.2.2。

OAuth2.0 身份验证主要分为两步:

(1)首先将读者 url 链接处理成特殊的 OAuth2.0 链接,用于读者服务获得 code;
(2)利用 code 向公众号获取成员身份信息。

本节将向读者演示如何通过特定的 OAuth2.0 链接获得成员信息,便于读者进行相应的操作。

11.4.1 获取 code

若需要成员在跳转到网页时带上员工的身份信息,则需要构造如下的链接:

https://open.weixin.qq.com/connect/oauth2/authorize?appid=appID&redirect_uri=REDIRECT_URI&response_type=code&scope=SCOPE&state=STATE#wechat_redirect

其中 redirect_uri 为读者服务页面,链接需要进行 urlencode 处理,如:

```
http://www.muyunfei.com:6503/WX_DEMO/coreServlet
```

经过 urlencode 处理后链接变为:

```
http%3a%2f%2fwww.muyunfei.com%3a6503%2fWX_DEMO%2fcoreServlet
```

其他参数详细说明如下表 11.5 所示。

表 11.5 OAuth2.0 链接参数及说明

参　数	是否必须	说　　明
appid	是	企业的 CorpID
redirect_uri	是	授权后重定向的回调链接地址,请使用 urlencode 对链接进行处理
response_type	是	返回类型,此时固定为:code
scope	是	应用授权作用域,snsapi_base(不弹出授权页面,直接跳转,只能获取用户 openid),snsapi_userinfo(弹出授权页面,可通过 openid 拿到昵称、性别、所在地。并且,即使在未关注的情况下,只要用户授权,也能获取其信息)
state	否	重定向后会带上 state 参数,企业可以填写 a-zA-Z0-9 的参数值,长度不可超过 128 个字节
#wechat_redirect	是	微信终端使用此参数判断是否需要带上身份信息

备注:用户单击后,页面将跳转至 redirect_uri?code=CODE&state=STATE,读者可根据 code 参数获得员工的 userid。

JS 处理链接示例代码如下:

```javascript
//查看详情
function showoaDetail(msgId){
    //原始链接
var getUrl="http://www.muyunfei.com/WX_DEMO/coreServlet.do?msgId="+msgId;
    //链接处理
var changeurl=getUrl.replace(/[:]/g,"%3a").replace(/[/]/g,"%2f").replace(/[\?]/g,"%3f")
            .replace(/[=]/g,"%3d").replace(/[&]/g,"%26");
```

```
var tourl="https://open.weixin.qq.com/connect/oauth2/authorize?"
        +"appid=wxd18712bb686c622d7&redirect_uri="+changeurl
    +"&response_type=code&scope=snsapi_base&state=location#wechat_redirect";
    //链接跳转
location.href=tourl;
}
```

11.4.2 根据 code 获得成员信息

用户授权许可后，可以利用获取到的 code 获得当前访问的用户 OpenID，详细说明如下：

注意：同一成员每次授权带上的 code 不相同，且 code 只能使用一次，5 分钟未被使用自动过期。由于公众号的 secret 和获取到的 access_token 安全级别都非常高，建议读者保存服务器，客户端不保留账户信息。

（1）请求链接

https://api.weixin.qq.com/sns/oauth2/access_token?appid=APPID&secret=SECRET&code=CODE&grant_type=authorization_code

（2）请求方式与参数

通过 Get 方式提交 oppid、secret 和 code（在 url 中拼接参数即可）。

（3）返回结果

返回结果中包含 openid 字段，该字段为用户在某一公众号内的唯一标识，通过 openid 在一个公众号中能够唯一确定一位用户，同时能够通过 openid 获得该用户的基本信息（昵称、头像等），示例代码如下：

```
{ "access_token":"ACCESS_TOKEN",
"expires_in":7200,
"refresh_token":"REFRESH_TOKEN",
"openid":"OPENID",
"scope":"SCOPE" }
```

注意：在未关注公众号时，用户访问公众号的网页，也会产生一个用户和公众号唯一的 OpenID。

（4）示例代码

在 Wxutil（3.4 节）中增加根据 code 获取 openid 方法，示例代码如下：

```
/**
 * 根据 code 获得 openid
 * @return
 */
public static String getOpenIdByCode(String code){
    //微信公众号标识
    String appid=messageAppId;
    //管理凭证密钥
    String secret=messageSecret;
    String openid="";
    CloseableHttpClient httpclient = HttpClients.createDefault();
    try {
        //利用 get 形式获得 token
```

```java
            HttpGet httpget = new HttpGet("https://api.weixin.qq.com/sns/oauth2" +
                "/access_token?appid="+appid+"&secret="+secret
                +"&code="+code+"&grant_type=authorization_code");
            // Create a custom response handler
            ResponseHandler<JSONObject> responseHandler = new ResponseHandler<JSONObject>() {
                public JSONObject handleResponse(
                    final HttpResponse response) throws ClientProtocolException, IOException {
                    int status = response.getStatusLine().getStatusCode();
                    if (status >= 200 && status < 300) {
                        HttpEntity entity = response.getEntity();
                        if(null!=entity){
                            String result= EntityUtils.toString(entity);
                            //根据字符串生成JSON对象
                            JSONObject resultObj = JSONObject.fromObject(result);
                            return resultObj;
                        }else{
                            return null;
                        }
                    } else {
                        throw new ClientProtocolException("Unexpected response status: "
                            + status);
                    }
                }
            };
            //返回的json对象
            JSONObject responseBody = httpclient.execute(httpget, responseHandler);
            if(null!=responseBody){
                openid= (String) responseBody.get("openid");//返回token
            }
            httpclient.close();
        }catch (Exception e) {
            e.printStackTrace();
        }
        return openid;
    }
```

11.5 浏览器类型安全访问

在第 5 章 JSAPI 模式中，已经了解到微信内置浏览器，针对不同浏览器的类型我们可以设置相应的安全策略——仅允许在微信内置浏览器中打开。由于 User-Agent 可以通过 setHeade("User-Agent","")方式模拟，所以该方式仅能作为账户安全的一种方式，需要与其他方式结合使用。

备注：其他方式有全局验证码变量控制异常数据新增、页面有效期方式页面超时访问、代理服务器通过 DMZ（危险管理区，内网与互联网的交界区）服务器获取 IDC（企业数据中心，内网区域）服务器内容等等。

通过 ServletActionContext.getRequest().getHeader("User-Agent")获得当前浏览器代理信息，各类型浏览器代理信息如下表 11.6 所示。

表 11.6　各类型浏览器代理信息

浏览器类型	代理信息
IE 浏览器	Mozilla/5.0 (compatible; MSIE 9.0; Windows NT 6.1; Win64; x64; Trident/5.0)
Google 浏览器	Mozilla/5.0 (Windows NT 6.1; WOW64) AppleWebKit/537.36 (KHTML, like Gecko) Chrome/45.0.2454.93 Safari/537.36
360 安全浏览器	Mozilla/5.0 (Windows NT 6.1; WOW64) AppleWebKit/537.36 (KHTML, like Gecko) Chrome/45.0.2454.101 Safari/537.36
UC 浏览器	Mozilla/5.0 (Windows NT 6.1; WOW64) AppleWebKit/537.36 (KHTML, like Gecko) Chrome/50.0.2661.102 UBrowser/5.7.15319.202 Safari/537.36
手机 qq 浏览器	Mozilla/5.0 (Linux; Android 4.2.2; N1W Build/JDQ39) AppleWebKit/537.36 (KHTML, like Gecko) Version/4.0 Chrome/37.0.0.0 Mobile MQQBrowser/6.2 TBS/036558 Safari/537.36 V1_AND_SQ_6.5.0_390_YYB_D QQ/6.5.0.2835 NetType/WIFI WebP/0.3.0 Pixel/1080
Android 微信内置浏览器	Mozilla/5.0 (Linux; Android 4.2.2; N1W Build/JDQ39) AppleWebKit/537.36 (KHTML, like Gecko) Version/4.0 Chrome/37.0.0.0 Mobile MQQBrowser/6.2 TBS/036558 Safari/537.36 MicroMessenger/6.3.23.840 NetType/WIFI Language/zh_CN
IPhone 微信内置浏览器	Mozilla/5.0 (iPhone; CPU iPhone OS 9_3_5 like Mac OS X) AppleWebKit/601.1.46 (KHTML, like Gecko) Mobile/13G36 MicroMessenger/6.3.24 NetType/4G Language/zh_CN

通过对比多个浏览器的代理信息，可以发现一个关键信息"MicroMessenger"。通过"MicroMessenger"便能够区分请求的来源，从而保证信息只能在微信中打开，示例代码如下：

```
HttpServletRequest req = ServletActionContext.getRequest();
//识别微信浏览器
String userAgent=req.getHeader("User-Agent");//里面包含了设备类型
if(-1==userAgent.indexOf("MicroMessenger")){
    //如果不是微信浏览器,跳转到安全页
    return "safePage";
}
```

JSP 页面中，防止外部浏览器打开方法，示例代码如下：

```
<%
    //识别微信浏览器
    String userAgent=request.getHeader("User-Agent");//里面包含了设备类型
    if(-1==userAgent.indexOf("MicroMessenger")){
        //如果不是微信浏览器,跳转到安全页
        request.getRequestDispatcher("noRightPage.jsp").forward(request, response);
    }
%>
```

备注：区分 Android 和 IPhone 手机可以通过 userAgent.indexOf("iPhone")进行区分，示例代码如下：

```
HttpServletRequest req = ServletActionContext.getRequest();
String userAgent=req.getHeader("User-Agent");//里面包含了设备类型
if(-1!=userAgent.indexOf("iPhone")){
//-------如果是苹果手机----------//
//此方法需要浏览器自己能够打开,ios可以但是微信andriod版内置浏览器不支持
}else{
//如果非苹果手机，自己处理文档
}
```

第 12 章 数据库及服务中间件

系统开发中数据库与服务中间件是必不可以少的元素，同样，在微信企业号开发中也需要数据库和服务中间件的支撑，数据库是组织、存储和管理数据的仓库，如：Oracke、mySQL、SQLServer 等，而服务中间件则是用于发布程序服务的，提供运行支持的平台，如：Tomcate、Jboss、Weblogic 等，本章将从数据库基础知识以及部署过程中出现的问题向读者介绍如何正确使用数据库和服务中间件，本章知识点包括：

- SQL 语句基础：学习 SQL 语句中的基础语句。
- HQL 基础语法：学习面向对象的数据库语句。
- 自定义函数处理：掌握 hibernate 中自定义函数的识别处理。
- 数据库函数：以 Oracle 为例介绍常用的数据库函数。
- 服务中间件：学习各种中间件的服务部署和堆栈溢出等问题。

12.1 常用 SQL 语句

系统开发过程中不论是何种数据库，都存在最基本的四种操作：查询、新增、更新和删除，本节将以这四种基本操作为例，介绍常用 SQL 语句。

12.1.1 查询语句

select 用于查询数据库中的库表数据，查询结果存储于结果表中，语法如下：

```
SELECT 列名称 FROM 表名称
```

查询全部使用*号，示例语句如下：

```
SELECT * FROM 表名称
```

【示例 12-1】在数据库 user 表中作查询操作。

数据库 user 表数据如下表 12-1 所示。

表 12.1 数据库 user 表数据

USER_ID	USER_NAME	MOBILE	EMAIL	WEIXIN_ID	DEPT
muyunfei	牟云飞	1556257xxxx	1147417467@qq.com	1147417467	1
zhangsan	张三	15599999999	zhangsan@163.com	zhangsan	6
zhangsi	张四	18666666666	zhangsi@163.com	zhangsi	6
lisi	李四	18577775555	lisi@126.com	lisi	8

- 查询 user 表中 MOBILE 字段为 1556257xxxx 的数据。

```
select * from user where mobile='1556257xxxx'
```

执行 sql 语句返回结果如下：

muyunfei   牟云飞   1556257xxxx   1147417467@qq.com   1147417467   1

备注：字符串数值采用单引号的形式，虽然部门数据支持双引号，但还是建议读者使用单引号以保持兼容性。语句的执行并不区分大小写，但建议书写时不要大小写混写。

- 查询 user 表中 MOBILE 字段包含 163 的数据。

```
select * from user where mobile like '%163%'
```

执行 sql 语句返回结果如下：

zhangsan	张三	15599999999	zhangsan@163.com	zhangsan	6
zhangsi	张四	18666666666	zhangsi@163.com	zhangsi	6

数据库的模糊查询使用%号进行查询，'163%'表示以 163 开头的任意字符串，'%163'则表示以 163 为结尾的字符串。

- 查询 user 表中所有部门，不包含重复数据。

```
select distinct dept,count(a.dept) deptNum from user a group by a.dept
```

执行 sql 语句返回结果如下：

DEPT	DEPTNUM
1	1
6	2
8	1

数据库中对于重复数据的合并可以使用关键词 distinct 进行处理，默认情况下是查询全部数据（关键词 all）。

备注：其中变量 a、deptNum 为 user 库表的别名，可以使用 as 变量或者不写（默认追加）。group by 为分组语句，用于对数据进行分组处理，与之类似的是排序语句 order by，用于对结果集进行排序。

12.1.2 新增语句

insert 语句用于在库表中新增一条数据，语法如下：

```
INSERT INTO 表名称 VALUES (值1, 值2,....)
```

或者

```
INSERT INTO table_name (列1, 列2,...) VALUES (值1, 值2,....)
```

【示例 12-2】向 user 库表中插入一条数据。

```
INSERT INTO user VALUES ('wangwu', '王五', '15562571234','15562571234@163.com', 'wangwu',9)
```

执行结果如下：

USER_ID	USER_NAME	MOBILE	EMAIL	WEIXIN_ID	DEPT
muyunfei	牟云飞	1556257xxxx	1147417467@qq.com	1147417467	1
zhangsan	张三	15599999999	zhangsan@163.com	zhangsan	6
zhangsi	张四	18666666666	zhangsi@163.com	zhangsi	6
lisi	李四	18577775555	lisi@126.com	lisi	8
wangwu	王五	15562571234	15562571234@163.com	wangwu	9

备注：新增、删除、修改语句需要对结果进行提交（commit），否则执行语句将被回滚（callback）。

12.1.3 更新（修改）语句

update 语句用于更新（修改）数据库中的数据，语法如下：

`UPDATE 表名称 SET 列名称=新值 , 列名称=新值 WHERE 列名称=某值`

【示例 12-3】修改 user 库表中 user_id 为 muyunfei 的手机号和邮箱。

```
update user a set a.mobile='15566666666',a.email='15566666666@qq.com' where a.user_id='muyunfei'
```

执行结果如下：

USER_ID	USER_NAME	MOBILE	EMAIL	WEIXIN_ID	DEPT
muyunfei	牟云飞	15566666666	15566666666@qq.com	1147417467	1
zhangsan	张三	15599999999	zhangsan@163.com	zhangsan	6
zhangsi	张四	18666666666	zhangsi@163.com	zhangsi	6
lisi	李四	18577775555	lisi@126.com	lisi	8
wangwu	王五	15562571234	15562571234@163.com	wangwu	9

备注：以 Oracle 为例，读者在修改、插入、查询数据时，遇到不能处理的特殊符合，如&、%等，可以通过 ASCII 值进行处理，示例如下（处理&符号，&对应 ASCII 码为 38）：

```
update table set url='action.do?name=a'||Chr(38)||'pwd=abc';---- action.do?name=a&pwd=abc
select 'Alibaba'||chr(38)||'Taobao' from dual;
```

如果不知道该特殊符号的 ASCII 值，可以调用 ASCII 函数处理，示例如下：

```
select ascii('&') from dual;
```

12.1.4 删除语句

delete 语句用于删除库表中的某行数据，语法如下：

`DELETE FROM 表名称 WHERE 列名称=值`

【示例 12-4】删除 user_name 为"牟云飞"的数据。

```
delete from user a where a.user_name='牟云飞';
```

执行结果如下：

USER_ID	USER_NAME	MOBILE	EMAIL	WEIXIN_ID	DEPT
zhangsan	张三	15599999999	zhangsan@163.com	zhangsan	6
zhangsi	张四	18666666666	zhangsi@163.com	zhangsi	6
lisi	李四	18577775555	lisi@126.com	lisi	8
wangwu	王五	15562571234	15562571234@163.com	wangwu	9

12.2 HQL 语句基础语法

在上一节学习了基本的 SQL 数据操作语句，本节将以 Hibernate 为例，讲解以面向对象的方式书写 HQL 语句。

备注：HQL（Hibernate Query Language）是 Hibernate 查询数据库的操作语言。

既然使用面向对象的方式，首先需要将数据库中表信息映射成相应的实体类，也称为 PO

（Persisent Object，持久层对象），读者在编写 Hibernate 操作数据库时，将以实体类、属性的方式进行编写，而 Hibernate 将识别解析面向对象的实体、属性，将其转化成对应的 SQL 进行执行。

User 实体类如下：

```java
public class User {
    private String userId;
    private String userName;
    private String mobile;
    private String email;
    private String weixinId;
    private long dept;

    public User(){}

    public User(String userId, String userName, String mobile, String email,
            String weixinId, long dept) {
        super();
        this.userId = userId;
        this.userName = userName;
        this.mobile = mobile;
        this.email = email;
        this.weixinId = weixinId;
        this.dept = dept;
    }

    public String getUserId() {
        return userId;
    }
    public void setUserId(String userId) {
        this.userId = userId;
    }
    public String getUserName() {
        return userName;
    }
    public void setUserName(String userName) {
        this.userName = userName;
    }
    public String getMobile() {
        return mobile;
    }
    public void setMobile(String mobile) {
        this.mobile = mobile;
    }
    public String getEmail() {
        return email;
    }
    public void setEmail(String email) {
        this.email = email;
    }
    public String getWeixinId() {
        return weixinId;
    }
```

```java
    public void setWeixinId(String weixinId) {
        this.weixinId = weixinId;
    }
    public long getDept() {
        return dept;
    }
    public void setDept(long dept) {
        this.dept = dept;
    }
}
```

备注：Hibernate 对应的 xml 或注解可以通过查看 Hibernate 自行生成，如果自己编写类似 Hibernate 面向对象的方式，可以通过映射的方式实现，示例代码如下（参考链接）http://blog.csdn.net/myfmyfmyfmyf/article/details/16805631 ）:

```
Class cl = Class.forName(classPath);
//得到这个类的所有成员
Field[] name = cl.getDeclaredFields();
//得到这个类中所有的方法
Method[] method = cl.getDeclaredMethods();
//实例化
t = (T) cl.newInstance();
//调用 set 设置值
//method.invoke 的方式调用相应的函数
```

（1）HQL 中查询语句

HQL 的查询语句与 SQL 查询基本相同，修改库表名为实体类，字段名为属性即可，如下所示：

```
select a from User a where mobile like '%163%'
```

或者

```
select new com.myf.User(a.userId, a.userName, a.mobile, a.email,a.weixinId, a.dept) from User a where mobile like '%163%'
```

注意：HQL 语句区分大小写，读者在书写实体类与对象时需要注意大小写区分。new com.myf.User 也可以写成 new User，不过还是建议读者写全文路径，以防止相同类名的问题。使用 new 产生对象时注意生成正确的构造函数，属性必须添加 get、set 方法。

（2）HQL 中插入/新增语句

插入语句与普通 SQL 相似，将表名换成对象即可，示例代码如下：

```
INSERT INTO User a VALUES ('wangwu', '王五', '15562571234','15562571234@163.com','wangwu',9)
```

（3）HQL 中更新语句

更新语句也与普通 SQL 相似，将表名换成对象（类名），字段名换成对象属性（类的属性）即可，示例代码如下：

```
update User a set a.mobile='15566666666',a.email='15566666666@qq.com' where a.userId='muyunfei'
```

（4）HQL 中删除语句

删除语句也与普通 SQL 相似，示例代码如下：

```
delete from User a where a.userName='牟云飞';
```

12.3　HQL 方言处理

HQL 语句中除了常见的函数 sum、count 之外，必不可少的会出现自定义的函数，这些自定义函数都可以视为方言，在 Hibernate 中如果不进行处理，会导致程序异常，进而功能无法使用，这时可以通过创建视图来解决，当然也可以通过继承方言类、重启方言类的方式解决，以 Oracle 为例，Hibernate 中 hibernate.dialect 默认处理类为 org.hibernate.dialect.Oracle10gDialect，如下所示：

```
<prop key="hibernate.dialect">org.hibernate.dialect.Oracle10gDialect</prop>
```

为了使 Hibernate 正常执行并且对自定义的函数不检测，我们需要继承 Oracle10gDialect 类，创建 MyDialect 类，如下所示：

```java
package com.myf;
import org.hibernate.dialect.Oracle10gDialect;
import org.hibernate.dialect.function.SQLFunctionTemplate;
import org.hibernate.type.StringType;
/**
 * @author muyunfei
 * <p>Modification History:</p>
 * <p>QQ          Author       Description</p>
 * <p>------------------------------------------------------------------</p>
 * <p>1147417467 牟云飞          新建</p>
 */
public class MyDialect extends Oracle10gDialect{
    public MyDialect(){
        super();
        //函数名必须是小写，试验大写出错
        //SQLFunctionTemplate 函数第一个参数是函数的输出类型,varchar2 对应 new StringType()
        //                                                    number 对应 new IntegerType()
        //?1 代表第一个参数,?2 代表第二个参数这是数据库 wx_f_get_partystr 函数只需要一个参数,所
        //                                         以写成 wx_f_get_partystr(?1)
        this.registerFunction("wx_f_get_partystr", new SQLFunctionTemplate(new StringType(),
                                                       "wx_f_get_partystr(?1)"));
        this.registerFunction("wx_f_get_party_codestr", new SQLFunctionTemplate(new
                              StringType(), "wx_f_get_party_codestr(?1)"));
        this.registerFunction("dbms_lob.substr", new SQLFunctionTemplate(new StringType(),
                                                       "dbms_lob.substr(?1)"));
        this.registerFunction("check_User_in_dept", new SQLFunctionTemplate(new StringType(),
                                                       "check_User_in_dept(?1,?2)"));
    }
}
```

在 MyDialect 构造函数中，通过 registerFunction 注册自定义函数或其他 Hibernate 不识别的函数。

注意：函数名必须是小写。SQLFunctionTemplate 中函数第一个参数是函数的输出类型，varchar2 对应 new StringType()，number 对应 new IntegerType()，"?1" 代表第一个参数，"?2" 代表第二个参数。

方言处理类完成之后，修改 hibernate.dialect 原有配置，将其修改为自定义的处理类，示

例代码如下所示：

```
<prop key="hibernate.dialect">com.haiyisoft.wx.web.struts.MyDialect</prop>
```

12.4 Tomcat 服务中间件

Tomcat 服务中间件是由 Apache 软件基金会开发的一款免费的、开放源代码的 Web 应用服务器，属于轻量级应用服务器，是 Java 开发中常用的服务器。本节将从安装、部署及常见问题处理等几个方面为读者介绍 Tomcat 在企业号开发中的应用。

12.4.1 Tomcat 在 SDK 中部署

读者下载 Tomcat 之后，为了更方便的开发，需要将 Tomcat 集成进开发工具中，以 myeclipse 为例，单击【Window】|【Preferences】|【MyEclipse】|【Servers】|【Tomcat】（如图 12.1 所示）或者在搜索框中输入"service"，设置 Tomcat 所在路径，设置完成之后需要设置 tomcat 运行的 JDK，如图 12.2 所示。

备注：项目实施部署时不需要集成，载入 war 包后直接运行 bin 目录下的 startup.bat 即可。

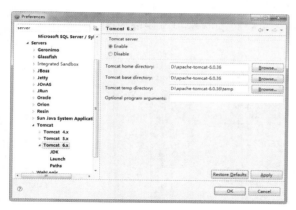

图 12.1 设置 tomcat 路径

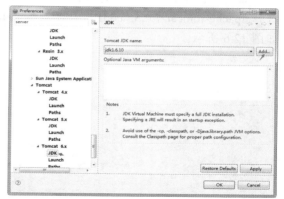

图 12.2 设置 tomcat 运行的 JDK

12.4.2 8080 端口号冲突解决（Tomcat）

Tomcat 默认的 HTTP 服务端口号为 8080，当出现服务冲突时，可以通过以下方式进行处理：

（1）关闭其他 8080 端口服务

通过 cmd 命令可以查看 8080 端口占用情况，输入：

```
netstat -ano|findstr "8080"
```

注意：端口号使用双引号。

图 12.3 便是 8080 端口的占用状态，如果无占用程序则不显示任何数据。找到占用端口程序进程的 PID，这里是 PID 为 10000 进程，打开任务管理器，查找 PID 为 10000 的进程，如图 12.4 所示，关闭该进程即可。

图 12.3 cmd 查询端口占用程序

备注：javax.exe 为 java 虚拟机进程。

如果读者任务管理器不显示 PID，可以通过【查看】|【选择列】，勾选 PID 即可，如图 12.5 所示。

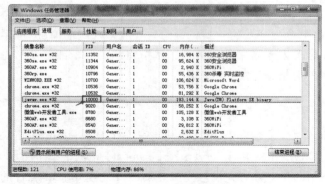

图 12.4 关闭端口占用进程

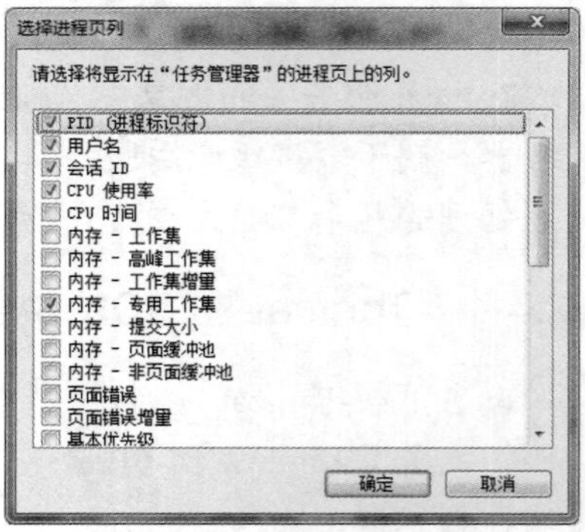

图 12.5 勾选 PID

（2）修改 Tomcat 端口号

如果读者需要保留已有的 8080 端口服务，可以通过修改 Tomcat 端口号来解决端口冲突，打开 apache-tomcat-7.0.52\conf 目录下 server.xml 文件，将 port 端口号修改为其他非占用端口，如图 12.6 所示。

```
<!-- A "Connector" represents an endpoint by which requests are received
     and responses are returned. Documentation at :
     Java HTTP Connector: /docs/config/http.html (blocking & non-blockin
     Java AJP  Connector: /docs/config/ajp.html
     APR (HTTP/AJP) Connector: /docs/apr.html
     Define a non-SSL HTTP/1.1 Connector on port 8080
-->
<Connector port="8080" protocol="HTTP/1.1"
           connectionTimeout="20000"
           redirectPort="8443" />
<!-- A "Connector" using the shared thread pool-->
<!--
<Connector executor="tomcatThreadPool"
           port="8080" protocol="HTTP/1.1"
           connectionTimeout="20000"
           redirectPort="8443" />
-->
<!-- Define a SSL HTTP/1.1 Connector on port 8443
```

图 12.6 修改 Tomcat 服务端口号

12.4.3 Tomcat 内存调整

读者在开发、实施部署过程中经常出现内存溢出的情况，内存溢出主要分三种情况：

（1）物理机内存过小

查看服务器内存以及操作系统运行后剩余内存的大小，则可以判断是否能够支撑 java 虚拟机的运行，如：申请的云服务内存为 1G，系统运行占用内存大于 700M，剩余内存不足 300M，则 Java 虚拟机将不能正常运行程序。

（2）永久保存区溢出（java.lang.OutOfMemoryError:PermGenspace）

永久保存区溢出情况可以通过修改 bin 目录下 catalina.sh 文件中的-XX:PermSize=64M -XX:MaxPermSize=128m 来增加永久保存区容量，如图 12.7 所示。

```
# Bugzilla 37848: only output this if we have a TTY
if [ $have_tty -eq 1 ]; then
 JAVA_OPTS="-server -Xms512m -XmX512m -XX:MaxNewSize=512 -XX:PermSize=128M -XX:MaxPermSize=128m"
  echo "Using CATALINA_BASE:   $CATALINA_BASE"
  echo "Using CATALINA_HOME:   $CATALINA_HOME"
  echo "Using CATALINA_TMPDIR: $CATALINA_TMPDIR"
  if [ "$1" = "debug" ] ; then
    echo "Using JAVA_HOME:       $JAVA_HOME"
  else
    echo "Using JRE_HOME:        $JRE_HOME"
  fi
  echo "Using CLASSPATH:       $CLASSPATH"
  if [ ! -z "$CATALINA_PID" ]; then
    echo "Using CATALINA_PID:    $CATALINA_PID"
  fi
fi
```

图 12.7　解决永久保存区溢出问题

（3）Java 堆栈溢出（MemoryError: Java heap space）

Java 堆栈溢出与永久保存区溢出处理相似，可以通过修改 bin 目录下 catalina.sh 文件中的-Xms512m -XmX512m -XX:MaxNewSize=512 来增大虚拟机内存容量，如图 12.8 所示。

```
# Bugzilla 37848: only output this if we have a TTY
if [ $have_tty -eq 1 ]; then
 JAVA_OPTS="-server -Xms512m -XmX512m -XX:MaxNewSize=512"
  echo "Using CATALINA_BASE:   $CATALINA_BASE"
  echo "Using CATALINA_HOME:   $CATALINA_HOME"
  echo "Using CATALINA_TMPDIR: $CATALINA_TMPDIR"
  if [ "$1" = "debug" ] ; then
    echo "Using JAVA_HOME:       $JAVA_HOME"
  else
    echo "Using JRE_HOME:        $JRE_HOME"
  fi
  echo "Using CLASSPATH:       $CLASSPATH"
  if [ ! -z "$CATALINA_PID" ]; then
    echo "Using CATALINA_PID:    $CATALINA_PID"
  fi
fi
```

图 12.8　解决 Java 堆栈溢出问题

备注：不论是 Java 堆栈溢出还是永久保存区溢出，不是数值越大越好，数值的大小需要根据物理内存剩余大小进行配置，过小数据会溢出，过大则物理内存溢出。

12.4.4　Tomcat 中数据缓存清理

数据缓存是程序开发中较为常见的问题，缓存将导致读者开发或修改的功能无法正常使用，在微信企业号开发中，手机微信的缓存可以通过重新关注账号或等待微信次日清理的方式清除，Tomcat 中的缓存则需要清理 temp 和 work 两个文件夹内容，如图 12.9 所示；分别打开两个文件夹，删除全部内容即可。

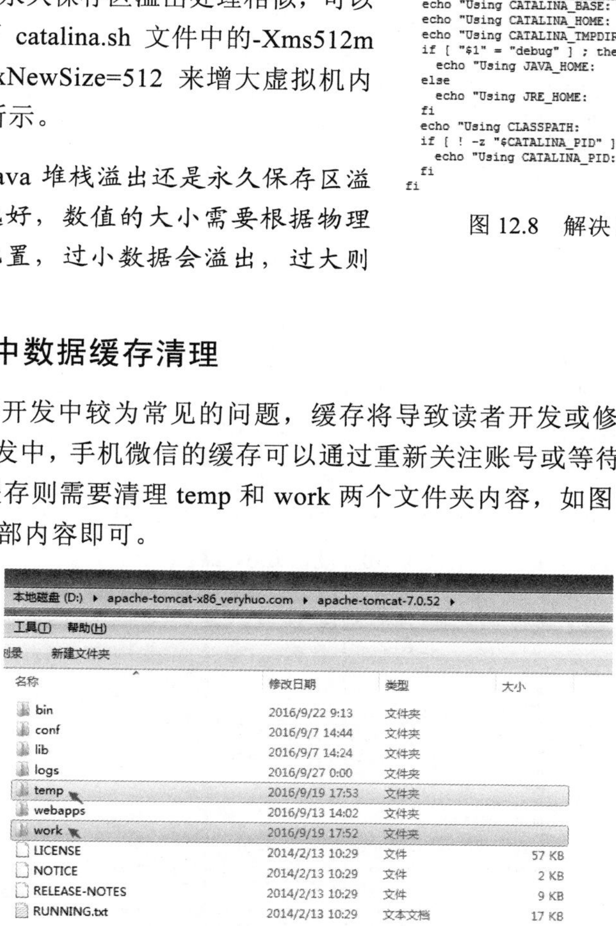

图 12.9　清理 Tomcat 缓存

备注：class 文件的缓存或 jar 包的缓存，需要打开开发工具【Project】|【Clean】，选择当前工程清除并重新编辑即可

12.5　JBoss 服务中间件

JBoss 服务中间件与 Tomcat 服务中间件较为相似，都是免费且开放源代码的 Web 应用服

务器，HTTP 服务默认端口号均为 8080，也是 Java 开发中常用的服务中间件，本节将从安装、部署及常见问题等几个方面为读者介绍 JBoss 服务中间件在企业号开发中的应用。

12.5.1　JBoss 在 SDK 中部署

同 Tomcat 服务中间件一样，需要将 JBoss 集成进开发工具中，以 Myeclipse 为例，单击【Window】|【Preferences】|【MyEclipse】|【Servers】|【JBoss】（如图 12.10 所示）或者在搜索框中输入"server"，设置 JBoss 所在路径，设置完成之后需要设置 JBoss 运行的 JDK，如图 12.11 所示。

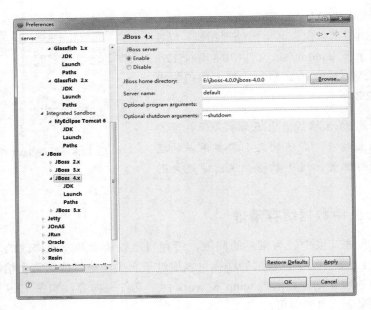

图 12.10　设置 JBoss 路径

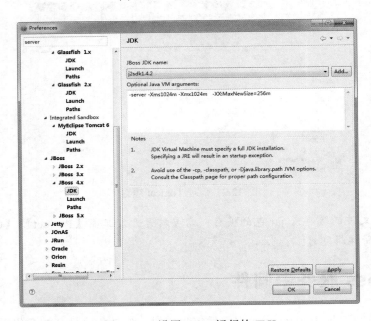

图 12.11　设置 JBoss 运行的 JDK

备注：在开发过程中可以通过修改"Optional Java VM arguments"来调整内存信息。

12.5.2　8080 端口号冲突解决（JBoss）

JBoss 默认 HTTP 服务端口号为 8080，与 Tomcat 提供的 HTTP 服务端口号相同，当出现服务冲突时，可以通过：

```
netstat -ano findstr"8080"
```

来查找相应进程进行关闭，具体操作在 12.4.2 小节已讲，不再赘述。

对于需要保留的其他 8080 端口服务，可以通过修改 JBoss 端口号解决端口占用问题，解决方法如下：

打开 JBoss 目录下 server\default\deploy\jboss-web.deployer\目录，找到 server.xml 文件。

查找 server.xml 文件中的 Connector 节点，如图 12.12 所示，修改 port 端口为其他非占用端口即可。

```xml
<Server>
    <!--APR library loader. Documentation at /docs/apr.html -->
    <Listener className="org.apache.catalina.core.AprLifecycleListener" SSLEngine="on" />
    <!--Initialize Jasper prior to webapps are loaded. Documentation at /docs/jasper-howto.html -->
    <Listener className="org.apache.catalina.core.JasperListener" />

    <!-- Use a custom version of StandardService that allows the
         connectors to be started independent of the normal lifecycle
         start to allow web apps to be deployed before starting the
         connectors.
    -->
    <Service name="jboss.web">

        <!-- A "Connector" represents an endpoint by which requests are received
             and responses are returned. Documentation at :
             Java HTTP Connector: /docs/config/http.html (blocking & non-blocking)
             Java AJP Connector: /docs/config/ajp.html
             APR (HTTP/AJP) Connector: /docs/apr.html
             Define a non-SSL HTTP/1.1 Connector on port 8080
        -->
        <Connector port="8080" address="0.0.0.0" URIEncoding="utf-8"
            maxThreads="250" maxHttpHeaderSize="8192"
            emptySessionPath="true" protocol="HTTP/1.1"
            enableLookups="false" redirectPort="8443" acceptCount="100"
            connectionTimeout="20000" disableUploadTimeout="true" />

        <!-- Define a SSL HTTP/1.1 Connector on port 8443
             This connector uses the JSSE configuration, when using APR, the
             connector should be using the OpenSSL style configuration
             described in the APR documentation -->
        <!--
        <Connector port="8443" protocol="HTTP/1.1" SSLEnabled="true"
            maxThreads="150" scheme="https" secure="true"
            clientAuth="false" sslProtocol="TLS" />
```

图 12.12　修改 JBoss 8080 端口号

12.5.3　JBoss 内存调整

JBoss 内存溢出与 Tomcat 相同，分为三种：物理内存不足、永久保存区溢出和 Java 堆栈溢出，在物理内存运行的范围内，可以通过"-Xms256m -Xmx256m -XX:CompileThreshold=8000 -XX:PermSize=256m -XX:MaxPermSize=128m"来解决 PermGenspace 和 Java heap space 问题。其中修改 PermSize 和 MaxPermSize 能够解决 PermGenspace 问题，而修改 Xms 和 Xmx 能够解决 Java heap space 问题，修改参数使切勿超出"剩余"物理内存大小。解决示例如下：

- 修改 bin 目录下 run.bat 中参数。

打开 run.bat 文件，修改 JAVA_OPTS 参数为 set JAVA_OPTS=%JAVA_OPTS% -Xms256m -Xmx512m -XX:PermSize=256m-XX:MaxPermSize=128m，如图 12.13 所示。

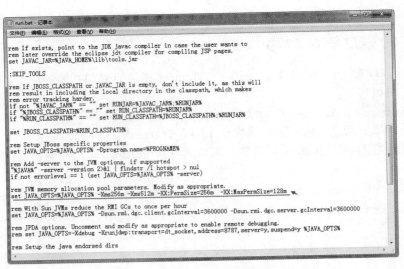

图 12.13　修改内存调整修改 run.bat

- 修改 bin 目录下 run.config 中参数。

打开 run.config 文件，修改 JAVA_OPTS 如图 12.14 所示。

图 12.14　修改内存调整修改 run.config

注意：读者在分配内存容量时需要注意：
- Xms 表示 Java 内存堆最小值，Xmx 表示内存堆最大值，PermSize 表示永久区初始大小，MaxPermSize 表示永久区最大值。
- 最大值需要按需分配，不可以超过"物理机的实际内存大小"与"操作系统运行所占用大小"的差值。
- run.bat 与 run.config 建议都配置，以减少操作系统而引起的异常。

12.5.4　JBoss 中数据缓存清理

JBoss 中的缓存清理与 Tomcat 缓存清理类似，需要清理 temp 和 work 两个文件夹的内容，如图 12.15 所示，分别打开两个文件夹，删除全部内容。

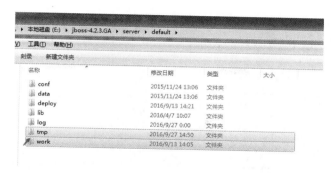

图 12.15 清理 JBoss 缓存

注意：清理缓存时，work 文件夹将缓存一部分页面信息，需要将 temp、work 两个文件夹同时清空。

12.6　WebLogic 服务中间件

WebLogic 服务器是 Oracle 公司开发的应用服务器，是一款收费的中间件，其默认 HTTP 服务端口号为 7001，本节将为读者演示如何使用 WebLogic 发布服务以及常见问题的处理。

12.6.1　域的创建

WebLogic 服务中间件与 Tomcat、JBoss 不同，在使用、部署之前必须创建一个特殊的空间——域（domain），项目的部署、发布、访问都需要依托于域进行设置创建步骤如下：

（1）依次单击【开始】|【WebLogic】，并打开【Tools】|【Configuration Wizard】，如图 12.16 所示。

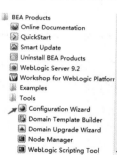

图 12.16　创建域

（2）选择"创建一个新的 WebLogic 域"（Create a new WebLogic domain）进行创建新的域空间，如图 12.17 所示。

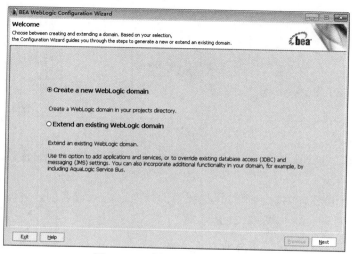

图 12.17　选择创建新的域空间

（3）单击下一步（Next），选择域空间支持的 WebLogic 服务，默认为 WebLogic servier，单击 Next 按钮，如图 12.18 所示。

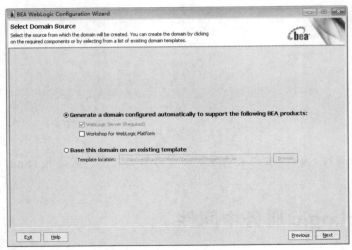

图 12.18　选择域服务

（4）进入账户名、密码服务页面，填写当前 WebLogic 域服务（启动、停止以及发布服务等）账户及密码，如图 12.19 所示。

备注：WebLogic 12 版本中，不支持 Struts File 变量形式上传文件，可以通过 servlet 的形式或其他形式进行上传。

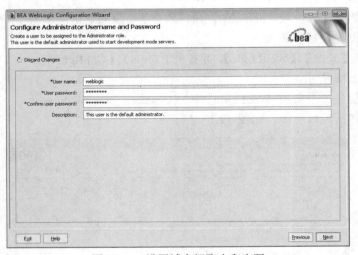

图 12.19　设置域空间账户和密码

（5）选择 JDK，默认选择 WebLogic 自带的 JDK，建议使用默认设置以减少不必要的异常情况，如图 12.20 所示。

（6）单击 Next 按钮，将进入个性化选择页面，之后进入域名创建页面，读者根据需求创建自己的域空间名称即可，如图 12.21 所示。

备注：域名的创建目录建议选择非中文路径。

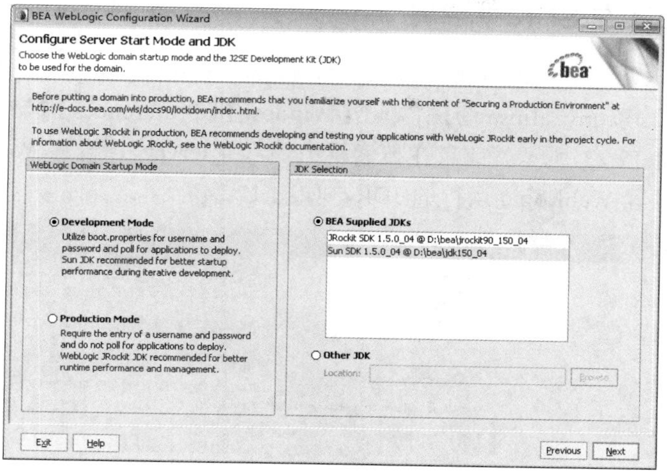

图 12.20　选择域空间虚拟机版本

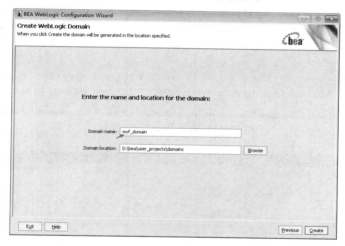

图 12.21　创建域名称

（7）完成域名称填写后，单击【create】进入创建界面，即可完成 WebLogic 域空间的创建，如图 12.22 所示。

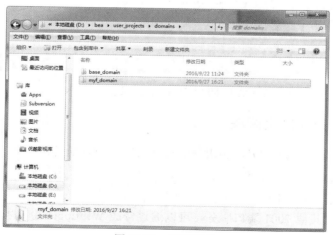

图 12.22　创建完成

12.6.2 WebLogic 在 SDK 中部署

同 Tomcat、JBoss 一样，下载 WebLogic 之后，需要将 WebLogic 中间件集成进开发工具中，以便于读者开发调试。以 myeclipse 为例，单击【Window】|【Preferences】|【MyEclipse】|【Servers】|【WebLogic】（如图 12.23 所示）或者在搜索框中输入"server"，设置 WebLogic 所在路径，设置完成之后需要设置 WebLogic 运行的 JDK，如图 12.24 所示。

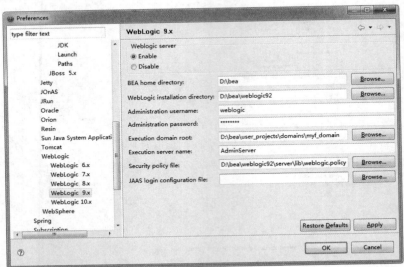

图 12.23 设置 WebLogic 路径

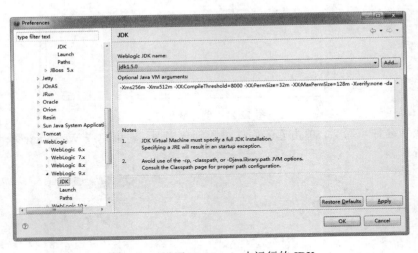

图 12.24 设置 WebLogic 中运行的 JDK

12.6.3 7001 端口号冲突解决

WebLogic 默认端口号为 7001，当出现服务冲突时，可以通过：

```
netstat -ano|findstr "7001"
```

来查找相应进程进行关闭。

对于需要保留的其他 7001 端口服务，可以通过修改 WebLogic 端口号解决端口占用问题，解决方法如下：

打开\bea\user_projects\domains\%读者自定义的域名%\config\config.xml，查找 XML 中 listen-port 节点，修改节点值为 7010（非 7001）端口，如图 12.25 所示。

```
<server>
  <name>AdminServer</name>
  <listen-port>7010</listen-port>
  <listen-address></listen-address>
</server>
```

图 12.25　修改 WebLogic 端口

备注：如果 server 节点中不存在 listen-port 子节点，那就需要新增 listen-port 节点，并修改相应的端口号。

12.6.4　WebLogic 中数据缓存清理

在开发过程中，对于修改无响应的情况下，除清理浏览器和微信缓存之外，可能是由于 WebLogic 缓存影响而无效果，可通过如下方法清理 WebLogic 数据缓存（如图 12.26 所示），操作步骤如下：

（1）停止 WebLogic 服务。
（2）将"%域路径%/servers/AdminServer/tmp"文件和 cache 文件夹里面全都清空。
（3）将"%域路径%/config/deployments"文件里面也都清空了。

备注：微信缓存可以通过重新关注企业号或重新登录微信进行清理，对于仍然残留的缓存，可以使用清理软件清理。

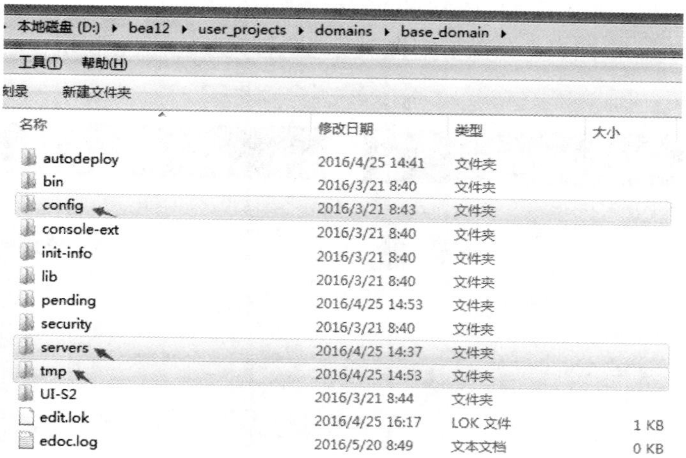

图 12.26　清理 WebLogic 中的数据缓存

第13章 综合案例：网上营业厅

通过前几章的学习，读者已经掌握了微信服务号开发的相关知识，本章将以实际的项目案例"网上营业厅"（如图 13.1 所示）为读者全面讲解如何开发微信服务号，以及掌握微信开发过程中的各种问题的处理，深入学习微信服务号开发，使读者能够开发更加丰富的微信公众号，本章知识点包括：

- 消息回调：系统的学习回调消息类型，如何接收用户消息。
- 响应消息：深入学习用户信息的响应以及消息的解密、加密。
- 用户及标签管理：掌握系统中标签的初始化，如何对关注用户设置标签。
- MySQL 数据库：微信如何与数据库进行交互以及数据库产品化配置。
- SSH 以及 Servlet、Filter 运用：如何将微信开发与 SSH 等技术相结合。
- JSAPI 模式：如何调用微信网页 JS-SDK 接口使应用更丰富。
- 百度地图与 Echarts 图表：在微信中将百度地图与 Echarts 图表相结合，实现更丰富的用户体验。

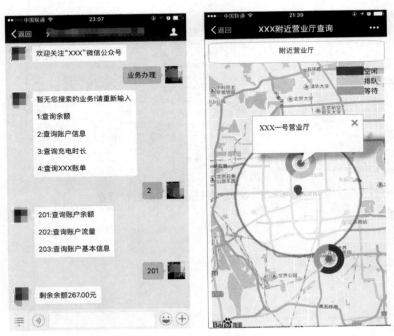

图 13.1 网上营业厅

13.1 用户详细需求

网上营业厅是方便微信用户查询、办理业务的微信公众号服务，与 APP 开发相比较，微信轻应用，不仅解决了 APP 开发、运维成本的问题，而且能够解决移动设备的存储问题，方便员工操作。网上营业厅主要实现以下功能：

（1）业务查询

用户在公众号中输入业务码，能够查询相应的业务信息。

（2）业务实现数据库可配置化

营业厅业务并非一成不变的功能，业务需要根据季节、节日进行相应的改变，而业务源代码不能够实时修改、发布，因此将业务的可配置化与数据相结合，通过数据库的调整进而影响公众号功能。

（3）定位功能

能够根据当前位置查看附近营业厅。

（4）可视化的营业厅分布

将微信公众号与百度地图、Echarts 相结合，能够清晰地查看营业厅分布和当前营业厅空闲状态，方便用户合理安排时间。

13.2 软件设计

了解用户需求后需要进行软件设计，软件设计从软件需求规格说明书出发，能够将事务与问题进行抽象，将用户需求进行细分，有利于读者更好的了解用户需求，更好的梳理业务场景，减少功能的重构，进而编成详细设计说明书，有利于后期实现。

13.2.1 业务办理流程

当用户在公众号中输入业务码后，能够根据业务码返回响应的业务结果，详细流程如图 13.2 所示。

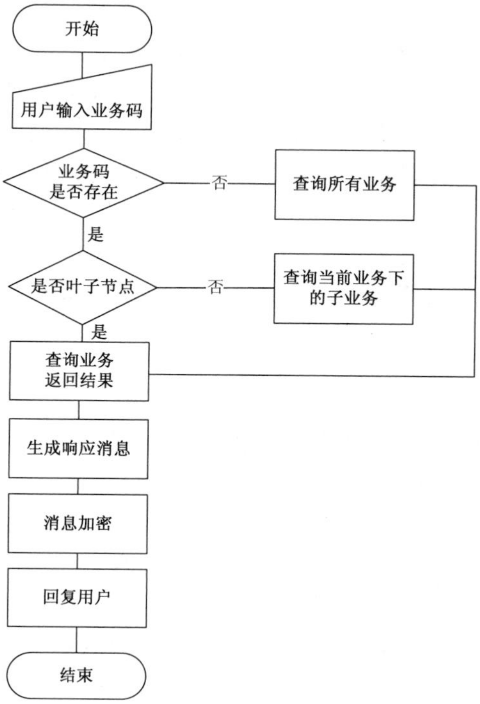

13.2.2 数据模型

数据模型是对设计的数字化，对业务的实际抽象；根据需求我们将设计五张库表，分别是 account_user_relation、wx_user_info、wx_system_info、wx_number_query 和 wx_hall，如图 13.3 所示，其中：

- account_user_relation、wx_user_info 为用户信息。
- wx_system_info 为配置表信息。
- wx_number_query 为业务办理可配置化对象。
- wx_hall 为附近营业厅对象。

图 13.2 业务办理流程

备注：读者进行流程设计时可以采用 visio，数据模型可以采用 PowerDesigner。

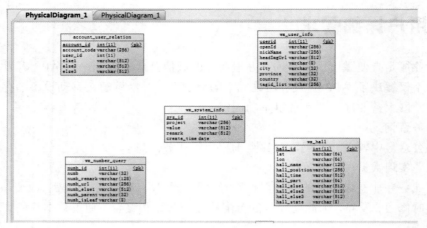

图 13.3　数据模型

13.3　技术点梳理与难点攻克

项目开发中对设计出的界面原型，需要能够提前预演技术难点，本案例用到的技术点有消息回调、响应消息、用户及标签管理、MySQL 数据库、SSH 以及 Servlet、Filter 运用、JSAPI 模式、百度地图与 Echarts 图表的结合等，结合前几章读者已经学习的内容，本案例中的难点为"百度地图与 Echarts 图表的集合"，读者可以对该难点进行单独攻克，那为什么这里是一个难点呢？单独的引入地图和单独的引入 ECharts 相对比较简单（详细介绍请参照 5.8、5.9、5.10 节介绍），在这里我们除了需要将百度地图与 ECharts 相结合之外，还需要实现饼图在某些地理位置的显示，同时需要以当前位置为中心圈出附近的营业厅，这是一个百度地图、Echarts 和微信的完美结合，三者之间的 JS-SDK 方法能够很好地结合。

在实现上我们需要为微信 JS-SDK、百度地图 JS、ECharts 图表的 JS 以及 ECharts 扩展 JS，首先初始化 ECharts（包含 bmap 属性）获得 ECharts 对象 myChart，然后通过 myChart 获得百度地图示例 bmap，最后通过 bmap 实现百度地图 JS 接口的调用，示例代码如下：

```html
<!DOCTYPE html>
<html>
<head>
<title>ECharts</title>
<!-- 引入 echarts.js -->
    <script src="http://api.map.baidu.com/api?v=2.0&ak=XXXXXXXX"></script>
<script src="echarts.js"></script>
    <script src="bmap.js"></script>
</head>
<body>
<!-- 为 ECharts 准备一个具备大小（宽高）的 Dom -->
<div id="main" style="width: 100%;height:900px;"></div>
</body>
</html>
<script>
 var myChart = echarts.init(document.getElementById('main'));

var data = [
```

```
        {name: '地市1', value: 9},
        {name: '地市2', value: 12}
];

var geoCoordMap = {
    '地市1':[121.15,31.89],
    '地市2':[109.781327,39.608266]
};

var convertData = function (data) {
    var res = [];
    for (var i = 0; i < data.length; i++) {
        var geoCoord = geoCoordMap[data[i].name];
        if (geoCoord) {
            res.push({
                name: data[i].name,
                value: geoCoord.concat(data[i].value)
            });
        }
    }
    return res;
};

option = {
    backgroundColor: '#404a59',
    title: {
        text: '',
        left: 'center',
        textStyle: {
            color: '#fff'
        }
    },
    tooltip : {
        trigger: 'item'
    },
    bmap: {
        center: [104.114129, 37.550339],
        zoom: 5,
        roam: true
    },
    series : [
        {
            name: 'Top 5',
            type: 'effectScatter',
            coordinateSystem: 'bmap',
            data: convertData(data.sort(function (a, b) {
                return b.value - a.value;
            }).slice(0, 6)),
            symbolSize: function (val) {
                return val[2] / 2;
            },
            rippleEffect: {
```

```
                brushType: 'stroke'
            },
            hoverAnimation: true,
            label: {
                normal: {
                    formatter: '{b}',
                    position: 'right',
                    show: true
                }
            },
            itemStyle: {
                normal: {
                    color: '#ff0000',
                    shadowBlur: 10,
                    shadowColor: '#333'
                }
            },
            zlevel: 1
        
        }
    ]
};

myChart.setOption(option);
// 获取百度地图实例，使用百度地图自带的控件
var bmap = myChart.getModel().getComponent('bmap').getBMap();
bmap.addControl(new BMap.MapTypeControl());
//调用百度的方法，使用bmap对象
    var point = new BMap.Point(116.404, 39.915);
    bmap.centerAndZoom(point, 15);
    //创建小狐狸
    var pt = new BMap.Point(116.417, 39.909);
    var myIcon = new BMap.Icon("http://lbsyun.baidu.com/jsdemo/img/fox.gif", new
                                                        BMap.Size(300,157));
    var marker2 = new BMap.Marker(pt,{icon:myIcon});        // 创建标注
    bmap.addOverlay(marker2);                               // 将标注添加到地图中
</script>
```

13.4 开发实现

　　网上营业厅在开发实现上与 Java Web 工程基本相同，分为 properties 配置文件、util 工具类、constant 常量类、po 持久层实体类、dao 数据访问层类、service 业务逻辑层类、action 控制层类、servlet 服务请求类以及 jsp 页面展示层等。

　　在开发中，读者首先需要搭建微信公众号开发工程，部署 SSH 框架（读者也可以部署 springMVC、springCloud 等框架，这里选择 SSH 的原因是其网络资源丰富，方便读者查询相关知识），使工程支持 SSH 框架开发，然后创建 properties 文件用于项目启动时通过 static{} 静态块初始化项目信息，接下来创建工具类、常量类、实体类用于数据库数据访问、业务逻辑以及实现控制层服务跳转，最后实现展现层页面的编写，网上营业厅工程目录如图 13.4 所示。

图 13.4　开发实现

13.4.1　部署 SSH 框架

SSH 是 Java 开发中常用的开发框架，包括 Hibernate、Spring 以及 Struts，读者在工程中导入响应的 jar 包后，需要进行以下几步来完成 SSH 框架的部署。

（1）在 web.xml 中增加配置信息

配置信息包括：过滤（filter）、监听（listener）和请求（servlet），实现 Spring 与 Struts 在工程中的支持，其中<url-pattern>*.do</url-pattern>用于拦截所有的.do 请求，将请求转由 struts 处理；<filter-name>encoding</filter-name>过滤器则是为了解决 struts 乱码问题，配置信息示例代码如下：

```xml
<!-- 指定spring的配置文件,默认从web根目录寻找配置文件,我们可以通过spring提供的classpath:
前缀指定从类路径下寻找 -->
    <context-param>
    <param-name>contextConfigLocation</param-name>
    <param-value>classpath:applicationContext*.xml</param-value>
    </context-param>
    <!-- 使用spring解决struts乱码问题。 -->
    <filter>
        <filter-name>encoding</filter-name>
        <filter-class>org.springframework.web.filter.CharacterEncodingFilter</filter-class>
        <init-param>
            <param-name>encoding</param-name>
            <param-value>UTF-8</param-value>
        </init-param>
    </filter>
    <filter-mapping>
        <filter-name>encoding</filter-name>
        <url-pattern>/*</url-pattern>
    </filter-mapping>
    <!-- struts1配置-->
    <servlet>
```

```xml
<servlet-name>action</servlet-name>
<servlet-class>org.apache.struts.action.ActionServlet</servlet-class>
<init-param>
    <param-name>config</param-name>
    <param-value>/WEB-INF/struts-config.xml</param-value>
</init-param>
<init-param>
    <param-name>debug</param-name>
    <param-value>3</param-value>
</init-param>
<init-param>
    <param-name>detail</param-name>
    <param-value>3</param-value>
</init-param>
<load-on-startup>0</load-on-startup>
</servlet>
<servlet-mapping>
<servlet-name>action</servlet-name>
<url-pattern>*.do</url-pattern>
</servlet-mapping>
<!-- 对Spring容器进行实例化 -->
<listener>
<listener-class>org.springframework.web.context.ContextLoaderListener</listener-class>
</listener>
```

（2）配置 Struts 文件

在 WebRoot\WEB-INF 目录下增加 struts-config.xml 文件，struts-config.xml 是 struts 的专属配置文件，该文件的路径在 web.xml 中指定，该文件用于定义 Struts 所需要的配置信息，包括 Struts 请求定义、表单的定义等，配置文件示例代码如下：

```xml
<?xml version="1.0" encoding="UTF-8"?>
<!DOCTYPE struts-config PUBLIC "-//Apache Software Foundation//DTD Struts Configuration 1.3//EN" "http://struts.apache.org/dtds/struts-config_1_3.dtd">
<struts-config>
<form-beans >
<form-bean name="strutsOneForm" type="org.apache.struts.action.DynaActionForm" >
        <form-property name="userName" type="java.lang.String"></form-property>
        <form-property name="pwd" type="java.lang.String"></form-property>
    </form-bean>
</form-beans>
<global-exceptions />
<global-forwards />
<action-mappings >
<action attribute="strutsOneForm" name="strutsOneForm" input="/index.jsp" parameter="action" path="/wxJsSdkDemoAction" scope="request" type="myf.caption5.action.WxJsSdkDemoAction" cancellable="true">
<forward name="success" path="/caption5/wxJsSdkDemo.jsp" />
</action>
<action path="/nearHallQueryAction"  parameter="action" scope="request">
<forward name="success" path="/caption10/wxHallQuery.jsp" />
</action>
</action-mappings>
```

```xml
<controller>
    <set-property property="processorClass" value="org.springframework.web.struts.
DelegatingRequestProcessor"/>
</controller>
</struts-config>
```

备注：<action>为 Web 服务地址，读者可以自行删除添加。

（3）配置 Hibernate 文件

在 src 目录下增加 hibernate.cfg.xml 文件，该文件的路径将在"（4）配置 spring 文件"中指定。hibernate.cfg.xml 是 Hibernate 的专属配置文件，文件中包括数据库类型、数据库连接信息以及库表映射文件（.hbm.xml 文件），配置文件示例代码如下：

```xml
<?xml version='1.0' encoding='UTF-8'?>
<!DOCTYPE hibernate-configuration PUBLIC
        "-//Hibernate/Hibernate Configuration DTD 3.0//EN"
        "http://hibernate.sourceforge.net/hibernate-configuration-3.0.dtd">
<hibernate-configuration>
<session-factory>
    <property name="dialect">
        org.hibernate.dialect.MySQLDialect
    </property>
    <property name="connection.url">
        jdbc:mysql://localhost:3306/wxdba
    </property>
    <property name="connection.username">root</property>
    <property name="connection.password">123456</property>
    <property name="connection.driver_class">
        com.mysql.jdbc.Driver
    </property>
    <property name="myeclipse.connection.profile">wxdba</property>
    <property name="show_sql">true</property>
    <property name="format_sql">true</property>
    <property name="connection.autocommit">true</property>
    <mapping resource="myf/caption10/po/WxHall.hbm.xml" />
    <mapping resource="myf/caption10/po/WxSystemInfo.hbm.xml" />
    <mapping resource="myf/caption10/po/WxUserInfo.hbm.xml" />
    <mapping resource="myf/caption10/po/WxNumberQuery.hbm.xml" />
    <mapping resource="myf/caption10/po/AccountUserRelation.hbm.xml" />
</session-factory>
</hibernate-configuration>
```

备注：<mapping>为持久层对象信息，hibernate 通过*.hbm.xml 文件与数据库库表信息建立对应关系。

（4）配置 spring 文件

在 src 目录下增加 applicationContext.xml 文件，该文件路径在 web.xml 中指定。applicationContext.xml 文件是 Spring 的专属配置文件，在 Spring 配置文件中通过添加 bean 的方式实现单例模式，配置文件示例代码如下：

```xml
<?xml version="1.0" encoding="UTF-8"?>
<beans
```

```xml
xmlns="http://www.springframework.org/schema/beans"
xmlns:xsi="http://www.w3.org/2001/XMLSchema-instance"
xmlns:p="http://www.springframework.org/schema/p"
xmlns:aop="http://www.springframework.org/schema/aop"
xmlns:tx="http://www.springframework.org/schema/tx"
xsi:schemaLocation="http://www.springframework.org/schema/beans
http://www.springframework.org/schema/beans/spring-beans-2.5.xsd
http://www.springframework.org/schema/aop
http://www.springframework.org/schema/aop/spring-aop-2.5.xsd
http://www.springframework.org/schema/tx
http://www.springframework.org/schema/tx/spring-tx-2.5.xsd
">
<!--<context:annotation-config></context:annotation-config>-->
    <bean id="mySessionFactory"
        class="org.springframework.orm.hibernate3.LocalSessionFactoryBean">
        <property name="configLocation"
            value="classpath:hibernate.cfg.xml">
        </property>
    </bean>
    <bean id="wxNumberQueryDaoImpl" class="myf.caption10.dao.impl.WxNumberQueryDaoImpl">
        <property name="sessionFactory">
            <ref bean="mySessionFactory" />
        </property>
    </bean>
    <bean id="wxNumberQueryServiceImpl" class="myf.caption10.service.impl.WxNumberQueryServiceImpl">
        <property name="wxNumberQueryDaoImpl">
            <ref bean="wxNumberQueryDaoImpl"/>
        </property>
    </bean>
    <bean id="nearHallQueryDaoImpl" class="myf.caption10.dao.impl.NearHallQueryDaoImpl">
        <property name="sessionFactory">
            <ref bean="mySessionFactory" />
        </property>
    </bean>
    <bean id="nearHallQueryServiceImpl" class="myf.caption10.service.impl.NearHallQueryServiceImpl">
        <property name="nearHallQueryDao">
            <ref bean="nearHallQueryDaoImpl"/>
        </property>
    </bean>
    <bean name="/nearHallQueryAction" class="myf.caption10.action.NearHallQueryAction">
        <property name="nearHallQueryService">
            <ref bean="nearHallQueryServiceImpl"/>
        </property>
    </bean>
</beans>
```

13.4.2 创建 Properties 配置文件

微信公众号基本信息在开发过程中需要进行统一管理，这样会方便开发账号与生产账号之间的切换，项目中我们通过 static 静态块+properties 配置文件的方式获取微信账号信息，包括公众号唯一标识（AppId）、管理组密钥、回调消息的 AES 密钥以及微信支付的商户号等，在 myf 包目录下创建 wxConfig.properties 配置文件，文件内容如下：

```
messageAppId=填写微信公众号 AppID
messageSecret=填写微信公众号管理组密钥
webUrl=填写读者域名，示例：http://myfmyfmyfmyf.vicp.cc/WX_DEMO
encodeAesKey=填写回调 aes 密钥
token=填写回调 token
key=填写微信支付 key 值
mchId=填写微信支付，服务商商户号/公众号商户
subMchId=填写微信支付，服务商子商户号
```

备注：配置系统读者也可以存入数据库中，进而实现服务"热"启动，无需重启服务。

13.4.3 创建微信工具类

创建微信工具类 WxUtil.java，实现微信接口调用，实现消息的群发、模板消息的发送、客服消息的响应以及标签管理等，首先在 myf.caption10.util 包下创建 WxUtil 类，增加 static 静态变量以及 static{}静态块，用读取 properties 实现初始化，示例代码如下：

```java
package myf.caption10.util;
import java.io.BufferedReader;
import java.io.ByteArrayOutputStream;
import java.io.DataInputStream;
import java.io.DataOutputStream;
import java.io.File;
import java.io.FileInputStream;
import java.io.IOException;
import java.io.InputStream;
import java.io.InputStreamReader;
import java.io.OutputStream;
import java.io.UnsupportedEncodingException;
import java.net.HttpURLConnection;
import java.net.URL;
import java.security.MessageDigest;
import java.security.NoSuchAlgorithmException;
import java.util.Date;
import java.util.Formatter;
import java.util.HashMap;
import java.util.List;
import java.util.Map;
import java.util.Properties;
import java.util.UUID;
import javax.servlet.http.HttpServletResponse;
import net.sf.json.JSONObject;
import org.apache.http.HttpEntity;
import org.apache.http.HttpResponse;
import org.apache.http.client.ClientProtocolException;
import org.apache.http.client.ResponseHandler;
import org.apache.http.client.methods.HttpGet;
import org.apache.http.client.methods.HttpPost;
import org.apache.http.entity.ContentType;
import org.apache.http.entity.StringEntity;
```

```java
importorg.apache.http.impl.client.CloseableHttpClient;
importorg.apache.http.impl.client.HttpClients;
importorg.apache.http.util.EntityUtils;
/**
 * 微信开发工具类
 * @author 牟云飞
 *<p>Modification History:</p>
 *<p>Date                      Author              Description</p>
 *<p>--------------------------------------------------------------</p>
 *<p>11 30, 2016               muyunfei            新建</p>
 */
public class WxUtil {

    //主动调用: 发送消息AccessTokentoken
    public static String access_token;
    //主动调用: 请求token的时间
    private static Date access_token_date;
    //token有效时间,默认7200秒,每次请求更新,用于判断token是否超时
    private static long accessTokenInvalidTime=7200L;
    //回调链接的token
    public static  String respMessageToken;
    //微信标识appID
    public static  String messageAppId;
    // 管理组凭证密钥
    public static  String messageSecret;
    //域名
    public static String webUrl;
    //主动调用: 发送消息获得token
    public static String jsapiTicket;
    //主动调用: 请求token的时间
    public static Date jsapiTicketDate;
    // AES 密钥密钥生成规则: 32 位的明文经过base64加密后,去掉末尾=号,形成43为的密钥
    public static  String respMessageEncodingAesKey;

    // 主动发送消息不需要消息体进行加密,格式为json格式
    // 请求消息类型: 文本
    public static final String REQ_MESSAGE_TYPE_TEXT = "text";
    // 请求消息类型: 图片
    public static final String REQ_MESSAGE_TYPE_IMAGE = "image";
    // 请求消息类型: 语音
    public static final String REQ_MESSAGE_TYPE_VOICE = "voice";
    // 请求消息类型: 视频
    public static final String REQ_MESSAGE_TYPE_VIDEO = "video";
    // 请求消息类型: 地理位置
    public static final String REQ_MESSAGE_TYPE_LOCATION = "location";
    // 请求消息类型: 链接
    public static final String REQ_MESSAGE_TYPE_LINK = "link";
    // 请求消息类型: 新闻
    public static final String REQ_MESSAGE_TYPE_NEWS = "news";
    // 请求消息类型: 事件推送
    public static final String REQ_MESSAGE_TYPE_EVENT = "event";
    // 事件类型: subscribe(订阅)
```

```java
    public static final String EVENT_TYPE_SUBSCRIBE = "subscribe";
    // 事件类型: unsubscribe(取消订阅)
    public static final String EVENT_TYPE_UNSUBSCRIBE = "unsubscribe";
    // 事件类型: scan(用户已关注时的扫描带参数二维码)
    public static final String EVENT_TYPE_SCAN = "scan";
    // 事件类型: LOCATION(上报地理位置)
    public static final String EVENT_TYPE_LOCATION = "LOCATION";
    // 事件类型: CLICK(自定义菜单)
    public static final String EVENT_TYPE_CLICK = "CLICK";
    // 被动响应消息类型: 文本
    public static final String RESP_MESSAGE_TYPE_TEXT = "text";
    // 被动响应消息类型: 图片
    public static final String RESP_MESSAGE_TYPE_IMAGE = "image";
    // 被动响应消息类型: 语音
    public static final String RESP_MESSAGE_TYPE_VOICE = "voice";
    // 被动响应消息类型: 视频
    public static final String RESP_MESSAGE_TYPE_VIDEO = "video";
    // 被动响应消息类型: 音乐
    public static final String RESP_MESSAGE_TYPE_MUSIC = "music";
    // 被动响应消息类型: 图文
    public static final String RESP_MESSAGE_TYPE_NEWS = "news";

    /**
     * 静态块, 初始化数据
     */
    static{
        try{
            Properties properties = new Properties();
            InputStream in = WxUtil.class.getClassLoader().getResourceAsStream("myf/wxConfig.properties");
            properties.load(in);
            messageAppId = properties.get("messageAppId")+"";
            messageSecret = properties.get("messageSecret")+"";
            webUrl = properties.get("webUrl")+"";
            respMessageToken = properties.get("token")+"";
            respMessageEncodingAesKey = properties.get("encodeAesKey")+"";
            in.close();
        }catch(Exception e){
            e.printStackTrace();
        }

    }
}
```

在 WxUtil 微信工具类中增加主动调用接口实现,由于接口分为 Get 与 Post 请求,因此增加 createPostMsg 和 createGetMsg 两个方法,分别实现 Get 与 Post 请求,示例代码如下:

```java
/**
 * 发起主动调用  Post 方式
 * @param context
 * @return
 */
public static JSONObjectcreatePostMsg(String url , String context) {
```

```java
        String jsonContext=context;
        //获得token
        String token=WxUtil.getTokenFromWx();
        System.out.println(token);
        try {
            CloseableHttpClienthttpclient = HttpClients.createDefault();
            HttpPosthttpPost= new HttpPost(url+token);
             //发送json格式的数据
            StringEntitymyEntity = new StringEntity(jsonContext,
                    ContentType.create("text/plain", "UTF-8"));
             //设置需要传递的数据
            httpPost.setEntity(myEntity);
             // Create a custom response handler
ResponseHandler<JSONObject>responseHandler = new ResponseHandler<JSONObject>() {
//对访问结果进行处理
publicJSONObjecthandleResponse(
finalHttpResponse response) throws ClientProtocolException, IOException {
int status = response.getStatusLine().getStatusCode();
if (status >= 200 && status < 300) {
HttpEntity entity = response.getEntity();
if(null!=entity){
String result= EntityUtils.toString(entity);
                        //根据字符串生成JSON对象
        JSONObjectresultObj = JSONObject.fromObject(result);
        returnresultObj;
}else{
return null;
                }
                } else {
throw new ClientProtocolException("Unexpected response status: " + status);
                }
            }
        };
        //返回的json对象
JSONObjectresponseBody = httpclient.execute(httpPost, responseHandler);
         //System.out.println(responseBody);
        httpclient.close();
        returnresponseBody;
    } catch (Exception e) {
        // TODO Auto-generated catch block
        e.printStackTrace();
    }
    return null;
}

/**
 * 发起主动调用   Get方式
 * @param context
 * @return
 */
public static JSONObjectcreateGetMsg(String url) {
    //获得token
```

```java
        String token=WxUtil.getTokenFromWx();
        System.out.println(token);
        try {
            CloseableHttpClient httpclient = HttpClients.createDefault();
            HttpGet httpGet= new HttpGet(url+token);
            // Create a custom response handler
            ResponseHandler<JSONObject> responseHandler = new ResponseHandler<JSONObject>() {
                //对访问结果进行处理
                public JSONObject handleResponse(
                        final HttpResponse response) throws ClientProtocolException, IOException {
                    int status = response.getStatusLine().getStatusCode();
                    if (status >= 200 && status < 300) {
                        HttpEntity entity = response.getEntity();
                        if(null!=entity){
                            String result= EntityUtils.toString(entity);
                            //根据字符串生成JSON对象
                            JSONObject resultObj = JSONObject.fromObject(result);
                            return resultObj;
                        }else{
                            return null;
                        }
                    } else {
                        throw new ClientProtocolException("Unexpected response status: " + status);
                    }
                }
            };
            //返回的json对象
            JSONObject responseBody = httpclient.execute(httpGet, responseHandler);
            //System.out.println(responseBody);
            httpclient.close();
            return responseBody;
        } catch (Exception e) {
            // TODO Auto-generated catch block
            e.printStackTrace();
        }
        return null;
    }
```

在微信主动调用中需要使用 access_token，而 access_token 是需要缓存处理，因此在工具类中增加 access_token 请求以及缓存处理的方法 getTokenFromWx，示例代码如下：

```java
/**
 * 从微信获得access_token
 * @return
 */
public static String getTokenFromWx(){
    //获取的标识
    String token="";
    //1、判断access_token是否存在，不存在的话直接申请
    //2、判断时间是否过期，过期(>=7200秒)申请，否则不用请求直接返回以后的token
    if(null==access_token||"".equals(access_token)||(new Date().getTime()-access_token_date.getTime())>=((accessTokenInvalidTime-200L)*1000L)){
        CloseableHttpClient httpclient = HttpClients.createDefault();
```

```java
try {
    System.out.println(messageAppId);
    System.out.println(messageSecret);
    //利用 get 形式获得 token
HttpGet httpget = new HttpGet("https://api.weixin.qq.com/cgi-bin/token?" +
        "grant_type=client_credential&appid="+messageAppId+"&secret="+messageSecret);
            // Create a custom response handler
ResponseHandler<JSONObject> responseHandler = new ResponseHandler<JSONObject>() {
public JSONObject handleResponse(
final HttpResponse response) throws ClientProtocolException, IOException {
int status = response.getStatusLine().getStatusCode();
if (status >= 200 && status < 300) {
HttpEntity entity = response.getEntity();
if(null!=entity){
    String result= EntityUtils.toString(entity);
                    //根据字符串生成 JSON 对象
            JSONObject resultObj = JSONObject.fromObject(result);
            return resultObj;
}else{
    return null;
                }
                } else {
throw new ClientProtocolException("Unexpected status: " + status);
            }
        }
    };
        //返回的 json 对象
JSONObject responseBody = httpclient.execute(httpget, responseHandler);
System.out.println(responseBody);
            //正确返回结果，进行更新数据
if(null!=responseBody&&null!=responseBody.get("access_token")){
        //设置全局变量
        token= (String) responseBody.get("access_token");//返回 token
        //更新 token 有效时间
accessTokenInvalidTime=Long.valueOf(responseBody.get("expires_in")+"");
        //设置全局变量
access_token=token;
access_token_date=new Date();
        }
httpclient.close();
}catch (Exception e) {
        e.printStackTrace();
    }
}else{
    token=access_token;
    }
    return token;
}
```

在网上营业厅功能中，通过业务码查询业务信息可能会发送图文消息，因此需要增加媒体文件的处理，在工具类中通过 sendMedia 实现，示例代码如下：

```
/**
 * 文件上传到微信服务器
```

```
     * @paramfileType 文件类型媒体文件类型,分别有图片(image)、语音(voice)、视频(video),普
通文件(file)
     * @paramfilePath 文件路径
     * @return JSONObject
     * @throws Exception
     */
    public staticJSONObjectsendMedia(String fileType, String filePath) {
    try{
        String result = null;
        File file = new File(filePath);
if (!file.exists() || !file.isFile()) {
            throw new IOException("文件不存在");
        }
        String token=getTokenFromWx();
        /**
         * 第一部分
         */
//        //获得临时素材media_id
//        URL urlObj = new URL("https://api.weixin.qq.com/cgi-bin/media/upload?
                                access_token="+ token + "&type="+fileType+"");

//        //获得临时media_id不可用,可以使用该接口
//        URL urlObj = new URL("http://file.api.weixin.qq.com/cgi-bin/media/upload?
                                access_token="+ token + "&type="+fileType+"");
        //获得永久素材mediaId
        URL urlObj = new URL("https://api.weixin.qq.com/cgi-bin/material/add_material?
                                access_token="+ token + "&type="+fileType+"");
HttpURLConnection con = (HttpURLConnection) urlObj.openConnection();
con.setRequestMethod("POST");   // 以 Post 方式提交表单,默认get方式
con.setDoInput(true);
con.setDoOutput(true);
con.setUseCaches(false);         // post方式不能使用缓存
        // 设置请求头信息
con.setRequestProperty("Connection", "Keep-Alive");
con.setRequestProperty("Charset", "UTF-8");
        // 设置边界
        String boundary = "----------" + System.currentTimeMillis();
con.setRequestProperty("Content-Type", "multipart/form-data; boundary="+ boundary);
        // 请求正文信息
        // 第一部分:
StringBuildersb = new StringBuilder();
sb.append("--"); // 必须多两道线
sb.append(boundary);
sb.append("\r\n");
sb.append("Content-Disposition: form-data;name=\"media\";id=\"media\";filename=\""+
                                                file.getName() + "\"\r\n");
sb.append("Content-Type:application/octet-stream\r\n\r\n");
byte[] head = sb.toString().getBytes("utf-8");
        // 获得输出流
OutputStream out = new DataOutputStream(con.getOutputStream());
        // 输出表头
out.write(head);
```

```java
        // 文件正文部分
            // 把文件已流文件的方式推入到 url 中
DataInputStream in = new DataInputStream(new FileInputStream(file));
int bytes = 0;
byte[] bufferOut = new byte[1024];
while ((bytes = in.read(bufferOut)) != -1) {
    out.write(bufferOut, 0, bytes);
        }
in.close();
        // 结尾部分
        byte[] foot = ("\r\n--" + boundary + "--\r\n").getBytes("utf-8");// 定义最后数据分隔线
out.write(foot);
out.flush();
out.close();
StringBuffer buffer = new StringBuffer();
BufferedReader reader = null;
try {
            // 定义 BufferedReader 输入流来读取 URL 的响应
    reader = new BufferedReader(new InputStreamReader(con.getInputStream())));
            String line = null;
    while ((line = reader.readLine()) != null) {
                //System.out.println(line);
        buffer.append(line);
            }
    if(result==null){
        result = buffer.toString();
            }
        } catch (IOException e) {
    System.out.println("发送POST请求出现异常！" + e);
    e.printStackTrace();
            throw new IOException("数据读取异常");
        } finally {
    if(reader!=null){
        reader.close();
            }
            }
JSONObjectjsonObj =JSONObject.fromObject(result);
System.out.println(jsonObj);
returnjsonObj;
}catch (Exception e) {
    return null;
    }
    }

    /**
    * 图文消息内的图片上传到微信服务器
    * @paramfilePath 文件路径
    * @return JSONObject
    * @throws Exception
    */
public  staticJSONObjectsendMediaNewsImg(String filePath)  {
```

```java
try{
        String result = null;
        File file = new File(filePath);
if (!file.exists() || !file.isFile()) {
        throw new IOException("文件不存在");
        }
        String token=getTokenFromWx();
        /**
        * 第一部分
        */
        //获得永久素材 mediaId
        URL urlObj = new URL("https://api.weixin.qq.com/cgi-bin/media/uploadimg?access_
                                                                token="+ token);
HttpURLConnection con = (HttpURLConnection) urlObj.openConnection();
con.setRequestMethod("POST"); // 以 Post 方式提交表单, 默认 get 方式
con.setDoInput(true);
con.setDoOutput(true);
con.setUseCaches(false); // post 方式不能使用缓存
        // 设置请求头信息
con.setRequestProperty("Connection", "Keep-Alive");
con.setRequestProperty("Charset", "UTF-8");
        // 设置边界
        String boundary = "----------" + System.currentTimeMillis();
con.setRequestProperty("Content-Type", "multipart/form-data; boundary="+ boundary);
        // 请求正文信息
        // 第一部分:
StringBuildersb = new StringBuilder();
sb.append("--"); // 必须多两道线
sb.append(boundary);
sb.append("\r\n");
sb.append("Content-Disposition: form-data;name=\"media\";id=\"media\";filename=\""+
                                                file.getName() + "\"\r\n");
sb.append("Content-Type:application/octet-stream\r\n\r\n");
byte[] head = sb.toString().getBytes("utf-8");
        // 获得输出流
OutputStream out = new DataOutputStream(con.getOutputStream());
        // 输出表头
out.write(head);
        // 文件正文部分
        // 把文件已流文件的方式推入到 url 中
DataInputStream in = new DataInputStream(new FileInputStream(file));
int bytes = 0;
byte[] bufferOut = new byte[1024];
while ((bytes = in.read(bufferOut)) != -1) {
    out.write(bufferOut, 0, bytes);
        }
in.close();
        // 结尾部分
        byte[] foot = ("\r\n--" + boundary + "--\r\n").getBytes("utf-8");// 定义最后数
据分隔线
out.write(foot);
out.flush();
```

```java
out.close();
StringBuffer buffer = new StringBuffer();
BufferedReader reader = null;
try {
            // 定义BufferedReader输入流来读取URL的响应
    reader = new BufferedReader(new InputStreamReader(con.getInputStream()));
            String line = null;
    while ((line = reader.readLine()) != null) {
                //System.out.println(line);
        buffer.append(line);
            }
    if(result==null){
        result = buffer.toString();
            }
    } catch (IOException e) {
    System.out.println("发送POST请求出现异常！" + e);
    e.printStackTrace();
            throw new IOException("数据读取异常");
    } finally {
    if(reader!=null){
        reader.close();
            }
            }
JSONObjectjsonObj =JSONObject.fromObject(result);
System.out.println(jsonObj);
returnjsonObj;
}catch (Exception e) {
    return null;
    }
    }

    /**
    *下载临时文件
    * @parammediaId媒体文件Id
    * @paramresp数据响应
    * @return InputStream获得文件输入流,注释部分为直接保存本地
    */
public static  InputStreamdownloadFile(String mediaId,HttpServletResponseresp){
//获取token凭证
String token=getTokenFromWx();
String
urlStr="https://api.weixin.qq.com/cgi-bin/media/get?access_token="+token+"&media_id
                                                                    ="+mediaId;
try {
     URL urlObj = new URL(urlStr);
    HttpURLConnection con = (HttpURLConnection) urlObj.openConnection();
    con.setDoInput(true);
    //打印头部信息
//           Map<String, List<String>>aa = con.getHeaderFields();
//           for (inti = 0; i<aa.size(); i++) {
//               List<String>listTemp = aa.get(i);
//               String _temp="";
```

```
//              if(null!=listTemp&&0!=listTemp.size()){
//                  for (int j = 0; j <listTemp.size(); j++) {
//                      _temp+=listTemp.get(j);
//                  }
//                  System.out.println(_temp);
//              }
//          }
//              //设置servlet请求文件格式
            String contentType = con.getContentType();
//              resp.setContentType(contentType);
        //输出文件格式
        System.out.println("文件格式: "+contentType);
        if(contentType.equals("text/plain")){
            //如果出现错误返回null,并且打印错误信息
            ByteArrayOutputStreaminfoStream = new ByteArrayOutputStream();
            InputStreaminTxt = con.getInputStream();
            byte[] b = new byte[512];
            inti ;
            while(( i =inTxt.read(b))>0){
                infoStream.write(b);
            }
            System.out.println("错误信息:"+infoStream.toString());
            infoStream.close();
            return null;
        }
        //返回输出流
        returncon.getInputStream();
        /**
        //保存文件
        InputStream in = util.downloadFile(accessId,resp);
        if(null!=in){
            OutputStreamoutputStream = new FileOutputStream(new File("G:\\app\\aaa.jpg"));
            byte[] bytes = new byte[1024];
            intcnt=0;
            while ((cnt=in.read(bytes,0,bytes.length)) != -1) {
                outputStream.write(bytes, 0, cnt);
            }
            outputStream.flush();
            outputStream.close();
            in.close();
        }else{
            //图片获取失败,显示默认图片
            System.out.println("图片获取失败");
        }
        **/
    } catch (Exception e) {
        // TODO Auto-generated catch block
        e.printStackTrace();
    }
    return null;
}
```

接下来在工具类中实现"XXX附件营业厅"功能所需要的方法,包括:根据code获得

openid、jsapi_ticket 获取与缓存、JS-SDK 签名等，示例代码如下：

```java
/**
 * 根据 code 获得 openid
 * @return
 */
public static String getOpenIdByCode(String code){
    //微信公众号标识
    String appid=messageAppId;
    //管理凭证密钥
    String secret=messageSecret;
    String openid="";
    CloseableHttpClient httpclient = HttpClients.createDefault();
    try {
        //利用 get 形式获得 token
        HttpGet httpget = new HttpGet("https://api.weixin.qq.com/sns/oauth2" +
            "/access_token?appid="+appid+"&secret="+secret
            +"&code="+code+"&grant_type=authorization_code");
        // Create a custom response handler
        ResponseHandler<JSONObject> responseHandler = new ResponseHandler<JSONObject>() {
            public JSONObject handleResponse(
                final HttpResponse response) throws ClientProtocolException, IOException {
                int status = response.getStatusLine().getStatusCode();
                if (status >= 200 && status < 300) {
                    HttpEntity entity = response.getEntity();
                    if(null!=entity){
                        String result= EntityUtils.toString(entity);
                        //根据字符串生成 JSON 对象
                        JSONObject resultObj = JSONObject.fromObject(result);
                        return resultObj;
                    }else{
                        return null;
                    }
                } else {
                    throw new ClientProtocolException("Unexpected response status: " + status);
                }
            }
        };
        //返回的 json 对象
        JSONObject responseBody = httpclient.execute(httpget, responseHandler);
        if(null!=responseBody){
            openid= (String) responseBody.get("openid");//返回 token
        }
        httpclient.close();
    }catch (Exception e) {
        e.printStackTrace();
    }
    return openid;
}

/**
 * 从微信获得 jsapi_ticket
 * @return
```

```java
*/
public String getJsapiTicketFromWx(){
    String token=getTokenFromWx();//token
    //1、判断jsapiTicket是否存在，不存在的话直接申请
    //2、判断时间是否过期，过期(>=7200秒)申请，否则不用请求直接返回以后的token
    if(null==jsapiTicket||"".equals(jsapiTicket)||(new Date().getTime()-jsapiTicketDate.getTime())>=(7000*1000)){

        CloseableHttpClient httpclient = HttpClients.createDefault();
        try {
            //利用get形式获得token
            HttpGet httpget = new HttpGet("https://api.weixin.qq.com/cgi-bin/ticket/getticket?access_token="+token+"&type=jsapi");
            // Create a custom response handler
            ResponseHandler<JSONObject> responseHandler = new ResponseHandler<JSONObject>() {
                public JSONObject handleResponse(
                        final HttpResponse response) throws ClientProtocolException, IOException {
                    int status = response.getStatusLine().getStatusCode();
                    if (status >= 200 && status < 300) {
                        HttpEntity entity = response.getEntity();
                        if(null!=entity){
                            String result= EntityUtils.toString(entity);
                            //根据字符串生成JSON对象
                            JSONObject resultObj = JSONObject.fromObject(result);
                            return resultObj;
                        }else{
                            return null;
                        }
                    } else {
                        throw new ClientProtocolException("Unexpected response status: " + status);
                    }
                }
            };
            //返回的json对象
            JSONObject responseBody = httpclient.execute(httpget, responseHandler);
            if(null!=responseBody){
                jsapiTicket= (String) responseBody.get("ticket");//返回token
            }
            jsapiTicketDate=new Date();
            httpclient.close();
        }catch (Exception e) {
            e.printStackTrace();
        }
    }
    return jsapiTicket;
}

/****微信js签名*******************************/
public static Map<String, String> sign(String jsapiTicket, String url) {
    Map<String, String> ret = new HashMap<String, String>();
```

```java
        String nonceStr = createNonceStr();
        String timestamp = createTimestamp();
        String string1;
        String signature = "";

        //注意这里参数名必须全部小写,且必须有序
        string1 = "jsapi_ticket=" + jsapiTicket +
                "&noncestr=" + nonceStr +
                "&timestamp=" + timestamp +
                "&url=" + url;
try
        {
MessageDigest crypt = MessageDigest.getInstance("SHA-1");
crypt.reset();
crypt.update(string1.getBytes("UTF-8"));
signature = byteToHex(crypt.digest());
        }
catch (NoSuchAlgorithmException e)
        {
e.printStackTrace();
        }
catch (UnsupportedEncodingException e)
        {
e.printStackTrace();
        }

ret.put("url", url);
ret.put("jsapi_ticket", jsapiTicket);
ret.put("nonceStr", nonceStr);
ret.put("timestamp", timestamp);
ret.put("signature", signature);

return ret;
    }

private static String byteToHex(final byte[] hash) {
        Formatter formatter = new Formatter();
for (byte b : hash)
        {
formatter.format("%02x", b);
        }
        String result = formatter.toString();
formatter.close();
return result;
    }

private static String createNonceStr() {
returnUUID.randomUUID().toString();
    }

private static String createTimestamp() {
returnLong.toString(System.currentTimeMillis() / 1000);
```

```
    }
    /****微信js签名****************************/
```

微信工具类包含网上营业厅功能所需的方法，是一个与微信对接的类，实现接口调用的统一，防止接口变更而造成代码频繁重写，方便读者维护。

13.4.4 设置常量类

为了对工程进行更好地管理，防止"常量值随意定义"而导致的系统常量值对应错误问题，读者在开发中可以将工程中的常量值放入特定的类中，对其进行统一管理，这里定义Constant.java类用于实现统一的常量值管理，示例代码如下：

```java
package myf.caption10.util;
/**
 * 常量类
 */
public class Constant {
    public static String IS_LEAF = "1";//是叶子节
    public static final String URL_TAG_CREATE = "https://api.weixin.qq.com/cgi-bin/tags/create?access_token=";
}
```

13.4.5 生成实体类

Hibernate是一个开放源的"对象"关系映射框架，Hibernate操作数据是通过对象的方式进行操作的，因此需要将数据库库表转换成对应的持久层对象（po），每一个库表对应一个java类文件以及一个xml关系文件，如图13.5所示。

备注：Hibernate查询支持面向对象的HQL语句，也支持原生的SQL语句查询。

图13.5 持久层对象

13.4.6 编写回调服务

回调服务是用于接收用户发送的信息或者用户触发的事件，当用户在微信公众号中操作菜单或者消息时，微信将相应的消息、事件反馈给读者，读者通过回调链接进行处理。

（1）在myf.caption10.servlet包中创建CoreServlet.java类，继承javax.servlet.http.HttpServlet，实现回调服务。

示例代码如下：

```java
package myf.caption10.servlet;

import java.io.IOException;
import java.io.PrintWriter;
import java.security.MessageDigest;
import java.util.Arrays;
import javax.servlet.ServletException;
import javax.servlet.http.HttpServlet;
import javax.servlet.http.HttpServletRequest;
import javax.servlet.http.HttpServletResponse;
import myf.caption10.QQTool.AesException;
```

```java
import myf.caption10.service.CoreService;
import myf.caption10.util.WxUtil;

/**
 * 回调链接
 * @author muyunfei
 * <p>Modification History:</p>
 * <p>Date          Author         Description</p>
 * <p>--------------------------------------------------------------------</p>
 * <p>Aug 5, 2016          牟云飞              新建</p>
 */
public class CoreServlet extends HttpServlet {

    private static final long serialVersionUID = 1L;

    /**
     * 请求校验（确认请求来自微信服务器）
     */
    public void doGet(HttpServletRequest request, HttpServletResponse response) throws ServletException, IOException {
        // 微信加密签名
        String signature = request.getParameter("signature");
        System.out.println("signature:"+signature);
        // 时间戳
        String timestamp = request.getParameter("timestamp");
        System.out.println("timestamp:"+timestamp);
        // 随机数
        String nonce = request.getParameter("nonce");
        System.out.println("nonce:"+nonce);
        // 随机字符串
        String echostr = request.getParameter("echostr");
        System.out.println("echostr:"+echostr);
        String sToken = WxUtil.respMessageToken;
        try {
            String sEchoStr=""; //需要返回的明文
            //验证签名
            String sigStr = getSHA1(sToken, timestamp,nonce);
            if(sigStr.equals(signature)){
                sEchoStr=echostr;
            }
            System.out.println("verifyurl sigStr: " + sigStr);
            System.out.println("verifyurl sEchoStr: " + sEchoStr);
            // 验证URL成功，将sEchoStr返回
            PrintWriter out = response.getWriter();
            out.write(sEchoStr);
            out.flush();
            out.close();
        } catch (Exception e) {
            //验证URL失败，错误原因请查看异常
            e.printStackTrace();
        }
    }
```

```java
    //Get加密验签
    public String getSHA1(String token, String timestamp, String nonce) throws
AesException{
        try {
            String[] array = new String[] { token, timestamp, nonce };
            StringBuffer sb = new StringBuffer();
            // 字符串排序
            Arrays.sort(array);
            for (int i = 0; i < 3; i++) {
                sb.append(array[i]);
            }
            String str = sb.toString();
            // SHA1签名生成
            MessageDigest md = MessageDigest.getInstance("SHA-1");
            md.update(str.getBytes());
            byte[] digest = md.digest();

            StringBuffer hexstr = new StringBuffer();
            String shaHex = "";
            for (int i = 0; i < digest.length; i++) {
                shaHex = Integer.toHexString(digest[i] & 0xFF);
                if (shaHex.length() < 2) {
                    hexstr.append(0);
                }
                hexstr.append(shaHex);
            }
            return hexstr.toString();
        } catch (Exception e) {
            e.printStackTrace();
        }
        return "";
    }

    private CoreService service=new CoreService();

    /**
     * 处理微信服务器发来的消息
     */
    public void doPost(HttpServletRequest request, HttpServletResponse response)
throws ServletException, IOException {
        //读取消息，执行消息处理
        service.processRequest(request,response);
    }
}
```

（2）处理微信服务器发来的消息，创建 myf.caption10.service.CoreService 类，在 CoreService 类中实现回调消息的解密、处理以及加密响应。

示例代码如下：

```java
package myf.caption10.service;

import java.io.BufferedReader;
```

```java
import java.io.InputStreamReader;
import java.io.PrintWriter;
import java.io.StringReader;
import java.util.Date;
import java.util.List;
import javax.servlet.ServletContext;
import javax.servlet.ServletInputStream;
import javax.servlet.http.HttpServletRequest;
import javax.servlet.http.HttpServletResponse;
import javax.xml.parsers.DocumentBuilder;
import javax.xml.parsers.DocumentBuilderFactory;
import myf.caption10.po.WxNumberQuery;
import myf.caption10.po.WxUserInfo;
import myf.caption10.service.interf.IWxNumberQueryService;
import myf.caption4.QQTool.WXBizMsgCrypt;
import myf.caption4.util.WxUtil;
import myf.caption4.vo.TextMessage;
import myf.caption4.vo.Voice;
import myf.caption4.vo.VoiceMessage;
import org.springframework.web.context.WebApplicationContext;
import org.springframework.web.context.support.WebApplicationContextUtils;
import org.w3c.dom.Document;
import org.w3c.dom.Element;
import org.w3c.dom.NodeList;
import org.xml.sax.InputSource;

/**
 * @author muyunfei
 * <p>Modification History:</p>
 * <p>Date          Author          Description</p>
 * <p>--------------------------------------------------------------------</p>
 * <p>Aug 5, 2016          牟云飞          新建</p>
 */
public class CoreService {

    //处理微信消息
    public void processRequest(HttpServletRequest request,HttpServletResponse response) {
        // 微信加密签名
        String sReqMsgSig = request.getParameter("msg_signature");
        //System.out.println("msg_signature :"+sReqMsgSig);
        // 时间戳
        String sReqTimeStamp = request.getParameter("timestamp");
        //System.out.println("timestamp :"+sReqTimeStamp);
        // 随机数
        String sReqNonce = request.getParameter("nonce");
        //System.out.println("nonce :"+sReqNonce);
        //加密类型
        String encryptType =request.getParameter("encrypt_type");
        //System.out.println("加密类型: "+encrypt_type);
        String sToken = WxUtil.respMessageToken;
        String appId = WxUtil.messageAppId;
```

```java
            String sEncodingAESKey = WxUtil.respMessageEncodingAesKey;
            try {
                request.setCharacterEncoding("utf-8");
                // post 请求的密文数据
                // sReqData = HttpUtils.PostData();
                ServletInputStream in = request.getInputStream();
                BufferedReader reader =new BufferedReader(new InputStreamReader(in));
                String sReqData="";
                String itemStr="";//作为输出字符串的临时串,用于判断是否读取完毕
                while(null!=(itemStr=reader.readLine())){
                    sReqData+=itemStr;
                }
                //输出解密前的文件
//              System.out.println("after decrypt msg: " + sReqData);
                String sMsg=sReqData;
                WXBizMsgCrypt wxcpt = new WXBizMsgCrypt(sToken, sEncodingAESKey, appId);
                if(encryptType!=null){
                    //对消息进行处理获得明文
                    sMsg = wxcpt.decryptMsg(sReqMsgSig, sReqTimeStamp, sReqNonce, sReqData);
                }
                //输出解密后的文件
                System.out.println("after decrypt msg: " + sMsg);
                // TODO: 解析出明文 xml 标签的内容进行处理
                // For example:
                DocumentBuilderFactory dbf = DocumentBuilderFactory.newInstance();
                DocumentBuilder db = dbf.newDocumentBuilder();
                StringReader sr = new StringReader(sMsg);
                InputSource is = new InputSource(sr);
                Document document = db.parse(is);
                Element root = document.getDocumentElement();
                //判断类型
                NodeList nodelistMsgType = root.getElementsByTagName("MsgType");
                String recieveMsgType = nodelistMsgType.item(0).getTextContent();
                String content="";
                if("text".equals(recieveMsgType)){//如果是文本消息
                    //获得内容
                    NodeList nodelist1 = root.getElementsByTagName("Content");
                    //发送人,openID
                    NodeList openIDNode= root.getElementsByTagName("FromUserName");
                    String openID = openIDNode.item(0).getTextContent();
                    //设置响应内容
                    content = nodelist1.item(0).getTextContent();
                    System.out.println("content:"+content);
                    //
                    ServletContext sc = request.getSession().getServletContext();
                    WebApplicationContext wac = WebApplicationContextUtils.getWeb
                                                    ApplicationContext(sc);
                    IWxNumberQueryService servie = (IWxNumberQueryService) wac.getBean
                                                    ("wxNumberQueryServiceImpl");
                    content = servie.retrieveByContext(content,openID);
                    //昵称、解决乱码问题
                    //content=new String(content.getBytes("ISO-8859-1"),"UTF-8");
```

```java
        System.out.println("---content:"+content);
}else if("voice".equals(recieveMsgType)){//如果是音频消息
    //获得音频的mediaID
    NodeList nodelistMediaId = root.getElementsByTagName("MediaId");
    //生成响应消息(音频)
    Voice voice = new Voice();
    voice.setMediaId(nodelistMediaId.item(0).getTextContent());
    VoiceMessage txtMsg= new VoiceMessage();
    txtMsg.setVoice(voice);
    long time = new Date().getTime();
    txtMsg.setCreateTime(time);//创建时间
    //响应消息的回复人
    NodeList nodelistFromUser = root.getElementsByTagName("FromUserName");
    String receiver = nodelistFromUser.item(0).getTextContent();
    //响应消息的发送人
    NodeList nodelistToUserName = root.getElementsByTagName("ToUserName");
    String sender = nodelistToUserName.item(0).getTextContent();
    txtMsg.setFromUserName(sender);//消息来源，不是微信的appID
    txtMsg.setMsgType(WxUtil.REQ_MESSAGE_TYPE_VOICE);//消息类型
    txtMsg.setToUserName(receiver);
    String sRespData=WxUtil.messageToXml(txtMsg);
    String sEncryptMsg=sRespData;
    if(encryptType!=null){
        sEncryptMsg = wxcpt.encryptMsg(sRespData, time+"", sReqNonce);
    }
    System.out.println("回复消息: "+sRespData);
    System.out.println("回复消息加密: "+sEncryptMsg);
    //输出
    PrintWriter out = response.getWriter();
    out.write(sEncryptMsg);
    out.flush();
    out.close();
    return ;
}else if("event".equals(recieveMsgType)){//如果是事件
    //获得事件类型
    NodeList nodelist1 = root.getElementsByTagName("Event");
    String eventType = nodelist1.item(0).getTextContent();
    if("subscribe".equals(eventType)){//关注
        //subscribe(root);
        content="欢迎关注"XXX"微信公众号";
        //数据库记录
        //获得普通标签
        ServletContext sc = request.getSession().getServletContext();
        WebApplicationContext wac = WebApplicationContextUtils.getWeb
                                    ApplicationContext(sc);
        IWxNumberQueryService servie = (IWxNumberQueryService) wac.getBean
                                    ("wxNumberQueryServiceImpl");
        //可以为每一关注用户打"普通用户标签"
        String tagId=servie.getCommonTagId();
        //保存用户
        NodeList openIDNode= root.getElementsByTagName("FromUserName");
        String openID = openIDNode.item(0).getTextContent();
```

```
                servie.saveUserInfo(openID,tagId);
            }else if("unsubscribe".equals(eventType)){//取消关注
                //unSubscribe(root);
            }else if("CLICK".equals(eventType)){//菜单单击
                //获取 eventKey
                NodeList EventKeyNode = root.getElementsByTagName("EventKey");
                String EventKeyNodeContext = EventKeyNode.item(0).getTextContent();
                if("KF_TEL".equals(EventKeyNodeContext)){
                    //客服电话
                    content="技术支持: 15562579597\r\n" +
                            "服务时间: 09:00-5:00";
                }
            }
        }
//        //!!!!!!!!!!!回复空消息!!!!!!!!!!
//        //------------------------------------------
//        String sEncryptMsg = "success";//或者 String sEncryptMsg = ""
//        //输出
//        PrintWriter out = response.getWriter();
//        out.write(sEncryptMsg);
//        out.flush();
//        out.close();
        //!!!!!!!!!!!!!!!!!!!!!设置回复!!!!!!!!!!
        //------------------------------------------
        //响应消息的回复人
        NodeList nodelistFromUser = root.getElementsByTagName("FromUserName");
        String mycreate = nodelistFromUser.item(0).getTextContent();
        //响应消息的发送人
        NodeList nodelistToUserName = root.getElementsByTagName("ToUserName");
        String wxDevelop = nodelistToUserName.item(0).getTextContent();
        //时间
        long time=new Date().getTime();
        //content="被动响应消息:"+content;
        //临时消息
        //content="";
        //生成一个被动响应的消息
        TextMessage txtMsg= new TextMessage();
        txtMsg.setContent(content);//文字内容
        txtMsg.setCreateTime(time);//创建时间
        txtMsg.setFromUserName(wxDevelop);//消息来源
        txtMsg.setMsgType(WxUtil.RESP_MESSAGE_TYPE_TEXT);//消息类型
        txtMsg.setToUserName(mycreate);
        String sRespData=WxUtil.messageToXml(txtMsg);
        String sEncryptMsg=sRespData;
        if(encryptType!=null){
            sEncryptMsg = wxcpt.encryptMsg(sRespData, time+"", sReqNonce);
        }
        System.out.println("回复消息: "+sRespData);
        System.out.println("回复消息加密: "+sEncryptMsg);
        //输出
        PrintWriter out = response.getWriter();
```

```
            out.write(sEncryptMsg);
            out.flush();
            out.close();

        } catch (Exception e) {
            // TODO
            // 解密失败,失败原因请查看异常
            e.printStackTrace();
        }
    }
}
```

(3)创建完成后,需要在 web.xml 中添加相应的服务映射,方便 Jboss、Tomcat 等服务中间件映射相应服务。

示例代码如下:

```xml
<!-- 确认微信服务器的请求类,第十章回调模式使用-->
<servlet>
    <servlet-name>wxReceiveServlet</servlet-name>
    <servlet-class>
            myf.caption10.servlet.CoreServlet
    </servlet-class>
</servlet>
<servlet-mapping>
    <servlet-name>wxReceiveServlet</servlet-name>
    <url-pattern>/wxReceiveServlet.slt</url-pattern>
</servlet-mapping>
```

备注: 首次进行配置公众号回调链接时,需要 get 验证。如果读者使用加密传输,需要将 JDK 调整为 1.6 版本以上(包含 1.6),并且对 JDK 进行 jre 补丁修复。

13.4.7 创建数据访问层服务

在后端服务中采用 Dao、Service、Action 三层架构:
- action 负责传递页面信息至 service 层。
- service 层进行相应地业务处理。
- 需要读取数据库数据时,通过 Dao 层获取。

以上三层结构体现各模块之间的独立性,方便进行相应地切换。Dao 层实现分为接口类与实现类,接口类负责接口的定义,该类只定义能实现什么功能,定义这些功能需要传入哪些参数,将返回什么结果,而具体的实现则交由实现类来实现,接口类无法实例化,必须在实现类中实现全部的接口,Dao 层结构如图 13.6 所示。

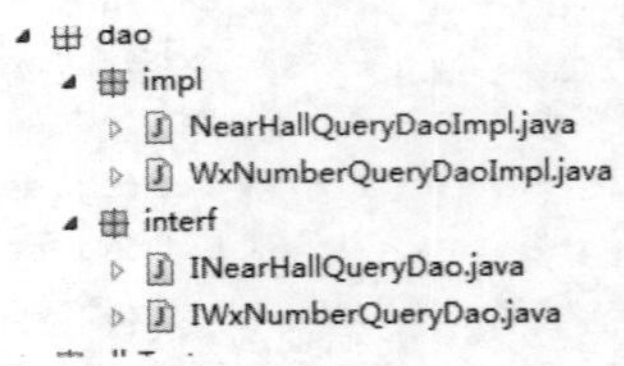

(1)通过接口定义该类所具有的功能,myf.caption10.dao.interf 包中创建 IWxNumberQueryDao.java 文件。

在示例代码如下:

```java
package myf.caption10.dao.interf;

import java.util.List;
import myf.caption10.po.AccountUserRelation;
```

图 13.6 数据访问层

```java
import myf.caption10.po.WxNumberQuery;
import myf.caption10.po.WxSystemInfo;
import myf.caption10.po.WxUserInfo;

/**
 * 业务办理数据访问层
 * @author 牟云飞
 * <p>Modification History:</p>
 * <p>Date                    Author              Description</p>
 * <p>-------------------------------------------------------------------</p>
 * <p>11 30, 2016             muyunfei            新建</p>
 */
public interface IWxNumberQueryDao {
    /**
     * 根据父节点查询
     * @param parentCode
     * @return
     */
    public List<WxNumberQuery> retrieveByParent(String parentCode);
    /**
     * 根据code查询
     * @param code
     * @return
     */
    public List<WxNumberQuery> retrieveByCode(String code);
    /**
     * 根据OpenID查询数据
     * @param code
     * @return
     */
    public List<AccountUserRelation> retrieveByOpenId(String openId);

    /**
     * 保存userId
     * @param code
     * @return
     */
    public boolean saveUserInfo(WxUserInfo user);

    /**
     * 根据project获得配置信息
     * @param code
     * @return
     */
    public WxSystemInfo queryByProject(String project);
    /**
     * 保存配置信息
     * @param info
     * @return
     */
    public boolean saveWxSystemInfo(WxSystemInfo info);
```

```java
    /**
     * 根据openid获得用户
     * @param OpenId
     * @return
     */
    public WxUserInfo getUserInfo(String OpenId);
}
```

（2）对接口进行相应的实现，在myf.caption10.dao.impl包中创建WxNumberQueryDaoImpl.java。示例代码如下：

```java
package myf.caption10.dao.impl;

import java.util.List;
import myf.caption10.dao.interf.IWxNumberQueryDao;
import myf.caption10.po.AccountUserRelation;
import myf.caption10.po.WxNumberQuery;
import myf.caption10.po.WxSystemInfo;
import myf.caption10.po.WxUserInfo;
import org.hibernate.Query;
import org.hibernate.classic.Session;
import org.springframework.orm.hibernate3.support.HibernateDaoSupport;
/**
 * 业务办理
 * @author 牟云飞
 *<p>Modification History:</p>
 *<p>Date                 Author            Description</p>
 *<p>-----------------------------------------------------------------</p>
 *<p>11 30, 2016          muyunfei          新建</p>
 */
public class WxNumberQueryDaoImpl extends HibernateDaoSupport  implements IWxNumberQueryDao {

    public List<WxNumberQuery> retrieveByParent(String parentCode) {
        Session session = getHibernateTemplate().getSessionFactory().openSession();
        session.beginTransaction();
        Query query = session.createQuery(" from WxNumberQuery  where numbParent=? ");
        //设置参数,从0开始，ResultSet中setParamter则需要从1开始
        query.setParameter(0, parentCode);
        //设置开始值
        query.setFirstResult(0);
        //设置长度
        query.setMaxResults(50);
        //得到一个集合
        List<WxNumberQuery> list = query.list();
        session.getTransaction().commit();
        session.close();
        return list;
    }

    public List<WxNumberQuery> retrieveByCode(String code) {
        Session session = getHibernateTemplate().getSessionFactory().openSession();
        session.beginTransaction();
        Query query = session.createQuery(" from WxNumberQuery  where numb=? ");
```

```java
        //设置参数,从0开始, ResultSet中setParamter则需要从1开始
        query.setParameter(0, code);
        //设置开始值
        query.setFirstResult(0);
        //设置长度
        query.setMaxResults(50);
        //得到一个集合
        List<WxNumberQuery> list = query.list();
        session.getTransaction().commit();
        session.close();
        return list;
    }

    /**
     * 根据OpenID查询数据
     * @param code
     * @return
     */
    public List<AccountUserRelation> retrieveByOpenId(String openId){
        Session session = getHibernateTemplate().getSessionFactory().openSession();
        session.beginTransaction();
        Query query = session.createQuery(" from AccountUserRelation a ,WxUserInfo b" +
                " where a.userId = b.userid and  openId=? ");
        //设置参数,从0开始, ResultSet中setParamter则需要从1开始
        query.setParameter(0, openId);
        //设置开始值
        query.setFirstResult(0);
        //设置长度
        query.setMaxResults(50);
        //得到一个集合
        List<AccountUserRelation> list = query.list();
        session.getTransaction().commit();
        session.close();
        return list;
    }

    //保存用户
    public boolean saveUserInfo(WxUserInfo user) {
        try{
            Session session = getHibernateTemplate().getSessionFactory().openSession();
            session.beginTransaction();
            session.saveOrUpdate(user);
            session.getTransaction().commit();
            session.close();
            return true;
        }catch (Exception e) {
            e.printStackTrace();
            return false;
        }
    }

    /**
```

```java
 * 根据 OpenID 查询数据
 * @param code
 * @return
 */
public WxSystemInfo queryByProject(String project){
    Session session = getHibernateTemplate().getSessionFactory().openSession();
    session.beginTransaction();
    Query query = session.createQuery(" from WxSystemInfo a" +
            " where a.project=? ");
    //设置参数,从0开始,ResultSet中setParamter则需要从1开始
    query.setParameter(0, project);
    //设置开始值
    query.setFirstResult(0);
    //设置长度
    query.setMaxResults(50);
    //得到一个集合
    WxSystemInfo info = null;
    List<Object> list = query.list();
    if(list!=null&&0!=list.size()){
        info = (WxSystemInfo) list.get(0);
    }
    session.getTransaction().commit();
    session.close();
    return info;
}

public boolean saveWxSystemInfo(WxSystemInfo info){
    try{
        Session session = getHibernateTemplate().getSessionFactory().openSession();
        session.beginTransaction();
        session.saveOrUpdate(info);
        session.getTransaction().commit();
        session.close();
        return true;
    }catch (Exception e) {
        e.printStackTrace();
        return false;
    }
}

public WxUserInfo getUserInfo(String openId){
    Session session = getHibernateTemplate().getSessionFactory().openSession();
    session.beginTransaction();
    Query query = session.createQuery(" from WxUserInfo a" +
            " where a.openId=? ");
    //设置参数,从0开始,ResultSet中setParamter则需要从1开始
    query.setParameter(0, openId);
    //设置开始值
    query.setFirstResult(0);
    //设置长度
    query.setMaxResults(50);
    //得到一个集合
```

```java
            WxUserInfo info = null;
            List<Object> list = query.list();
            if(list!=null&&0!=list.size()){
                info = (WxUserInfo) list.get(0);
            }
            session.getTransaction().commit();
            session.close();
            return info;
        }
    }
```

（3）创建完成后，为了 Spring 能够识别该类，需要在 applicationContext.xml 增加<bean>。示例代码如下：

```xml
<bean id="wxNumberQueryDaoImpl"
                    class="myf.caption10.dao.impl.WxNumberQueryDaoImpl">
    <property name="sessionFactory">
        <ref bean="mySessionFactory" />
    </property>
</bean>
```

13.4.8 创建业务逻辑层服务

业务逻辑层（Service）与数据访问层（Dao）相似，通过"接口"→"实现"的方式实现。

（1）在 myf.caption10.service.interf 中创建 IWxNumberQueryService 接口类，定义业务接口，包括：根据父节点查询业务、业务信息获取、查询普通成员标签 id、获取配置表信息、为新关注的用户打标签、保存配置信息等，示例代码如下：

```java
package myf.caption10.service.interf;

import java.util.List;
import myf.caption10.po.WxHall;
import myf.caption10.po.WxNumberQuery;
import myf.caption10.po.WxSystemInfo;
import myf.caption10.po.WxUserInfo;

public interface IWxNumberQueryService {
    //根据父节点查询
    public List<WxNumberQuery> retrieveByParent(String parentCode);
    //获取业务
    public String retrieveByContext(String context,String openID);
    //获得"普通成员"标签 id
    public String getCommonTagId();
    //为新关注的用户打"微信公众号普通用户标签"标签，并保存数据库
    public boolean saveUserInfo(String openId,String tagId);
    //根据 project 获得配置信息
    public WxSystemInfo queryByProject(String project);
    //保存配置信息
    public boolean saveWxSystemInfo(WxSystemInfo info);
}
```

（2）对接口进行实现，创建在 myf.caption10.service.impl.WxNumberQueryServiceImp 中实现类，实现"接口类"中定义的一系列接口，实现相应业务逻辑的编写，示例代码如下：

```java
package myf.caption10.service.impl;

import java.util.Date;
import java.util.List;
import myf.caption10.dao.interf.IWxNumberQueryDao;
import myf.caption10.po.WxNumberQuery;
import myf.caption10.po.WxSystemInfo;
import myf.caption10.po.WxUserInfo;
import myf.caption10.service.interf.IWxNumberQueryService;
import myf.caption10.util.Constant;
import myf.caption10.util.WxUtil;
import net.sf.json.JSONArray;
import net.sf.json.JSONObject;

/**
 * 微信支付，微信支付商户统一下单实体类
 *
 * @author 牟云飞
 *
 *<p>Modification History:</p>
 *<p>Date                   Author                   Description</p>
 *<p>------------------------------------------------------------------</p>
 *<p>11 30, 2016            muyunfei                 新建</p>
 */
public class WxNumberQueryServiceImpl implements IWxNumberQueryService {

    private IWxNumberQueryDao wxNumberQueryDaoImpl;

    public List<WxNumberQuery> retrieveByParent(String parentCode) {
        // TODO Auto-generated method stub
        return wxNumberQueryDaoImpl.retrieveByParent(parentCode);
    }

    public IWxNumberQueryDao getWxNumberQueryDaoImpl() {
        return wxNumberQueryDaoImpl;
    }

    public void setWxNumberQueryDaoImpl(IWxNumberQueryDao wxNumberQueryDaoImpl) {
        this.wxNumberQueryDaoImpl = wxNumberQueryDaoImpl;
    }

    public String retrieveByContext(String context,String openID) {
        String contextString ="";
        //判断是否绑定手机号

        //首先根据用户输入内容进行拼配
        List<WxNumberQuery> list1 = wxNumberQueryDaoImpl.retrieveByCode(context);
        if(list1==null||0==list1.size()){
            contextString="暂无您搜索的业务!请重新输入\r\n";
            List<WxNumberQuery> allDate = wxNumberQueryDaoImpl.retrieveByParent("0");
            for (int i = 0; i < allDate.size(); i++) {
```

```java
                WxNumberQuery temp = allDate.get(i);
                contextString+=temp.getNumb()+":"+temp.getNumbRemark();
                if(i!=allDate.size()-1){
                    contextString+="\r\n";
                }
            }
        }else{
            //如果搜索到执行查询,判断是否叶子节点
            String isLeaf = list1.get(0).getNumbIsLeaf();
            if(null==isLeaf||!isLeaf.equals(Constant.IS_LEAF)){
                List<WxNumberQuery> allDate = wxNumberQueryDaoImpl.retrieveByParent
                                                                    (context);
                for (int i = 0; i < allDate.size(); i++) {
                    WxNumberQuery temp = allDate.get(i);
                    contextString+=temp.getNumb()+":"+temp.getNumbRemark();
                    if(i!=allDate.size()-1){
                        contextString+="\r\n";
                    }
                }
            }else{
                String urlString = list1.get(0).getNumbUrl();
                //-----调用webservice执行查询——
                //contextString = "调用webservice ("+urlString+") 结果";
                //-----调用webservice执行查询——
                contextString = "当前账户余额267.00元";
            }
        }
    return contextString;
}

public String getCommonTagId(){
    String tagId = "";
    try {
        WxSystemInfo info = wxNumberQueryDaoImpl.queryByProject("CommonTag");
        if(null==info||null==info.getValue()||"".equals(info.getValue())){
            //表示无普通标签,进行创建
            String createTagJsonStr = "{\"tag\" : {\"name\" : \"普通用户\"}}";
            JSONObject newTagResult = WxUtil.createPostMsg(Constant.URL_TAG_
                                                CREATE,createTagJsonStr);
            System.out.println("初始化标签结果:"+newTagResult);
            //标签名不能够重复,重复的标签名将返回"45157"错误
if(null!=newTagResult.get("errcode")&&"45157".equals(newTagResult.get("errcode"
                                                                        )+"")){
                JSONObject queryTagList = WxUtil.createGetMsg(
                    "https://api.weixin.qq.com/cgi-bin/tags/get?access_token=");
if(null!=queryTagList&&null!=queryTagList.get("tags")&&!"".equals(queryTagList.
                                                                get("tags"))){
                    String tagsArr = queryTagList.get("tags")+"";
                    JSONArray array = JSONArray.fromObject(tagsArr);
                    for (int i = 0; i < array.size(); i++) {
```

```java
                        JSONObject temp = JSONObject.fromObject(array.get(i));
                        if((new String(((temp.get("name")+"")).getBytes("ISO-
                                8859-1"),"UTF-8")).equals("普通用户")){
                            tagId=temp.get("id")+"";
                            break;
                        }
                    }
                }
            }else{
                String tagString = newTagResult.get("tag")+"";
                if(!"null".equals(tagString)&&!"".equals(tagString)){
                    JSONObject tagJson = JSONObject.fromObject(tagString);
                    tagId = tagJson.get("id")+"";
                }
            }
            //如果不为null，保存数据库
            if(!"null".equals(tagId)&&!"".equals(tagId)){
                WxSystemInfo info2 = new WxSystemInfo();
                info2.setProject("CommonTag");
                info2.setValue(tagId);
                info2.setRemark("微信公众号普通用户标签");
                info2.setCreateTime(new Date());
                wxNumberQueryDaoImpl.saveWxSystemInfo(info2);
            }
        }else{
            //表示已经创建过tagid
            tagId = info.getValue();
        }
    } catch (Exception e) {
        // TODO: handle exception
    }
    return tagId;
}

public boolean saveUserInfo(String openId,String tagId){
    //打标签
    String tagUrl = "https://api.weixin.qq.com/cgi-bin/tags/members/batchtagging?
                                                                access_token=";
    String tagPostData ="{\"openid_list\" : [\""+openId+"\"],\"tagid\" : "+tagId+"}";
    JSONObject tagResult = WxUtil.createPostMsg(tagUrl, tagPostData);
    System.out.println(tagResult);
    //数据库保存记录
    WxUserInfo user = wxNumberQueryDaoImpl.getUserInfo(openId);
    if(user==null){
        user = new WxUserInfo();
    }
    user.setOpenId(openId);
    //根据openID获得单个用户基本信息
    try {
        String urlString = "https://api.weixin.qq.com/cgi-bin/user/info?&openid="
            +openId+"&lang=zh_CN&access_token=";
        JSONObject resultList = WxUtil.createGetMsg(urlString);
```

```java
                    user.setCity(new String(((resultList.get("city")+"")).getBytes("ISO-8859-
                                                                        1"),"UTF-8"));
                    user.setProvince(new String(((resultList.get("province")+"")).getBytes
                                                                ("ISO-8859-1"),"UTF-8"));
                    user.setCountry(new String(((resultList.get("country")+"")).getBytes("ISO-
8859-1"),"UTF-8"));
                    user.setHeadImgUrl(resultList.get("headImgUrl")+"");
                    user.setNickName(new
String(((resultList.get("nickname")+"")).getBytes("ISO-8859-1"),"UTF-8"));
                    user.setSex(resultList.get("sex")+"");

            if("null".equals(resultList.get("tagid_list")+"")||"".equals(resultList.get("ta
                                                                gid_list")+"")){
                        user.setTagidList("["+tagId+"]");
                    }else{
                        user.setTagidList(resultList.get("tagid_list")+"");
                    }
                    wxNumberQueryDaoImpl.saveUserInfo(user);
            } catch (Exception e) {
                // TODO Auto-generated catch block
                e.printStackTrace();
            }

            return wxNumberQueryDaoImpl.saveUserInfo(user);
    }

    public WxSystemInfo queryByProject(String project) {
        return wxNumberQueryDaoImpl.queryByProject(project);
    }

    public boolean saveWxSystemInfo(WxSystemInfo info) {
        return wxNumberQueryDaoImpl.saveWxSystemInfo(info);
    }

}
```

（3）创建完成后，为了 Spring 能够识别该类，需要在 applicationContext.xml 增加<bean>。示例代码如下：

```xml
<bean id="wxNumberQueryServiceImpl" class="myf.caption10.service.impl.WxNumberQueryServiceImpl">
    <property name="wxNumberQueryDaoImpl">
            <ref bean="wxNumberQueryDaoImpl"/>
    </property>
</bean>
```

备注：WxNumberQueryServiceImpl 类中的 wxNumberQueryDaoImpl 对象，需要定义类型为接口，并且增加 get、set 方法，否则无法进行 Spring 初始化。

13.4.9 服务跳转

Action 又被称为控制器，属于 Web 开发中的控制层，服务跳转可通过以下两步实现。

（1）创建 NearHallQueryAction 类实现附近营业厅数据的获取，完成服务跳转，示例代码如下：

```java
package myf.caption10.action;

import java.util.List;
import java.util.Map;
import javax.servlet.http.HttpServletRequest;
import javax.servlet.http.HttpServletResponse;
import myf.caption10.po.WxHall;
import myf.caption10.service.interf.INearHallQueryService;
import myf.caption10.util.WxUtil;
import org.apache.struts.action.ActionForm;
import org.apache.struts.action.ActionForward;
import org.apache.struts.action.ActionMapping;
import org.apache.struts.actions.DispatchAction;
/**
 * 微信服务,附近营业厅
 * @author 牟云飞
 *<p>Modification History:</p>
 *<p>Date                 Author          Description</p>
 *<p>-----------------------------------------------------------------</p>
 *<p>8 4, 2016            muyunfei        新建</p>
 */
public class NearHallQueryAction extends DispatchAction{
	
	private INearHallQueryService nearHallQueryService;
	
	//初始化页面
	public ActionForward initPage(ActionMapping mapping, ActionForm form,
			HttpServletRequest req, HttpServletResponse response){
		//识别微信浏览器
		String userAgent=req.getHeader("User-Agent");//里面包含了设备类型
//		if(-1==userAgent.indexOf("MicroMessenger")){
//			//如果不是微信浏览器,跳转到安全页
//			return mapping.findForward("safePage");
//		}
		//生成微信js授权
		WxUtil msgUtil=new WxUtil();
		String jsapi_ticket=msgUtil.getJsapiTicketFromWx();//签名
		String url = WxUtil.webUrl   //域名地址,自己的外网请求的域名,如: http://www.baidu.com/Demo
				+ req.getServletPath();  //请求页面或其他地址
		if(null!=req.getQueryString()&&!"".equals(req.getQueryString())){
			url =  url + "?" + (req.getQueryString());  //参数
		}
		Map<String, String> ret = WxUtil.sign(jsapi_ticket, url);
		req.setAttribute("messageAppId", WxUtil.messageAppId);
		req.setAttribute("str1", ret.get("signature"));
		req.setAttribute("time", ret.get("timestamp"));
		req.setAttribute("nonceStr", ret.get("nonceStr"));
		//获取网址
		req.setAttribute("addressUrl", WxUtil.webUrl);//范围
		//查询附近营业厅数据
		List<WxHall> list = nearHallQueryService.retrieveAll();
```

```
            req.setAttribute("hallList", list);
            return mapping.findForward("success");
    }

    public INearHallQueryService getNearHallQueryService() {
        return nearHallQueryService;
    }

    public void setNearHallQueryService(INearHallQueryService nearHallQueryService) {
        this.nearHallQueryService = nearHallQueryService;
    }
}
```

（2）Action 创建完成后，除了需要在 Struts 配置文件中配置外，还需要在 Spring 中进行配置，用于通知 Spring 对该 Action 进行设置。

示例代码如下：

```
<bean name="/nearHallQueryAction" class="myf.caption10.action.NearHallQueryAction">
    <property name="nearHallQueryService">
        <ref bean="nearHallQueryServiceImpl"/>
    </property>
</bean>
```

备注：不论是 SSH 还是 springMVC，目前常用的配置方式为注解的方式，这样开发更方便；读者可以根据配置文件进行相应的转换。

13.4.10 创建网上营业厅页面

微信公众号内页面可以通过微信内置浏览器进行访问，支持原生的 html、JS 操作，也支持 angularJS、H5、CSS3 以及 websocket 等应用，以"XXX 附近营业厅查询"为例，示例代码如下：

```
<%@ page language="java" import="java.util.*" pageEncoding="UTF-8"%>
<%
String path = request.getContextPath();
String basePath = request.getScheme()+"://"+request.getServerName()+":"+request.getServerPort()+path+"/";
%>

<!DOCTYPE HTML PUBLIC "-//W3C//DTD HTML 4.01 Transitional//EN">
<html>
<head>
<base href="<%=basePath%>">
<title>XXX 附近营业厅查询</title>
<meta name="viewport" content="width=device-width, initial-scale=1">
    <meta http-equiv="pragma" content="no-cache">
    <meta http-equiv="cache-control" content="no-cache">
    <meta http-equiv="expires" content="0">
    <meta http-equiv="keywords" content="keyword1,keyword2,keyword3">
    <meta http-equiv="description" content="This is my page">
</head>
<style>
    .myTile{
```

```
            width: 100%;
            height:40px;
            color:black;
            font-size: 16px;
            padding-top: 9px;
            border-radius: 10%;
            border: 1px solid #33d3c9;
        }
</style>
<body>
<!-- 为ECharts准备一个具备大小(宽高)的Dom -->
<div  class="myTile"  align="center"  >附近营业厅</div>
<div id="mylegend" style="width: 100%;height:90;position:absolute; z-index:9;top:70px;">
        <div style="width:100%;float:left">
            <div style="width:70%;float: left"> </div>
            <div style="background: #ff0000;width:15%;float: left"> </div>
            <div style="width:15%;float:left">空闲</div>
        </div>
        <div style="width:100%;float: left">
            <div style="width:70%;float: left"> </div>
            <div style="background:#93ff93;width:15%;float: left"> </div>
            <div style="width:15%;float: left">排队</div>
        </div>
        <div style="width:100%;float: left">
            <div style="width:70%;float: left"> </div>
            <div style="background:#ff8f59;width:15%;float: left"> </div>
            <div style="width:15%;float: left">等待</div>
        </div>
    </div>
<div id="main" style="width: 100%;height:calc(100% - 40px);"></div>

<!-- 引入 echarts.js -->
    <script src="http://api.map.baidu.com/api?v=2.0&ak=请输入读者api值"></script>
<script src="<%=request.getContextPath() %>/caption10/js/echarts.min.js"></script>
    <script src="<%=request.getContextPath() %>/caption10/js/bmap.js"></script>
    <script src="<%=request.getContextPath() %>/caption10/js/echarts-gl.min.js"></script>
    <script type="text/javascript" src="<%=request.getContextPath()%>/js/jquery-1.7.js">
</script>
    <script type="text/javascript" src="http://res.wx.qq.com/open/js/jweixin-1.0.0.js">
</script>
<script>
wx.config({
        debug : false, //开启调试模式,调用的所有api的返回值会在客户端alert出来,若要查看传入的参数,可以在pc端打开,参数信息会通过log打出,仅在pc端时才会打印。
        appId : '${messageAppId}', //必填,企业号的唯一标识,此处填写企业号corpid
        timestamp : "${time}", //必填,生成签名的时间戳
        nonceStr : '${nonceStr}', // 必填,生成签名的随机串
        signature : '${str1}',// 必填,签名
        jsApiList : ['hideOptionMenu','getLocation','checkJsApi','chooseImage']// 必填,需要使用的JS接口列表
    });
    wx.ready(function(){
```

```
        // config信息验证后会执行ready方法,所有接口调用都必须在config接口获得结果之后,config
是一个客户端的异步操作,所以如果需要在页面加载时就调用相关接口,则须把相关接口放在 ready 函数中调用来
确保正确执行。对于用户触发时才调用的接口,则可以直接调用,不需要放在 ready 函数中。
        wx.hideOptionMenu();
        locationAgain();//获取位置
    });
    var curPosition="";
    //重新定位位置
    function locationAgain(){
        wx.getLocation({
            type: 'gcj02', // 默认为wgs84的gps坐标,火星坐标,可传入'gcj02'
            success: function (res) {
                console.log(res);
                var latitude = res.latitude; // 纬度,浮点数,范围为90 ~ -90
                var longitude = res.longitude ; // 经度,浮点数,范围为180 ~ -180。
                var speed = res.speed; // 速度,以米/每秒计
                var accuracy = res.accuracy; // 位置精度

                var hallList = '<%=request.getAttribute("hallList")+""%>';
                console.log(hallList);


            }
        });
    }
    var myChart = echarts.init(document.getElementById('main'));

    //-----测试数据开始-------
    var hallList = [
        {name: 'XXX一号营业厅', value: 7,postion:[116.330436,39.932213]},
        {name: 'XX小区营业厅', value: 7,postion:[116.365444,39.833165]},
        {name: '小区营业厅', value: 7,postion:[116.448806,39.936809]}
    ];
    var mapCenter = [116.326349,39.899622];//地图中心点
    var curPosition = [116.326349,39.899622];//当前位置
    //-----测试数据结束-------
    var data=[] ;
    var geoCoordMap ={};
    var geoCoordMapStr="{";
    for(var i=0;i<hallList.length;i++){
    //var datatemp = eval('(' + '{\"name\":'+'\"'+hallList[i].name+'\",\"value\":\
"'+hallList[i].value+'\"}' + ')');
    //    data.push(datatemp);
        data.push({'name': hallList[i].name, 'value': hallList[i].value});
        geoCoordMapStr+='\"'+hallList[i].name+'\":'+'['+hallList[i].postion+']' ;
        if(i<hallList.length-1){
            geoCoordMapStr+=",";
        }
    }
    geoCoordMapStr+="}";
    geoCoordMap= eval('(' + geoCoordMapStr + ')');
    var convertData = function (data) {
        var res = [];
```

```javascript
        for (var i = 0; i < data.length; i++) {
            var geoCoord = geoCoordMap[data[i].name];
            if (geoCoord) {
                res.push({
                    name: data[i].name,
                    value: geoCoord.concat(data[i].value)
                });
            }
        }
        return res;
    };
    var colorList = ['#ff0000','#93ff93','#ff8f59'];
    function getPieSeries(scatterData, chart,index) {
        var tempPoint = new BMap.Point(scatterData[0],scatterData[1]);
        //var marker = new BMap.Marker(tempPoint);
        //bmap.addOverlay(marker);
        //百度地图坐标转像素
        var pointPix = bmap.pointToOverlayPixel(tempPoint);
        console.log(pointPix);
        return {
            id: index,
            type: 'pie',
            center: [pointPix.x, pointPix.y],
            label: {
                normal: {
                    formatter: '{c}',
                    position: 'inside',
                    show:false
                }
            },
            itemStyle:{
                normal:{
                    color:function(params){
                        return colorList[params.dataIndex];
                    }
                }
            },
            radius: [20, 35],
            data: [
                {name: '空闲', value: Math.round(Math.random() * 24)},
                {name: '排队', value: Math.round(Math.random() * 24)},
                {name: '在忙', value: Math.round(Math.random() * 24)}
            ]
        };

    }

    option = {
        backgroundColor: '#404a59',
        title: {
            text: '',
            left: 'center',
```

```
            textStyle: {
                color: '#fff'
            }
        },
        tooltip : {
            trigger: 'item'
        },
        bmap: {
            center: mapCenter,
            zoom:12,
            roam: true,
            mapStyle: {
         styleJson:[{
                    "featureType": "all",
                    "elementType": "all",
                    "stylers": {
                            "lightness": 10,
                            "saturation": -100
                    }
                },
                 {
                    "featureType": "subway",
                    "elementType": "all",
                    "stylers": {
                            "visibility": "off"
                    }
                 },
                 {
                    "featureType": "administrative",
                    "elementType": "labels",
                    "stylers": {
                            "visibility": "off"
                    }
                 }
            ]
         }
        },
        series : [
            {
                name: 'Top 5',
                type: 'effectScatter',
                coordinateSystem: 'bmap',
                data: convertData(data.sort(function (a, b) {
                    return b.value - a.value;
                }).slice(0, 6)),
                symbolSize: function (val) {
                    return val[2] * 2;
                },
                rippleEffect: {
                    brushType: 'stroke'
                },
                hoverAnimation: true,
```

```
                label: {
                    normal: {
                        formatter: '{b}',
                        position: 'right',
                        show: false
                    }
                },
                itemStyle: {
                    normal: {
                        color: '#2894ff',
                        shadowBlur: 10,
                        shadowColor: '#333'
                    }
                },
                zlevel: 1
            }
        ]
    };
    myChart.setOption(option);
    // 获取百度地图实例,使用百度地图自带的控件
    var bmap = myChart.getModel().getComponent('bmap').getBMap();
    myChart.setOption(option);
    //调用百度的方法,使用bmap对象
    var point = new BMap.Point(mapCenter[0], mapCenter[1]);
    bmap.centerAndZoom(point, 12);
    //创建当前位置
    var pt = new BMap.Point(curPosition[0], curPosition[1]);
    var marker2 = new BMap.Marker(pt,{});  // 创建标注
    bmap.addOverlay(marker2);// 将标注添加到地图中
    var circle = new BMap.Circle(pt,7000);
    bmap.addOverlay(circle);
    $(document).ready(function(){
        for(var i=0;i<hallList.length;i++){

    option.series.push(getPieSeries([(hallList[i].postion)[0],(hallList[i].postion)[1]], myChart,'ID_'+i));
        }
        myChart.setOption(option);
        var opts = {
          width : 130,     // 信息窗口宽度
          height: 13     // 信息窗口高度
        }
        var marker = new BMap.Marker(point);  // 创建标注
        var infoWindow = new BMap.InfoWindow(hallList[0].name);  // 创建信息窗口对象
        var pointTemp = new BMap.Point((hallList[0].postion)[0],(hallList[0].postion)[1]);
        bmap.openInfoWindow(infoWindow,pointTemp); //开启信息窗口

    });
</script>
</body></html>
```

备注:为了能够更好地适应 IPhone 手机,可以在 Jsp 页面中增加<meta name="viewport" content="width=device-width, initial-scale=1">

13.5 开启回调模式

启动创建的 Java 工程，并将服务映射至外网（外网发布读者参照 2.11 节），利用 Web 服务中的 wxReceiveServlet.slt 服务（http://域名/wx_demo/wxReceiveServlet.slt）以及 WxUtil 中的 resp_message_token 和 resp_message_encodingaeskey 开启回调模式（参照 4.2 节），如下图 13.7 所示。

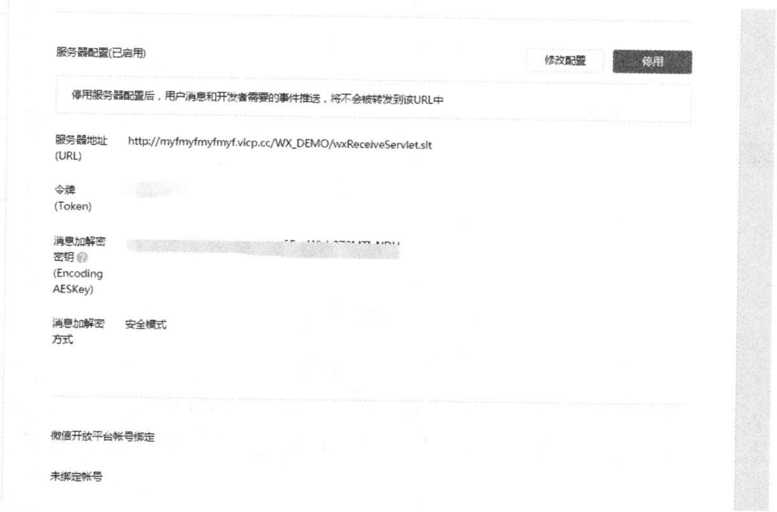

图 13.7 开启回调模式

备注：提交回调模式链接、Token 以及 EncodingAESKey 时，微信需要以 Get 方式访问读者服务，以验证链接的有效性，因此读者需要开启服务并映射至外网。

13.6 绑定可信域名

在微信内置浏览器中访问读者服务时，需要配置相应的域名来服务，配置成功后，才能够借助 JS-SDK 实现相应功能，读者配置时需要在工程中放入 MP_verify_********.txt 文件用于验证域名是否正确，配置域名有 JS 接口安全域名（5.2.1 介绍）、网页授权域名（5.2.2 介绍）以及业务域名（5.2.3 介绍），配置完成后如图 13.8 所示：

图 13.8 绑定可信域名

备注：公众号在正式部署时，域名必须进行ICP备案，而读者在开发时可以通过测试号+免费域名的方式进行。

13.7　网上营业厅应用菜单

开启回调模式后，【功能】|【自定义菜单】将失效，如图13.9所示，读者只能通过调用接口的方式实现菜单创建，详细介绍请参照3.5节。

图13.9　自定义菜单

附近营业厅，事件类型为"跳转到页面"，页面链接为：

http://myfmyfmyfmyf.vicp.cc/wx_demo/nearHallQueryAction.do?action=initPage

如果需要获得身份信息需要进行OAuth2.0身份验证处理，详细说明读者参照11.4节，页面链接为：

https://open.weixin.qq.com/connect/oauth2/authorize?appid=wx0c90608d772d2164&redirect_uri=http%3a%2f%2fmyfmyfmyfmyf.vicp.cc%2fwx_demo%2fnearHallQueryAction.do%3faction%3dretrieveRecord&response_type=code&scope=snsapi_base&state=location#wechat_redirect

13.8　本章小结

"网上营业厅"是一个系统学习和开发公众号的综合实例，包含微信主动调用、回调以及JS-SDK的使用。通过"网上营业厅"的开发，读者能够更好地了解如何进行微信服务号开发；如何建立微信公众号研发工程；掌握如何发送、接收微信消息；如何通过JS-API使应用更加丰富，提升视觉体验。

在地图视觉效果上读者可以借助H5、CSS3等技术进一步提升用户体验，同时读者可以将页面改造成单页面应用，使其能够应用于移动混合开发。希望读者通过本案例能够掌握微信服务号开发的方法，创建更加丰富的微信公众号应用。